全国高职高专机电类专业规划教材

发电厂电气设备

（第2版）

主　编　谢珍贵　汪永华　韩绪鹏
副主编　黄德建　熊富琴　侯德明
主　审　袁兴惠

黄河水利出版社
·郑州·

内容提要

本书是全国高职高专机电类专业规划教材，是根据教育部对高职高专教育的教学基本要求及中国水利教育协会职业技术教育分会高等职业教育教学研究会组织制定的发电厂电气设备课程标准编写完成的。全书共分17章，主要介绍发电厂及变电所一次部分和二次部分的知识。具体内容包括：绪论、电力系统中性点的运行方式、电弧及电气触头的基本理论、电气设备及载流导体、电气主接线、厂用电及接线、配电装置、接地装置、电力系统短路及其计算、电气设备的选择、电气二次基本知识、测量监察回路、操作电源、断路器控制回路、信号系统、同期装置、安装接线图及附录等。本书在编写过程中能有效针对高职高专院校的特点和教学要求，本着理论适度够用、强化实践技能的原则，对部分理论内容进行了删减，增加了新设备、新技术的介绍。

本书可作为高职高专电气工程类专业的教材和职业技术培训用书，也可供从事发电厂及变电所设计、运行、安装检修以及管理等工作的有关工程技术人员参考。

图书在版编目(CIP)数据

发电厂电气设备/谢珍贵，汪永华，韩绪鹏主编．2版.—郑州：黄河水利出版社，2015.10 (2021.8 修订重印)
全国高职高专机电类专业规划教材
ISBN 978-7-5509-1180-2

Ⅰ.①发… Ⅱ.①谢… ②汪… ③韩… Ⅲ.①发电厂-电气设备-高等职业教育-教材 Ⅳ.①TM621.7

中国版本图书馆CIP数据核字(2015)第178479号

组稿编辑：王路平 电话：0371-66022212 E-mail：hhslwlp@126.com
简 群 66026749 931945687@qq.com

出 版 社：黄河水利出版社
地址：河南省郑州市顺河路黄委会综合楼14层 邮政编码：450003
发行单位：黄河水利出版社
发行部电话：0371-66026940、66020550、66028024、66022620(传真)
E-mail：hhslcbs@126.com
承印单位：河南承创印务有限公司
开本：787 mm×1 092 mm 1/16
印张：20.25
字数：470千字 印数：6 001—8 000
版次：2015年10月第2版 印次：2021年8月第3次印刷

定价：38.00元

再版前言

本书是贯彻落实《国家中长期教育改革和发展规划纲要(2010~2020年)》、《国务院关于加快发展现代职业教育的决定》(国发〔2014〕19号)、《现代职业教育体系建设规划(2014-2020年)》等文件精神,在中国水利教育协会指导下,由中国水利教育协会职业技术教育分会高等职业教育教学研究会组织编写的机电类专业规划教材。该套教材以学生能力培养为主线,体现出实用性、实践性、创新性的教材特色,是一套理论联系实际、教学面向生产的高职教育精品规划教材。

发电厂电气设备是电气工程类专业主干课程。本书具有实践性强、应用性广的特点,在编写过程中充分考虑了高职高专教育特点,本着理论适度够用、强化实践技能的原则,对部分理论内容进行了删减,增加了新设备、新技术的介绍。第2版增加了中性点运行方式等内容,并对部分章节作了增删。本书可作为高职高专电气工程类专业学生的必修课教材,也可作为职业技术培训教材。

为了不断提高教材质量,编者于2021年8月根据近年来在教学实践中发现的问题和错误,对全书进行全面修订和完善。

本书共分17章,具体内容包括:绪论、电力系统中性点的运行方式、电弧及电气触头的基本理论、电气设备及载流导体、电气主接线、厂用电及接线、配电装置、接地装置、电力系统短路及其计算、电气设备的选择、电气二次基本知识、测量监察回路、操作电源、断路器控制回路、信号系统、同期装置、安装接线图及附录等。

本书编写人员及编写分工如下:第1章、第3章由重庆水利电力职业技术学院侯德明编写;第2章、第12章、第13章、第15章、第16章和第17章由福建水利电力职业技术学院谢珍贵编写;第4章和第11章由三峡电力职业学院韩绪鹏编写;第5章、第6章由三峡电力职业学院熊富琴编写;第7章、第9章和第10章由四川水利职业技术学院黄德建编写;第8章、第14章和附录由安徽水利水电职业技术学院汪永华编写。本书由谢珍贵、汪永华、韩绪鹏担任主编,由谢珍贵负责全书修订和校稿;由黄德建、李文才、侯德明担任副主编;由四川水利职业技术学院袁兴惠担任主审。

由于时间仓促,编者水平有限,书中错误和不足之处在所难免,恳请读者批评指正。

编　者

2021年8月

目　录

第1章 绪论

教学要求

了解我国电力工业发展概况;掌握电力系统的基本概念及发电厂、变电站的常见类型;了解发电厂、变电站常用电气设备;掌握额定电压的确定方法。

1.1 电力工业发展概况及前景

电能是现代人们生产和生活的重要能源。电能可由其他形式的能转换而来,也可简便地转换成其他形式的能(例如将电能转换成光能、热能、机械能、化学能等)。电能的输送、分配、调节、控制和测试等都简单易行,有利于实行生产过程的自动化,因此在工矿企业、交通运输、科学技术、国防建设和人民生活中得到了广泛应用。电力工业是国民经济极重要的部门,是现代化建设的基础。它为国民经济的其他各部门快速、稳定地发展提供足够的动力,其发展水平是反映国家经济发达程度的重要标志。

据相关资料记载,世界上第一个发电厂是于1875年在美国纽约建造的,装机容量为30 kW。自此以后,随着生产、科学技术和城市的发展与进步,电力工业得到了迅速的发展,尤其是近二三十年来,发展更为迅速。一些工业发达国家几乎是每7~10年装机容量就要增长一倍。据相关统计,到20世纪80年代初,全世界总装机容量已超过5.2亿kW,最高交流输电电压已超过1 000 kV,最高直流输电电压已超过±500 kV,最远输电距离已超过1 000 km。并且从世界各国经济发展的过程看,国民经济每增长1%,就要求电力工业增长1.3%~1.5%,即在经济发展过程中,电力必须先行,且应具有较高的发展速度。

我国能源资源极其丰富,全国水能资源的蕴藏量为6.8亿kW,其中可开发利用的为3.7亿kW,居世界第一位。此外,我国煤炭、石油、天然气等天然能源储量也十分丰富,这些优越的自然条件为我国电力工业的发展提供了良好的基础。但是,我国电力工业自1882年在上海建立第一座火电厂,1912年在昆明滇池石龙坝建立第一座水电站开始,至1949年全国解放,由于发展缓慢,基础薄弱,经过67年发展装机容量只达到185万kW,年发电量43亿kWh,居世界第25位。

新中国成立以后,电力工业的发展可以分为1950~1978年和1978年以后两个阶段。在1950~1978年期间,新中国的建立为我国电力工业的发展创造了有利条件。1953~1957年,在恢复原有发供电设备的基础上,建设了一批新电厂,每年平均装机50万kW。1958~1965年,每年平均装机达150万kW以上。在此期间,装机容量和发电量的平均年增长率分别为17%和18%,电力工业超前于国民经济的发展,电力弹性系数达到2.0以上(电力弹性系数=电能生产增长率/国民经济增长率),保证了工农业的迅速发展。1966~1975年,电力工业未能以应有的速度发展,电力弹性系数下降到1.3以下,不能适应国民经济的发展需要,从1970年起出现缺电的局面。

1978 年以来，中国开始实行改革开放政策，电力工业重新得到持续发展，并以前所未有的速度增长。每年平均装机容量达到 450 万 kW 以上。1990 年，全国总计发电装机容量为 1.35 亿 kW，年发电量达到 6 105 亿 kWh。截至 2000 年，全国装机容量已达 3.19 亿 kW，年发电量超过了 13 684 亿 kWh。目前，比较完备的电力工业体系已经初步建立，技术装备水平还在逐步提高。除我国台湾省和港、澳地区外，已经形成华北、东北、华东、华中、西北、川渝和南方联营等 7 个跨省、市区电网，已经实现跨省、跨大区电网的互联。1949 年中国的输电线路主要是 110 kV 及以下的电压等级，仅东北有 1 条 220 kV 电压等级的线路。到目前为止，中国电网除已有的 220 kV 各省骨干线路外，还建成了 330 ~ 500 kV 的各大区域电网输电主网架。1989 年，中国第一条 ±500 kV 直流输电线路（葛洲坝—上海，1 080 km）建成投入运行，实现了华中电力系统与华东电力系统互联，形成中国第一个跨大区的联合电力系统。2003 年我国的 750 kV 超高压输变电工程在西北地区开始建设，2005 年 10 月全长 146 km 的青海官亭—兰州东 750 kV 输电示范工程投运，这是我国首条电压等级最高、世界海拔最高的输变电工程。2003 年全国总装机容量达到 38 450 万 kW，年发电量 19 080 亿 kWh，从 1996 年起我国发电装机容量和年发电量均居世界第二位，2004 年全国总装机容量达到 44 700 万 kW，2004 年电力弹性系数达到 1.6。这一切都说明我国电力工业建设成就是巨大的。

针对我国能源结构的实际情况，我国的电源发展实施了“优先开发水电，大力发展火电，适当发展核电，积极发展新能源发电”的方针，使电源发展呈现多种能源互补的格局。

1925 年中国自行设计施工的第一座水电站——四川泸县洞窝水电站发电，装有一台 140 kW 机组。1936 年，石龙坝水电站已装水轮机 6 台，总容量 2 200 kW，是当时中国自己经营管理的最大水电站。中华人民共和国成立以后，我国的水电建设得到了充分的重视，随着三峡水电站的建设，我国的水电装机容量在世界上跃居第一，三峡水电站安装的国产 70 万 kW 水轮发电机已投入运行。

20 世纪 50 年代，中国建设的火电厂一般采用 6 000 ~ 25 000 kW 中压机组或高压机组。1956 年，第一台国产 6 000 kW 机组在安徽淮南田家庵电厂投入运行。1986 年，中国制造成功第一台 60 万 kW 机组安装于安徽平圩电厂，并于 1988 年发电。现在，国产 30 万 ~ 60 万 kW 火电机组已成为主力机组。

至 2004 年年底，我国最大的汽轮发电机组容量 90 万 kW，安装在外高桥第二发电厂；最大的水轮机组容量 70 万 kW，安装在三峡水力发电厂；最大的核电机组容量 100 万 kW，安装在岭澳核电厂。目前我国最大的火力发电厂是北仑港电厂，装机容量 300 万 kW，单机容量 60 万 kW；最大的水力发电厂是三峡水力发电厂，总装机容量 1 820 万 kW，单机容量 70 万 kW，年均发电量 847 亿 kWh；我国最大的核能发电厂是岭澳核电厂，装机容量 200 万 kW，单机容量 100 万 kW；最大的抽水蓄能电厂是广州抽水蓄能电厂，装机容量 240 万 kW，单机容量 30 万 kW。

目前，我国电力工业已开始进入“大机组”、“大电网”、“超高压”、“高自动化”以及“核电”的发展新阶段，科技水平不断提高，调度自动化、光纤通信、计算机控制等高新技术已在电力系统中得到了广泛应用。现在，我国已经掌握了先进的 30 万 kW、50 万 kW 和超临界 60 万 kW 火电机组、100 万 kW 级核电机组和 500 kV 交直流输变电工程的设计、施工、调试和运行技术,掌握了各类大坝的筑坝技术和大型电站的设计、施工技术,各大电网的计算机监控调度系统进入实用化阶段,电网运行和调度实现了自动化、现代化。

1.2 电力系统基本概念

1.2.1 电力系统及电力网

1.2.1.1 电力系统的概念

在电力工业发展的初期,发电厂多建设在用户附近,规模很小,而且是孤立运行的。随着城市的发展和科学技术的进步,用户的用电量和发电厂的装机容量都在不断增大。由于电能生产是一种能量形态的转换,发电厂必须或需要建设在动力资源所在地,而蕴藏动力资源的地区与电能用户之间往往隔有一定距离。例如,水能资源集中在河流落差较大的山丘地区,热能资源则集中在盛产煤、石油、天然气的矿区,而大城市、大工业中心等用电单位则由于原材料供应、产品协作配套、运输、销售、农副产品供应等原因以及各种地理、历史条件的限制,往往与动力资源所在地相距较远,为此就必须架设输电线路将电能送往负荷中心。同时,要实现大容量、远距离输送电能,还必须建设升压变电站和架设超高压输电线路。当电能输送到负荷中心后,必须经过降压变电站降压,再经过配电线路,才能向各类用户供电。

随着生产的发展和用电量的增加,发电厂、输电线路、配电线路、升压变电站、降压变电站等数目都将不断增加。当把一个个地理上分散在各处、孤立运行的发电厂通过输电线路、变电站等相互连接形成一个"电"的整体以供给用户用电时,就形成了现代的电力系统。换句话说,这种由发电机、升压和降压变电站及用电设备通过输配电线路连接起来的整体,称为电力系统。电力系统加上发电机的原动机(如汽轮机、水轮机等)、原动机的力能部分(如热力锅炉、水库、原子能反应堆等)以及配套设施(如用热设备)等,则称为动力系统。此外电力系统中由各级电压等级的输配电线路、升压和降压变电站及其所属的电气设备所组成的部分称为电力网。动力系统、电力系统和电力网三者的联系与区别如图 1-1 所示。

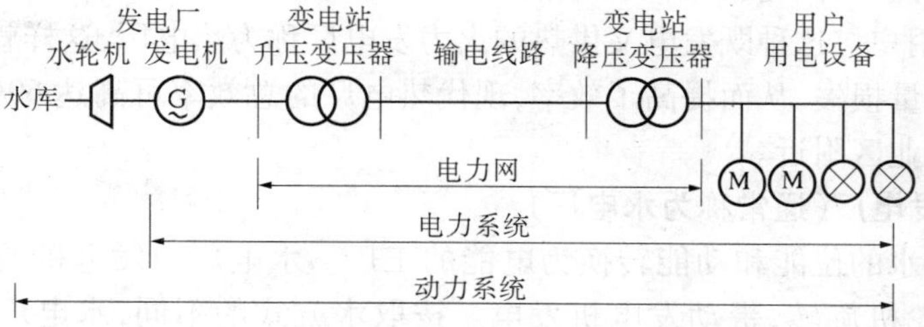

图 1-1 电力系统和动力系统示意图

1.2.1.2 电力系统的优越性

随着电力工业的不断发展,电力系统的容量不断增加、电压等级不断提高,所跨的区域不断扩大,形成强大的联合电力系统。联合电力系统具有以下优越性:①可以提高电力网运行的可靠性；②可以保证供电的电能质量；③可以提高电气设备的利用率，减少系统的备用总容量；④便于采用技术经济性能好的大机组，提高效率；⑤可以充分利用各种自然资源，发挥各类发电厂的特点，提高电力系统的整体经济性。

1.2.1.3 电力生产的特点

电力生产具有以下特点：①电能生产、输送、分配、使用的同时性；②运行方式改变引起电磁暂态和机电暂态的短暂性；③对国民经济发展和人民生活的重要性。

1.2.1.4 电力系统的运行要求

为了保证向用户提供电能，电力系统的运行必须满足以下要求：①必须满足用户的最大要求；②保证供电的可靠性；③保证电能质量；④保证电力系统运行的经济性；⑤保证运行人员和设备安全。

1.2.2 发电厂(站)的基本类型

发电厂是电力系统的中心环节，根据一次能源形式的不同，可以分为火力发电厂、水力发电厂、核能发电厂、风力发电站、潮汐发电站等，此外还有地热发电、太阳能发电、垃圾发电和沼气发电等。按发电厂的规模和供电范围划分，又可分为区域性发电厂、地方发电厂和自备专用发电厂等。

1.2.2.1 火力发电厂

火力发电厂是将燃料的化学能转换成电能的工厂，常见的燃料是煤、重油和天然气。火力发电厂中的原动机大都为汽轮机，现在柴油机和燃气轮机都得到了应用。火力发电厂又可以分为以下几种：

(1)凝汽式火力发电厂(通常称为火电厂)。燃料在炉膛内燃烧发出热量，被锅炉本体内的水吸收后产生蒸汽，送到汽轮机，带动发电机发出电能。已做过功的蒸汽进入汽轮机末端的凝汽器被凝结成水后再送回锅炉。凝汽式电厂中的工质在发电过程中经历了水→汽→水的反复循环，从而实现燃料的化学能→热能→机械能→电能的转换过程。在凝汽器中，大量的热量被冷却水带走，所以效率较低，只有30%～40%，宜建在燃料产地。

(2)供热式火力发电厂(通常称为热电厂)。与火电厂不同的是，热电厂把汽轮机中部分做过功的蒸汽，从汽轮机中间段中抽出来直接供给热用户，或经热交换器将水加热后，把热水供给用户。这种既发电又供热的火力发电厂称为热电厂，这样就减少了被冷却循环水带走的热量损失，从而提高了效率，现代热电厂的总效率可高达60%～70%，一般建在大城市及工业区附近。

1.2.2.2 水力发电厂(通常称为水电厂)

水电厂是将水的位能和动能转换为电能的工厂。水电厂中发电机的原动机是水轮机，水流冲击水轮机旋转，带动发电机发电。按取水方式的不同，水电厂可以分为以下几种：

(1)堤坝式水电厂。在河流上的适当位置上修建水坝，形成水库，利用坝的上下游水位较大的落差，引水发电。堤坝式水电厂分为坝后式和河床式两种。坝后式水电厂厂房建筑在大坝的后面，不承受水的压力，适用于高、中水头的水电厂；河床式水电厂的厂房与大坝联合成一体，厂房是大坝的一个组成部分，要承受水的压力，故适用于中、低水头的水电厂。

(2)径流式水电厂。利用有较高水位落差的急流江河建坝,但不形成水库直接将水引入水轮机发电。这种水电厂只能按天然江河的水流量及水头落差来发电,受季节影响较大,如长江中游的葛洲坝水电厂。

(3)抽水蓄能电厂。这是一种特殊形式的水力发电厂,由高落差的上、下水库和水轮机—发电机—抽水机的可逆机组构成。抽水蓄能电厂可以实现对电能的调节。当系统处于低负荷运行时,电厂利用系统富余的电力将下水库的水抽到上水库中储存能量,此时机组按电动机—水泵方式工作;待电力系统处于高负荷、电力不足时,上水库放水释放能量发电,此时机组按水轮机—发电机的方式工作。抽水蓄能电厂可以作调频、调相和系统的备用容量,一般可与发电出力较稳定的核电厂配合设置。

1.2.2.3 核能发电站

核能的利用是现代科学技术的一项重大成就。自 1956 年英国建成了世界上第一座全尺寸、商业规模的科尔德霍尔(Calder Hall)核能发电站至今,全世界已有 20 多个国家先后建成了数百座核电站。

核能发电的基本原理是利用核燃料在反应堆内产生核裂变(即所谓链式反应)释放出大量热能,由冷却剂(水或气体)带出,在蒸汽发生器中将水加热为蒸汽,然后与一般火电厂一样,用蒸汽推动汽轮机,再带动发电机发电。冷却剂在把热量传给水后,又被泵打回反应堆里去吸热,这样反复使用,不断地把核裂变释放的热能引导出来。核电站与火电厂的主要区别是用核反应堆代替了蒸汽锅炉,1 kg 核燃料铀 235 约等于 2 700 t 标准煤发出的电能。

1.2.2.4 其他类型发电站

利用其他一次性能源发电的还有风力发电、潮汐发电、沼气发电、太阳能发电等。这些发电站的容量一般不大,是电力系统的一种补充,但这些电站在特定情况下,尤其是在交通不便的偏僻农村,能发挥很大的作用。

1.2.3 变电站的基本类型

变电站是联系发电厂和用户的中间环节,起着变换和分配电能的作用。从发电厂送出的电能一般经过升压后远距离输送,再经过多次降压后用户才能使用,所以电力系统中的变电站的数量多于发电厂。据一般统计,系统变压器的容量一般是发电机容量的 7 ~ 10 倍。根据变电所在电力系统中的地位与供电范围,可以将其分为以下几类:

(1)枢纽变电站。枢纽变电站位于电力系统的枢纽点,汇集着电力系统中多个大电源和多回大容量的联络线,连接着电力系统的多个大电厂和大区域。这类变电站的电压一般为 330 ~ 500 kV。枢纽变电站在系统中的地位非常重要,若发生全所停电事故,将引起系统解列,甚至系统崩溃的灾难局面。

(2)中间变电站。中间变电站的电压等级多为 220 ~ 330 kV,高压侧与枢纽变电站连接,以穿越功率为主,在系统中起交换功率的作用或使高压长距离输电线路分段。它一般汇集 2 ~ 3 个电源,其中压侧一般是 110 ~ 220 kV,供给所在的多个地区用电并接入一些中小型电厂。这样的变电站主要起中间环节作用,当全所停电时,将引起区域电网解列,影响面也比较大。

(3)地区变电站。地区变电站的高压侧一般为110～220 kV,低压侧一般为10～110 kV,主要对地区用户供电,所以这类变电站是一个地区或城市的主要变电站,若全站停电,仅该地区中断供电,影响面较小。

(4)企业变电站。企业变电站是大、中型企业的专用变电站,电压等级35～220 kV,1～2回进线。

(5)终端变电站。终端变电站位于配电线路的终端,接近负荷处,高压侧10～110 kV引入线,经降压后向用户供电。

1.3 电气设备概述

1.3.1 主要电气设备

发电厂电气部分的主要工作,是根据负荷变化的要求,起动、调整和停止机组;对电路进行必要的切换;不断监视主要设备的工作;周期性地检查和维护主要设备;定期检修设备及迅速消除发生的故障等。以上所有的工作都是靠操作主要电气设备来完成的。按主要电气设备作用的不同,可以分成以下两大类。

1.3.1.1 一次设备

直接参与生产、转换和输配电能的设备称为电气一次设备。它们主要有以下几种:

(1)生产和转换电能的设备。如发电机、电动机、变压器等,它们是直接生产和转换电能的主要电气设备。

(2)接通或断开电路的开关电器。为满足运行、操作或事故处理的需要,将电路接通或断开的设备,如断路器、隔离开关、熔断器等。

(3)限制故障电流和防御过电压的电器。如用于限制短路电流的电抗器和防御过电压的避雷器、避雷针、避雷线等。

(4)接地装置。用来保证电力系统正常工作的工作接地或保护人身安全的保护接地,它们均与埋入地中的金属接地体或接成接地网的接地装置连接。

(5)载流导体。电气设备必须通过载流导体按照生产和分配电能的顺序或者说按照设计要求连接起来,常见的载流导体如母线、架空线、电力电缆等。

(6)补偿装置。如调相机、电力电容器、消弧线圈、并联电抗器等。它们分别用来补偿系统的无功功率、补偿小电流接地系统中的单相接地电容电流、吸收系统过剩的无功功率等。

(7)仪用互感器。如电压互感器和电流互感器,它们将一次回路中的高电压和大电流变成低电压和小电流,供给测量仪表和继电保护装置用。

1.3.1.2 二次设备

对一次设备和系统的运行状况进行测量、控制、保护和监察的设备称为二次设备。二次设备包括:

(1)测量表(计)。如电压表、电流表、功率表、电能表等,用于测量电路中的电气参数。

(2)继电保护和自动装置。如各种继电器和自动装置等,用于监视一次系统的运行状况,迅速反映异常和事故,作用于断路器,进行保护控制。

(3)操作电器。如各类型的操作把手、按钮等,实现对电路的操作控制。

(4)直流电源设备。如蓄电池组、直流发电机、硅整流装置等,供给控制、保护用的直流电源及厂用直流负荷和事故照明用电等。

1.3.2 电气设备的额定参数

用以表明电气设备在一定条件下长期工作的最佳运行状态的特征量的值叫做额定参数。各类电气设备的额定参数主要有额定电压、额定电流和额定容量等。

1.3.2.1 额定电压

电气设备的额定电压是按长期正常工作时具有最佳的技术性能和最大经济效果所规定的电压。为使电气设备实现标准化和系列化生产,国家规定了标准电压系列,见表 1-1。

表 1-1 我国交流电力网和电气设备的额定电压值 (线间电压,单位:kV)

用电设备额定电压与电力网额定电压	发电机额定电压	变压器额定电压		
		原边绕组		副边绕组
		接电力网	接发电机	
0.22	0.23	0.22	0.23	0.23
0.38	0.4	0.38	0.4	0.4
3	3.15	3	3.15	3.15 及 3.3
6	6.3	6	6.3	6.3 及 6.6
10	10.5	10	10.5	10.5 及 11
35		35		38.5
60		60		66
110		110		121
220		220		242
330		330		363
500		500		550
750		750		825

1. 电力网和用电设备的额定电压

设发电机在额定电压下运行,给电力网 AB 部分供电。由于线路有电压损失,所以负荷 1 ~ 5 点所受的电压各不相同,线路首端电压 U_a 大于末端电压 U_b。若负荷沿线路分布均匀,则电压沿线路分布情况大致如图 1-2 中斜线 ab 所示。各处用电设备所受的电压不同,也不可能按上述分布电压制造,而且电力网各点的电压也是经常变化的,所以用电设备的额定电压只能力求接近于实际工作电压。通常用线路首、末两端电压的算术平均值(U_a+U_b)/2 作为用电设备的额定电压,这个电压也即是该电力网的额定电压,用电设备的额定电压就等于其所在电力网的额定电压。

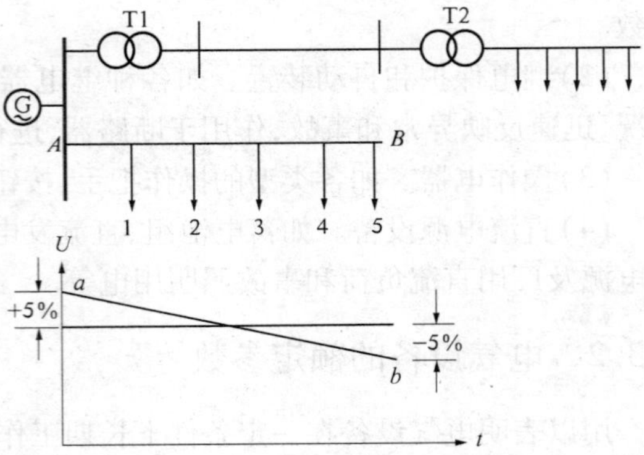

图 1-2　额定电压的解释图

目前,我国电力网的额定电压等级有 0.38 kV、3 kV、6 kV、10 kV、35 kV、60 kV、110 kV、220 kV、330 kV、500 kV、750 kV 等。

一般城市中对中、小企业的供电,可采用 10 kV 电压等级的配电网络;对大、中企业的供电,可采用 35 ~ 110 kV 电压等级的配电网络;大、中型企业内部,可采用 10 kV 电压等级的配电网络。35 kV、110 kV 电压等级,适用于中距离输电;220 ~ 500 kV 电压等级,适用于远距离大容量的输电。大、中容量的电动机可采用 3 kV、6 kV 和 10 kV 的额定电压等级;小容量的电动机可采用 0.38/0.22 kV 的额定电压等级,并采用 0.38/0.22 kV 三相四线制供电网络,照明灯及其他单相负载接在相电压上。直流 220 V、110 V 电压等级,广泛使用在发电厂、变电站的控制、信号及自动装置回路中。

2. 发电机的额定电压

发电机总是处于电力网首端,其额定电压比电力网的高 5%,即 $U_{Ge}=1.05U_e$。允许线路电压降 10%,从而保证用电设备的工作电压均在 ±5% 以内。

发电机的额定电压等级见表 1-1。其单机容量越大,采用的额定电压越高。其中 6.3 kV 电压等级广泛应用于容量 10 000 kW 以下至 500 kW 的中小型发电机,而 3.15 kV 等级现已很少采用。

3. 变压器的额定电压

变压器一次绕组的额定电压根据升压还是降压变压器有所不同。一般升压变压器是与发电机电压母线或与发电机直接相连,如图 1-2 中的 T1 所示,所以升压变压器的一次绕组的额定电压应高出其所在电力网额定电压的 5%。降压变压器对电力网而言相当于用电设备,如图 1-2 中的 T2,所以其一次绕组的额定电压等于所接电力网的额定电压。但厂用变压器一次绕组的额定电压取所接电力网额定电压的 1.05 倍。

考虑到带满负载时,变压器本身绕组有 5% 的电压损失,变压器所接输电线路有 5% ~ 10% 的电压损失。所以对二次侧电压等级较高时,二次绕组的额定电压比所接电力网的额定电压高出 10%;对 35 kV 及以下较低的电压等级,视所接线路的长短及变压器阻抗电压大小分别高出所接电力网额定电压的 10% ~ 5%。

此外,习惯上 1 000 V 及以上的电压等级称高压,小于 1 000 V 的电压等级称低压。这样分,是由于这两种电压等级的电气设备及装置在构造和使用规则上有所不同,并不表明对人身伤亡的危害程度。

1.3.2.2 额定电流

电气设备的额定电流是指在一定的基准环境温度下，允许长期连续通过设备的最大电流，并且此时设备的绝缘和载流部分被长期加热的最高温度不超过所规定的允许值。

我国采用的基准环境温度如下：①电力变压器和大部分电器（如断路器、隔离开关、互感器等）的额定周围空气温度取为40 ℃；②发电机的冷却空气温度35～40 ℃；③裸导线、绝缘导线和裸母线周围空气温度为25 ℃；④电力电缆在空气中敷设温度为30 ℃，直埋敷设的额定泥土温度为25 ℃。

1.3.2.3 额定容量

发电机、变压器、电动机是用于转换功率的，所以都相应规定有额定容量，其规定条件与额定电流相同。

发电机的原动机只能提供有功功率，所以一般以有功功率（kW）表示，当用视在功率（kVA）表示时，需表明额定功率因数（$\cos\varphi$）。变压器的额定功率用视在功率（kVA）表示，即最大一线圈的容量。电动机由于铭牌上指的是输出轴机械功率，所以用有功功率（kW）表示，同时应表明额定功率因数（$\cos\varphi$）和效率（η）。

习题与思考题

1-1 什么是电力系统及电力网？建立电力系统有什么优越性？

1-2 发电厂和变电站各有哪几种类型？简述各类发电厂的基本生产过程及其特点。

1-3 什么是一次设备和二次设备？它们各包含哪些内容？

1-4 什么是额定电压、额定电流和额定容量？一次设备的额定电压是如何规定的？

第2章 电力系统中性点的运行方式

教学要求

了解中性点运行方式的意义及类别；掌握中性点不接地运行方式的特点及应用，能够绘制中性点不接地系统单相接地故障时，各相电流及电压的变化相量图；了解中性点经消弧线圈接地及直接接地运行方式的特点及应用。

电力系统的中性点是指电力系统中的发电机及各电压等级的变压器的中性点。我国电力系统中性点的运行方式主要有三种：中性点不接地运行方式、中性点经消弧线圈接地运行方式和中性点直接接地运行方式。前两种接地系统统称为小接地电流系统，后一种接地系统又称为大接地电流系统。

电力系统中性点的运行方式不同，其技术特性和工作条件也不同，还与故障分析、继电保护配置、绝缘配合等均密切相关。采用哪一种中性点运行方式，直接影响到电网的绝缘水平、系统供电的可靠性和连续性、电网的造价以及对通信线路的干扰程度。

2.1 中性点不接地系统

2.1.1 正常运行情况

中性点不接地的电力系统正常时的电路图和相量图如图2-1所示，三相线路的相间及相与地间都存在着分布电容。但相间电容与这里将讨论的问题无关，因此不予考虑，只考虑相与地间的分布电容，且用集中电容 C 来表示，如图2-1(a)所示。

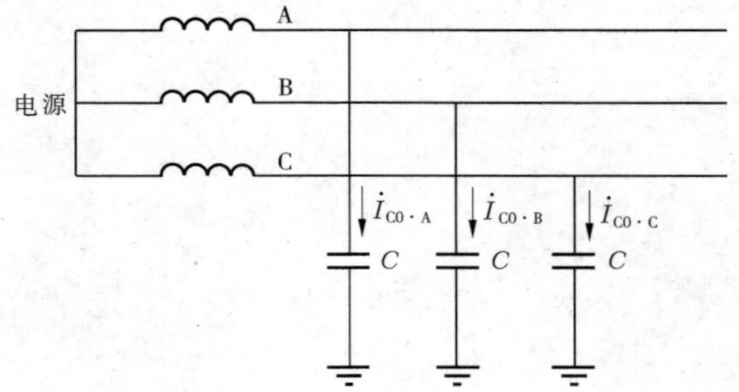

(a)电路图

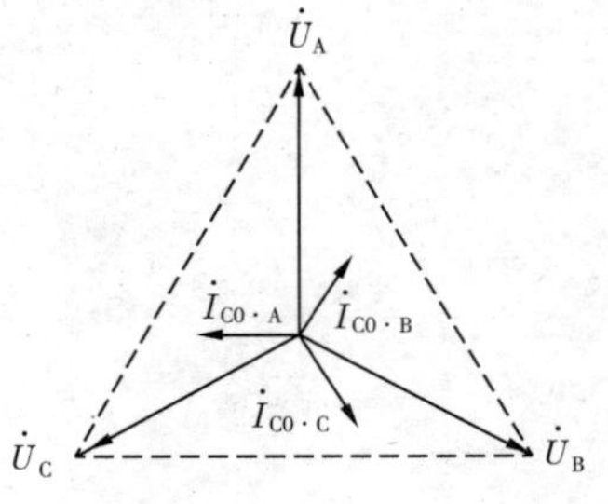

(b)相量图

图2-1 正常运行时的中性点不接地电力系统

系统正常运行时，三个相相电压 $\dot{U}_A$、$\dot{U}_B$、$\dot{U}_C$ 是对称的，三个相的对地电容电流

$\dot{I}_{C0\cdot A}$、$\dot{I}_{C0\cdot B}$、$\dot{I}_{C0\cdot C}$也是对称的，且分别超前相电压 90°，如图 2-1（b）所示。因为 $\dot{I}_{C0\cdot A}+\dot{I}_{C0\cdot B}+\dot{I}_{C0\cdot C}=0$，因此没有电流在地中流过。各相对地电压均为相电压。

2.1.2　单相接地故障情况

当系统发生单相接地故障时，假设 C 相发生金属性接地，其接地电阻为零，如图 2-2（a）所示，这时 C 相对地电压为零，而非故障相 A、B 相的对地电压在相位和数值上都发生改变。即

$$\dot{U}'_A=\dot{U}_A+(-\dot{U}_C)=\dot{U}_{AC}$$

$$\dot{U}'_B=\dot{U}_B+(-\dot{U}_C)=\dot{U}_{BC}$$

$$\dot{U}'_C=\dot{U}_C+(-\dot{U}_C)=0$$

如图 2-2（b）所示。由此可见，C 相接地故障时，非故障相 A 相和 B 相对地电压值升高$\sqrt{3}$倍，变为线电压。因此，这种系统的设备的相绝缘，不能只按相电压来考虑，而要按线电压来考虑。

C 相接地时，系统的接地电流（接地电容电流）$\dot{I}_C$ 为 A、B 两相对地电容电流之和，即

$$\dot{I}_C=-(\dot{I}_{C\cdot A}+\dot{I}_{C\cdot B})$$

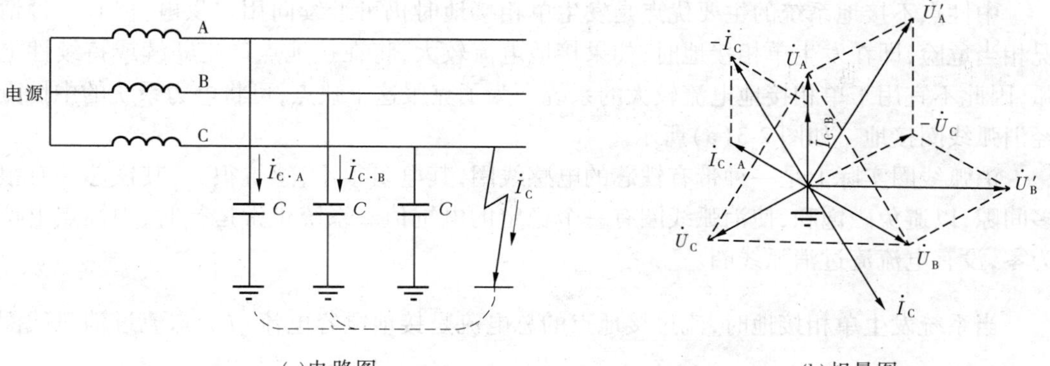

(a)电路图　　　　(b)相量图

图 2-2　发生单相接地故障时的中性点不接地电力系统

由图 2-2（b）的相量图可知，$\dot{I}_C$ 在相位上正好超前 C 相电压 $\dot{U}_C$ 90°。由于 $I_C=\sqrt{3}I_{C\cdot A}$，其中 $I_{C\cdot A}=U'_A/X_C=\sqrt{3}U_A/X_C=\sqrt{3}I_{C0}$。因此，$I_C=3I_{C0}$，即系统单相接地时的接地电容电流为正常运行时每相对地电容电流的 3 倍。

由于线路对地电容 C 难于准确确定，所以，I_{C0} 和 I_C 也不好根据 C 来准确计算，在工程中通常采用下列经验公式来计算

$$I_C = \frac{U_e(l + 35L)}{350} \tag{2-1}$$

式中　I_C——中性点不接地系统的单相接地电容电流，A；

U_e——电网额定电压等级，kV；

l——同一电压等级 U_e 的具有电气联系的架空线路总长度，km；

L——同一电压等级 U_e 的具有电气联系的电缆线路总长度，km。

当架空线装有避雷线时，I_C 值增大 20% 左右。

当系统某一相发生故障，而故障相通过一定的阻抗接地，称为不完全接地。此时，接地相对地电压大于零而小于相电压，非故障相对地电压则大于相电压而小于线电压，接地电流也比完全接地时小。其具体的电压、电流值与故障相接地电阻值有关。

必须指出：当中性点不接地的电力系统发生单相接地时，由图 2-2(b)的相量图可看出，系统的三个线电压无论其相位和大小均无改变，因此系统中所有设备仍可照常运行，这是中性点不接地系统的最大优点。但是，单相接地后，其运行时间不能太长，以免在另一相又接地时形成两相接地短路。一般允许运行时间不超过 2 h。并且这种中性点不接地系统必须装设单相接地保护或绝缘监视装置，当系统发生单相接地故障时，发出报警信号或指示，以提醒运行值班人员注意，及时采取措施，查找和消除接地故障；如有备用线路，则可将重要负荷转移到备用线路上，当危及人身和设备安全时，单相接地保护应动作于跳闸。

2.2　中性点经消弧线圈接地系统

中性点不接地系统的主要优点是发生单相接地时仍可继续向用户供电，但有一种情况相当危险，即在发生单相接地时，如果接地电流较大，将在接地点产生断续或持续性电弧，因此不宜用于单相接地电流较大的系统。为了克服这个缺点，可将电力系统的中性点经消弧线圈接地。如图 2-3(a)所示。

消弧线圈实际上是一种带有铁芯的电感线圈，其电阻很小，感抗很大，其铁芯柱有很多间隙，以避免磁饱和，使消弧线圈有一个稳定的电抗值。系统正常运行时，中性点电位为零，没有电流流过消弧线圈。

当系统发生单相接地时，流过接地点的总电流是接地电容电流 $\dot{I}_C$ 与流过消弧线圈的电感 $\dot{I}_L$ 的相量和。由于 $\dot{I}_C$ 超前 $\dot{U}_C$ 90°，而 $\dot{I}_L$ 滞后 $\dot{U}_C$ 90°，如图 2-3(b)所示，所以 $\dot{I}_C$ 和 $\dot{I}_L$ 在接地点互相补偿，可使接地电流小于最小生弧电流，从而消除接地点的电弧以及由此引起的各种危害。另外，当电流过零而电弧熄灭后，消弧线圈还可减小故障相电压的恢复速度，从而减小了电弧重燃的可能性，有利于单相接地故障的消除。

中性点经消弧线圈接地的系统发生单相接地故障时，与中性点不接地的系统中发生单相接地故障时一样，接地相对地电压为零，非故障相对地电压升高$\sqrt{3}$倍。由于相间电压没有改变，因此三相设备仍可以照常运行。但也不能长期运行，必须装设单相接地保护

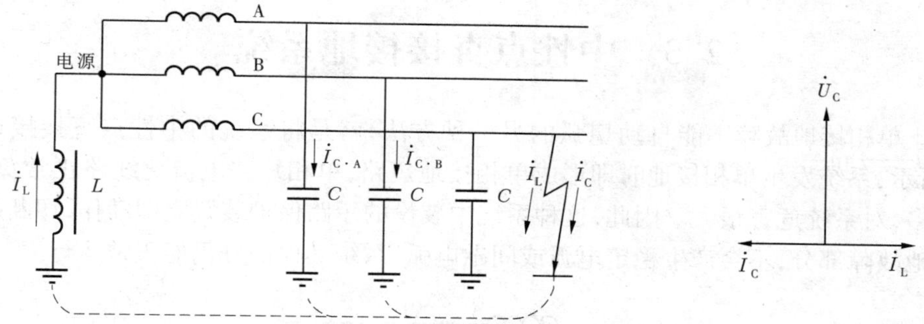

(a)电路图　　(b)相量图

图 2-3　中性点经消弧线圈接地的电力系统

或绝缘监视装置,在单相接地时给予报警信号或指示,运行值班人员应及时采取措施,查找和消除故障,如可能应将重要负荷转移到备用线路上。

根据消弧线圈的电感电流对接地电容电流补偿程度不同,有三种补偿方式:

(1)全补偿。$I_L = I_C$,接地点电流为零。从消弧观点来看,全补偿最好,但实际上并不采用这种补偿方式。因为 $I_L = I_C$,意味着 $\frac{1}{\omega L} = 3\omega C$。在理想情况下,中性点电位为零,即 $U_0 = 0$,但实际上由于三相对地电容不完全相等或断路器三相触头闭合不同时或出现一相断路,会导致 $U_0 \neq 0$,这正好是一个串联谐振电路,将出现过电压,危及电网的绝缘。

(2)欠补偿。$I_L < I_C$,接地点尚有未补偿的电容性电流。欠补偿方式也较少采用,原因是在检修、事故切除部分线路或系统频率降低等情况下,可能使系统接近或达到全补偿,以致出现串联谐振过电压。例如,当电网切除部分运行线路时,会导致 C 减小,导致 I_C 减小,从而可能形成 $I_L = I_C$,使电网出现谐振。

(3)过补偿。$I_L > I_C$,接地点处尚有多余的电感性电流。过补偿可避免谐振过电压的产生,因此得到广泛应用。过补偿接地处的电感电流也不能超过规定值,否则电弧也不能可靠地熄灭。因此,消弧线圈设有分接头,用以调整线圈的匝数,改变电感值的大小,从而调节消弧线圈的补偿电流,以适应系统运行方式的变化,达到消弧的目的。

消弧线圈的补偿容量,可按下式计算

$$Q_e = KI_C \frac{U_e}{\sqrt{3}} \tag{2-2}$$

式中　Q_e——消弧线圈补偿容量,kvar;

K——补偿系数,过补偿取 1.35;

I_C——单相接地电容电流,A;

U_e——电网额定电压等级,kV。

同一电压等级的系统,补偿容量可以由多台额定容量不相等的消弧线圈组成,在系统不同运行情况下得到不同组合的补偿容量。消弧线圈可安装在发电机或厂用变压器的中性点,也可安装在变电所主变压器或调相机的中性点。

2.3 中性点直接接地系统

防止单相接地故障不能自动熄弧的另一种方法，就是将系统的中性点直接接地，如图2-4所示，系统发生单相接地时即形成单相接地短路，单相短路电流比线路正常负荷电流大得多，对系统危害很大。因此，这种系统中装设的短路保护装置立即动作，切断线路，切除接地故障部分，不会产生稳定电弧或间歇电弧，系统其他部分仍能正常运行。

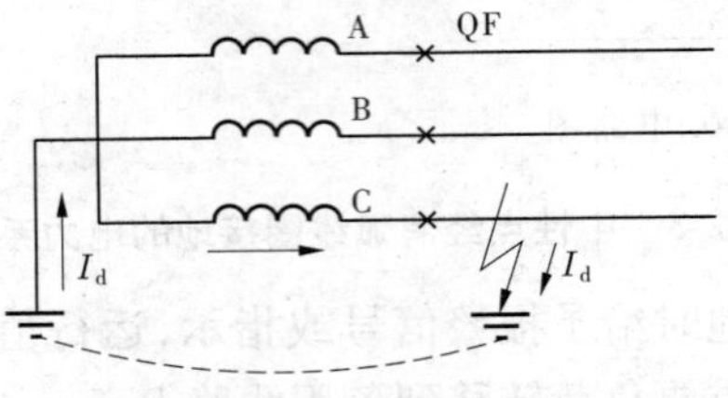

图2-4 发生单相接地的中性点直接接地系统

中性点直接接地系统中发生单相接地时，相间电压的对称关系被破坏，但非故障相的对地电压不会升高，仍维持相电压。因此，中性点直接接地系统中的供电设备的相绝缘只需按相电压来考虑。这对110 kV及以上的超高压系统来说，具有显著的经济技术价值，因为高压电器特别是超高压电器，其绝缘问题是影响电器设计制造的关键问题。电器绝缘要求的降低，直接降低了电器的造价，同时改善了电器性能。

2.4 中性点不同接地方式的比较和应用范围

2.4.1 中性点不同接地方式的比较

前面介绍的三种中性点运行方式在运行中表现出不同的优缺点，其中有关供电可靠性、过电压与绝缘水平、继电保护、对通信的干扰、系统稳定等问题对运行关系较大。

2.4.1.1 供电可靠性方面

小接地电流系统的供电可靠性较高，因为在单相接地时，并未形成短路，流过接地点的电流，是数值不大的电容电流或经消弧线圈补偿的残流。在小接地电流系统中，大多数单相接地故障均能迅速消除，即使没能自行消除，也不需立即断开线路(一般允许继续运行2 h)，因而运行人员可以有充裕的时间处理故障，保证供电尽可能不间断。

大接地电流系统发生单相接地即形成单相短路，必须立即断开电路，这样造成的后果是短期停电(重合闸成功)，或者是长期停电(永久性故障，重合闸不成功)。此外，在短路过程中，巨大的短路电流引起的电动力和热效应可能使一些电气设备损坏。

总之，从供电可靠性的角度来看，小接地电流系统，特别是经消弧线圈接地系统，具有明显优势。

2.4.1.2 过电压与绝缘水平方面

单相接地时，大接地电流系统非故障相电压不会升高，由于故障线路及时切除，也不会出现弧光接地过电压问题；而小接地电流系统非故障相对地电压升高$\sqrt{3}$倍，且有可能出现弧光接地过电压。因此，电力系统的绝缘水平，大接地电流系统按相电压考虑，小接地电流系统则需按线电压考虑。大接地电流系统比小接地电流系统绝缘水平大约可降低20%左右。额定电压愈高，降低绝缘水平的经济意义就愈大。

另一方面，作用在绝缘上的内部过电压是在相对地电压基础上产生和发展的，由于小接地电流系统单相接地时，相对地电压大约是线电压的水平，因此其各种操作过电压与共振过电压的倍数是大接地电流系统的$\sqrt{3}$倍左右。

总之，从过电压与绝缘水平的观点来看，采用大接地电流系统是有利的。

2.4.1.3 继电保护方面

大接地电流系统中，单相接地短路时，短路电流大，继电保护简单、可靠、选择性好、灵敏度高，不易使事故扩大，即使简单的电流保护，也具有相当高的灵敏度和可靠性；但小接地电流系统中，单相接地电流往往比正常负荷电流小得多，与零序电流滤过器的不平衡电流相差不多，因而很难用普通的方向继电器来判断故障线路，这就给继电保护造成较大困难，所以小接地电流系统接地保护尚不完满，延长了消除故障时间。

2.4.1.4 对通信的干扰方面

单相接地产生的电磁干扰对通信的影响是不可忽视的，在某些情况下，它甚至还是选择中性点接地方式的决定因素。

单相接地产生干扰的途径有两种，一种是静电感应，另一种是电磁感应。

在小接地电流系统中，起主要作用的是静电感应，可以用较简单的方法加以限制。在大接地电流系统接地故障时，单相短路电流周围产生强大的电磁场，对邻近的通信线路和弱电系统干扰大，感应电压可能危及工作人员安全或引起信号装置误动作。

总之，一般认为中性点直接接地系统对通信干扰影响最大，中性点经消弧线圈接地系统对通信和弱电系统的干扰最小。

2.4.1.5 系统稳定性方面

在大接地电流系统中发生单相接地时，由于接地电流很大，电压的剧烈下降、线路的突然切除可能导致系统稳定的破坏。如果采用小接地电流系统，则流过接地点的电流很小，不存在引起失步的可能。因此，从系统稳定的角度看，中性点直接接地系统是不利的。

2.4.2 中性点运行方式的应用范围

由上分析可见，小接地电流系统主要优点是供电可靠性高，无通信干扰问题，主要缺点是绝缘水平要求高；大接地电流系统则相反。这些优缺点对不同电压等级的系统起主导作用的方面是不同的。实际电力系统中，不同中性点接地方式应用范围大致如下：

10 kV 系统电压不高，绝缘费用在总投资中所占比重不大，同时这个电压等级配电线路总长度长，雷击瞬间跳闸事故多，因而着重考虑供电可靠性问题。当单相接地电容电流小于 30 A 时，采用中性点不接地系统；当单相接地电容电流大于 30 A 时，采用经消弧线圈接地方式。

35 kV 系统和 10 kV 系统相似，降低绝缘水平经济价值不甚显著，同时这个电压等级都未全线架设避雷线，雷击事故较多，供电可靠性也是主要问题。一般情况下，当 35 kV

系统单相接地电流不超过10 A时,不易产生间歇性电弧,采用中性点不接地系统;当单相接地电容电流大于10 A时,应采用中性点经消弧线圈接地方式。

110 kV及以上系统由于电压升高,绝缘费用在总投资中所占比重增大,供电可靠性则可通过全线架设避雷线和采用自动重合闸加以改善。中性点直接接地系统有明显优势。因此,我国110 kV及以上系统多采用中性点直接接地方式。

习题与思考题

2-1 电力系统的电源中性点有哪几种运行方式?什么叫小接地电流系统和大接地电流系统?

2-2 在系统发生单相接地故障时,小接地电流系统和大接地电流系统的相对地电压和线电压有何变化?为什么小接地电流系统在发生单相接地故障时可允许短时继续运行而不允许长期运行?应采取什么对策?

2-3 某35 kV系统架空线路总长度为90 km,当C相发生金属性单相接地时,接地点接地电容电流为多少?非故障相对地电压为多少?U_{AB}、U_{BC}、U_{CA}为多少?

2-4 为什么说利用消弧线圈进行全补偿并不可取?

2-5 试述中性点直接接地系统在发生单相接地时的后果以及提高供电可靠性的措施。

第 3 章　电弧及电气触头的基本理论

教学要求

掌握电弧的形成及熄灭条件，熟悉电弧形成的物理过程、特性；掌握直流电弧及交流电弧的特性及熄灭条件；掌握开关电器常用的熄弧方法；了解电气触头的类型、工作条件。

开关电器是用来接通或开断电路的电气设备。在发电厂与变电站中运行的发电机、变压器、进出线等回路，经常需要投入运行或退出运行，因此在发电厂与变电站中需装设必要的开关电器。当开关电器触头切断有电流通过的电路时，在开关触头间就会产生电弧，尽管触头已经分开，但电流通过电弧继续流通，只有触头间的电弧熄灭后，电流才真正切断。电弧的温度很高，很容易烧毁触头，或使触头周围的绝缘材料遭受破坏。如果电弧燃烧时间过长，开关内部压力过高，有可能使电器发生爆破事故。因此，当开关触头间出现电弧时，必须尽快予以熄灭。本章以电弧的熄灭为重点，主要讲述电弧形成和熄灭的物理过程、电弧的特性、直流和交流电弧的特点，以及常见的基本灭弧方法。

3.1　电弧的形成和熄灭

3.1.1　电弧的危害

电弧实际上是一种气体放电现象，是在某些因素的作用下，气体强烈游离、由绝缘变为导通的过程。电弧形成后，由电源不断地输送能量，维持它的燃烧，并产生很高的温度，电弧燃烧时，中心区温度可达到 10 000 ℃以上，表面温度也有 3 000 ~ 4 000 ℃；同时，发出强烈的白光，故称弧光放电。电弧的危害很大，主要有以下几种危害：

（1）如果电弧较长时间不能熄灭，将会延长开关电器切断故障的时间，引起电器被烧毁，甚至有爆炸的可能，危及电力系统的安全运行，造成人员的伤亡和财产的重大损失。

（2）电弧具有高温，即使作用很短的时间，触头表面也会剧烈熔化和蒸发。同时，与电弧接触的绝缘材料（包括油、瓷、有机绝缘材料等）将被严重烧损，以至设备被烧坏。

（3）在充油开关电器中，电弧将使绝缘油强烈分解，产生大量气体，其温度和压力迅猛升高，易引起着火甚至爆炸。

（4）电弧可能使触头熔焊，破坏电器设备的正常工作；亦会产生高次谐波，干扰附近的通信。

所以，对于开关电器中的电弧，必须采取措施，使其迅速熄灭。

另外，电弧也有可利用的一面，如电弧焊、电弧熔炼、弧光灯等；同时，电气设备亦可借助电弧防止产生过电压和限制故障电流。

3.1.2 电弧的形成

电弧是气体导电现象，如图3-1所示。在断路器触头开断、电网电压较高、开断电流较大的情况下，均可能在触头间形成电弧（由绝缘气体或绝缘油受热分解出的气体游离产生的自由电子导电），这时伴随着强光和高温（可达数千度甚至上万度）。

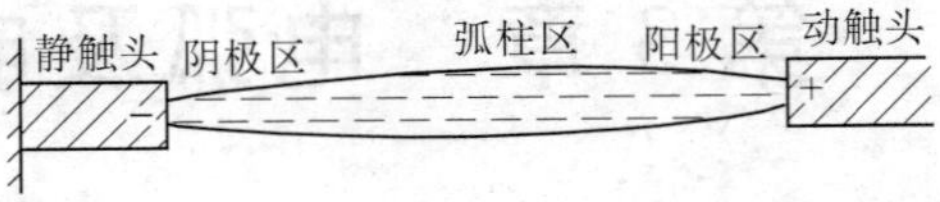

图3-1 直流电弧的组成

触头周围的介质是绝缘的，电弧的产生说明绝缘介质变成了导电的介质，发生了物态的转化。任何一种物质都有三态，即固态、液态和气态，这三态随温度的升高而改变。当物质变为气态后，若温度再升高，一般要到5 000 ℃以上，物质就会转化为第四态，即等离子体态。任何等离子体态的物质都是以离子状态存在的，具有导电的特性。因此，电弧的形成过程就是介质向等离子体态的转化过程。

电弧的产生和维持是触头间中性质点（分子和原子）被游离的结果。游离就是中性质点转化为带电质点。从电弧形成的过程来看，游离过程主要有以下四种形式：

（1）强电场发射。当开关动、静触头分离的瞬间，触头间距离 d 很小，在外施电压的作用下，触头间会出现很高的电场强度 $E=\frac{U}{d}$，当电场强度超过 3×10^6 V/m 时，阴极表面的自由电子在电场力的作用下被强行从金属表面拉出，称为强电场发射。

（2）碰撞游离。从触头阴极表面发射出来的自由电子在强电场作用下加速，以极高的速度向阳极运动，沿途撞击介质中的中性分子或原子，使之游离出自由电子，进而产生连锁反应式的碰撞，使间隙中的自由电子迅速增加，这一过程称为碰撞游离，由此而形成电弧。

（3）热电子发射。在触头互相分离时，触头之间的接触压力及接触面积逐渐缩小，接触电阻显著增大，接触处剧烈发热，即电极上由于大电流逐渐中断而出现炽热点，促使电极的表面有自由电子发射出来，形成热电子发射，使空隙的游离加强。

（4）热游离。当电弧温度达到3 000 ℃及以上时，高温使弧道内的中性质点也以极高速度运动，在互相发生剧烈的碰撞下形成自由电子和正离子，气体发生热游离，使弧道游离更为加剧。

在游离进行的同时，还存在着一个相反的过程，即带电质点互相中和而成中性质点，这种现象称为去游离。去游离的结果，减少了弧道中的带电质点，如果去游离十分剧烈，则电弧将不能维持燃烧而导致熄灭。带电粒子的消失是因为复合和扩散两种物理现象造成的。

（1）复合去游离。复合是异性带电粒子彼此靠近聚合在一起，异性电荷互相中和的现象。电子的运动速度远大于离子，所以电子和正离子直接复合的可能性很小，但是电子先附着在中性质点上形成负离子，负离子的运动速度比较小，正负离子的复合就比较容易。

既然复合过程只有在离子运动的相对速度不大时才有可能，若利用液体或气体吹弧，或将电弧挤入绝缘冷壁做成的窄缝中，都能迅速冷却电弧，减小离子的运动速度，加强复合过程,此外增加气体压力使气体密度增加,也是加强复合过程的措施。

(2)扩散去游离。扩散是弧柱内带电粒子逸出弧柱以外进入周围介质的一种现象,扩散是由于带电离子不规则的热运动,以及电弧内带电粒子的密度远大于电弧外,电弧中的温度远高于周围介质的温度造成的。电弧和周围介质的温度差越大,以及带电粒子的密度差愈大,扩散作用就愈强。在高压断路器中,常采用高压气体吹拂电弧,带走弧柱中逸出的大量带电粒子,以加强扩散作用,扩散出来的正负离子,因冷却而加强复合,成为中性质点。

游离和去游离是电弧燃烧中的两个相反过程,游离过程使弧道中的带电离子增加,有助于电弧的燃烧;去游离过程能使弧道中的带电离子减少,有利于电弧的熄灭。当这两个过程达到动态平衡时,电弧稳定燃烧。

3.1.3 电弧的熄灭

由电弧的形成过程提出熄灭电弧的基本方法:削弱游离作用,加强去游离作用。其主要措施为:

(1)提高触头的开断速度。第一批自由电子是依靠断口间的高电场强度产生的,提高触头的运动速度或增加断口的数目,可以缩短触头达到绝缘要求开距所需要的时间,即减少间隙处于高电场强度下的时间,使自由电子不足而迫使电流减小,过程中注入间隙中的能量也小,间隙温度较低,使电弧不易形成。

(2)冷却电弧。用冷却绝缘介质降低电弧的温度,削弱热发射和热游离作用以熄灭电弧。在高压开关中常用的绝缘介质有3种:油、SF_6和压缩空气(高密度空气),并分别称为油开关、六氟化硫开关和压缩空气开关。

(3)增大绝缘介质气体压力。它可使气体密度增加,缩短分子和离子运动的自由程,降低热游离的几率,增大复合的几率,促使电弧熄灭。在高压断路器中,有高强度绝缘材料做成的半封闭的特制空腔,称为灭弧室,触头套入其中,使绝缘气体或绝缘油分解后产生的气体保持很高的压力。

(4)吹弧。采用绝缘介质吹弧,使电弧拉长、增大冷却面、提高传热率,并强行迫使弧道中游离介质扩散,流入新鲜介质以促使电弧熄灭。采用合理的灭弧室结构(合理开口)以引导介质的流动,可以实现吹弧。

(5)将触头置于真空密室中。由于缺乏导电介质而使断路器分断时不能维持电弧燃烧,因此称这种开关为真空开关,它是一种可以频繁操作的高压断路器。

3.2 直流电弧的特性及熄灭

3.2.1 直流电弧的特性

在直流电路中产生的电弧叫直流电弧。直流电弧的特性可用沿弧长的电压分布和伏安特性表示。

3.2.1.1 电弧电压沿弧长的分布

电弧形成后，电弧电压沿弧长的分布可以分为三个部分，如图 3-2 所示。即

$$U_{\mathrm{h}} = U_1 + U_2 + U_3 \tag{3-1}$$

式中 U_{h}——电弧在全长上的压降；

U_1——阴极区压降；

U_2——弧柱区压降；

U_3——阳极区压降。

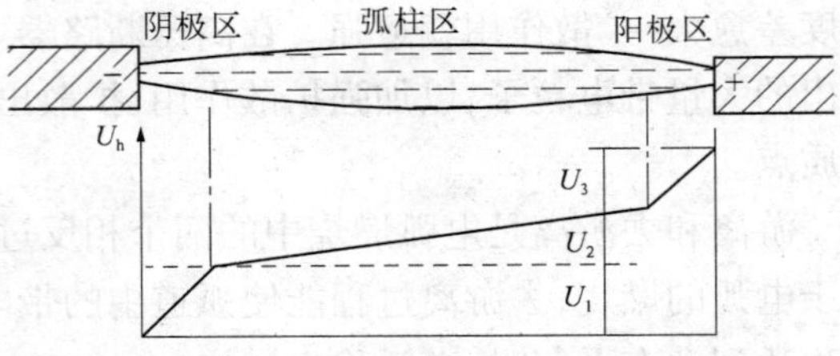

图 3-2 直流电弧电压沿弧长的分布

由于电弧的端部靠近触头的区段（阴极区和阳极区）较之于中心区段（弧柱区）温度较低，自由电子的密度小，因此导电率低、电位梯度大。特别是阴极区，由于堆积了许多正离子，电位梯度最高。一般在靠近阴极 10^{-4}cm 的区间内可形成一个近似为常数的压降。而阳极区主要是接受从弧隙中来的电子，只有在高温下才发射少量电子，所以其电位梯度较阴极区小。弧柱区压降与电流大小、弧隙长度、介质种类及其状态（介质压力、介质流动方式及流速等）有关。

3.2.1.2 伏安特性

在弧隙距离（即电弧长 l）确定的条件下，电弧的电压与电弧电流的关系，即伏安特性 $u_{\mathrm{h}} = f(i_{\mathrm{h}})$，如图 3-3 所示。如果用图 3-3（a）的实验电路，在弧长 l 不变的条件下，改变电源电压以改变电弧电流，这时可以得出如图 3-3（b）所示的电弧的伏安特性。曲线 1 表示电源电压缓慢变化时电弧的端电压与电弧电流的关系，曲线中的每一个点代表弧道中的复合与游离处于动态平衡状态的情况，常称曲线 1 为静特性。其特征是间隙的导电能力随热游离的增强而上升，其电弧的电阻将随电流的上升而下降。曲线 2 表示迅速升高电源电压的情况：由于在每一个电流值下停留的时间不足，热游离处于上升阶段而尚未进入该电流下的稳定状态，因此与曲线 1 相比较，各点出现弧道电阻较高、压降较大的情况。曲线 3 为电源电压迅速下降的情况：由于在每个电流值下停留时间不足，热游离处于下降阶段而尚未进入稳定状态，从而出现弧道电阻降低、电弧压降较小的情况。曲线 2、3 为电弧的动态特性，由于热惯性的存在，即温度的变化滞后于电流的变化，使电弧的伏安特性与电源电压的变化方向和变化速度有关。图 3-3 中电路的电压平衡方程为

$$L\frac{\mathrm{d}i_{\mathrm{h}}}{\mathrm{d}t} + i_{\mathrm{h}}R + u_{\mathrm{h}} = E \tag{3-2}$$

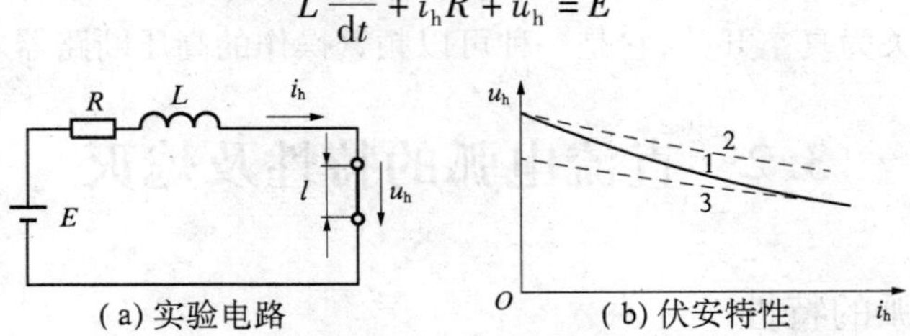

图 3-3 直流电弧的伏安特性

由于电弧压降 u_{h} 的非线性而采用图解的方法确定电路的工作状态，示于图 3-4。其

中电感压降 $L\frac{di_h}{dt}=E-(i_hR+u_h)=\Delta u$，称为剩余电压，由其确定电流的变化，有

$$\frac{di_h}{dt}=\frac{1}{L}\Delta u \qquad (3\text{-}3)$$

其中 $\frac{di_h}{dt}=0$ 是电弧稳定燃烧的必要条件，图 3-4 中 A、B 两点具有此条件。电弧能承受干扰保持稳定燃烧的另一必要条件为 $\frac{d\Delta u}{di_h}<0$，当出现扰动 i_h 上升时，有 $\Delta u<0$ 迫使 i_h 下降回复到原有的工作状态。图 3-4 中仅 B 点满足此条件，即 B 点是电弧的稳定燃烧点。由此而确定电弧稳定燃烧的充分条件为

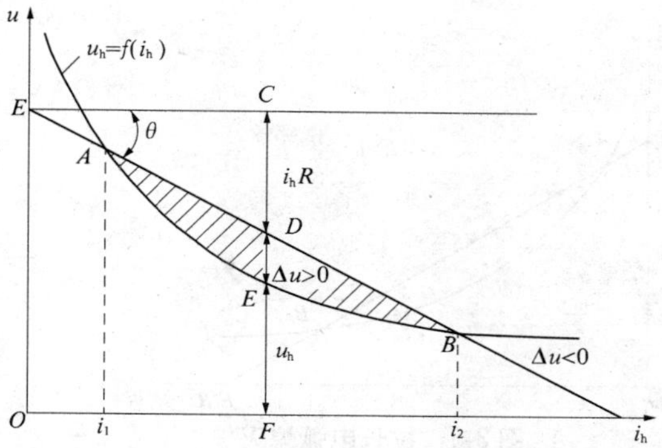

图 3-4　直流电弧稳定燃烧点图解确定

$$\begin{cases} E=i_hR+u_h \\ \dfrac{du_h}{di_h}+R>0 \end{cases} \qquad (3\text{-}4)$$

即：①电源电压等于电阻压降与电弧压降之和；②电路的动态电阻为正。当电弧的动态电阻处于负值区时，外电路电阻的存在是保证电弧稳定燃烧的必要条件。

在 A 点若电流 i 略有减小，则 $(E-i_hR)<u_h$，电弧电流将会继续减小，直至熄灭。由方程(3-2)也不难看出，当 $(E-i_hR)<u_h$ 时，$\frac{di_h}{dt}<0$，即电流是减小的，于是可以判断电弧最后要熄灭。由此，我们得到直流电弧熄灭的条件为 $(E-i_hR)<u_h$。

3.2.2　直流电弧的灭弧方法

如能保证 $\Delta u<0$，则能保持 $\frac{di_h}{dt}<0$ 从而使电弧熄灭，因此消耗电压，即增加电阻压降和电弧压降是低压开关熄灭电弧的有效方法。具体措施如下：

(1)拉长电弧。如图 3-5 所示，当电弧长度为 l_0 时在 B 点稳定燃烧，如将其拉长经 l_1（临界状态）至 l_2，由于 u_h 的增加而总有 $\frac{di_h}{dt}<0$，电弧熄灭。

(2)开断电路时在电路中逐级串入电阻。如图 3-6 所示。当外电路电阻为 R_0 时，电弧在 B 点稳定燃烧，如在外电路中串入电阻使外电路电阻变为 R_1，电弧因 $\Delta u<0$ 而熄灭。采用此种措施时应注意限制电流的变化速度以防止过电压，否则不能达到灭弧的目的。因此，由 R_0 变至 R_1 时，需逐级串入电阻才行。

(3)在断口上装灭弧栅。由电压沿弧长分布可知，要使短电弧稳定燃烧，外加电压必须大于阴极和阳极电压降之和。因此，可利用许多平行排列的金属片把长电弧分割成一

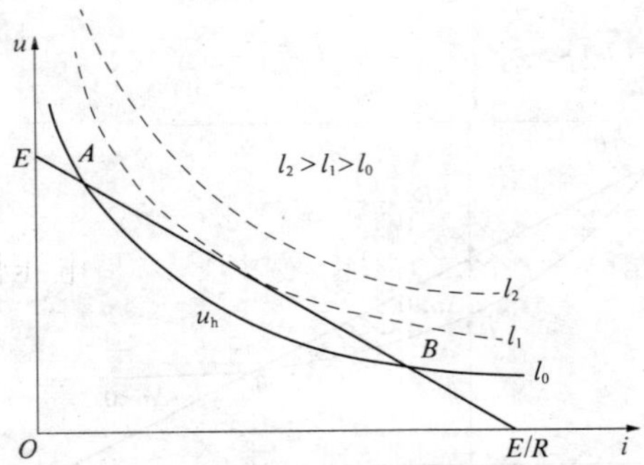

图 3-5　拉长电弧熄灭

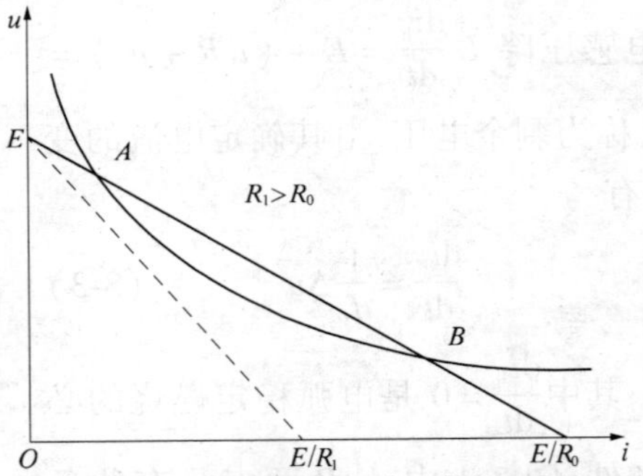

图 3-6　外电路逐级引入电阻灭弧

系列串联的短电弧，如图 3-7 所示。因为每一个短电弧都有一个阴极和阳极电压降，总的电弧电压便大为增加，如果选择金属片的数目，使加到开关触头间的电压小于所有短电弧电极电压降的总和，电弧即迅速熄灭。低压开关的灭弧常采用此方法。

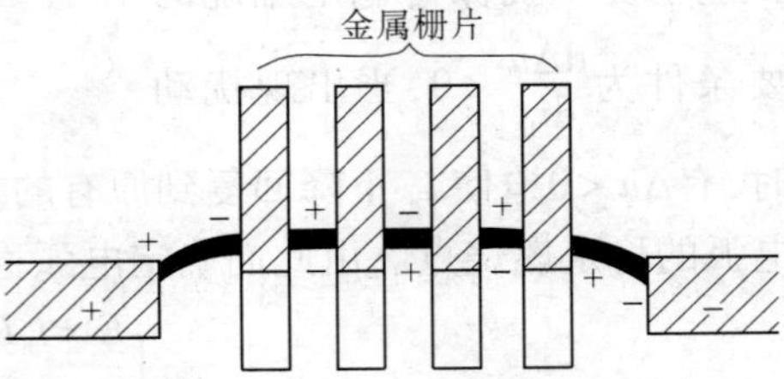

图 3-7　金属栅片分割短弧灭弧

3.3　交流电弧的特性及熄灭

3.3.1　交流电弧的伏安特性

交流电弧的特性为：电弧电流和电弧电压都是周期性变化的，且每一周期内都有两次过零；在电弧电流过零时，电弧自然熄灭，在电流过零后，电弧重燃。由于电流变化速率很快，电弧的热游离和去游离都跟不上变化，所以交流电弧的伏安特性为动特性。根据交流电弧的伏安特性，可得到交流电弧电流及电压变化的波形图，如图 3-8 所示。图中 A 点电压称为燃弧电压，在燃弧后电弧温度升高，游离过程加强，电弧电压下降。以后电弧电流由最大值开始下降，当电流下降到一定值后，由于去游离增强，电弧电压反而升高，最后电流过零，电弧熄灭。B 点电压称为熄弧电压。因为电流下降时，去游离跟不上电流变化，所以熄弧电压总是小于燃弧电压。电流过零后在反方向重燃，其伏安特性与正半周相同。交流电弧的伏安特性如图 3-9 所示。

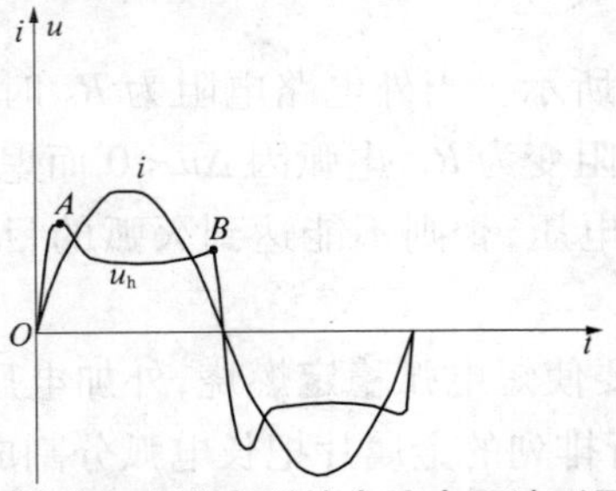

图 3-8　交流电弧的电流电压波形图

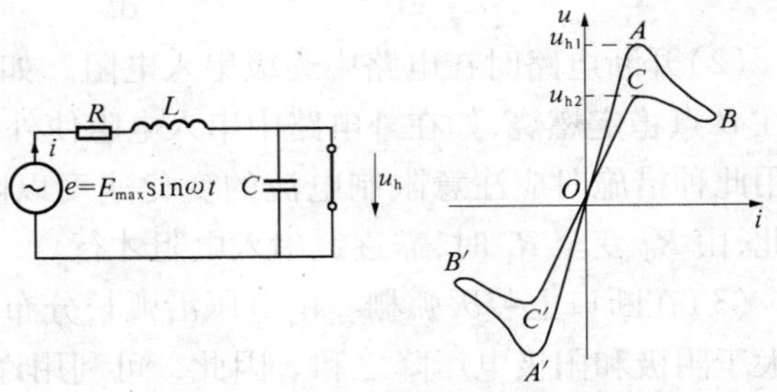

图 3-9　交流电弧的伏安特性

因交流电弧在电流过零时就自然熄灭，故研究交流电弧的关键不是怎样熄弧的问题，而是在电流过零后电弧不再重燃的问题。

3.3.2 交流电弧的熄灭

交流电弧在电流过零时，同时存在着两个过程：一是介质强度恢复过程；二是电压恢复过程。电弧能否重燃，就取决于这两个过程的竞争状态如何。

3.3.2.1 弧隙介质强度的恢复

电弧电流过零时电弧熄灭，而弧隙的绝缘能力要恢复到绝缘的正常状态尚需一定的时间，此恢复过程称之为弧隙介质强度的恢复过程，以耐受的电压 $u_d(t)$ 表示。弧隙介质强度恢复过程 $u_d(t)$ 主要由断路器灭弧装置的结构和灭弧介质的性质所决定，随断路器型式而异。

弧隙介质强度的恢复是一个比较复杂的过程。在电弧电流过零之前，弧隙中的空间充满了电子和正离子。当电流过零电弧熄灭后，电极极性发生改变，弧隙中的电子迅速奔向新阳极，比电子质量大一千多倍的正离子，相对电子而言则基本未动，所以在新阴极附近形成正电荷空间。如图 3-10 所示为电流过零后电荷和电压沿短弧隙的分布情况。由图 3-10 可见，电压主要降落在阴极附近的薄层空间。根据试验，此薄层空间的耐压一般为 150 ~ 250 V。亦即当电流过零电弧熄灭后，弧隙在 0.1 ~ 1 ms 的短暂时间内能出现 150 ~ 250 V 的介质强度。这种在阴极附近电介质强度出现突然升高的现象称为近阴极效应。由于近阴极效应而在弧隙中立即出现的介质强度，称为起始介质强度。

图 3-10 电流过零后电荷和电压沿短弧隙的分布

由于近阴极效应，在电流过零时，介质强度恢复过程不是由零开始的，而是由起始强度开始的。起始介质强度的大小与介质冷却有关，还与电弧电流大小有关。电弧电流越大，即电弧温度越高，介质强度恢复越慢。相反，对电弧冷却越好，温度下降越快，介质强度恢复就越快。

在低压开关电器中，常常利用近阴极效应熄灭电弧。但在高压断路器中，近阴极效应所起的作用就无足轻重了，而起决定作用的是弧柱中的去游离过程。所以，高压断路器普遍利用气体或液体吹动电弧来加强弧柱的冷却，以加快介质强度的恢复。

3.3.2.2 弧隙电压的恢复过程

电压恢复过程是在电弧电流自然过零时，弧隙电压由熄弧电压过渡到电源电压的过程。处在恢复过程中的弧隙电压称为恢复电压，用 $u_r(t)$ 表示。电压恢复过程除和开关电器的特性有关外，还和电路参数、电源电压有关。一般恢复电压由两部分组成：在电压恢复过程中，首先出现在弧隙两端的是具有过渡过程特性的电压，称为瞬态恢复电压 u_{tr}，如图 3-11 所示，它存在的时间很短；然后，弧隙两端的电压就是电源电压，称为工频恢复电

压 u_{sr}，如图 3-11 所示。

工频恢复电压可以说是电弧熄灭以后加在弧隙上的恢复电压稳态值。而瞬态电压则是从熄弧电压过渡到稳态值之间的暂态分量。瞬态恢复电压 u_{tr} 与工频恢复电压 u_{sr} 合起来，称为恢复电压 $u_r(t)$。

在电弧电流过零时，由于失去能量，电弧自然熄灭。此时，弧隙中间同时存在着两个恢复过程，即介质强度恢复过程 $u_d(t)$ 和电源电压恢复过程 $u_r(t)$。如果电源恢复电压高于介质强度恢复电压，弧隙就被击穿，电弧重燃；反之，如果恢复电压低于介质强度时，电弧便熄灭。可见，开断交流电路时，熄灭电弧的条件为

$$u_d(t) > u_r(t) \tag{3-5}$$

将两个恢复过程置于同一坐标图上，如图 3-12 所示。当恢复电压按曲线 u_{r1} 变化时，在 t_1 时刻之后，由于恢复电压大于介质强度，电弧就重燃。如按 u_{r2} 曲线变化，电弧就会熄灭。

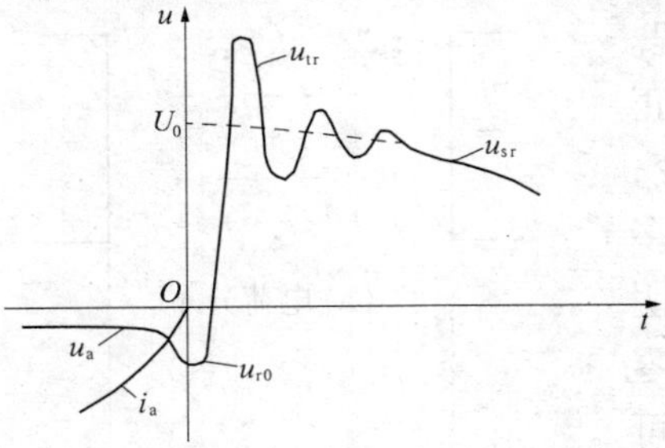

图 3-11 恢复电压的组成

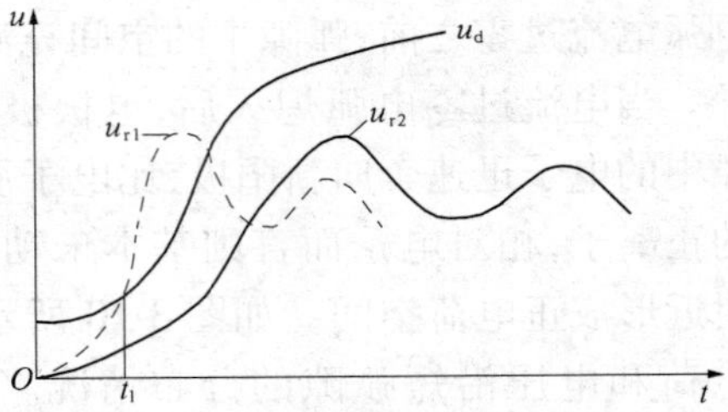

图 3-12 介质强度与恢复电压曲线

3.4 灭弧方法

由交流电弧的特性可知，交流电流每个周期有两次通过零点，电弧两次自然熄灭，因此熄灭交流电弧的主要问题是如何防止电弧重燃。当交流电流过零时，如果采取措施使弧隙介质的绝缘能力达到不会被外加电压击穿的程度，则在下半周电弧就不会重燃而最终熄灭。即电流过零后电弧是否重燃，取决于弧隙中去游离过程和游离过程的竞争结果。

因此，在开关电器中，广泛采用下面几种方法来熄灭电弧。

3.4.1 吹弧

吹弧是利用气体或油吹动电弧的灭弧方法，广泛应用于各种电压的开关电器，特别是高压断路器中。吹弧时由于电弧被拉长变细，弧隙的电导下降，电弧的温度下降，热游离减弱，复合加快。按吹弧气流的产生方法和吹弧方向的不同，吹弧可分为以下几种。

3.4.1.1 空气中交流电弧的熄灭

(1) 在开关电器中，常制成各种形式的灭弧室，使气体或液体产生较高的压力，有力地吹向电弧。吹动电弧的方式有纵吹和横吹，如图 3-13 所示。纵吹主要

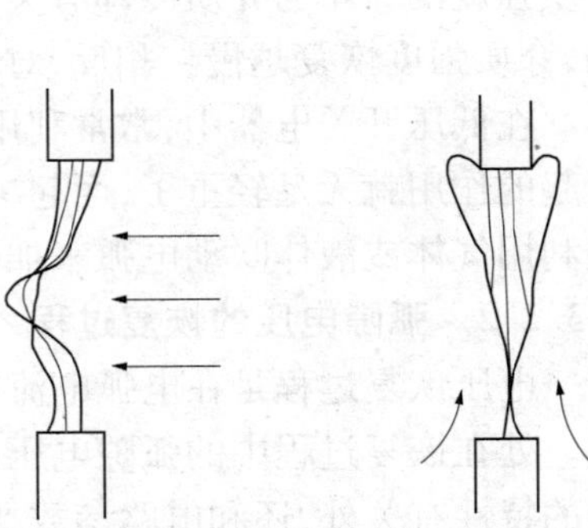
(a) 横吹　　(b) 纵吹

图 3-13 吹弧方式

使电弧冷却变细，加大介质压强，加强去游离，使电弧熄灭。而横吹可将电弧拉长，增加弧柱表面积使冷却加强，熄弧效果较好。不少断路器是采用纵横混合吹弧的方式，效果更好。

（2）空气断路器利用压缩空气（空气压力为 2 ~ 3 MPa）来吹弧，一般采用纵吹方式。纵吹灭弧室可分为单向和双向两种。单向纵吹结构简单，双向纵吹灭弧能力强，开断容量大。

3.4.1.2 六氟化硫气体吹弧

六氟化硫 SF_6 气体是一种不可燃的惰性气体，它的热导率随温度的不同而变化，其绝缘性能也很好，它的灭弧能力要比空气高 100 倍左右，是比较理想的灭弧介质。当用它吹弧时，采用不高的压力和不太大的吹弧速度就能熄灭高压断路器中的电弧。由于六氟化硫断路器具有开断容量大、电寿命长、开断性能好、无火灾危险等优点，因此受到用户的普遍欢迎。

3.4.1.3 油气吹弧

利用变压器油作为灭弧介质的断路器叫油断路器。在油断路器中，电弧是浸在油中燃烧的。由于电弧的温度很高，所以在电弧周围的油被加热，分解出大量气体。但是气体的体积因受到周围灭弧室的限制，所以气体的压力增大。当触头逐步分离时，气体从喷口喷出，对电弧进行强烈的吹动。在灭弧室内预先设计好吹弧方向，形成纵吹或横吹。在横吹灭弧室内设有空气垫，它起着调节灭弧室的压力和贮存气压的作用。当电流在峰值时，灭弧室内压力大，原已贮存在空气垫内的气体受压缩，即起贮能作用。当电流过零时，利用贮在气垫内的高压气体把油和气吹向电弧，进行吹弧。采用这种方法，可以提高熄弧能力。

3.4.1.4 产气管吹弧

产气管由纤维、塑料等有机固体材料制成，电弧燃烧时与管的内壁紧密接触，在高温作用下，一部分管壁材料迅速分解为氢气、二氧化碳等，这些气体在管内受热膨胀，增高压力，向管的端部形成吹弧。

3.4.2 采用多断口熄弧

采用多断口把电弧分割成许多小弧段，在相等的触头行程下，电弧被拉长了，而且拉长的速度也成倍增加，因而能提高灭弧能力。图 3-14 是双断口的灭弧方式。110 kV 以上电压等级的断路器，往往把相同型式的灭弧室（每个灭弧室即一个断口）串联起来，用于较高的电压等级，称为组合式或积木式结构。如用两个双断口的 110 kV 的断路器串联，即成为 220 kV 四个断口的断路器。

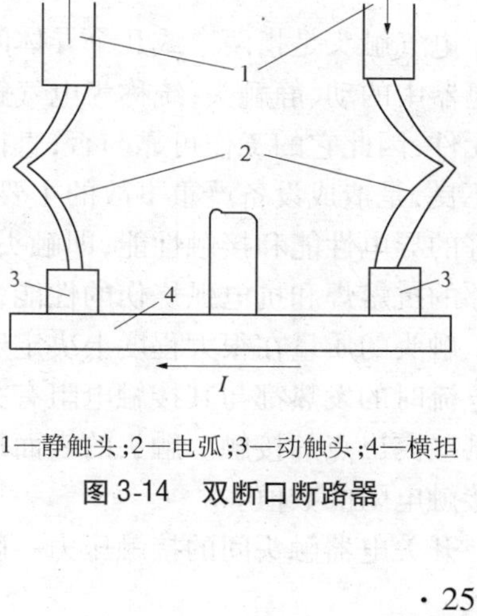

1—静触头；2—电弧；3—动触头；4—横担

图 3-14 双断口断路器

3.4.3 采用短弧原理灭弧

在低压开关电器中,广泛地利用近阴极效应,将长电弧分割成许多短弧,短弧阴极的介质强度总值大于加在触头上的电压,则把电弧熄灭。这种灭弧方法常用于低压开关电器中。其灭弧装置是一个金属栅灭弧罩,利用将电弧分为多个串联的短弧的方法来灭弧。

3.4.4 固体介质的狭缝狭沟灭弧

低压开关电器中也广泛应用狭缝灭弧装置。触头间产生电弧后,在磁吹装置产生的磁场作用下,将电弧吹入由灭弧片构成的狭缝中,把电弧迅速拉长的同时,使电弧与灭弧片的内壁紧密接触,对电弧的表面进行冷却和吸附,产生强烈的去游离。

3.4.5 利用耐高温金属材料制作触头灭弧

触头材料对电弧中的去游离也有一定影响,用熔点高、导热系数和热容量大的耐高温金属制作触头,可以减少热电子发射和电弧中的金属蒸气,从而减弱了游离过程,有利于熄灭电弧。

3.4.6 真空灭弧

利用真空作为绝缘和灭弧介质是非常理想的灭弧方法。由于真空间隙内的气体稀薄,分子的自由行程大,发生碰撞的概率很小,因此碰撞游离不是真空间隙击穿产生电弧的主要因素。真空中的电弧是由触头电极蒸发出来的金属蒸气形成的,具有很强的扩散能力,因而电弧电流过零后触头间隙的介质强度能很快恢复起来,使电弧迅速熄灭。目前真空断路器已得到广泛应用。

3.5 电气触头

3.5.1 概述

电气触头是指两个或几个导体间相互接触的部分。例如,母线或导线的接触处及开关电器中的动、静触头,统称为电气触头。特别是开关电器中的触头,它是开关电器的执行元件,因此它的工作可靠与否,直接影响到开关电器的质量。在运行中,触头的工作状态不良,是造成设备严重事故的主要原因。所以,触头必须具备以下要求:结构可靠;具有良好的导电性能和接触性能,即触头必须有低的电阻值;通过规定的电流而不过热;具有足够的抗熔焊和抗电弧烧伤的性能;通过短路电流时,具有足够的动稳定性和热稳定性。

触头的质量在很大程度上决定于触头的接触电阻值,因为触头在正常工作和通过短路电流时的发热都与其接触电阻有关。实际上,触头间的接触面并不是全部接触,而仅仅是某些突出点的接触。触头的表面加工状况、表面氧化程度、接触压力及接触情况都会影响接触电阻的数值。

开关电器触头间的接触压力一般是利用触头本身的弹性或附加的弹簧产生的。利用触头本身的弹性不能保证一定的压力，因而也不能保证规定的接触电阻值，当多次接通或断开后，弹性触头可能变形，造成接触不良。一般采用在触头上附加弹簧的方法，使接触压力增加，这样接触电阻较小而且稳定。

用金属材料制成的触头在空气中容易氧化，对接触电阻有很大的影响。金属表面的氧化物一般都是不良导体，氧化程度越严重，氧化层越厚，接触电阻越大。氧化程度与温度有关，当温度在60 ℃以上时，氧化最为强烈。因此，在可断触头的结构上，使触头接通或断开时造成较大的摩擦，将触头表面的氧化层自动净化以减小接触电阻。

3.5.2 触头的分类

(1)平面触头。这种触头在受到很大的压力时，接触点数和实际接触面仍然较小。自动净化能力弱，压强小，接触电阻较大。只限于低压开关中使用，如闸刀开关和插入式熔断器等。

(2)线触头。在高、低压开关电器中普遍采用线触头。线触头是两个触头间的接触面为线接触，如柱面与平面接触，或两个柱面接触。线接触压力强度较大，在同一压力下，线触头比平面触头的实际接触点多。线触头在接通或断开时，一个触头沿另一个触头的表面滑动，由于接触压力较大，氧化层易被自净，可减小接触电阻。

(3)点触头。指两个触头接触面为点接触，如球面和平面接触，或者两个球面的接触。它的优点是接触点更加固定，接触压力更大，接触电阻稳定；缺点是接触面积小，不易散热。这种触头一般应用在工作电流和短路电流较小的情况，如用于继电器和开关电器的辅助触点。

3.5.3 触头结构

3.5.3.1 可断触头

可断触头广泛应用于高低压开关电器中，按其结构的不同，可分为刀形触头、对接式触头、指形触头、梅花形触头。

(1)刀形触头：广泛应用于高压隔离开关和低压刀形开关中，其接触状况可分为面接触和线接触两种。

(2)对接式触头：其结构简单，断开速度比梅花形触头快。但其接触面不稳定，随压力的改变而变化且较大；接通和断开时容易发生弹跳；无自净能力，易被电弧烧伤。因此，只适用于额定电流1 000 A以下场合。

(3)指形触头：结构如图3-15所示。它由装在载流导体2两侧的接触指1、楔形触头3和夹紧弹簧4组成。其特点是动稳定性较好，接通和断开过程中有自净作用。但不易与灭弧室配合，工作表

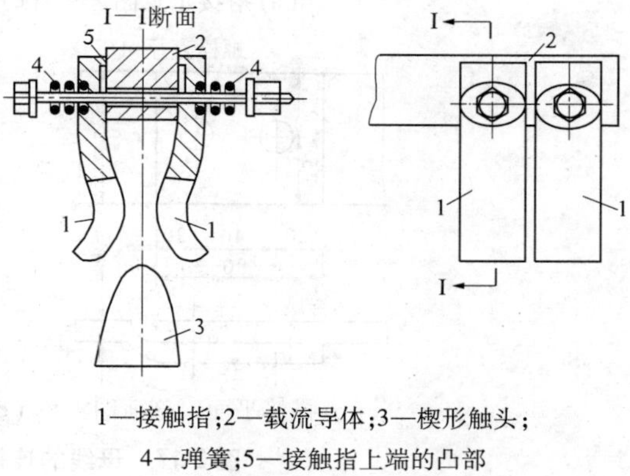

1—接触指；2—载流导体；3—楔形触头；4—弹簧；5—接触指上端的凸部

图3-15 指形触头

面易受电弧烧损。在一些新型隔离开关中应用较多。

(4) 梅花形触头：又叫插座式触头，其结构如图 3-16所示。它的静触头 1 是由多片梯形触指组成的插座，动触头是圆形铜导电杆 4。接通时，导电杆插入插座里，由强力弹簧或弹簧钢片把触指压向导电杆，利用插座的内径与导电杆的外径适当配合，使每片触指内圆的两棱边与圆杆形成线接触，所以接触面工作非常可靠。在接通和断开过程中，导电杆与触指摩擦，使接触面得到自净，所以接触电阻比较稳定。由于导电杆运动方向与触头间的压力方向垂直，接通时触头的弹跳小。又由于触指片间以及触指与导电杆之间的电流是同一方向的，电动力趋向于使触指压紧导电杆，短路时具有很好的动稳定性。但是由于梅花形触头较复杂，使允许通过的电流受到限制，断开时间也较长。插座式触头应用于 SN10 等少油断路器中，作为主触头或灭弧触头。为了增加触头抗电弧灼伤的能力，一般在外套的端部加装铜钨合金保护环 3，在动触头的端部镶嵌铜钨合金制成的耐弧触头。

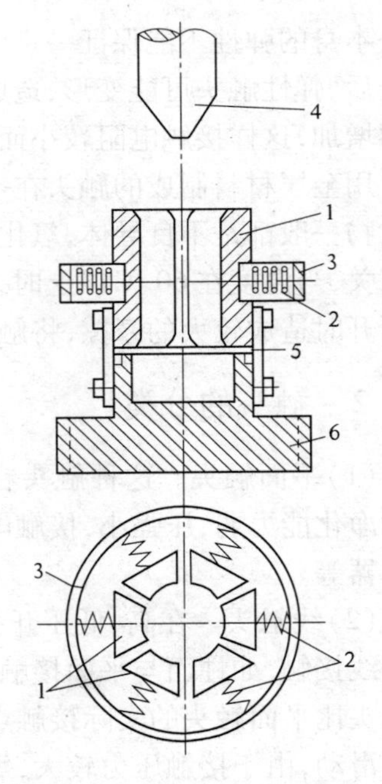

1—静触头片；2—弹簧；3—环；4—动触头；5—挠性连接条；6—触头底座

图 3-16　插座式触头

3.5.3.2　固定触头

固定触头是指连接导体之间不能相对移动的触头，如母线之间、母线与电器的引出端头的连接等。常见的固定连接如图 3-17、图 3-18 所示。固定触头的接触表面都应有适当的防腐措施，以防止外界的侵蚀，保证可靠性和耐久性。防腐的方法一般是在触头连接后，在外面涂以绝缘漆，或中性凡士林油等。

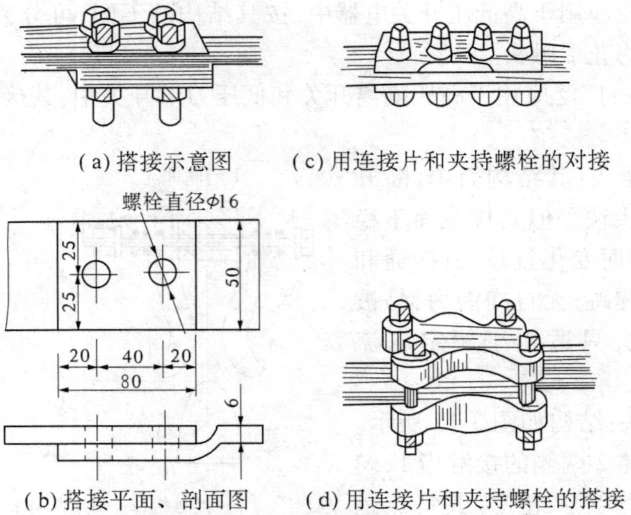

(a) 搭接示意图　(c) 用连接片和夹持螺栓的对接

(b) 搭接平面、剖面图　(d) 用连接片和夹持螺栓的搭接

图 3-17　母线的连接　(单位：mm)

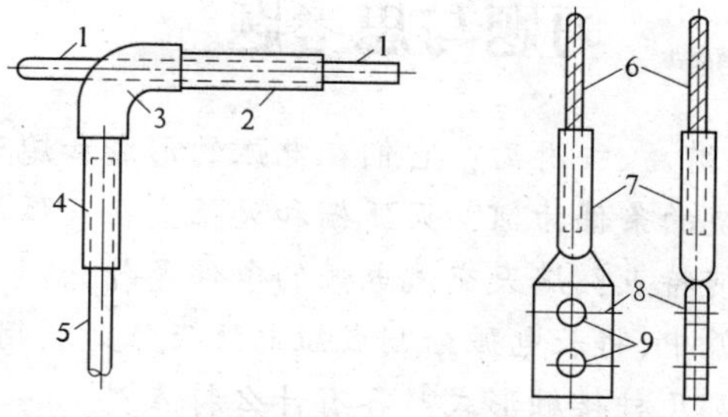

(a) 绞线分支的压接接头　(b) 与电器连接的压接接头

1、5、6—绞线；2、4、7—圆管；3—夹具的外壳；8—端板；9—螺孔

图 3-18　绞线分支与电器连接的压接接头

3.5.3.3　可动触头

可动触头可分为滑动触头和滚动触头。

滑动触头是指被连接的导体总是保持接触，能由一个接触面沿着另一个接触面滑动的触头，如电机中的滑环和碳刷、滑线电阻等。图 3-19 所示为豆形触头，它的静触指分上、下两层，均匀分布在上、下触头座的圆周上，每一触指配有小弹簧作缓冲，以防止动触杆卡涩并减少摩擦，动触杆由其中心孔穿过。豆形触头结构紧凑，有良好的导电能力，应用于 SW6 型少油断路器中。

滚动触头见图 3-20。它由圆形导电杆 2、成对的滚轮 3、固定导电杆 1 及弹簧 5 装配而成。弹簧的作用是保持滚轮和可动导电杆以及滚轮和固定导电杆的接触压力。这种触头应用于 SN10 等系列少油断路器中。

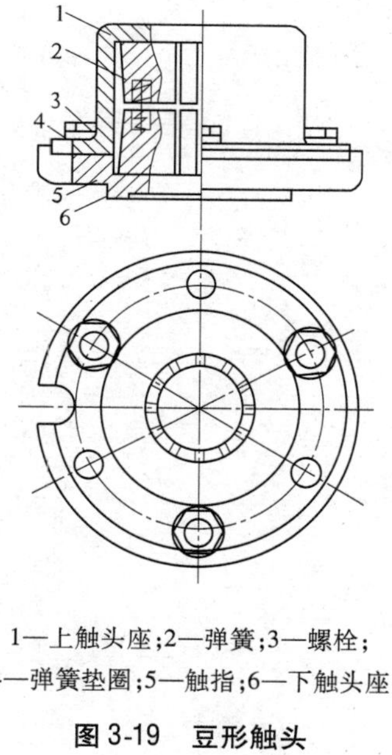

1—上触头座；2—弹簧；3—螺栓；
4—弹簧垫圈；5—触指；6—下触头座

图 3-19　豆形触头

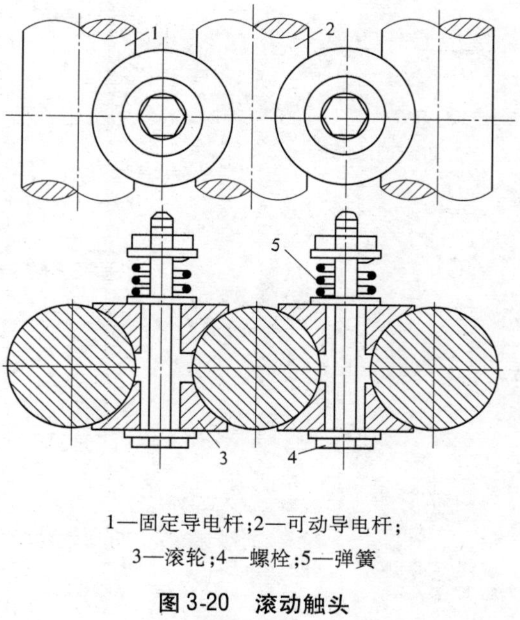

1—固定导电杆；2—可动导电杆；
3—滚轮；4—螺栓；5—弹簧

图 3-20　滚动触头

习题与思考题

3-1 何谓碰撞游离、热游离、去游离？它们在电弧的形成和熄灭过程中起何作用？

3-2 直流电弧稳定燃烧的条件为何？灭弧栅和灭弧室在灭弧原理上有何差别？

3-3 交流电弧电流有何特点？熄灭交流电弧的条件是什么？

3-4 在直流和交流电弧中，将长电弧分割成短电弧灭弧是利用了什么原理？

3-5 电气触头主要有哪几种接触形式？各有什么特点？

第 4 章　电气设备及载流导体

教学要求

理解高压开关电器的结构特点、分类以及型号；重点掌握各类断路器的工作原理以及用途；掌握隔离开关、高压负荷开关、高压熔断器的作用以及工作原理；掌握互感器的作用、工作原理以及接线方式；掌握母线、电缆、绝缘子、限流电器的工作原理、结构及应用；掌握各类低压开关电器的工作原理及应用。

4.1　高压开关电器

高压开关电器是发电厂、变电所等各类配电装置中不可缺少的电气设备。开关电器的作用是：正常工作情况下可靠地接通或开断电路；在改变运行方式时进行切换操作；当系统中发生故障时迅速切除故障部分，以保证非故障部分的正常运行；在设备检修时隔离带电部分，以保证工作人员的安全。

4.1.1　高压开关电器的种类

高压开关电器的种类，按不同的方法分类如下。

4.1.1.1　按安装地点分类

高压开关电器按安装地点分为户内式和户外式两类，其中 110 kV 以下的高压开关电器既有户内式，也有户外式；110 kV 及以上的高压开关电器，主要为户外式。

4.1.1.2　按功能分类

(1)高压断路器。高压断路器是既用来开断或关合正常工作电流，也用来开断过负荷电流或短路电流的开关电器。它是开关电器中最复杂、最重要、性能最完善的一类设备。

(2)隔离开关。隔离开关是一种主要用于检修时隔离电压或运行时进行倒闸操作的开关电器，它也可以用来开断或关合小电流电路。

(3)高压负荷开关。高压负荷开关是一种能在正常情况下开断和关合工作电流的开关电器，也可以开断过负荷电流，但不能开断短路电流。因此，一般情况下高压负荷开关要与高压熔断器配合使用。

(4)高压熔断器。高压熔断器是用来自动开断短路电流或过负荷电流的开关电器。

4.1.2　高压断路器

4.1.2.1　高压断路器的用途

高压断路器是高压电器中最重要的设备之一，是电力系统中控制和保护电路的关键设备。它在电网中的作用有两方面:其一是控制(操作)作用,即根据电力系统的运行要求,接通或开断工作电路;其二是保护作用,当系统中发生故障时,在继电保护装置的作用下,断路器自动开断故障部分,以保证系统中无故障部分的正常运行。

4.1.2.2 断路器的基本参数

(1)额定电压。指断路器长时间运行能承受的正常工作电压。它不仅决定了断路器的绝缘水平,而且在相当程度上决定了断路器的总体尺寸和灭弧条件。由于输电线路有电压降,电网不同地点的电压可能高出额定电压10%左右,使断路器可能在高于额定电压下长期工作,故制造厂规定断路器的最高电压对于10~220 kV的线路为1.15倍额定电压,对于330 kV及以上为1.1倍额定电压。

(2)额定电流。它是断路器的触头结构和导电部分在规定环境温度下允许通过的长期工作电流,其相应的发热温度不会超过国家标准。它决定了断路器触头及导电部分的截面,并且在某种程度上也决定了它的结构。

(3)额定开断电流。指断路器在额定电压下能可靠开断的最大短路电流的有效值。它表征断路器的开断能力。由于开断电流与电压有关,当断路器降低电压级使用(例如10 kV断路器用于3~6 kV电网)时,具有相应增大的开断电流,但有一最大值,称为极限开断电流。

(4)额定开断容量。断路器的开断能力也可间接用开断容量S_{kd}来表示,在三相电路中其大小等于额定电压与额定开断电流乘积的$\sqrt{3}$倍。

(5)动稳定电流。表明断路器在冲击短路电流作用下,承受电动力的能力。其值由导电和绝缘等部件的机械强度决定。

(6)热稳定电流。表明断路器承受短路电流热效应的能力。用通电时间(一般取4 s)和最大电流有效值来综合表示。

(7)开断时间。从操作机构跳闸线圈接通跳闸脉冲起,到三相电弧完全熄灭时止的一段时间称为断路器的开断时间,它等于断路器的固有分闸时间t_g和熄弧时间t_{xh}之和,即

$$t_{kd} = t_g + t_{xh}$$

其中,固有分闸时间t_g是从跳闸线圈接通跳闸脉冲到动、静触头刚分离的一段时间;熄弧时间t_{xh}是从触头刚分离到各相电弧熄灭的时间。

4.1.2.3 高压断路器的分类和型号

1. 高压断路器的分类

高压断路器按安装地点可分为户内式和户外式两种;按所采用的灭弧介质可以分为油断路器、真空断路器、SF_6断路器和压缩空气断路器等几种。

2. 高压断路器的型号

高压断路器的型号、规格一般由文字符号和数字组合方式表示,如图4-1所示。

高压断路器型号主要由以下八个单元组成:

第一单元,产品字母代号:S为少油断路器;D为多油断路器;K为空气断路器;L为六

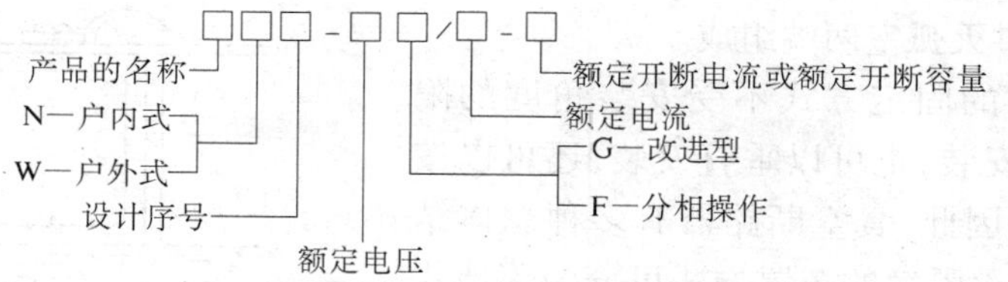

图 4-1　高压断路器的型号、规格示意图

氟化硫断路器;Z 为真空断路器;Q 为自产气断路器;C 为磁吹断路器。

第二单元,装设地点代号:N 为户内式;W 为户外式。

第三单元,设计序号,以数字表示。

第四单元,额定电压,kV。

第五单元,其他补充工作特性标志:G 为改进型;F 为分相操作。

第六单元,额定电流,A。

第七单元,额定开断电流,kA;或额定开断容量,MVA。

第八单元,特殊环境代号。

例如:型号为 SN10 - 10/3000 - 750 的断路器,其含义表示为:少油断路器、户内式、设计序号 10,额定电压 10 kV,额定电流 3 000 A,开断容量 750 MVA。

4.1.2.4　油断路器

油断路器采用绝缘油作灭弧介质。它又可以分为多油断路器和少油断路器。多油断路器的油除作灭弧介质和分闸后触头间的绝缘外,还作为带电部分对地的绝缘,故它的油箱是直接接地的,用油量较大。少油断路器的油仅作灭弧介质和分闸后触头间的绝缘,而带电部分对地绝缘采用瓷件或其他介质,因此用油量较少。

少油断路器分为户内式和户外式。额定电压 35 kV 以下的少油断路器只有户内式,35 kV 以上只有户外式,35 kV 的少油断路器既有户内式又有户外式。35 kV 及以下的少泊断路器采用壁挂式结构,35 kV 以上的则采用落地式结构。

油断路器因其维护简单、价格低廉、技术成熟等而被广泛用于电力系统中,但随着其他类型断路器(特别是真空断路器和六断路器)技术的成熟和价格的降低,尤其是无人值守变电所的建设中开关无油化是其基本要求之一,因此油断路器的应用受到了很大限制,使用量越来越小。

4.1.2.5　真空断路器

真空断路器利用真空度一般为 10^{-4} Pa(运行中不低于 10^{-2} Pa)的高真空作为内绝缘和灭弧介质。真空度就是气体的绝对压力与大气压的差值,表示气体稀薄的程度。气体的绝对压力值越低,真空度就越高。当灭弧室内被抽成 10^{-4} Pa 的高真空时,其绝缘强度要比绝缘油、一个大气压力下的 SF_6 和空气的绝缘强度高很多。真空间隙的气体稀薄,分子的自由行程较大,发生碰撞游离的几率很小。所以,真空击穿产生电弧是由触头蒸发出来的金属蒸气帮助形成的。

1. 真空断路器的基本结构

真空断路器的总体结构除采用真空灭弧室外,与油断路器相似。它由真空灭弧室、绝缘支撑、传动机构、操动机构、基座(框架)等组成,如图 4-2所示。导电回路由导电夹、软连接、出线板通过灭弧室两端组成。

真空断路器的固定方式不受安装角度的限制,它可以水平安装,也可以垂直安装,还可以按任意角度安装。因此,真空断路器有多种总体结构形式。按真空灭弧室的布置方式可分为落地式和悬挂式两种基本形式,以及这两种方式相结合的综合式和接地箱式。

落地式真空断路器将真空灭弧室安装在上方,用绝缘子支持,操动机构设置在底座的下方,上下两部分由传动机构通过绝缘杆连接起来。图 4-2所示为落地式的一种。落地式机构有以下优点:传动效率高,分合闸操作时直上直下传动环节少,摩擦阻力小;稳定性好,操作时振动小;便于操作人员观察和更换灭弧室;产品系列性强,而且容易实现户内外产品的相互交换。落地式机构的缺点是:总体高度较高,操动机构检修不方便。

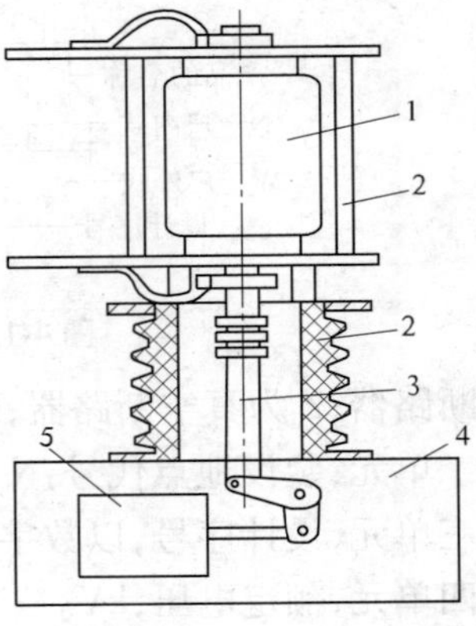

1—开断装置;2—绝缘支撑;3—传动机构;4—基座;5—操动机构

图 4-2 真空断路器基本组成部分示意图

悬挂式真空断路器将真空灭弧室用绝缘子悬挂在底座框架的前方,而操动机构设置在后方(即框架内部),前后两部分用绝缘传动杆连接起来。

图 4-3 所示为 ZN28 - 10 型断路器外形图。

它采用悬挂式结构,真空断路器装在一个手车上,主要由机架、真空灭弧室及传动系统组成。机架为钢板及角钢焊接而成,装有中间封接式纵向磁场真空灭弧室,主轴通过绝缘拉杆、小拐臂与真空灭弧室动导电杆连接,使断路器实现分、合闸。各相支撑杆是用玻璃纤维压制而成的,绝缘性能好,机械强度高,各相灭弧室间不需另加相间隔板。

悬挂式真空断路器与传统的少油断路器机构类似,宜用于手车式开关柜。由于操动机构与高电压隔离,便于检修。这种机构的缺点是:总体深度尺寸大,用铁多,质量重;绝缘子承受弯曲力;操作时灭弧室振动大;传动效率不高。因此,一般只适用于中等电压以下的产品。

2. 真空灭弧室

真空灭弧室是真空断路器中最重要的部件,其结构如图 4-4 所示。

真空灭弧室的外壳是由绝缘筒、两端的金属盖板和波纹管所组成的密封容器。灭弧室内有一对触头,静触头焊接在静导电杆上,动触头焊接在动导电杆上,动导电杆在中部与波纹管的一个断口焊在一起,波纹管的另一端口与动端盖的中孔焊接,动导电杆从中孔穿出外壳。由于波纹管可以在轴向上自由伸缩,故这种结构既能实现在灭弧室外带动动触头作分合运动,又能保证真空外壳的密封性。

由于大气压力的作用,灭弧室在无机械外力作用时,其动静触头始终保持闭合位置,当外力使动导电杆向外运动时,触头才分离。

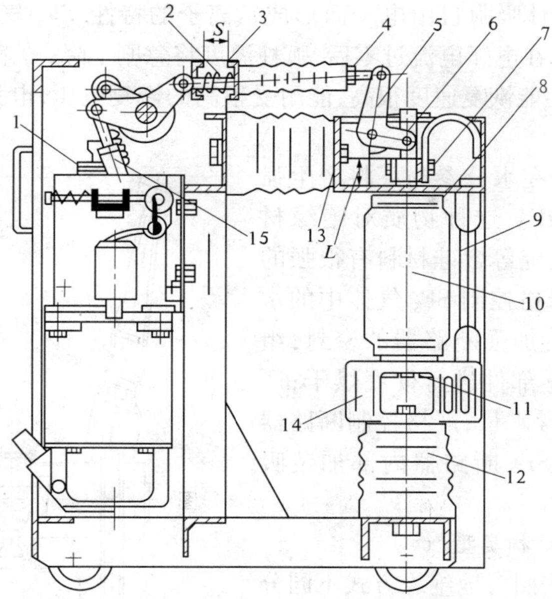

1—开距调整垫片;2—触头压力弹簧;3—弹簧座;4—接触行程调整螺栓;5—拐臂;6—导向板;
7—导电紧固螺栓;8—上支架;9—支撑杆;10—真空灭弧室;11—真空灭弧室固定螺栓;12—绝缘子;
13—绝缘子固定螺栓;14—下支架;15—输出杆;*L*—行程;*S*—接触行程

图 4-3　ZN28－10 型真空断路器外形图

4.1.2.6　六氟化硫(SF_6)断路器

1. SF_6 气体的特性

SF_6 气体是一种无色、无臭、无毒和不可燃的惰性气体,化学性能稳定。在静止 SF_6 气体中的灭弧能力为空气中的 100 倍以上。SF_6 具有优良的灭弧和绝缘性能。

SF_6 气体灭弧性能特别强的原因主要有以下三点:第一,SF_6 气体的分子在分解时吸收的能量多,对弧柱的冷却作用强;第二,SF_6 气体在高温时分解出的硫、氟原子和正负离子,与其他灭弧介质相比,在同样的弧温时有较大的游离度,在维持相同游离度时弧柱温度较低,因此 SF_6 气体中电弧电压较低,燃弧时的电弧能量小,对灭弧有利;第三,SF_6 气体分子的负电性强。所

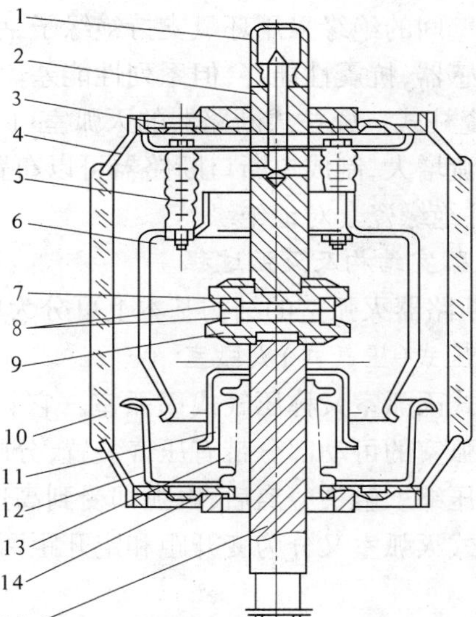

1—外保护帽;2—静导电杆;3—静端盖板;4—可伐环;
5—瓷柱;6—屏蔽筒;7—静跑弧面;8—触头;
9—动跑弧面;10—玻壳;11—保护罩;12—屏蔽罩;
13—波纹管;14—动端盖板;15—动导电杆

图 4-4　ZN－10 型真空灭弧室结构图

谓负电性，是指 SF_6 气体吸附自由电子而形成负离子的特性，SF_6 气体负电性强，加强了去游离，降低导电率。在电弧电流过零后，弧柱温度将急剧下降，分解物急速复合。因此，SF_6 气体弧隙的介质性能恢复速度很高，能耐受很高的恢复电压，电弧在电流过零后不易重燃。

在 SF_6 断路器中，在水分参与下将产生强腐蚀性的分解产物 HF。这种物质对绝缘材料、金属材料、玻璃、电瓷等含硅材料有很强的腐蚀性。因此，必须严格控制 SF_6 气体中的水分。常采用的措施有：加强断路器的密封；组装断路器时，先要对零部件进行彻底烘干；严格控制 SF_6 气体中的含水量；严格控制断路器充气前的含水量；在 SF_6 断路器内部加装吸附剂。

2. SF_6 断路器的结构类型

SF_6 断路器结构按照对地绝缘方式不同分以下两种类型：

(1)落地罐式。这种断路器的总体结构与多油断路器相似，如图 4-5 所示。它把触头和灭弧室装在充有 SF_6 气体并接地的金属罐中，触头与罐壁间的绝缘采用环氧支持绝缘子，引出线靠绝缘瓷套管引出。这种结构便于安装电流互感器，抗震性能好，但系列性能差。

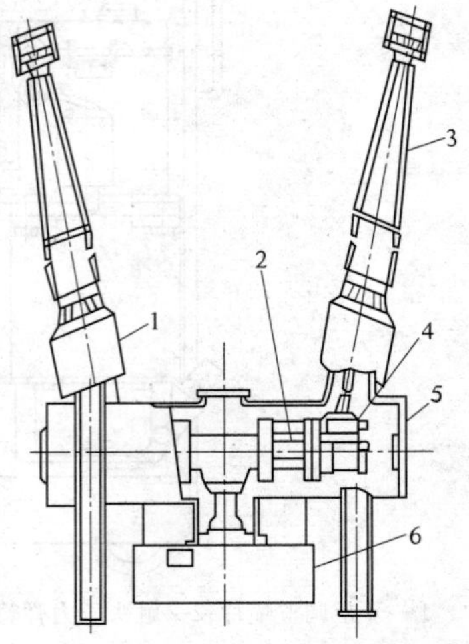

1—套管式电流互感器；2—灭弧室；3—套管；
4—合闸电阻；5—吸附剂；6—操作机构箱

图 4-5　500 kV SFMT 型断路器

(2)瓷柱式。瓷柱式断路器的灭弧室可布置成“T”形或“Y”形，220 kV SF_6 断路器随着开断电流增大，制成单断口断路器可以布置成单柱式，如图 4-6 所示。灭弧室位于高电位，靠支柱绝缘瓷套对地绝缘。

3. 灭弧室结构及灭弧过程

SF_6 断路器灭弧室的结构基本上可分为单压式和双压式两种。

1)单压式(压气式)灭弧室

单压式灭弧室又称压气式灭弧室。它只有一个气压系统，即常态时只有单一的 SF_6 气体。灭弧室的可动部分带有压气装置，分闸过程中，压气缸与触头同时运动，将压气室内的气体压缩。触头分离后，电弧即受到高速气流纵吹而将电弧熄灭。

单压式灭弧室又分为变开距和定开距两种。图 4-7 所示为变开距单压式灭弧室的工作原理。

压力活塞是固定不动的。图 4-7(a)所示触头在合闸位置。分闸时，操动机构通过拉杆使动触头、动弧触头、绝缘喷嘴和压气缸运动，在压力活塞与压气缸之间产生压力。图 4-7(b)所示为产生压力的情况。当动静触头分离后，触头间产生电弧，同时压气缸内 SF_6 气体在压力作用下吹向电弧，使电弧熄灭，如图 4-7(c)所示。当电弧熄灭后，触头在分闸位置，如图 4-7(d)所示。因为电弧可能在触头运动的过程中熄灭，所以这种结构的灭弧室称为变开距灭弧室。在定开距灭弧室中，压气活塞是固定不动的，静触头与动触头之间的开距也是固定不变的。

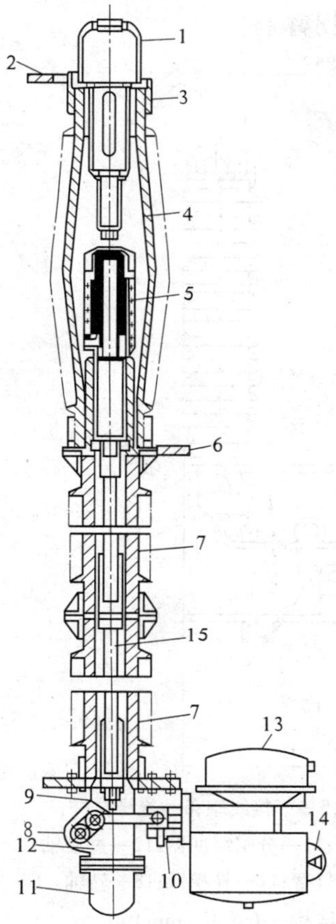

1—帽;2—上接线板;3—密封圈;4—灭弧室;5—动触头;
6—下接线板;7—支柱绝缘套;8—轴;9—操作机构传动杆;
10—辅助开关传动杆;11—吸附剂;12—传动机构箱;
13—液压机构;14—操作拉杆;15—拉杆

图 4-6 单压式定开距灭弧室绝缘套支柱型断路器

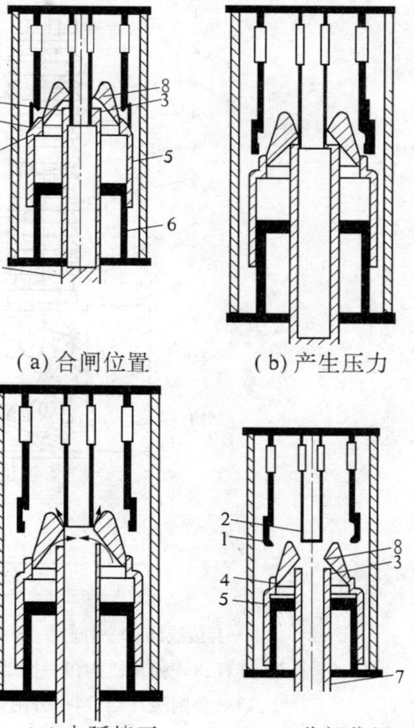

(a)合闸位置 (b)产生压力 (c)电弧熄灭 (d)分闸位置

1—静触头;2—静弧触头;3—动弧触头;
4—动触头;5—压气缸;6—压气活塞;
7—拉杆;8—喷嘴

图 4-7 变开距单压式灭弧室工作原理

2)双压式灭弧室

它有高压和低压两个气压系统。灭弧时,高压室控制阀打开,高压 SF_6 气体经过喷嘴吹向低压系统,再吹向电弧使其熄灭。灭弧室内正常时充有高压气体的称为常充高压式;仅在灭弧过程中才充有高压气体的称为瞬时充高压式。

单压式结构简单,但开断电流小、行程大,固有分闸时间长,而且操动机构的功率大。近年来,单压式 SF_6 断路器广泛采用了大功率液压机构和双向吹弧,并逐渐取代双压式。

4. LW16－35 型断路器

下面以 LW16－35 型断路器为例介绍 SF_6 断路器的结构及工作原理。

(1)LW16－35 型断路器结构。其外形如图 4-8 所示。三相固定在一个公共底架上,

各相的 SF_6 气体都与总气管连通，每相的底箱上有一伸出的转轴，在上面装有外拐臂并与连杆相连，U 相转轴通过四连杆与过渡轴相连，过渡轴再通过另一个四连杆与操动机构的输出轴相连，分闸弹簧连在与 12、13 相连的转轴的外拐臂上。

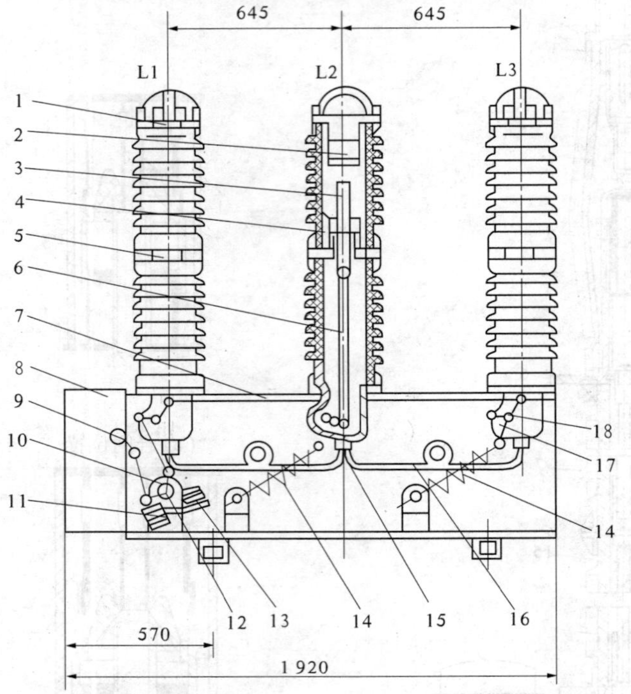

1—上接线座；2—静触头；3—导电杆；4—中间触指；5—下接线座；6—绝缘拉杆；7—连杆；8—弹簧机构；9—操动机构输出轴；10—拐臂；11—分闸缓冲器；12—过渡轴；13—合闸缓冲器；14—分闸弹簧；15—内拐臂；16—气臂；17—外拐臂；18—转轴

图 4-8　LW16－35 型 SF_6 断路器外形结构　（单位：mm）

（2）自能旋弧式灭弧室工作原理。LW16－35 型断路器采用膨胀式灭弧原理。分闸时，动触头向下运动，动、静触头之间产生电弧。当静触头上的弧根转移到弧环上之后，旋弧线圈被串联进电路，并产生旋转磁场，使电弧旋转。均匀加热 SF_6 气体，气体压力升高，与喷口下游形成压差，产生强烈喷口气吹，在电流过零时，自然熄弧。其灭弧能力随开断电流而自动调节。这种断路器具有良好的开断性能，而且由于电弧不断地旋转，使触头和灭弧室的烧损均匀且轻微。

4.1.2.7　断路器操动机构

操动机构是高压断路器整个操作系统中的主要部分，是断路器本身附带的合、跳闸传动装置，用来使断路器合闸或维持闭合状态，或使断路器跳闸。在操动机构中均设有合闸机构、维持机构和跳闸机构。由于动力来源的不同，操动机构可分为电磁操动机构（CD）、弹簧操动机构（CT）、液压操动机构（CY）、电动机操动机构（CJ）、气动操动机构（CQ）等。其中应用较广的是弹簧操动机构和液压操动机构。不同型式的断路器，根据传动方式和机械荷载的不同，可配用不同型式的操动机构。

各种型式的操动机构的跳闸电流都相差不大。当直流操作电压在 110～220 V 时，一般为0.5~5 A;而合闸电流相差较大,如用弹簧、液压、气压等操动机构操作,合闸电流较小,当直流操作电压在110~220 V时,一般不大于5 A;如果电磁机构直接合闸,则合闸电流很大,可达几十安到数百安,对此在设计控制回路时必须注意。

1. 电磁操动机构

电磁操动机构是靠电磁力进行合闸的机构,这种机构结构简单、加工方便、运行可靠,是我国断路器过去应用较普通的一种操动机构。由于是利用电磁力直接合闸,合闸电流很大可达几十安至数百安,所以合闸回路不能直接利用控制开关触点接通,必须采用中间接触器(即合闸接触器),利用接触器灭弧装置的触头去接通合闸线圈。电磁操动机构是一种悬挂式结构,主要由机构、电磁系统、底座三部分组成。

为便于手力合闸,由用户自备一根长500~800 mm、内径为25 mm的水煤气管套在合闸曲柄上,即可进行合闸操作。

2. 弹簧操动机构

弹簧操动机构是靠预先储存在弹簧内的位能来进行合闸的机构。这种机构不需要配备附加设备,弹簧储能时耗用功率小(用1.5 kW的电动机储能),因而合闸电流小,合闸回路可直接用控制开关触点接通。目前广泛使用于少油断路器、真空断路器和SF_6断路器。弹簧操动机构在合闸以前必须将弹簧上紧,上紧弹簧可以用电机也可以用手力。

3. 液压操动机构

液压操动机构是靠压缩气体(氮气)作为能源,以液压油作为传递媒介来进行合闸的机构。此种机构所用的高压油预先储存在贮油箱内,用功率较小(1.5 kW)的电动机带动油泵运转,将油压入贮压筒内,使预压缩的氮气进一步压缩,从而不仅合闸电流小,合闸回路可直接用控制开关触点接通,而且压力高、转动快、动作准确、出力均匀。目前,我国110 kV及以上的少油断路器及SF_6断路器广泛采用这种操动机构。

4. 气动操动机构

气动操动机构是以压缩空气储能和转递能量的机构。此种机构功率大、速度快,但结构复杂,需配备空气压缩设备,所以只应用于空气断路器上。气动操动机构的合闸电流也较小,合闸回路中也可直接用控制开关触点接通。

4.1.3 隔离开关

隔离开关又称隔离刀闸,是一种高压开关电器。因为它没有专门的灭弧装置,故不能用来切断负荷电流和短路电流。使用时应与断路器配合,只有在断路器开断时才能进行操作,隔离开关在分闸时,动静触头间形成明显可见的断口,绝缘可靠。

4.1.3.1 隔离开关的作用与要求

在电力系统中,隔离开关的主要作用有:

(1)隔离电源。将需要检修的线路或电气设备与带电的电网隔离,以保证检修人员及设备的安全。

(2)倒闸操作。在双母线的电路中,可利用隔离开关将设备或线路从一组母线切换到另一组母线,实现运行方式的改变。

(3)接通和断开小电流电路。隔离开关可以直接操作小电流电路,例如:接通和断开电压互感器和避雷器电路;接通和断开电压为 10 kV,长 5 km 以内的空载配电线路;接通和断开电压为 35 kV、容量为 1 000 kVA 及以下和电压为 110 kV、容量为 3 200 kVA 及以下的空载变压器;接通和断开电压为 35 kV,长度在 10 km 以内的空载输电线路。

按照隔离开关所担负的任务,应满足以下要求:

(1)隔离开关应具有明显的断开点,以便于确定被检修的设备或线路是否与电网断开。

(2)隔离开关断开点之间应有可靠的绝缘,以保证在恶劣的气候条件下也能可靠工作,并在过电压及相间闪络的情况下,不致从断开点击穿而危及人身安全。

(3)隔离开关应具有足够的热稳定性和动稳定性,尤其不能因电动力的作用而自动断开,否则将引起严重事故。

(4)隔离开关的结构要简单,动作要可靠。

(5)带有接地闸刀的隔离开关必须有连锁机构,以保证先断开隔离开关,然后再合上接地闸刀;先断开接地闸刀,然后再合上隔离开关的操作顺序。

(6)隔离开关要装有和断路器之间的连锁机构,以保证正确的操作顺序,杜绝隔离开关带负荷操作事故的发生。

4.1.3.2 隔离开关的技术参数、分类和型号

1. 隔离开关的主要技术参数

(1)额定电压:指隔离开关长期运行时所能承受的工作电压。

(2)最高工作电压:指隔离开关能承受的超过额定电压的最高电压。

(3)额定电流:指隔离开关可以长期通过的工作电流。

(4)热稳定电流:指隔离开关在规定的时间内允许通过的最大电流。它表明了隔离开关承受短路电流热稳定的能力。

(5)极限通过电流峰值:指隔离开关所能承受的最大瞬时冲击短路电流。

2. 隔离开关分类

隔离开关种类很多,按不同的分类方法分类如下:

(1)按装设地点的不同,可分为户内式和户外式两种。

(2)按绝缘支柱数目,可分为单柱式、双柱式和三柱式三种。

(3)按动触头运动方式,可分为水平旋转式、垂直旋转式、摆动式和插入式等。

(4)按有无接地闸刀,可分为无接地闸刀、一侧有接地闸刀、两侧有接地闸刀三种。

(5)按操动机构的不同,可分为手动式、电动式、气动式和液压式等。

(6)按极数的不同,可分为单极、双极、三极三种。

(7)按安装方式不同,分为平装式和套管式等。

3. 隔离开关的型号

隔离开关的型号、规格一般由文字符号和数字组合方式表示如下:

1 2 3 - 4 5 / 6

代表意义为:

第一单元,产品字母代号,G 为隔离开关;

第二单元,安装场所代号,N 为户内式,W 为户外式;

第三单元,设计序列顺序号,用数字 1、2、3…表示;

第四单元,额定电压,kV;

第五单元,其他标志,T 为统一设计,G 为改进型,D 为接地刀闸,K 为快分型等;

第六单元,额定电流,A。

4.1.3.3 户内式隔离开关

户内式隔离开关采用闸刀形式,有单极和三极两种。闸刀的运动方式为垂直旋转式。其基本结构包括导电回路、传动机构、绝缘部分和底座等。

我们以 GN19 系列隔离开关为例,对户内式隔离开关的结构和工作原理简单地了解一下。GN19 系列隔离开关按其结构特征分为 GN19 - 10 型(平装型)和 GN19 - 10C 型(穿墙型)两类。GN19 - 10 型隔离开关的每相导电部分通过两个支柱绝缘子固定在底架上;GN19 - 10C 型又分为 C1、C2、C3 三种穿墙型式,其中,C1、C2 型的一侧为支柱绝缘子,另一侧为瓷套管,C3 则两侧均为瓷套管。

导电回路主要由闸刀(动触头)、静触头和接线端等组成。静触头固定在支柱绝缘子上。动触头由每相两片槽形铜片组成,合闸时用弹簧紧紧地夹在静触头两边形成线接触,以保证触头间的接触压力和压缩行程。对额定电流大(1 000 A 及以上)的隔离开关普遍采用磁锁装置来加强动、静触头间通过短路电流时的接触压力。所谓磁锁装置,是由装在两闸刀外侧的两片钢片组成的,当短路电流沿闸刀流向静触头时,闸刀外侧的两片钢片受磁力的作用互相吸引,增加了两闸刀对静触头的接触压力,从而保证触头对短路电流的稳定性。

在底架上安装有限位板(停挡)以保证导电触刀"分"、"合"时得到所要求的终点位置。图 4-9 为 GN19 - 10/400、630 型隔离开关的外形图。

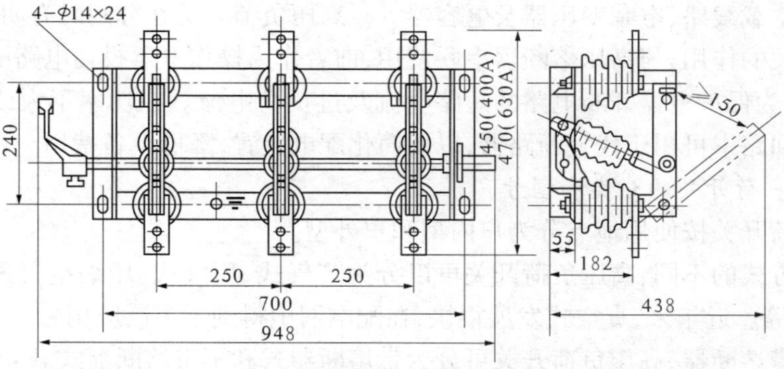

图 4-9 GN19 - 10/400、630 型隔离开关外形及尺寸 (单位:mm)

隔离开关和配用的操动机构(CS6 - 1T(G)型)可以水平、垂直或倾斜安装在开关柜内,也可以安装在支柱、墙壁、横梁、天花板及金属构架上。

4.1.3.4 户外式隔离开关

户外隔离开关分为单柱式、双柱式和三柱式等。下面介绍 GW5 - 35D 型隔离开关。

图 4-10 为 GW5 - 35D 型隔离开关外形图。它采用双柱式结构,制成单极型式,借助连杆构成三相连动。每极有两个棒式绝缘子,并组成"V"形装在同一个底座内的两个轴承座上。闸刀做成两段式,各固定在棒式绝缘子的顶端,可动触头成楔形连接。操动机构

动作时，两个棒式绝缘子同速反向旋转 90°，使隔离开关开断或接通。

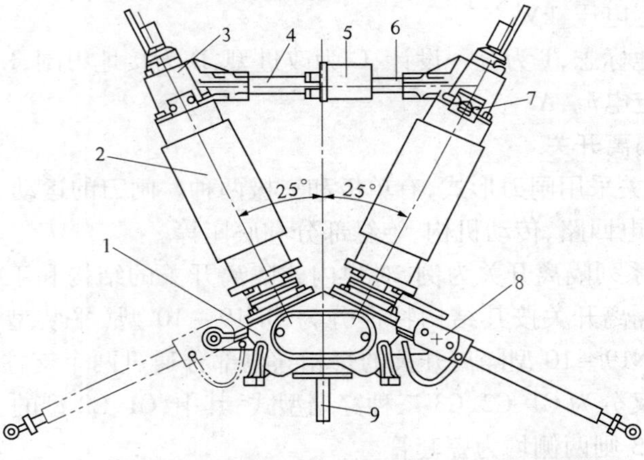

1—底座；2—支柱瓷瓶；3—触头座；4、6—主闸刀；5—触头及防护罩；
7—接地静触头；8—接地闸刀；9—主轴

图 4-10　GW5－35D 型隔离开关外形图

4.1.4　高压负荷开关

4.1.4.1　高压负荷开关的用途及类型

1. 高压负荷开关的用途

高压负荷开关是一种结构比较简单，具有一定开断和关合能力的开关电器。它具有灭弧装置和一定的分合闸速度，能开断正常的负荷电流和过负荷电流，也能关合一定的短路电流，但不能开断短路电流。因此，高压负荷开关可用于控制供电线路的负荷电流，也可用来控制空载线路、空载变压器及电容器等。高压负荷开关在分闸时有明显的断口，可起到隔离开关的作用，与高压熔断器串联使用，前者作为操作电器投切电路的正常负荷电流，而后者作为保护电器开断电路的短路电流及过负荷电流。在功率不大或可靠性要求不高的配电回路中可用于代替断路器，以便简化配电装置，降低设备费用。

2. 高压负荷开关的分类和型号

高压负荷开关按使用地点分为户内型和户外型。

按灭弧方式的不同，高压负荷开关可以分为产气式、压气式、压缩空气式、油浸式、真空式、SF_6 式等。近年来，真空式发展很快，在配电网中得到了广泛应用。

按是否带熔断器，高压负荷开关可分为带熔断器式和不带熔断器式。

高压负荷开关的型号一般由文字符号和数字组合而成，表示方式如下：

[1][2][3]－[4][5][6][7]/[8][9]

第一单元，F 为负荷开关，Z 为真空负荷开关。

第二单元，N 为户内型，W 为户外型。

第三单元，设计序号。

第四单元，额定电压，kV。

第五单元，操动机构代号，如 D 为配电动操动机构，无 D 为配手动操动机构。

第六单元，熔断器代号，如 R 为带熔断器，无 R 为不带熔断器。

第七单元,S 为熔断器装在开关上端,无 S 为装在开关下端。

第八单元,额定工作电流,A。

第九单元,额定开断电流,kA。

4.1.4.2 户内型负荷开关

图 4-11 所示为 FN4－10 型户内高压真空负荷开关外形及安装尺寸。采用落地式结构,真空灭弧室装在上部,操动机构装设在下面,机构部分就是基座。在基座底板上前后对称地竖立着 2 排绝缘杆,用来固定和支撑中间的绝缘板。在这块绝缘板上按三角位置排列,又竖立 3 组绝缘杆(共计 9 根),每一组绝缘板上分别装着压板,真空灭弧室就垂直被压在压板和中间绝缘板之间。电磁操动机构通过 3 个环氧树脂绝缘子拉杆,使 3 个真空灭弧的动触头同时动作,接通或开断电路。在合闸位置时,压缩连接头内的弹簧,使触头保持一定的接触压力。相间装有绝缘板,以免发生相间弧光短路。

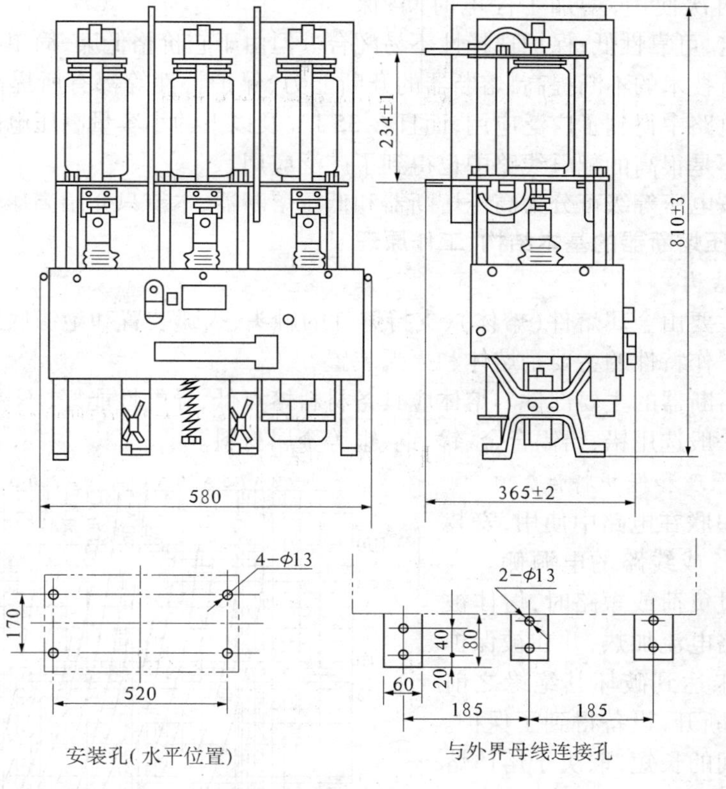

图 4-11　FN4－10 型真空负荷开关外形及安装尺寸　(单位:mm)

4.1.4.3 户外型负荷开关

图 4-12 所示为 FW11－10 型 SF_6 负荷开关的外形图。这种负荷开关用 SF_6 作灭弧介质。三相共用一个箱体,箱体内充有 SF_6 气体。在箱体的一端安装操动机构,箱体底部吸附剂罩里面有吸附剂和充气阀门,吸附剂是用来吸附 SF_6 气体中的水分的。瓷套管起对地绝缘、支持动静触头和引出接线端子的作用。

4.1.5 高压熔断器

4.1.5.1 熔断器的作用与特点

熔断器是最简单和最早使用的一种保护电器。它串联在电路中,当电路发生短路或过负荷时,熔体熔断,切断故障电路,使电气设备免遭损坏,并维持电力系统其余部分的正常工作。熔断器的优点是:结构简单,体积小,布置紧凑,使用方便;动作直接,不需要继电器保护和二次回路相配合;价格低。熔断器的缺点是:每次熔断后须停电更换熔件才能再次使用,增加了停电时间;保护特性不稳定,可靠性低;保护选择性不易配合。但由于它价格低廉、简单实用,特别是随着熔断器制造技术的不断提高,熔断器的开断能力、保护特性等都有所提高,所以熔断器不仅在低压电路中得到了广泛应用,而且在35 kV及以下的小容量高压电路,特别是供电可靠性要求不是很高的配电线路中也得到了广泛应用。

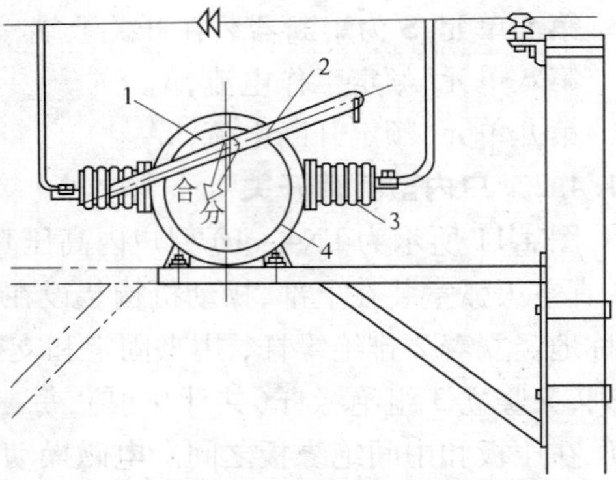

1—端盖;2—操动机构;3—绝缘子;4—箱体

图4-12 FW11-10型SF_6负荷开关的外形图

熔断器按电压等级可分为高压熔断器和低压熔断器,本节只介绍高压熔断器。

4.1.5.2 高压熔断器的基本结构、工作原理

1. 基本结构

熔断器主要由金属熔件(熔体)、支持熔件的触头、灭弧装置和绝缘底座等部分组成。其中决定其工作特性的主要是熔体和灭弧装置。

熔体是熔断器的主要部件。熔体应具备材料熔点低、导电性能好、不易氧化和易于加工等特点。一般选用铅、铅锡合金、锌、铜、银等金属材料。

2. 工作原理和保护特性

熔断器串联在电路中使用,安装在被保护设备或线路的电源侧。当电路中发生过负荷或短路时,熔体被过负荷或短路电流加热,并在被保护设备的温度未达到破坏其绝缘之前熔断,使电路断开,设备得到了保护。熔体熔化时间的长短,取决于熔体熔点的高低和所通过电流的大小。熔体材料的熔点越高,熔体熔化就越慢,熔断时间就越长。熔体熔断电流和熔断时间之间呈现反时限特性,即电流越大,熔断时间就越短,其关系曲线称为熔断器的保护特性,也称安秒特性,如图4-13所示。

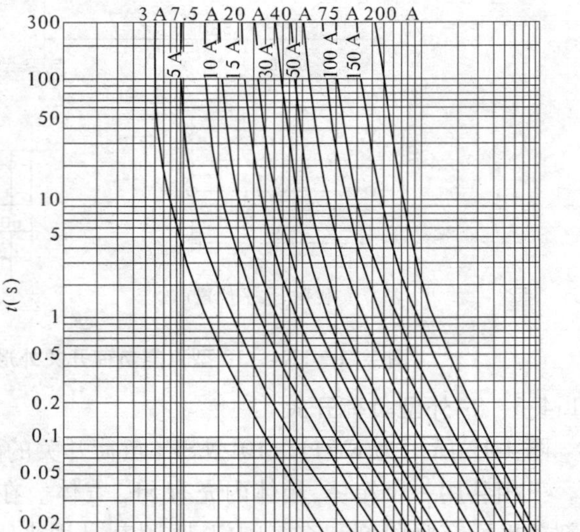

图4-13 6~35 kV熔体安秒特性曲线

熔断器的工作全过程由以下三个阶段组成：

(1)正常工作阶段，熔体通过的电流小于其额定电流，熔断器长期可靠地运行不应发生误熔断现象。

(2)过负荷或短路时，熔体升温并导致熔化、气化而开断。

(3)熔体熔断气化时发生电弧，又使熔体加速熔化和气化，并将电弧拉长；这时高温的金属蒸气向四周喷溅并发出爆炸声。熔体熔断产生电弧的同时，也开始了灭弧过程。直到电弧被熄灭，电路才真正被断开。

按照保护特性选择熔体才能获得熔断器动作的选择性。所谓选择性，是指当电网中有几级熔断器串联使用时，分别保护各电路中的设备，如果某一设备发生过负荷或短路故障时，应当由保护该设备(离该设备最近)的熔断器熔断，切断电路，即为选择性熔断；如果保护该设备的熔断器不熔断，而由上级熔断器熔断或者断路器跳闸，即为非选择性熔断。发生非选择性熔断时，扩大了停电范围，会造成不应有的损失。

4.1.5.3 高压熔断器的分类和技术参数

高压熔断器按使用地点可分为户内式和户外式；按照是否有限流作用又可分为限流式和非限流式。

1. 分类及用途

(1)RN1 型。户内管式，充有石英砂，作为电力线路及设备的短路和过负荷保护使用。

(2)RN2 型。户内管式，充有石英砂，作为电压互感器的短路保护使用。额定电流为 0.5 A。

(3)RN5 型。户内管式，充有石英砂，是 RN1 型的改进型，性能优于 RN1 型，作为电力线路及设备的短路和过负荷保护使用。

(4)RN6 型。户内管式，充有石英砂，是 RN2 型的改进型，性能优于 RN2 型，作为电压互感器的短路保护使用。

(5)RW1 型。户外式，与负荷开关配合可代替断路器。RW1 - 35Z(或 60Z)型户外自动重合闸熔断器，具有一次自动重合闸功能。

(6)RW3 ~ RW7 型。户外自动跌落式，作为输电线路和电力变压器的短路和过负荷保护使用。

(7)RW10 - 10 型。户外自动跌落式，包括普通型和防污型两种，作为输电线路和电力变压器的短路和过负荷保护使用，同时亦可作为分、合空载及小负荷电路使用。

(8)RW11 型。户外自动跌落式，作为电力输电线路和电力变压器的短路和过负荷保护使用。

(9)PRWG1 型。户外自动跌落式，作为输电线路和电力变压器的短路和过负荷保护使用，同时亦可作为分、合空载及小负荷电路使用。

(10)PRWG3 型。户外自动跌落式，作为配电线路和配电变压器的短路和过负荷保护及隔离电源使用，负荷型还可作为分、合 1.3 倍负荷电流的开关使用。

(11)RXW0 - 35/0.5 型、RW10 - 35/0.5 型。户外限流式，作为电压互感器的短路保护使用。

(12) RXW0－35/2～10 型、RW10－35/2～10 型。户外限流式，作为户外用电负荷的短路和过负荷保护使用。

除上述常用熔断器外，近年来还有引进英国等国技术生产的 FFL 型全范围保护用高压限流熔断器、W 型电动机保护用高压限流熔断器、A(B)型变压器保护用高压限流熔断器、S 型保护用高压限流熔断器以及并联电容器保护用熔断器等产品。

2. 技术参数

熔断器的主要技术参数有：

(1) 熔断器的额定电压。它既是绝缘所允许的电压等级，又是熔断器允许的灭弧电压等级。对于限流式熔断器，不允许降低电压等级使用，以免出现大的过电压。

(2) 熔断器的额定电流。它是指在一般环境温度(不超过 40 ℃)下，熔断器壳体的载流部分和接触部分长期允许通过的最大工作电流。

(3) 熔体的额定电流。熔体允许长期通过而不致发生熔断的最大电流有效值。该电流可以小于或等于熔断器的额定电流，但不能超过熔断器的额定电流。

(4) 熔断器的开断电流。熔断器所能正常开断的最大电流。若被开断的电流大于此电流时，有可能导致熔断器损坏，或由于电弧不能熄灭引起相间短路。

4.1.5.4 户内式高压熔断器

如图 4-14 所示为 RN1 型熔断器的外形图。这种熔断器主要由熔管、接触座、支柱绝缘子和底座组成。

图 4-15 为熔体管的结构示意图。熔体管由熔管(瓷管)、端盖、顶盖、陶瓷芯、熔体和石英砂等组成。熔管用滑石陶瓷或高频陶瓷制成，具有较高的机械强度和耐热性能。熔管不仅是灭弧装置的主要组成部分，而且还起着支持和保护熔体的作用。端盖用铜制成，

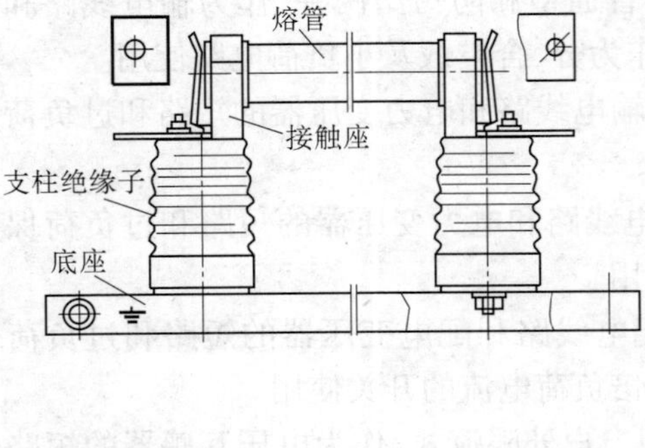

图 4-14 RN1 型熔断器的外形图

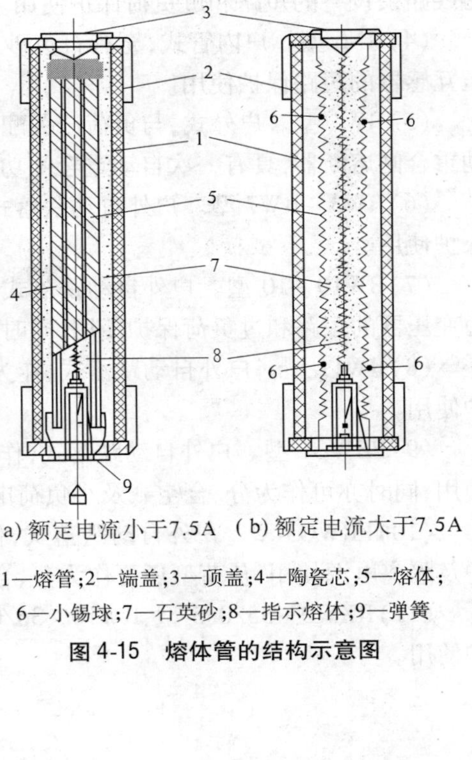

(a) 额定电流小于7.5A (b) 额定电流大于7.5A

1—熔管；2—端盖；3—顶盖；4—陶瓷芯；5—熔体；6—小锡球；7—石英砂；8—指示熔体；9—弹簧

图 4-15 熔体管的结构示意图

熔体通过端盖与接触座接触组成导电回路。顶盖也用铜制成,用来封闭熔管。充入熔管内的石英砂形成大量细小的固体介质狭缝狭沟,对电弧起分割、冷却和表面吸附(带电粒子)作用,同时缝隙内骤增的气体压力也对电弧起强烈的去游离作用,所以电弧能被迅速熄灭。

为了限制熔体熔断时的过电压值,熔体通常由不同直径的数段熔丝串联而成。连接处焊有小锡球,当流过过电流时,小锡球处和直径小的熔丝先熔断,较粗段后熔断。熔体熔断后有指示装置显示。根据其额定电流的大小,每相熔丝有一、二、四根三种。

4.1.5.5 户外式高压熔断器

1. RW3－10 型跌落式熔断器

户外跌落式熔断器型号较多,但结构和工作原理基本相同,主要作用是作为输电线路和电力变压器的短路和过负荷保护。近年来,出现了一些也可作为分、合空载及小负荷电路使用的熔断器,如 RW10－10 型、PRWG1 型等,本节仅介绍 RW3－10 型跌落式熔断器。

图 4-16 所示为 RW3－10 型跌落式熔断器原理图。上静触头和下静触头分别固定在瓷绝子的上下端。鸭嘴罩可绕销轴 O_1 转动,合闸时,鸭嘴罩里的抵舌(搭钩)卡住上动触头同时并施加接触压力。一旦熔体熔断,熔管上端的上动触头就失去了熔体的拉力,在销轴弹簧的作用下,绕销轴 O_2 向下转动,脱开鸭嘴罩里的抵舌,熔管在自身重力的作用下绕轴 O_3 转动而跌落。

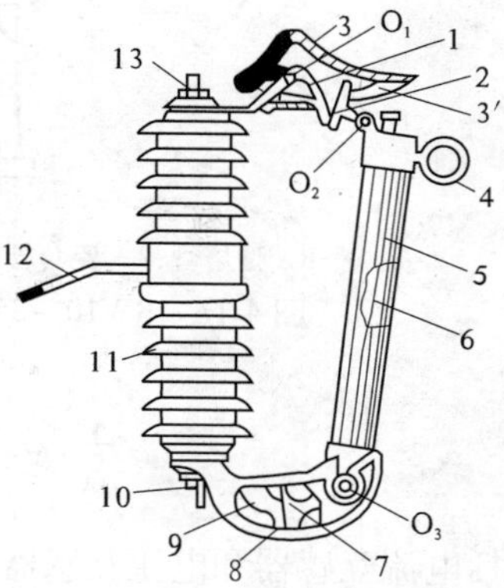

(a) 外形图

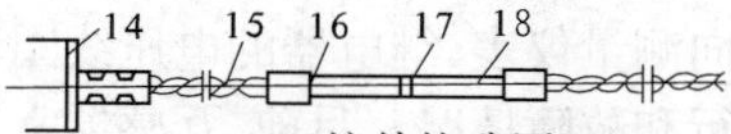

(b) 熔件构造图

1—上静触头;2—上动触头;3—鸭嘴罩;3′—抵舌;4—操作环;
5—熔管;6—熔丝;7—下动触头;8—抵架;9—下静触头;
10—下接线端;11—瓷绝缘子;12—固定板;13—上接线端;
14—钮扣;15—绞线;16—紫铜套;17—小锡球;
18—熔体;O_1、O_2、O_3—销轴

图 4-16 RW3－10 型跌落式熔断器结构原理图

熔管由层卷纸板或环氧玻璃钢制成,两端开口,内壁衬以石棉套,既防止电弧烧伤熔管,还具有吸湿性。熔体熔断后,在电弧高温作用下,熔管内壁分解产生的氢气、二氧化碳等向管的两端喷出,对电弧产生纵吹作用,使其在过零时熄灭。

该熔断器由固定板安装在支架上,并保持熔管向外倾斜 20°～30°。分闸时要用绝缘钩棒操作。

2. RW10－35 型熔断器

这种熔断器属于高压限流型,具有体积小、质量轻、灭弧性能好、限流容量大等优点。图 4-17 为 RW10－35 型限流熔断器结构示意图。该型熔断器由熔管、瓷套管、紧固法兰以及棒式支柱绝缘子等组成。熔管装于瓷套内,熔体放在充满石英砂填料的熔管内,由于灭弧能力强,具有限流作用。

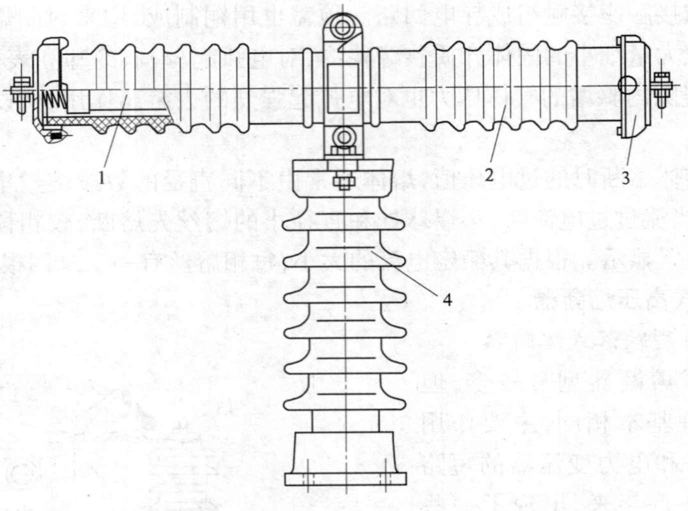

1—RN 型熔管;2—瓷套管;3—接线端帽;4—棒式支柱绝缘子

图 4-17　RW10－35 型限流熔断器结构原理图

4.2　互感器

互感器包括电流互感器和电压互感器,是一次系统和二次系统之间的联络元件,将一次侧的高电压、大电流变成二次侧标准的低电压(100 V 或 $100/\sqrt{3}$ V)和小电流(5 A 或 1 A),分别用以向测量仪表、继电器的电压线圈和电流线圈等供电,使二次电路正确反映一次系统的正常运行和故障情况。目前,互感器常采用电磁式和电容式,随着电力系统容量的增大和电压等级的提高,光电式、无线电式互感器正应运而生,将应用于电力生产中。本节主要分析互感器的工作特点、结构参数、常用接线方式和使用范围及运行中的安全问题。

4.2.1　电流互感器

4.2.1.1　电磁式电流互感器的工作原理

电流互感器由闭合的铁芯和绕组组成。图 4-18 是电流互感器的工作原理图。

一次绕组的匝数较少,串接在需要测量电流的回路中,因此它经常有回路的全部电流流过;二次绕组的匝数较多,串接在测量仪表或继电保护回路里。电流互感器工作时,它的二次回路始终是闭合的,正常工作状态接近短路,并且它的一次电流大小与二次回路阻抗无关。当一次绕组中通过一次电流 I_1 时,产生磁动势 I_1N_1,大部分被二次电流所产生的磁动势 I_2N_2 所平衡,只有很小部分磁动势 I_0N_1(叫总磁动势)产生的磁通 Φ_0 在二次绕组内产生感应电动势,以负担阻抗很小的二次回路内的有功损失和无功损耗。在理想的电流互感器中,如果假定空载电流 $I_0=0$,则总磁动势

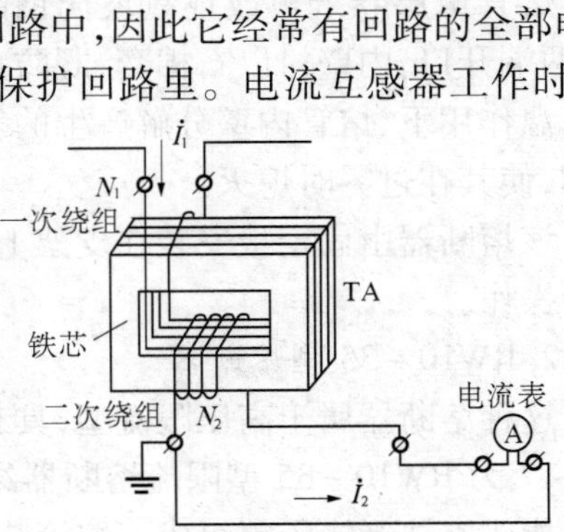

图 4-18　电流互感器的工作原理图

$I_0N_1=0$，根据磁动势平衡关系，一次绕组磁动势等于二次绕组磁动势，即

$$\dot{I}_1N_1=-\dot{I}_2N_2 \tag{4-1}$$

也可以写为

$$I_1/I_2=N_2/N_1=K_i \tag{4-2}$$

即电流互感器的电流与匝数成反比。一次电流对二次电流的比值 I_1/I_2 称为电流互感器的变流比（用 K_i 表示）。当知道二次电流时，乘上变流比，就可以求出一次电流，按图4-18所示电流参考方向，二次电流的向量与一次电流的向量差为180°。

4.2.1.2 电流互感器的准确度等级和额定容量

1. 电流互感器的误差

电流互感器的等值电路及相量图如图 4-19 所示。图中以二次电流 $\dot{I}'_2$ 为基准，画在第一象限水平轴上，即 $\dot{I}'_2$ 初相角为0°，二次电压 $\dot{U}'_2$ 较 $\dot{I}'_2$ 超前 φ_2 角（二次负荷功率因数角），$\dot{E}'_2$ 超前 $\dot{I}'_2$ 一个 α 角（二次总阻抗角），铁芯磁通 $\dot{\Phi}$ 超前 $\dot{E}'_2$ 90°，励磁磁势 $\dot{I}_0N_1$ 对 $\dot{\Phi}$ 超前 ψ 角（铁芯损耗角）。

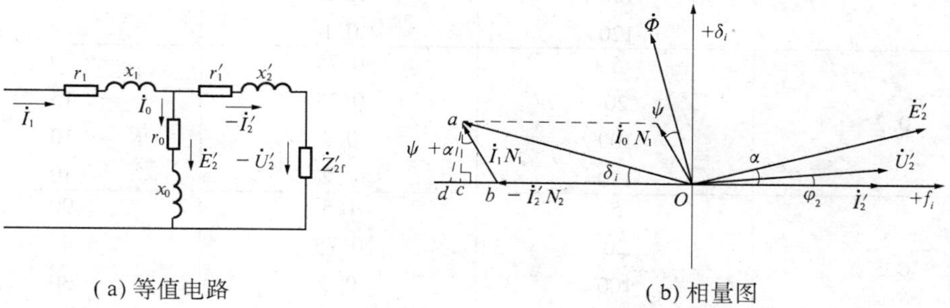

图 4-19　电流互感器的等值电路及相量图

由图 4-19 的相量图可看出，由于电流互感器本身存在励磁损耗和磁饱和等的影响，使一次电流 $\dot{I}_1$ 与 $-\dot{I}'_2$ 在数值和相位上都有差异，即测量结果有误差。这种误差通常用电流误差和相位误差表示。

（1）电流误差。电流误差为二次电流的测量值乘以额定互感比所得的值 K_iI_2 与实际一次电流 I_1 之差，以后者的百分数表示，即

$$f_i=\frac{K_iI_2-I_1}{I_1}\times100\% \tag{4-3}$$

（2）相位误差。相位误差为旋转180°的二次电流相量 $-\dot{I}'_2$与一次电流相量 $\dot{I}_1$ 之间的夹角 δ_i，并规定 $-\dot{I}'_2$超前于 $\dot{I}_1$ 时，相位差 δ_i 为正值；反之为负值。

电流互感器的误差与二次负载阻抗、一次电流的大小等有关。

2. 电流互感器的准确度等级

电流互感器的测量误差，可以用其准确度等级来表示。根据测量误差的不同，划分为不同的准确度等级。准确度等级是指在规定的二次负荷变化范围内，一次电流为额定值时的最大电流误差。我国电流互感器的准确度等级和误差限值如表 4-1 所示。

我国《电流互感器》（GB 1208—2006）规定，测量用的电流互感器的测量精度有 0.1、0.2、0.5、1、3 五个准确度等级；保护用电流互感器按用途分为稳态保护用（P）和暂态保护

用(TP)两类。稳态保护用电流互感器的准确度等级用 P 表示,常用的有 5P 和 10P 级。由于短路过程中 i_1 与 i_2 关系复杂,故保护用电流互感器的准确等级是以额定准确限值一次电流下的最大负荷误差值表示的。所谓额定准确限值一次电流即一次电流为额定一次电流的倍数,也称额定准确限值系数。例如 10P20 表示准确级为 10P,准确限值系数为 20。这一准确等级电流互感器在 20 倍额定电流下,电流互感器负荷误差不大于 ±10%。保护用电流互感器准确等级除 P 外,还有 TPS、TPX、TPY、TPZ、TB 等。电流互感器的电流误差,能引起所有仪表和继电器的计量产生误差,而角误差过大,还会对功率型测量仪表和继电保护装置产生不良影响。

表 4-1　电流互感器的准确度等级和误差限值

准确度等级	一次电流占额定电流的百分数(%)	误差限值	
		电流误差(±%)	角误差(′)
0.1	5	0.4	15
	20	0.2	8
	100	0.1	5
	120	0.1	5
0.2	5	0.75	30
	20	0.35	15
	100	0.2	10
	120	0.2	10
0.5	5	1.5	90
	20	0.75	45
	100	0.5	30
	120	0.5	30
1	5	3.0	180
	20	1.5	90
	100	1.0	60
	120	1.0	60
3	50	3.0	无规定
	120	3.0	
5	50	5.0	无规定
	120	5.0	
5P	50	1.0	60
	120	1.0	60
10P	50	3.0	60
	120	3.0	60

电能的产生、传输和使用过程中,不同的环节和场合,对测量的准确度等级有不同的要求。电流互感器的电流误差超过使用场合的允许值,使测量仪表的读数不准确。一般 0.1、0.2级主要用于实验室精密测量和供电容量超过一定值(月供电量超过 100 万 kWh)的线路或用户;0.5 级可用于收费用的电能表;0.5、1 级用于发电厂、变电所的盘式仪表和

技术检测用的电能表;3 级、5 级的电流互感器用于一般的测量和某些继电保护上;5P 和 10P 级用于继电保护,在旧型号产品中用 B、C、D 级表示。

3. 电流互感器的额定容量

电流互感器的额定容量 S_{e2} 指的是电流互感器在额定电流 I_{e2} 下运行时,二次绕组输出的功率 $S_{e2}=I_{e2}{}^{2}Z_{e2}$。由于电流互感器的额定二次电流为标准值(5 A 或 1 A),也为了便于计算,有的厂家提供电流互感器的 Z_{e2} 值。

因电流互感器的误差和二次负荷有关,故同一台电流互感器使用在不同等级时,会有不同的额定容量。例如:LMZ1 - 10 - 3000/5 型电流互感器在 0.5 级下工作时 $Z_{e2}=1.6\Omega$ ($S_{e2}=40$ VA),在 1 级工作时,$Z_{e2}=2.4\ \Omega$($S_{e2}=60$ VA)。

4.2.1.3 电流互感器的分类、结构和型号

1. 电流互感器的分类

(1)按安装地点可分为户内式和户外式。20 kV 及以下制成户内式;35 kV 既有制成户内式的也有制成户外式的;35 kV 以上多制成户外式。

(2)按安装方式可分为穿墙式、支持式和装入式。穿墙式装在墙壁或金属结构的孔洞中,可节约穿墙套管;支持式安装在平面或支柱上;装入式套装在 35 kV 及以上的变压器或断路器的套管上,故也称为套管式。

(3)按绝缘可分为干式、浇注式、油浸式、SF_6 气体绝缘式等。干式用绝缘胶浸渍,多用于户内低压电流互感器;浇注式以环氧树脂作绝缘,目前,仅用于 35 kV 及以下的户内电流互感器;油浸式多为户外式。

(4)按一次绕组匝数可分为单匝式和多匝式。单匝式分为贯穿型和母线型两种。

(5)按电流互感器的工作原理,可分为电磁式、电容式、光电式和无线电式。

2. 电流互感器的结构原理

电流互感器的结构原理如图 4-20 所示。

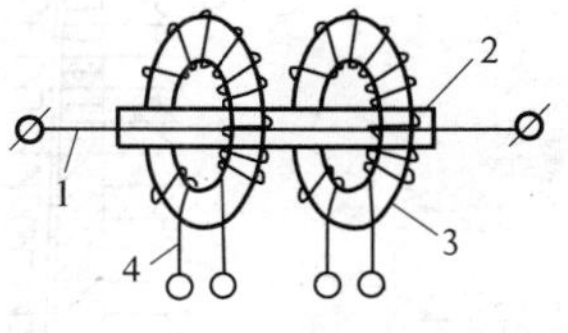

(a) 单匝式

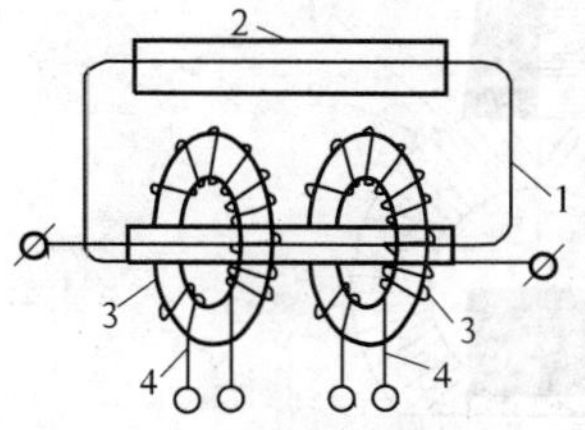

(b) 多匝式

1——次绕组;2—绝缘套管;3—铁芯;4—二次绕组

图 4-20 电流互感器的结构原理

互感器的基本组成部分是绕组、铁芯、绝缘物和外壳。在同一回路中,要满足测量、机电保护的要求,一个回路往往需要很多的电流互感器,为了节省材料和降低投资,一台高压电流互感器常安装有相互间没有磁联系的独立的铁芯环和二次绕组,并共用一次绕组。这样可以形成变比相同、准确度等级不同的多台电流互感器。电气测量对电流互感器的准确度等级要求较高,且要求在短路时仪表受的冲击小,因此测量用电流互感器的铁芯在一次电流短路时应易于饱和,以限制二次电流的增长倍数。而继电保护用电流互感器的铁芯则在一次电流短路时不应饱和,使二次电流能与一次短路电流成比例地增长,以适应

保护灵敏度的要求。为了适应一次电流的变化和减少产品规格,常将一次绕组分成几组,通过切换接线改变一次绕组的串并联,可以获得多种变流比,如图 4-20 所示。

单匝式的贯穿型互感器本身装有单根铜管或铜杆作为一次绕组;母线型互感器则本身未装一次绕组,而是在铁芯中留出一次绕组穿越的空隙,施工时以母线穿过空隙作为一次绕组。通常,多油断路器和变压器套管上的装入式电流互感器,就是一种专用母线型互感器。单匝式结构简单、尺寸小、价廉,其内部电动力不大。其缺点是:一次电流小时,一次安匝 I_1N_1 与励磁安匝 I_0N_1 相差不大,故误差大,因此额定电流在 400 A 及以下采用多匝式。图 4-20(a)所示为单匝式电流互感器。穿过环形铁芯的一次绕组载流导体截面形状,可根据工程需要制成圆形、管形、槽形等多种形式。

多匝式按结构可分为线圈式、"8"字形和"U"字形。"8"字形绕组结构的电流互感器,其一次绕组为圆形并套住带环形铁芯的二次绕组,构成两个互相套着的环,形如"8"字,见图 4-21。

由于"8"字线圈电场不均匀,故只用于 35 ~ 110 kV 电压级。图 4-20(b)是多匝式电流互感器,其测量准确级可以很高,但当过电压或较大的短路电流通过时,一次绕组的匝间可能承受过电压。

图 4-22 为"U"字形绕组电流互感器。一次绕组呈"U"形,主绝缘全部包在一次绕组上,绝缘共分 10 层,层间有电容屏(金属箔),外屏接地,形成圆筒式电容串结构,由于其

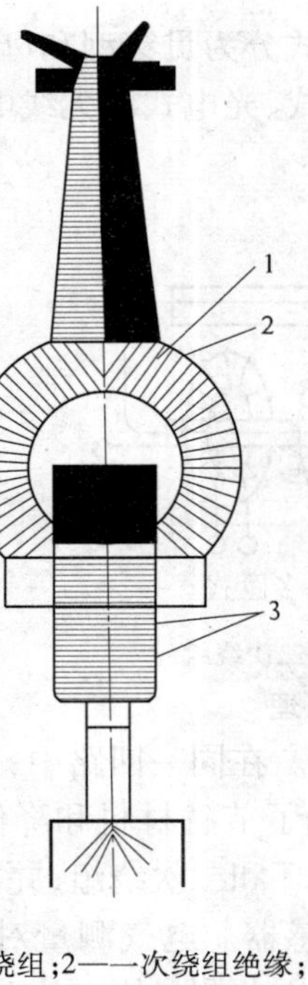

1—绕组;2——次绕组绝缘;
3—二次绕组及铁芯

图 4-21　110 kV"8"字形绕组电流互感器

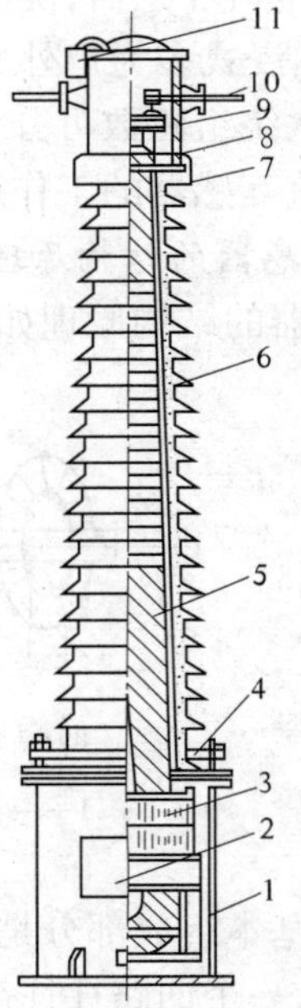

1—油箱;2—二次接线盒;3—环形铁芯及二次绕组;
4—压圈式卡接装置;5—U 字形一次绕组;6—瓷套;
7—均压护罩;8—储油柜;9——次绕组切换装置;
10——次出线端子;11—膨胀器

图 4-22　220 kV 瓷箱式"U"字形绕组电流互感器

电场分布均匀和便于实现机械化包扎绝缘，目前在 110 kV 及以上的高压电流互感器中得到广泛的应用。

3. 电流互感器的结构类型

1）套管式电流互感器

单匝式电流互感器的一次绕组由单根直导体构成。互感器的一次芯柱和二次绕组之间绝缘，可以采用绝缘套、充油绝缘套、充油电容绝缘套、SF_6 绝缘套、环氧树脂绝缘套等。铁芯由硅钢片卷制成螺旋式环形状，这样可以加快制造过程、减少铁芯损耗和减低误差。二次绕组均匀地绕在铁芯上，以减少漏磁。制成的二次绕组套在绝缘套外面，例如变压器套管电流互感器、穿墙套管电流互感器、断路器套管电流互感器等都是这类结构。

2）充油式电流互感器

35～110 kV 电流互感器多数采用充油式。

LCWD1－35 型电流互感器有两个环形铁芯，铁芯外面绕二次绕组（一个 0.5 级和一个 P 级），一次绕组穿过铁芯与二次绕组构成“8”字式的链状，如图 4-21 所示。一、二次绕组外面各用多层皱纹纸包缠后相互绝缘，整个“8”字链型绕组放置在注满变压器油的绝缘套中。绝缘套与金属底座及油枕两端均垫耐油橡胶密封圈，用螺栓紧固。油枕两侧装有一次绕组的出线端 L1 及 L2，L2 与储油柜直接贯通，L1 靠小绝缘套绝缘。二次线端从底座引出。为防止油的受潮和减轻油的劣化，油枕内一般装有隔膜。

L－110 型电流互感器采用串级原理结构，如图 4-23 所示。

为了增强一次绕组和二次绕组间的耦合，在上、下两个铁芯柱上设置了平衡绕组。高压电流互感器一次绕组的两个出线端由绝缘套顶部油枕引出，二次绕组和置于绝缘套底部底座的低压电流互感器的一次绕组相连。低压电流互感器有三个二次绕组（0.5、P、P），分别绕在三个环形铁芯上，其一次绕组则绕在三个绕有二次绕组的环形铁芯上。

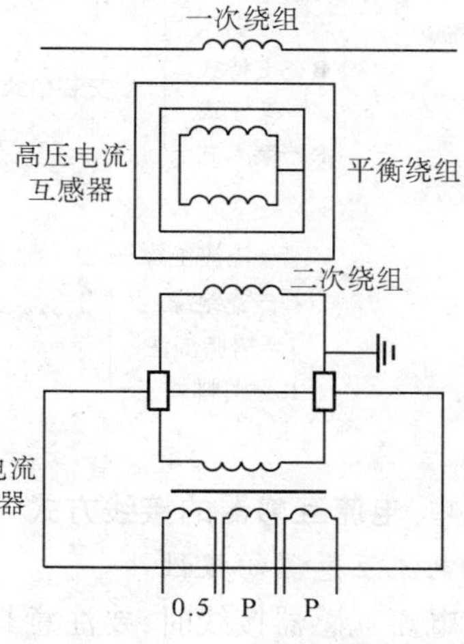

图 4-23　L－110 型电流互感器原理结构图

3）电容式电流互感器

LCWB7－220W1、LB－220W2 型电流互感器均是电容式，如图 4-22 所示。

这类产品采用全封闭结构，由油箱、绝缘套、器身、油枕及膨胀器等部分组成。一次绕组由两个半圆形截面的“U”形铝管构成，引出端子在油枕外面可以串、并联。一般 L1 端子经小套管与油枕绝缘，L2 与油枕连接。但有的产品，L2 也是经过小绝缘套与油枕绝缘的。L1 与 L2 之间装有过电压保护器。为了均匀电场，在一次绕组“U”形铝管上包扎成电容型绝缘，即缠绕一定厚度的电缆纸后，包一层铝箔纸。最外面一层铝箔纸做末屏，铝箔与末屏之间形成若干个串联电容器，使电场分布均匀，从而避免了局部电场特别强。二次绕组有 4 ~6 个不等,分布在一次绕组"U"形管的两侧。二次绕组用高强度缩醛漆包线,缠绕在环形铁芯上。铁芯由冷压硅钢板卷制而成。器身制作完后,进行干燥,装入油箱,套上绝缘套,装上油枕、膨胀器之后进行真空注油。

膨胀器由不锈钢或耐油橡胶制成盒式,与油枕相连。当互感器内油热胀冷缩时,起到储油和补油的呼吸作用,并与空气完全隔绝,称为全密封结构。膨胀器又是互感器的防爆装置。全密封结构有两大优点:①与空气隔绝,能延缓油的老化过程;②油因热胀冷缩进行呼吸过程中,不会将空气吸入,避免了互感器因受潮进水而引发爆炸事故。

采用铝管结构,提高了电流互感器热稳定和动稳定电流,如 LB－220W2 型短时热稳定电流为 3 s、50 kA,动稳定电流为 125 kA。

4. 电流互感器的型号

电流互感器全型号的表示和含义如下:

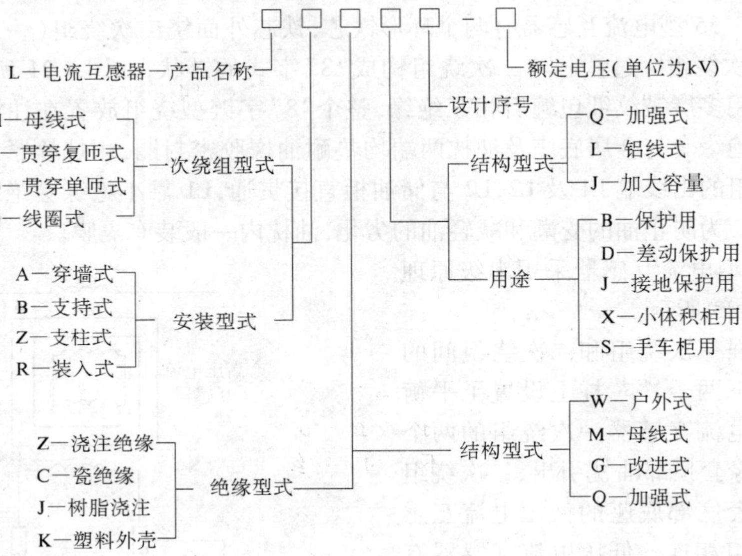

4.2.1.4 电流互感器的接线方式

1. 电流互感器的极性

在电流互感器接线时,要注意其端子的极性,按照规定,我国互感器和变压器的绕组端子,均采用"减极性"标号法。

所谓"减极性"标号法就是互感器按图 4-24 所示接线时,一次绕组接上电压 U_1,二次绕组感应出电压 U_2。这时将一对同标志端短接,则在另一对同标志端之间测出的电压 $U=|U_1-U_2|$。用"减极性"法所确定的"同名端",实际上就是"同极性端",即在同一瞬间,两个同名端同为高电位或同为低电位。按规定,电流互感器的一次绕组端子标以 L1、L2,二次绕组端子标以 K1、K2,L1 与 K1 为同名端,L2 与 K2 亦为同名端。如果某一瞬时一次电流 i_1 从 L1 流向 L2,则该瞬时二次电流 i_2 应从 K2 流向 K1,如图 4-25 所示。

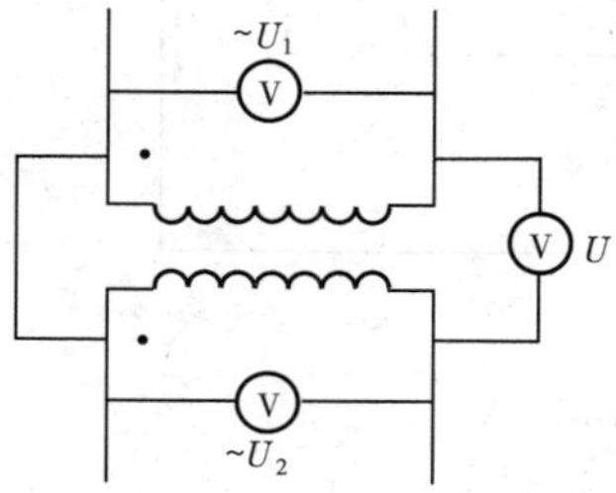

U_1—输入电压；U_2—输出电压

图 4-24 互感器的“减极性”差别法

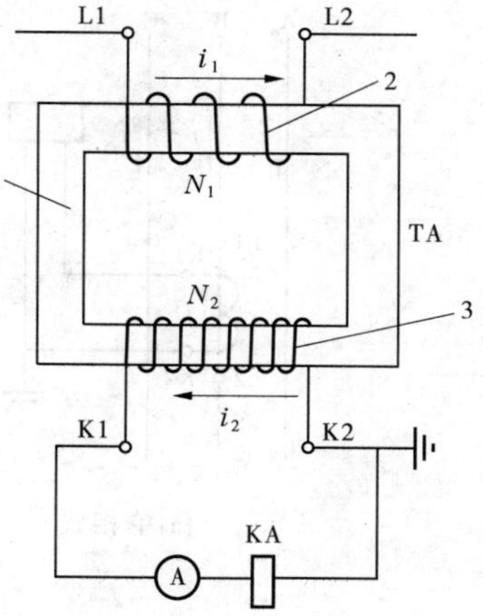

1—铁芯；2—一次绕组；3—二次绕组

图 4-25 电流互感器

在安装和使用电流互感器时，一定要注意端子的极性，否则其二次仪表、继电器中流过的电流就不是预想的电流，甚至可能引起误测。例如，图 4-26(b)中 C 相电流互感器的 K1、K2 如果接反，则二次公共线中的电流就不是相电流，而是相电流的$\sqrt{3}$倍，可能使电流表烧坏。

2. 电流互感器的接线方式

电流互感器的二次侧接测量仪表、继电器及各种自动装置的电流线圈。用于测量表计回路的电流互感器接线按测量仪表的配置情况确定，用于继电保护的电流互感器接线，则应按保护所要求的有关故障类型及保护灵敏系数的条件来确定。当测量仪表与保护装置共用同一组电流互感器时，应分别接不同的二次绕组，受条件限制需共用一个二次绕组时，保护装置应接在仪表之前，以避免校验仪表时影响保护装置工作。图 4-26 所示为电流互感器在三相电路中最常用的四种接线方式。

1）单相式接线

电流线圈通过的电流，反映一次电路相应相的电流。通常用于负荷平衡的三相电路，如低压动力线路中，供测量电流或接过负荷保护装置之用。

2）两相 V 形接线

这种接线也称为两相不完全星形接线。在继电保护装置中，这种接线称为两相两继电器接线或两相的相电流接线。在中性点不接地的三相三线制电路中（如 6～10 kV 高压电路中），广泛用于测量三相电流、电能及作过电流继电保护之用。由图 4-27 的相量图可知，两相 V 形接线的公共线上电流为 $\dot{I}_a + \dot{I}_c = -\dot{I}_b$，反映的是未接电流互感器那一相的相电流。

3）两相电流差接线

这种接线也称为两相交叉接线。由图 4-28 的相量图可知，二次侧公共线上电流为 $\dot{I}_a - \dot{I}_c$，其量值为相电流的$\sqrt{3}$倍。这种接线适用于中性点不接地的三相三线制电路中

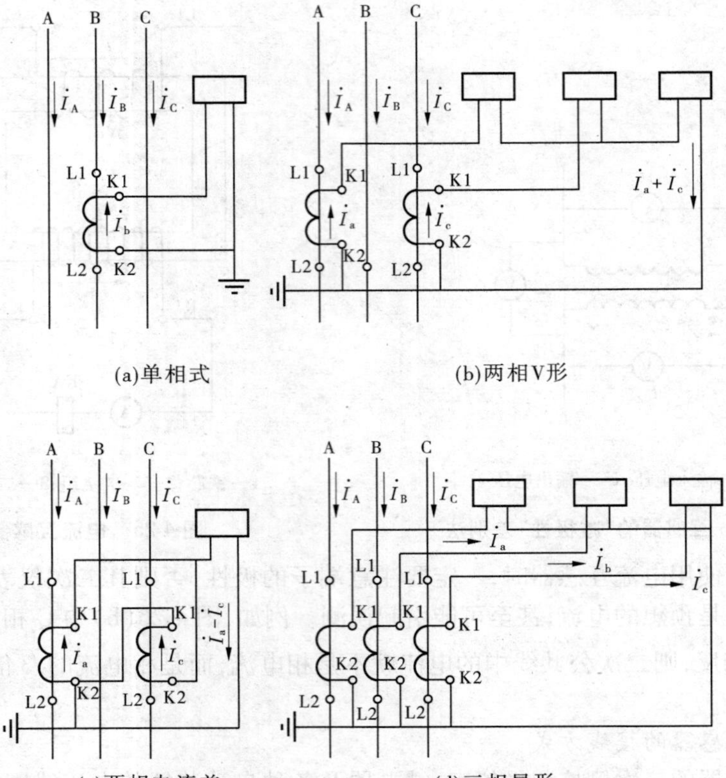

(a)单相式　　(b)两相V形

(c)两相电流差　　(d)三相星形

图 4-26　电流互感器的接线方案

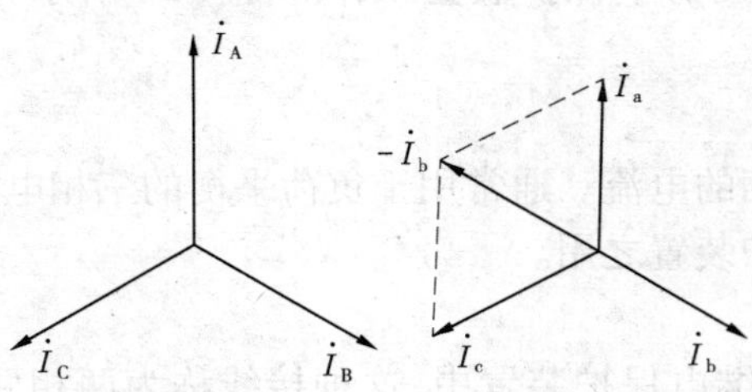

图 4-27　两相 V 形接线电流互感器的一、二次侧电流相量图

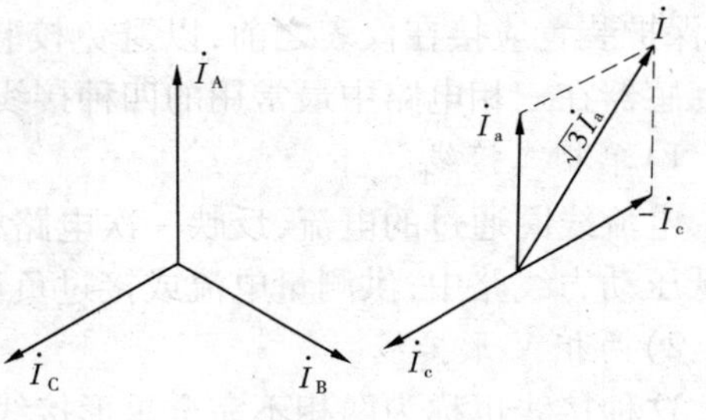

图 4-28　两相电流差接线电流互感器的一、二次侧电流相量图

(如 6 ~ 10 kV 高压电路中)作过电流继电保护之用,也称为两相一继电器接线。

4)三相星形接线

这种接线中的三个电流线圈,正好反映各相的电流,广泛用在一般负荷不平衡的三相四线制系统如 TN 系统中,也用在负荷可能不平衡的三相三线制系统中,作三相电流、电能测量及过电流继电保护之用。

4.2.1.5 电流互感器使用注意事项

使用电流互感器应注意:①电流互感器使用时,二次绕组绝对不允许开路;②电流互感器的二次侧绕组和外壳必须可靠接地,以防止因绝缘击穿而危害人身安全;③在连接电流互感器时,要注意其端子的极性。

4.2.2 电压互感器

4.2.2.1 电磁式电压互感器的工作原理

电压互感器的工作原理与普通电力变压器相同,结构原理和接线也相似,一次绕组匝数很多,而二次绕组匝数很少,相当于降压变压器。工作时,一次绕组并联在一次电路中,而二次绕组并联接入仪表、继电器等的电压线圈。因此,二次侧额定电压一般为 100 V;容量小,只有几十伏安或几百伏安;负荷阻抗大,工作时其二次侧接近于空载状态,且多数情况下它的负荷是恒定的。电压互感器一次电压 U_1 与其二次电压 U_2 之间的数值关系是

$$U_1 \approx (N_1/N_2)U_2 \approx K_u U_2 \tag{4-4}$$

式中 N_1、N_2——电压互感器一次和二次绕组匝数;

K_u——电压互感器的变压比,一般表示为其额定一、二次电压比,即 $K_u = U_{1N}/U_{2N}$,例如 1 000 V/100 V。

4.2.2.2 电磁式电压互感器的结构类型和型号

1. 电磁式电压互感器的分类

电压互感器可分为以下几种类型:

(1)按安装地点可分为户内式和户外式。

(2)按相数可分为单相式和三相式。只有 20 kV 以下才制成三相式。

(3)按每相绕组数可分为双绕组式和三绕组式。三绕组电压互感器有两个二次侧绕组:基本二次绕组和辅助二次绕组。辅助二次绕组供接地保护用。

(4)按绝缘可分为干式、浇注式、油浸式、串级油浸式和电容式等。干式多用于低压;浇注式用于 3 ~ 35 kV;油浸式主要用于 35 kV 及以上的电压互感器。

2. 电磁式电压互感器的结构类型

1)35 kV 及以下的电压互感器

35 kV 及以下的电压互感器的结构和普通变压器基本一致。根据其绝缘方式的不同,可分为干式、环氧浇注式和油浸式三种。

干式电压互感器一般只用于低压的户内配电装置。

浇注式电压互感器用于 3 ~ 35 kV 户内配电装置。

油浸式电压互感器 $JDJJ_2$ - 35 型、JDJ_2 - 35 型被广泛用于 35 kV 系统中。这类电压互感器的铁芯和一、二次绕组放在充有变压器油的油箱内。绕组出线端经固定在油箱盖上的套管引出。$JDJJ_2$ - 35 型在电网中接线方式是 YN, yn(Y_0/Y_0),因此只需把一次绕组的一端(高压端)由高压绝缘套引出,另一端(接地端)经油箱盖上低压绝缘套引出。JDJ_2 - 35型在电网中接线方式是 V 形,跨接在两相之间,因此必须把一次绕组的两个引出端都经过油箱盖上高压绝缘套引出。二次绕组有 1 ~ 3 个,引出端都经过箱盖低压绝缘套引出。本产品为户外式油浸密封结构。每一套管(高压)顶部有油枕,油枕上装有呼吸

器，油枕内有耐油橡皮隔膜，防止变压器油老化，又可防止水分直接进入套管内部。

2）110～220 kV 电压互感器

随着电压的升高，电压互感器绝缘尺寸需增大。为了减少绕组绝缘厚度，缩短磁路长度，110 kV 及以上电压互感器采用串级式，铁芯不接地，带电位，由绝缘板支撑。国产 JCC 型和 JDCF 型电压互感器就是采用这种结构。图 4-29 为 JCC_1－110 串级式电压互感器结构原理图。

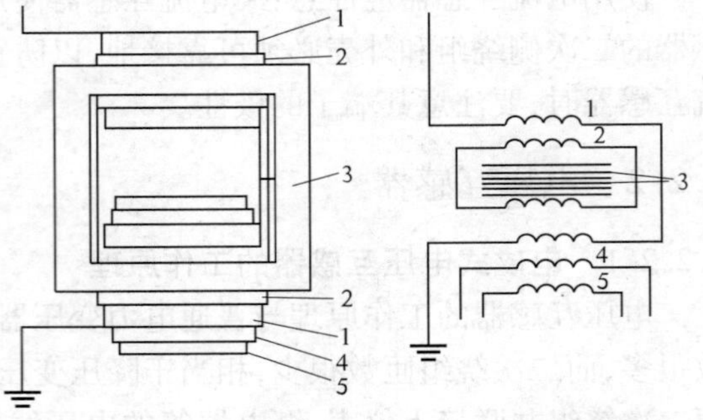

（a）绕组位置图　　（b）原理接线图

1——一次绕组；2—平衡绕组；3—铁芯；

4—二次绕组；5—附加二次绕组

图 4-29　110 kV 电压互感器的结构原理图

一次绕组分两部分分别绕在上下两铁芯上，二次绕组只绕在下铁芯柱上并置于一次绕组的外面。铁芯和一次绕组的中点相连。当电网电压 U 加到互感器一次绕组上时，其铁芯的电位为（1/2）U；而且一次绕组的两个出线端与铁芯间的电位差，一、二次绕组间的电位差以及二次绕组和铁芯间的电位差将都是（1/2）U。这就降低了对铁芯与一次绕组之间以及一、二次绕组之间的绝缘要求。但是，这种结构也带来了一个新问题，由于上铁芯柱上没有二次绕组，所有绕在上铁芯上的一次绕组和二次绕组间的电磁耦合就比较弱。为了加强上、下两个绕组的电磁耦合，在上、下铁芯柱上增设了平衡绕组。绕在上、下铁芯柱上的平衡绕组匝数相等，在电气上反向连接闭合。由于上铁芯柱绕组的感应电势比下铁芯柱绕组的感应电势高，因此平衡绕组对上铁芯柱起去磁作用，对下铁芯柱起助磁作用，从而平衡绕组平衡了上、下两个铁芯柱上一次绕组的电压。

图 4-30 为由两台 110 kV 电压互感器串接组成的 220 kV 电压互感器。

一次绕组分四级。当电网施加到电压互感器上的电压为 U 时，下互感器铁芯的对地电位为（1/4）U，上互感器铁芯的对地电位为（3/4）U，上、下两个铁芯间的电位差为（1/2）U。为了沟通上、下两个铁芯的联系，避免互感器带负荷后引起电压在上、下两台互感器上的不均匀分布，在互感器中增设连耦绕组。绕在上、下两台互感器上的连耦绕组匝数相等，在电气上反向连接，其作用和平衡绕组类同。

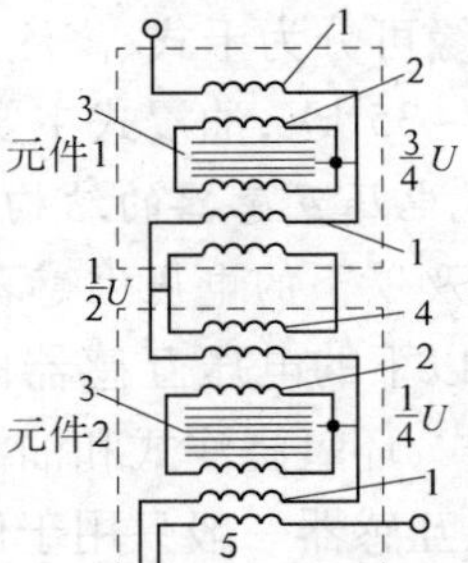

1——一次绕组；2—平衡绕组；3—铁芯；

4—连耦绕组；5—二次绕组

图 4-30　由两台 110 kV 电压互感器串接组成的 220 kV 电压互感器的原理图

JDX－100 型电压互感器的铁芯是接地的，为单级绝缘结构。为了提高 110～220 kV 电压互感器的可靠性，一次绕组采用单丝漆包线绕制，加强匝间绝缘。“U1”端为全绝缘，

"U2"端为接地端，铁芯支架采用介质损耗因数不大于3%的纸板制成。JCC型和JDCF型器身装在绝缘套中，JDXZX－110型的器身装在下部油箱内。一次绕组高压端从绝缘套顶部油枕上引出，一次绕组接地端及二次绕组的引出端从底座或油箱上装有的接线盒中引出。油枕顶部装有金属膨胀器，以构成全密封保护装置。

JCC型电压互感器有一个基本二次绕组，供测量盒保护用；一个辅助电压绕组，三相接成开口三角，测量零序电压用。

JDCF型和JDX－110型电压互感器均有两个二次绕组，测量盒保护分开，还有一个辅助电压绕组。

电磁型电压互感器若视为电感元件，与断路器端口并联电容或线路电容形成振荡回路，在操作时，往往会发生铁磁谐振损坏设备。为了防止铁磁谐振的发生，降低电压互感器磁密是减少此类事故发生的措施之一。由JCC_1型改进的JCC_5型，主要是磁密降低了。

3. 电磁式电压互感器的型号

电磁式电压互感器全型号的表示和含义如下：

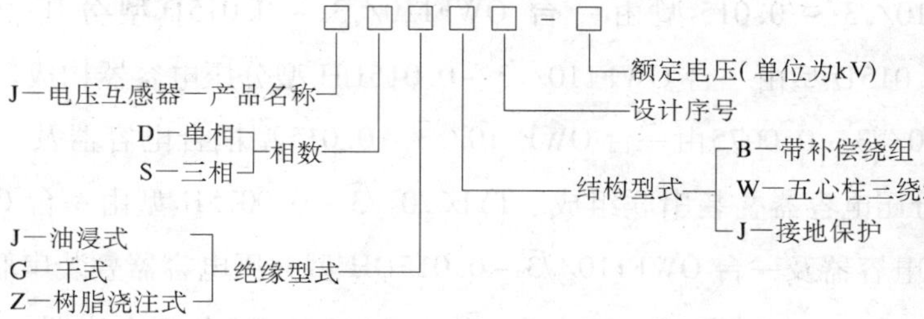

4.2.2.3 电容式电压互感器的工作原理

电容式电压互感器的接线原理如图4-31所示。

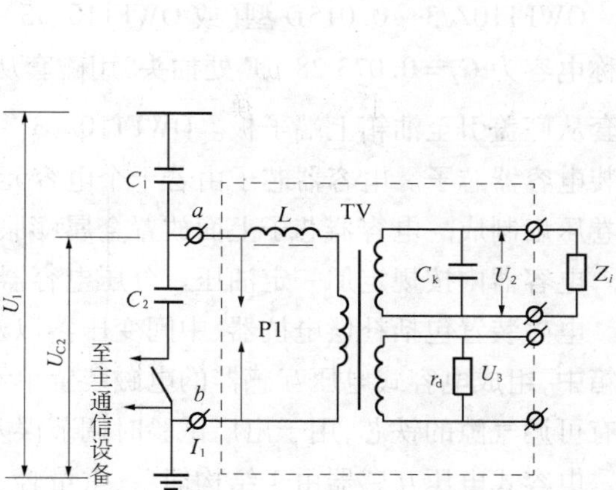

图4-31 电容式电压互感器原理接线

电容式电压互感器实质上是一个电容分压器，在被测装置的相和地之间皆有电容C_1、C_2，按反比分压，C_2上的电压为

$$U_{C2} = \frac{U_1 C_1}{C_1 + C_2} = KU_1 \qquad (4\text{-}5)$$

式中 K——分压比，$K = C_1/(C_1 + C_2)$。

由于U_{C2}与一次电压U_1成比例变化，故可测出相对地电压。当C_2两端与负荷接通时，由于C_1、C_2有内阻抗压降，使U_{C2}小于电容分压值，负荷越大，误差越大。内阻抗为

$$Z_i = \frac{1}{j\omega(C_1 + C_2)} \qquad (4\text{-}6)$$

为了减少Z_i，可在a、b回路加入一补偿电抗L，则内阻抗变为

$$Z_i = j\omega L + \frac{1}{j\omega(C_1 + C_2)} \tag{4-7}$$

当 $\omega L = 1/[\omega(C_1 + C_2)]$ 时,输出电压 U_{C2} 与负荷无关。实际上由于电容器有损耗,电抗器也有电阻,因此负荷变化时,还会有误差产生。为了进一步减少负荷电流的影响,将测量仪表经中间变压器 TV 升压后与分压器相联。

当互感器二次侧发生短路时,由于回路中电阻 r 和剩余电抗($X_L - X_C$)均很小,短路电流可达到额定电流的几十倍,此电流在补偿电抗 L 和电容 C_2 上产生很高的共振过电压。为了防止过电压引起的绝缘击穿,在电容 C_2 两端并联放电间隙 P1。

电容式电压互感器由电容(C_1、C_2)和非线性电抗 L(TV 的励磁绕组)所构成,当受到二次侧短路或断路等冲击时,由于非线性电抗的饱和,可能激发产生高次谐波铁磁谐振过电压,为了抑制谐振的产生,常在互感器二次侧接入阻尼电阻 r_d。

4.2.2.4 电容式电压互感器的结构类型

YDR 型已被 TYD 型代替,这里只介绍 TYD－110 型和 TYD－220 型的结构。

(1) TYD110/$\sqrt{3}$ －0.015 型由一台 OWF110/$\sqrt{3}$ －0.015D 型分压电容器构成。TYD110/$\sqrt{3}$ －0.015D 型由一台 OWF110/$\sqrt{3}$ －0.015DH 型分压电容器构成。

(2) TYD220/$\sqrt{3}$ －0.0075 由一台 OWF110/$\sqrt{3}$ －0.015 型耦合电容器及一台 OWF110/$\sqrt{3}$ －0.015D 型分压电容器叠装串联组成。TYD220/$\sqrt{3}$ －0.0075H 型由一台 OWF110/$\sqrt{3}$ －0.015H 型耦合电容器及一台 OWF110/$\sqrt{3}$ －0.015DH 型分压电容器叠装串联组成。

OWF110/$\sqrt{3}$ －0.015D 型(或 OWF110/$\sqrt{3}$ －0.015DH 型)分压电容器,在其芯子下部标称电容为 C_2 = 0.073 28 μF 处抽头,用磁套从底盖引出至油箱中,C_2 低压端子需用小绝缘套从底盖引至油箱上端子板。OWF110/$\sqrt{3}$ －0.015 型电容器均为绝缘套外壳。绝缘套内装电容器芯子。电容器芯子由若干个电容元件串联组成,电容元件由电容器纸及铝箔绕卷压扁制成。电容器芯子上面放置金属膨胀器,作温度补偿用。电容器油是十二烷基苯。电容器内按规定加一定油压。分压电容器的底盖就是下面电磁装置油箱盖。

电磁装置包括补偿电抗器、中间变压器以及谐振阻尼器的电抗器。这些装置在同一油箱中,组成电容式电压互感器的电磁装置单元,并作为电容分压器的底座。补偿电抗器具有可调气隙的铁芯,用于出厂试验时调节误差。

电容式电压互感器由于结构简单、重量轻、体积小、占地少、成本低,且电压越高效果越显著,此外,分压电容还可兼作载波通信的耦合电容,因此广泛应用于 110～500 kV 中性点直接接地系统。电容式电压互感器的缺点是:输出容量越小误差越大,暂态特性不如电磁式电压互感器。

4.2.2.5 电压互感器的准确度等级和容量

1. 电压互感器的误差

电压互感器的误差有电压误差和相位误差两项。

(1)电压误差。电压误差为二次电压的测量值与额定互感比的乘积与实际一次电压

U_1 之差,而以后者的百分数表示:

$$f_u = \frac{K_u U_2 - U_1}{U_1} \times 100\% \tag{4-8}$$

(2)相位误差。相位误差为旋转 180°的二次电压相量 $-\dot{U}_2'$ 与一次电压相量 $\dot{U}_1$ 之间的夹角 δ_u,并规定 $-\dot{U}_2'$ 超前于 $\dot{U}_1$ 时相位差为正,反之为负。

电压互感器的误差与二次负载、功率因数和一次电压等运行参数有关。

2. *电压互感器的准确度等级*

电压互感器的测量误差,以其准确度等级来表示。电压互感器的准确度等级,是指在规定的一次电压和二次负荷范围内,负荷的功率因数为额定值时,电压误差的最大值。我国规定电压互感器的准确度等级和误差限值如表 4-2 所示。

表 4-2　电压互感器的准确度等级和误差限值

准确度等级	误差限值		一次电压变化范围	频率、功率因数及二次负荷变化范围
	电压误差(±%)	角误差(′)		
0.2	0.2	10	$(0.8 \sim 1.2)U_{e1}$	$(0.25 \sim 1)S_{e2}$ $\cos\varphi_2 = 0.8$ $f = f_e$
0.5	0.5	20		
1	1.0	40		
3	3.0	不规定		
3P	3.0	120	$(0.05 \sim 1)U_{e1}$	
6P	6.0	240		

电压互感器的测量精度有 0.2、0.5、1、3、3P、6P 六个准确度等级,同电流互感器一样,误差过大会影响测量的准确性,或对继电保护产生不良影响。0.2、0.5、1 三个等级的适用范围同电流互感器,3 级用于某些测量仪表和继电保护装置。3P 和 6P 两个等级属于保护用电压互感器的准确度等级。

3. *电压互感器的额定容量*

电压互感器的误差与二次负荷有关,因此对应于每个准确度等级,都对应着一个额定容量。一般说电压互感器的额定容量是指最高准确度等级下的额定容量。例如 JDZ－10 型电压互感器,各准确度等级下的额定容量为:0.5 级 80 VA,1 级 120 VA,3 级 300 VA。则该电压互感器的额定容量为 80 VA。同时,根据电压互感器最高电压下长期工作允许的发热条件,还规定最大容量,上述电压互感器的最大容量为 500 VA,该容量是某些场合用来传递功率的,例如给信号灯、断路器的分闸线圈供电等。

与电流互感器一样,用于在某些准确度等级下测量时,二次负载不应超过该准确度等级规定的容量,否则准确度等级下降,测量误差是满足不了要求的。

4.2.2.6　电压互感器的接线方式

在三相电力系统中,通常需要测量的电压有线电压、相对地电压和发生接地故障时的零序电压。为了测量这些电压,图 4-32 示出了几种常见的电压互感器接线方式。

(1)图 4-32(a)所示为一台单相电压互感器的接线。可测量相间电压(35 kV 及以下的中性点非直接接地电网),或相对地电压(110 kV 及以上中性点直接接地电网)。

(2)图 4-32(b)所示为两台单相电压互感器接成 V/V 形连接。广泛用于 20 kV 及以下中性点不接地或经消弧线圈接地的电网中,测量线电压,不能测量相电压。

(3)图 4-32(c)所示为一台三相三柱式电压互感器接成 Y,yn 形接线,只能用来测量线电压,不许用来测量相对地电压,因为它的一次侧绕组中性点不能引出,故不能用来监视电网对地绝缘。其原因是中性点非直接接地电网中发生单相接地时,非故障相对地电压升高$\sqrt{3}$倍,三相对地电压失去平衡,在三个铁芯柱将出现零序磁通。由于零序磁通是同相位的,不能通过三个铁芯柱形成闭合回路,而只能通过空气间隙和互感器外壳构成通路,因此磁路磁阻很大,零序励磁电流很大,引起电压互感器铁芯过热甚至烧坏。

(4)图 4-32(d)所示为一台三相五柱式电压互感器接成 Y/Y/△形接线。其一次侧绕组、基本二次侧绕组接成星形,且中性点均接地,辅助二次侧绕组接成开口三角形。这种接线可用来测量线电压和相电压,还可用作绝缘监察,故广泛用于小接地电流电网中。当系统发生单相接地时,三相五柱式电压互感器内出现的零序磁通可以通过两边的辅助铁芯柱构成回路。辅助铁芯柱的磁阻小,零序励磁电流也小,因而不会出现烧毁电压互感器的情况。

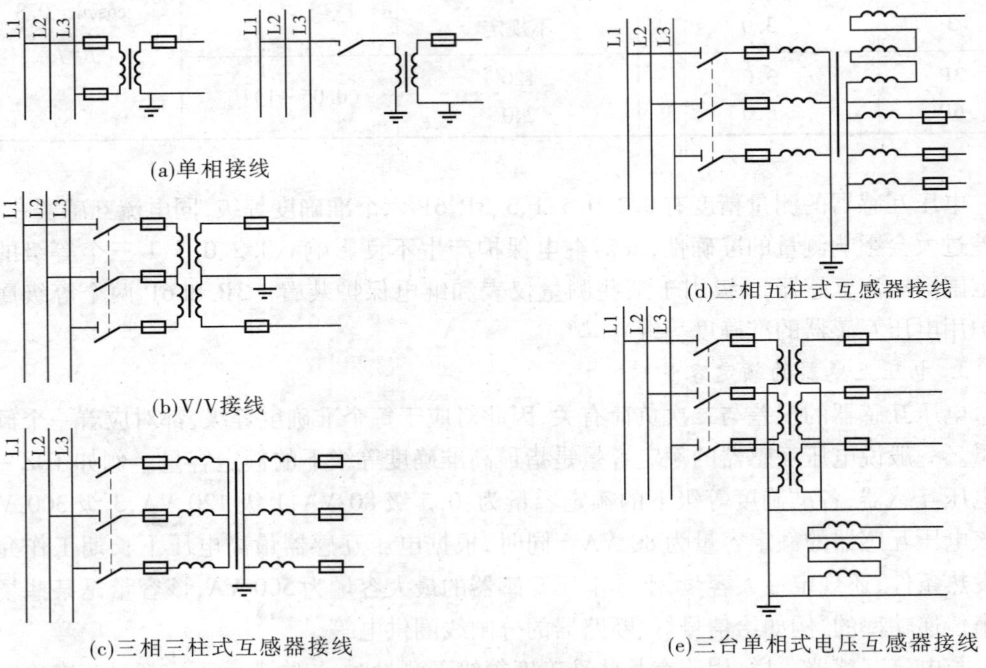

图 4-32　电压互感器的接线方式

(5)图 4-32(e)所示为三台单相三绕组电压互感器接成 Y/Y/△形接线,广泛应用于 35 kV 及以上电网中,可测量线电压、相对地电压和零序电压。这种接线方式下发生单相接地时,各相零序磁通以各自的电压互感器铁芯构成回路,因此对电压互感器无影响。该种接线方式的辅助二次绕组接成开口三角形,对于35~60 kV中性点非直接接地电网,其相电压为100/3 V,对中性点直接接地电网,其相电压为100 V。

在380 V的装置中,电压互感器一般只经过熔断器接入电网。在高压电网中,电压互感器经过隔离开关和熔断器与电网相连。一次侧熔断器的作用是当电压互感器及其出线短路时,自动熔断切除故障,但不能作为二次侧过负荷保护。因为熔断器熔件的截面是根据机械强度选择的,其额定电流比电压互感器的工作电流大很多倍,二次侧过负荷时可能不熔断。所以,电压互感器二次侧亦应装设低压熔断器,作为电压互感器的二次侧过负荷或短路的保护。

在110 kV及以上的电网中,考虑到电压互感器及其配电装置的可靠性较高,加之高压熔断器的灭弧问题较大,制造较困难,价格较贵,故不装设高压熔断器,只用隔离开关与母线连接。

4.2.2.7 电压互感器使用注意事项

(1)电压互感器的二次侧绕组绝对不允许短路。短路电流将引起铁芯损耗增大,绕组严重发热,损坏设备的绝缘,危及测量人员的安全。

(2)电压互感器的二次绕组和铁芯必须可靠接地。

(3)电压互感器的二次侧极性不能接错,二次侧的负载也不宜接太多,以免降低负载阻抗,影响测量的准确性。

4.3 母线、电缆及绝缘子

4.3.1 母线

4.3.1.1 母线的用途及类别

母线(也称汇流排)是汇集和分配电流的裸导体,指发电机、变压器和配电装置等大电流回路的导体,也泛指用于各种电器设备连接的导线。母线处于配电装置的中心环节,作用十分重要。由于母线在正常运行中通过的功率大,在发生短路故障时承受很大的热效应和电动力效应,因此应合理选择母线材料、截面形状及布设方式,正确地进行母线的安装和运行,以确保母线的安全可靠和经济运行。

母线有软、硬之分。软母线一般采用钢芯铝绞线,用悬式绝缘子将其两端拉紧固定。软母线在拉紧时存在适当的弛度,工作时会产生横向摆动,故软母线的线间距离要大,常用于屋外配电装置。硬母线采用矩形、槽形或管形截面的导体,用支柱绝缘子固定,多数只作横向约束,而沿纵向则可以伸缩,主要承受弯曲和剪切应力。硬母线的相间距离小,广泛用于屋内、外配电装置。

母线的材料有铜、铝和钢三种。铜的电阻率很低,机械强度高,防腐性能好,便于接触连接,是优良的导电材料。但是我国铜的储量不多,比较贵重,因此有选择地用于重要的、有大电流接触连接的或含有腐蚀性气体场所的母线装置。铝的比重只有铜的30%,导电率约为铜的62%。按重量计算,同长度具有相同电阻值传送相同电流的铝母线的重量只有铜母线的一半。加上铝母线由于截面较大引起散热面积的增大,同长度传送相同电流的铝母线的用量大约只有铜母线的44%。而铝的价格比铜低廉,且储量大,故以铝代铜有很大的经济意义。但铝的机械强度和耐腐蚀性能较低,接触连接性能较差,铝焊接技术又复杂,有关铝载流导体的技术问题虽都已解决,但在实际应用中仍需给予重视。钢母线价廉,机械强度好,焊接简便,但电阻率为铜的7倍,且趋肤效应严重,若常载工作电流则损耗太大,常用于电压互感器、避雷器回路引接以及接地网的连接线等。

4.3.1.2 母线的截面与排列

母线的截面形状有圆形、管形、矩形、槽形等。

圆形截面母线的曲率半径均匀,无电场集中表现,不易产生电晕,但散热面积小,曲率半径不够大,作为硬母线则抗弯性能差,故采用圆形截面的主要是作为软母线的钢芯铝绞线。

管形母线的曲率半径大,材料利用率、散热、抗弯强度和刚度都较圆形截面好,常用于220 kV及以上屋外配电装置作长跨距硬母线,也用于特种母线,如水内冷母线、封闭母线等。

矩形母线散热面积大,趋肤效应小,材料利用率高,承受立弯时的抗弯强度好,但周围的电场不均匀,易产生电晕,故只用于35 kV及以下硬母线。矩形母线的宽度与厚度之比为5~12,太宽太薄虽对载流和散热有利,但易变形,并使抗弯强度和刚度降低。矩形母线的最大截面为125 mm×10 mm。对大的载流量可采用数片并装,但散热效果和集肤效应变坏,材料利用率变差,超过2~3片时宜采用槽形截面母线。

母线的排列应按设计规定,如无设计规定时,应按下述要求排列:①垂直布置的母线。交流:A、B、C相的排列由上向下;直流:正、负的排列由上向下。②水平布置的母线。交流:A、B、C相的排列由内向外;直流:正、负的排列由内向外。③引下线排列。交流:A、B、C相的排列由左向右(面对母线);直流:正、负的排列由左向右。④各种不同电压配电装置的母线,其相位的配置应相互一致。

4.3.1.3 母线的定相与着色

母线安装完毕后,均要刷漆。刷漆的目的是为了便于识别相序、防止腐蚀及提高母线表面散热系数。试验结果表明:按规定涂刷相色漆的母线可增加载流量12%~15%。母线应按下列规定刷漆着色:①三相交流母线:A相刷黄色、B相刷绿色、C相刷红色,由三相交流母线引出的单相母线,应与引出相的颜色相同。②直流母线:正极刷赭色,负极刷蓝色。③交流中性线汇流母线和直流均压汇流母线,不接地者刷白色,接地者刷紫色带黑色横条。

另外,在焊缝螺栓连接处、设备引线端等都不宜着相色漆,以便运行监察接头情况。若能在母线接头的显著位置涂刷温度变色漆或粘贴温度变色带则更好。

软母线的各股绞线常有相对扭动,故不宜着相色漆。

4.3.2 电缆

电缆分为电力电缆(又称一次电缆)及控制电缆(又称二次电缆)。下面介绍电力电缆。

4.3.2.1 电力电缆的用途与特点

在电能的传输与分配过程中,往往由于受空间位置的限制,需要一种既安全可靠又节省空间位置的载流体，这就是常用的电力电缆。其各相导体之间及导体对地之间均有绝缘层可靠绝缘，外面依次加有密封护套、外护层，将全部绝缘导体一并加以保护和封闭。

电缆结构极为紧凑，占用空间远比母线要小；走向和布置极为灵活方便；现场施工简便；在外界严重损伤和破坏（包括机械损坏与火灾）的条件下运行可靠性高；虽然电缆单价较贵，但由于其基础和土建工程较省，故综合工程费用不一定超出母线。故电力电缆在电站及厂矿配电应用非常广泛。电缆的导体散热条件不如裸母线好，大电流大截面时的金属材料利用率较低，故载流量有限。通常在小电流长距离的配电回路中，电缆的应用具有很大优势；大电流短距离回路在布置方便的情况下宜采用母线或架空线。

4.3.2.2　**电力电缆一般结构**

各种电力电缆在基本结构上，均由导电芯线、绝缘层、密封护套和保护层等主要部分组成，如图 4-33 所示。

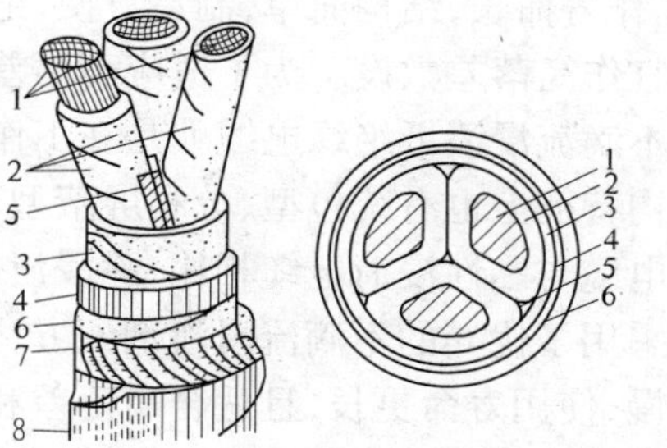

1—导电芯线；2—芯线绝缘层；3—统包绝缘层；
4—密封护套；5—填充物；6—纸带；
7—钢带内衬；8—钢带铠装

图 4-33　三芯电力电缆的一般结构

（1）导电芯线。有铝芯线和铜芯线两种，芯线的截面形状有扇形和圆形两种。采用扇形的目的是减小电缆外径，同时也减少绝缘和保护层的材料消耗。另外，为了便于弯曲，要求导电线芯具有一定的柔软性，同时为了避免线芯松散变形，要求线芯的结构稳定，因此导电线芯一般由多根经过退火处理的细单线绞合而成。

（2）绝缘层。各芯线有芯线层 2，相间隔着芯线绝缘层；芯线对地还需增设统包绝缘层 3。绝缘层的材料有油浸纸绝缘、橡皮绝缘、聚氯乙烯绝缘、聚乙烯绝缘和交联聚乙烯绝缘等多种。同一电缆的芯线绝缘层和统包绝缘层使用相同的绝缘材料。

（3）密封护套。它的作用是保护绝缘层。护套包在统包绝缘层外面，将绝缘层和芯线全部密封，使其不漏油、不吸气、不进水、不受潮，并且使电缆具有一定的机械强度。护套的材料一般有铅、铝或塑料等。具有密封护套是电缆区别与绝缘导线的标志。

（4）保护层。为了保护密封护套不受外界因素（包括外力、外电流、腐蚀环境等）的损伤，并使电缆具有必要的机械强度，在密封护套外面还需设置保护层。保护层的主体是钢带铠装 8，它由钢带或钢丝叠绕而成。钢带铠装内侧有内衬垫层 7 和纸带 6，其作用是保护密封护套不受钢铠的机械损伤，并且在电缆弯曲时保护套和铠装之间便于相对滑动，一般用浸以沥青的黄麻或电缆纸包绕而成。为了保护钢铠在空气中不被氧化，钢铠内外浸有沥青防腐层。对于直接埋入地下的电缆，钢铠外还包绕防水外皮层。它由两层浸渍沥青的电缆麻反方向绕叠而成，有的则用塑料作成外皮层。前者在空气中防火性能较差，后者在阳光中易老化。由于外力和外电流的普遍存在，无保护层的裸铅（铝）包电缆不宜使用。

4.3.2.3　**电力电缆的类型**

电力电缆按电压高低分为高压电缆和低压电缆（1 000 V 及以下）；按使用环境分为空气中敷设电缆、直埋电缆与水下电缆等；也可按电缆结构中任一组成部分的特征分类，如按芯线的芯数分为单芯、双芯、三芯、四芯电缆，单芯电缆又叫分相电缆；按芯线的材料分为铜芯电缆与铝芯电缆；按密封护套材料分为铅包、铝包、塑料包或橡套电缆；按保护层分为裸钢带、钢丝铠装电缆和带麻被层的钢带、钢丝铠装电缆等。但绝缘材料对电缆的结构和性能影响最大，故电力电缆主要按绝缘材料分类并命名。

1. 油浸纸绝缘电缆

油浸纸绝缘电缆包括黏性浸渍纸绝缘、不滴流浸渍纸绝缘和充油纸绝缘等几种。

黏性浸渍纸绝缘是在导电线芯上绕包电缆纸，将电缆干燥处理后再浸以矿物油与松香复合的电缆油，因为这种电缆油在常温下黏度很大，故称黏性浸渍绝缘。这种电缆成本低，工作寿命长，结构简单，制造方便，绝缘材料来源充足，易于安装与维护，但油易流淌，不适宜作高落差敷设。为了适应高落差的运行条件，宜采用不滴流浸渍纸绝缘电缆。

不滴流浸渍纸绝缘电缆就是在工作温度下浸渍剂具有不滴流性质的电缆。这种电缆在结构特征上也有统包型、分相屏蔽型和分相铅（或铝）包型之分，无论采用哪种结构，不滴流电缆与黏性浸渍电缆相比，除浸渍剂的特性和配方不同外，其生产工艺基本相同。但由于采用了优异的不滴流浸渍剂配方，使不滴流电缆比黏性浸渍电缆的载流量大，老化进程缓慢，使用寿命更长，且适合高落差和垂直的运行环境。因此，在我国 35 kV 及以下电压等级的油纸电缆中，不滴流型是推荐品种之一。

充油电缆是利用补充浸渍原理来消除绝缘层中形成的气隙，以提高电缆工作场强的一种电缆结构，并有效地提高了电缆的工作场强，因此常被超高压电缆采用。但这种电缆存在结构复杂，施工、维护不便，成本高等特点。

2. 橡皮绝缘电缆

橡皮绝缘具有一系列的优点，它在很大的温度范围内具有高弹性，对于气体、潮气、水分等具有低的渗透性，具有较高的化学稳定性和电气性能。橡皮绝缘电缆柔软、可曲度大，但由于它价格高、耐电晕性能差，长期以来只用于低压及可曲度要求高的场合。

随着石油化学合成工业的迅速发展，合成橡胶的出现不仅解决了天然橡胶资源匮乏、价格高的问题，还在性能方面得到了改善。例如，乙丙橡胶电缆工作温度可达 85 ℃。目前，乙丙橡胶绝缘电力电缆的电压等级已超过 150 kV。

为了保护绝缘线芯不受光、潮气、化学药品侵蚀和机械损伤，一般在电缆绝缘线芯外再加以护套。橡皮绝缘电力电缆有三种护套：氯丁橡皮、聚氯乙烯塑料和铅护套。氯丁橡皮护套比聚氯乙烯塑料护套工艺复杂，成本高；但氯丁橡皮护套耐磨、耐老化、机械强度较高；铅护套具有完全不透水性和屏蔽性。

3. 塑料绝缘电缆

用塑料做绝缘层材料的电力电缆称为塑料绝缘电力电缆。塑料绝缘电力电缆与油浸纸绝缘电力电缆相比，虽然发展较晚，但由于制造工艺简单，不受敷设落差限制，工作温度可以提高，电缆的敷设、接续、维护方便，具有耐化学腐蚀性等优点，现正在迅速发展。随着塑料合成工业的发展，产量提高，成本降低，在小、低压电缆方面，塑料电缆已形成取代油浸纸绝缘电力电缆的趋势。目前，国际上已有 225 kV 聚乙烯和 500 kV 交联聚乙烯的塑料电缆在运行，并在研制更高电压等级的的塑料电缆。

4.3.2.4 电缆三头

电力电缆的两端与其他电气设备连接时需要有一个能满足一定绝缘与密封要求的连接装置,该装置叫做电缆终端头。电缆终端头按使用场合的不同,又可分为户内终端头(简称户内头)和户外终端头(简称户外头)。一般地,户外头要有比较完善的密封、防水结构,以适应周围环境和气候的变化。将若干条电缆连接起来以构成更长电缆线路的装置叫做中间接头(简称中间头)。上述电缆户内头、户外头和中间头总称为电缆三头。

电力电缆三头是电缆线路的薄弱部分,其事故率很高,应在安装与运行中给予高度重视。对电缆三头的基本要求为:

(1)导体连接好。对于终端头,要求电缆线芯与接线端子(俗称接手或线鼻子)有良好的连接。对于中间接头,则要求电缆线芯与接续管(俗称接管)之间有良好的连接。

(2)绝缘可靠。电缆三头的绝缘结构,应能满足电缆线路在各种状况下长期安全运行的要求,并有一定的安全裕度。

(3)密封良好。可靠的绝缘要有可靠的密封来保证,主要是防止外界的水分及其他导电介质的侵入。

(4)足够的机械强度。为抵御在电缆线路上可能遇到的机械应力(包括外力损伤和短路的电动效应),电缆三头必须具有足够的机械强度。

除上述四项基本要求外,电缆三头还应尽可能结构简单、体积小、重量轻、省材料、成本低、工艺简单、维护方便并兼顾造型的美观。

4.3.3 绝缘子

4.3.3.1 绝缘子的作用

绝缘子又名瓷瓶,被广泛用于屋内外配电装置、变压器、开关电器及输配电线路中,用来支持和固定带电导体,并与地绝缘,或作为带电导体之间的绝缘。因此,它必须具有足够的机械强度和电气强度,并能在恶劣环境(高温、潮湿、多尘埃、污秽等)下安全运行。

4.3.3.2 绝缘子的分类

按装设地点绝缘子可分为户内式和户外式两种。户外式绝缘子有较大的伞裙,用以增长表面爬电距离,并阻断雨水,使绝缘子能在恶劣的户外气候环境中可靠地工作。在多尘埃、盐雾和化学腐蚀气体的污秽环境中,还需使用防污型户外绝缘子。户内绝缘子无伞裙结构,也无防污型。

绝缘子按用途可分为电站绝缘子、电器绝缘子和线路绝缘子等。

(1)电站绝缘子的用途是支持和固定户内外配电装置的硬母线,并使母线与地绝缘。电站绝缘子又分为支柱绝缘子和套管绝缘子,后者用于母线穿过墙壁和天花板,以及从户内向户外引出之处。

(2)电器绝缘子的用途是固定电器的载流部分,分支柱和套管绝缘子两种。支柱绝缘子用于固定没有封闭外壳的电器的载流部分,如隔离开关的动、静触头等。套管绝缘子用于使用封闭外壳的电器,如断路器、变压器等的载流部分引出外壳。

(3)线路绝缘子用来固定架空输电导线和屋外配电装置的软母线,并使它们与接地部分绝缘。可分为针式绝缘子和悬式绝缘子两种。

各类绝缘子均由绝缘体和金属配件两部分构成。

目前高压绝缘子的绝缘体采用电瓷、玻璃、玻璃钢或有机复合材料等多种材质制成。最多为电瓷,其结构紧密,机械强度高,耐热和介电性能好,在表面涂硬质釉层以后,表面光滑美观,不吸水分,故电瓷具有良好的机械和电气性能。目前采用有机复合材料的绝缘子的应用范围也不断扩大,其结构上采用芯棒与金具粘接或压接连接构造方式和硅橡胶整体注射硫化成型,并加大了外绝缘爬电比距;硅橡胶良好的憎水性,大大降低了绝缘子污闪的发生;采用大小伞相间的伞型,提高了大伞间距,改善了伞间放电特性,提高了绝缘子的耐污性能以及耐湿性能;此外还具有强度高、外形美观、体积小、重量轻等特点。可见,复合绝缘子优点突出,将是传统瓷绝缘子的理想替代品。

为了将绝缘子固定在接地的支架上和将硬母线安装到绝缘子上,需要在绝缘体上牢固地胶结金属配件。电站绝缘子与支架固定的金属配件称为底座或法兰,与母线连接的金属配件称为顶帽。底座和顶帽均作镀锌处理,以防锈蚀。

4.3.3.3　户内支柱绝缘子

(1)外胶装。图 4-34(a)所示为外胶装的 ZA－10Y 型支柱绝缘子,其上、下金属附件 2、3 均用水泥胶合剂装于瓷件 1 两端的外面。该式绝缘子的机械强度高,但高度尺寸大,上帽附近的瓷表面处电场应力较集中。

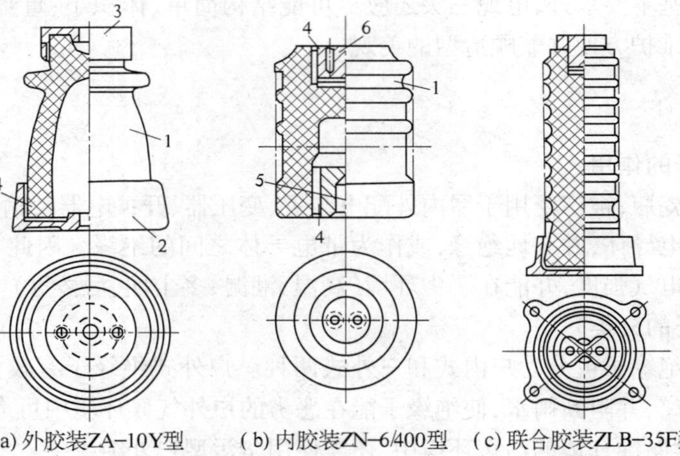

(a) 外胶装ZA-10Y型　(b) 内胶装ZN-6/400型　(c) 联合胶装ZLB-35F型

1—瓷件;2—铸铁底座;3—铸铁帽;4—水泥胶合剂;5—铸铁配件;6—铸铁配件螺孔

图 4-34　户内支柱绝缘子

(2)内胶装。图 4-34(b)所示为内胶装的 ZN－6/400 型支柱绝缘子,其上、下金属附件用水泥胶合在瓷体两端的孔内。该绝缘子与同等级的外胶装式比较,高度尺寸小,重量轻。而且瓷件端部附近表面的电场分布大有改善,故电气性能也较优,但该绝缘子下端的机械抗弯强度较差。

(3)联合胶装。图 4-34(c)所示为联合胶装的 ZLB－35F 型支柱绝缘子,其上部金属件采用内胶装方式以降低高度和改善顶部表面的电场分布,下部金属附件采用外胶装方式,提高了安全可靠性,也减少了维护测试工作量。

4.3.3.4 户外支柱绝缘子

户外支柱绝缘子有针式和实心棒式两种。

(1)如图 4-35(a)所示为ZPC1－35型户外针式绝缘子。它由两个瓷件 1 和 2、铸铁帽 3、具有法兰盘的铁脚 4 组成。它们之间用水泥胶合剂 5 胶合在一起。对于 6～10 kV 的针式绝缘子,仅有一个瓷件。针式绝缘子结构笨重,老化率高,已逐渐被实心棒式绝缘子所替代。

(2)如图 4-35(b)所示为 ZS－35 型实心棒式绝缘子,它由实心瓷件 2 和上、下金属附件 6、7 组成。瓷件采用实心不可击穿多伞形结构,电气性能好,尺寸小,不易老化,现已被广泛应用。ZSW 系列为防污型,采用防污效果好的大小伞、大倾角伞棱造型,伞下表面不易受潮,泄漏比距大。

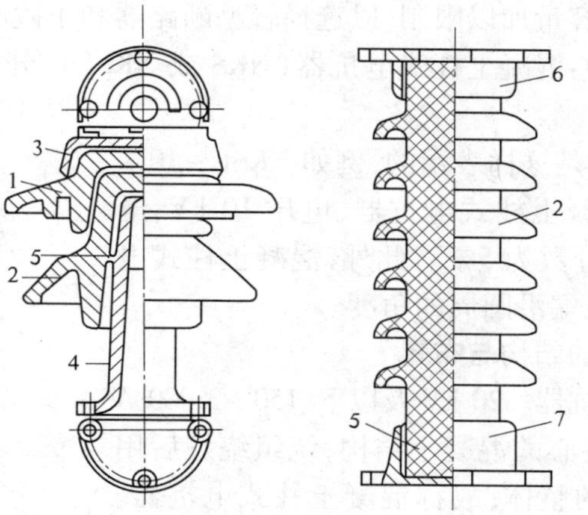

(a) 针式绝缘子　　(b) 实心棒式绝缘子

1、2—瓷件;3—铸铁帽;4—铁脚;5—水泥胶合剂;6—上金属附件;7—下金属附件

图 4-35　户外支柱绝缘子

4.3.3.5 套管绝缘子

套管绝缘子简称套管,这里介绍穿墙套管。在高压硬母线穿过墙壁、楼板配电装置隔板处,用穿墙套管支持固定母线并保持对地绝缘,同时保持穿过母线处的墙、板的封闭性。

套管绝缘子基本上由瓷套、中部金属法兰盘及导电体等三部分组成。瓷套采用纯瓷空心绝缘结构;中部法兰盘与瓷套用水泥胶合,用来安置固定套管绝缘子;瓷套内设置导电体,其两端直接与母线连接传送电能。导电体有三种型式:矩形截面、圆形截面和母线型(本身不带导电体,安装时在瓷套中穿过母线)。圆形截面导体采用铜材,其两端制成细牙螺杆与铜母线(或经铝铜转换)作接触连接。矩形截面导体的集肤效应小,材料利用率高,而且与矩形母线连接方便,但矩形截面导体易产生电晕感,故在 10 kV 及以下最适用。

4.4　限流电器

限流电器的作用是增加电路的短路阻抗,从而达到限制短路电流的目的。常用的设备有限流电抗器和分裂变压器。

4.4.1　限流电抗器

4.4.1.1　电抗器的类型与用途

电网中所采用的电抗器是指具有一定电抗值的电感线圈，有串联电抗器、并联电抗器、限流电抗器和消弧线圈四种。串联电抗器用于限制电力系统的高次谐波对电力电容器的影响，串联在电力电容器前，也称阻波器。并联电抗器用于超高压长距离输电线路和10 kV 电缆系统等处，以吸收系统电容功率，限制电压升高。限流电抗器用于限制系统短路电流，以维持母线电压水平。消弧线圈则用于减小中性点非直接接地系统的接地电流，防止故障扩大。本节只介绍限流电抗器。

在发电厂与变电站主接线中，限流电抗器用于限制电力设备的短路电流，除能维持母线电压外，也能将短路容量加以限制，以选择轻型断路器和小截面的电缆。

限流电抗器分三种：混凝土柱式电抗器（NKS 或 NKSL）、分裂电抗器（FK）和油浸电抗器（XKSL）。

限流电抗器的型号是这样表示的，例如 NKSL－10－600－5，表示铝电缆混凝土柱式电抗器、电压 10 kV、电流 600 A、阻抗电压百分数为 5%。此外，混凝土柱式电抗器还标注首尾两出线端沿圆周的角度。

图 4-36　混凝土柱式电抗器

4.4.1.2　限流电抗器的结构与布置

（1）混凝土柱式电抗器。20 kV 及以下、150～3 000 A 的限流电抗器常做成空心的混凝土结构，绕组绕好后用混凝土浇装而成牢固的整体，故称混凝土柱式电抗器。这种结构制造简单，成本低，运行可靠，维护方便，属于户内装置，如图4-36所示。

混凝土柱式电抗器都做成单相。组成三相组时有四种排列方式，即垂直排列、水平排列、两重一并排列、“品”字形排列，如图 4-37 所示。

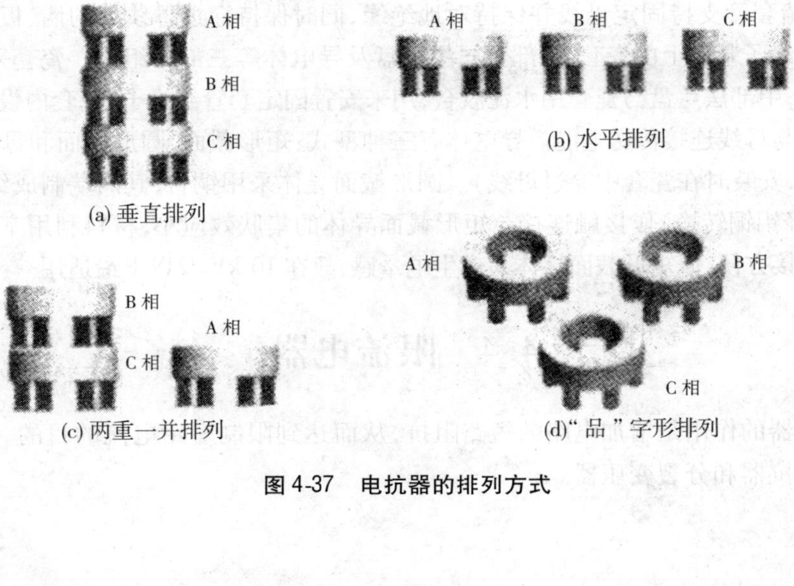

图 4-37　电抗器的排列方式

三相垂直排列和两重一并排列时，B 相绕组绕向要与 A、C 相相反，这样可以减少相间支撑绝缘子的拉伸力，因为支撑绝缘子的抗压能力比抗拉伸能力大得多。

（2）分裂电抗器。带中间抽头的混凝土柱式电抗器称分裂电抗器。

（3）油浸式限流电抗器。35 kV 的限流电抗器，一般做成夹装、油浸式、户外装置，在油箱内壁加磁分路或电磁屏蔽，以减少箱壁的损耗和发热。

限流电抗器安装时对周围环境有要求。空心电抗器附近如果有磁导体的话，将使电抗值升高。在正常情况下，电抗器的磁通在空气中形成回路，但安装场所的屋顶、墙壁、地面如有钢铁等磁性材料存在，会在其中引起发热，所以混凝土柱式电抗器安装时，对屋顶、四壁和地面应保持适当距离。

4.4.2 分裂变压器

随着变压器容量的不断增大，当变压器副方发生短路时，短路容量很大。为了能有效地切除故障，必须在副方安装开断能力很大的断路器。用分裂变压器，能在正常工作和低压侧短路时，使变压器呈现不同的电抗值，从而起到限制短路电流的作用。

分裂变压器是一种多绕组变压器，它将普通的双绕组变压器的低压绕组分裂成额定容量相等的两个完全对称的绕组。分裂绕组的布置形式决定了这两个分裂绕组间仅有磁的关系，没有电的联系，其等值电路如图 4-38 所示。通常两个低压分裂绕组容量相同，一般为变压器额定容量的 50%，阻抗相等，$X_1 = X_2$。

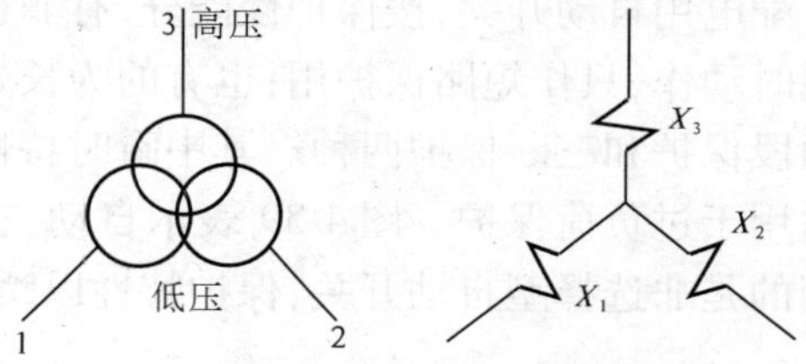

图 4-38　分裂变压器等值电路图

当低压分裂绕组并联时，高压和低压绕组间的电抗为穿越电抗，用 X_C 表示，有

$$X_C = X_3 + 0.5X_1 \tag{4-9}$$

当一个分裂绕组断开时，如绕组 2 开断，高压和低压绕组间的电抗为 X_B，则

$$X_B = X_3 + X_1 \tag{4-10}$$

当高压绕组断开时，两个低压分裂绕组间的电抗为分裂电抗 X_F，则

$$X_F = 2X_1 \tag{4-11}$$

$$\frac{X_F}{X_C} = K_F \tag{4-12}$$

式中，K_F 称为分裂系数，分裂变压器可以按不同的 K_F 制造。最有利的条件是 $K_F = 4$，即 $X_F = 4X_C$。在此情况下，根据以上各式推导可得

$$X_3 = 0 \qquad X_1 = X_2 = 2X_C$$

如 110 kV 普通双绕组变压器的电抗为 10.5%，分裂变压器的电抗 X_C 也为 10.5% 时，则分裂变压器低压绕组的电抗为 2 × 10.5% = 21%，两分裂绕组之间的电抗为 4 × 10.5% = 42%。可见，由于采用了分裂变压器，与普通双绕组变压器相比，在同容量同百分电抗时，低压侧短路电流减少了一半。

目前，我国分裂变压器大多用做单机容量在 200 MW 及以上大容量机组的厂用变压

器。这样,当某一段厂用母线短路时,既可以限制系统所供短路电流,同时又可以限制接在另一段厂用母线上的大容量电动机向短路点供给的反馈电流。此外,对电动机自起动条件也有所改善。

4.5 低压开关电器

4.5.1 自动空气开关

4.5.1.1 自动空气开关的作用和分类

自动空气开关又称自动开关或自动断路器,它是一种既有开关作用又能进行自动保护的电器。具体地说,它既能带负荷通断电路,又能在短路、过负荷和失压时自动跳闸。其功能与高压断路器类同。

自动空气开关按用途分类,有配电用自动开关、电动机保护用自动开关、照明用自动开关和漏电保护开关。本章只介绍配电用自动开关。

配电用自动开关,按保护性能分,有非选择型和选择型两类。非选择型自动开关一般为瞬时动作,只作短路保护用;也有的为长延时动作,作过负荷保护用。选择型自动开关有两段保护和三断保护两种。其中瞬时特性和短延时特性适用于短路保护。而长延时特性适用于过负荷保护。图 4-39 表示自动空气开关的三种保护特性曲线。目前我国普遍应用的是非选择型自动开关,保护特性以瞬时动作式为主。

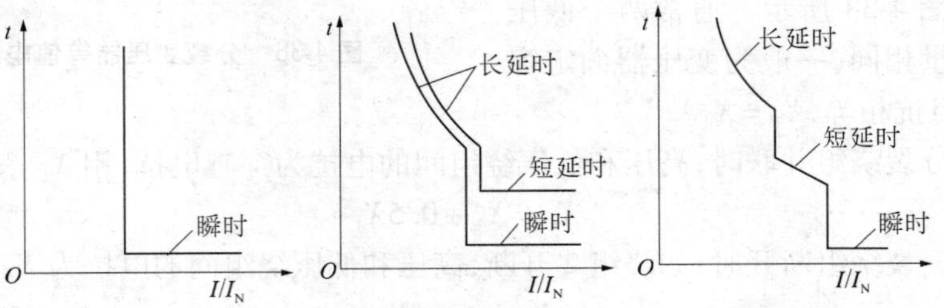

(a) 瞬时动作式　　(b) 两段保护式　　(c) 三段保护式

图 4-39　自动空气开关的保护特性和曲线

配电用自动空气开关按结构型式分,有塑料外壳式和框架式两类。前者为 DZ 系列,后者为 DW 系列。

4.5.1.2 基本结构

1. 塑壳式自动空气开关

DZ 系列具有封闭的塑料外壳,所以叫塑壳式或装置式。我国统一设计的新型塑壳式自动空气开关是 DZ10 系列,其额定电流为 15 ~ 600 A。图 4-40 为 DZ10 - 250 型塑壳式自动空气开关结构图。由图 4-40 可见,其主要组成部分如下。

(1) 触头系统。触头材料采用耐弧的银—石墨陶冶合金制成,可以在通过大电流时,不发生熔焊现象并能提高耐电磨损的能力。

(2) 灭弧系统。采用钢片灭弧栅,加之脱扣机构的脱扣速度快,因此其灭弧时间短,整个断路时间不超过 0.02 s，而且断流能力较大。

（3）脱扣系统。脱扣系统采用复式脱扣器，即过载保护用热脱扣器，短路保护用电磁脱扣器，也可以根据需要只选用其中任一种。

（4）操作机构。DZ10 系列自动空气开关，一般采用手动操作。在开关的外壳上有“合”、“分”字样，分别表示电路接通或断开时手柄停留的位置。开关自动跳闸时，手柄停在“合”与“分”的中间，而离“合”较近。一般 250 A 及以上可装电动操作。这时，手柄位置不能反映开关通断状态，但可通过与开关的辅助触点连接的指示灯来表示开关的通、断状态。事故跳闸后需要重新合闸时，必须先将手柄朝“分”的方向扳动，使主杠杆的下端进入钢片，开关处于“再扣”（准备合闸）状态，此时开关才能重新合上。但热脱扣器动作后，必须等双金属片冷却恢复后，才能重新再扣。

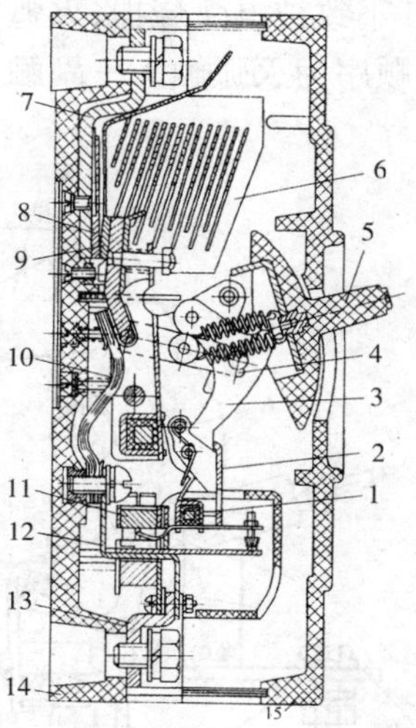

1—牵引杆；2—锁扣；3—跳钩；4—连杆；5—操作手柄；6—灭弧室；7—引入线和接线端子；8—静触头；9—动触头；10—可挠连接条；11—电磁脱扣器；12—热脱扣器；13—引出线和接线端子；14—塑料底座；15—塑料盖

图 4-40　DZ10－250 型塑壳式自动空气开关结构图

2. 框架自动空气开关

框架自动空气开关的全部结构都敞开装在框架上。由于这种自动空气开关的保护方案和操作方式比较多，因此又称为万能式自动开关。我国统一设计的万能式自动开关是 DW10 系列，其额定电流为 200～1 000 A。图 4-41 为 DW10－200 型框架式自动空气开关的外形结构图。由图 4-41 可见，其主要组成部分如下：

（1）触头系统。DW10 型自动空气开关的触头系统如图 4-42所示。它包括主触头、副触头和灭弧触头三个部分。其主触头承担通过的负荷电流，而副触头是在主触头分开时，保护

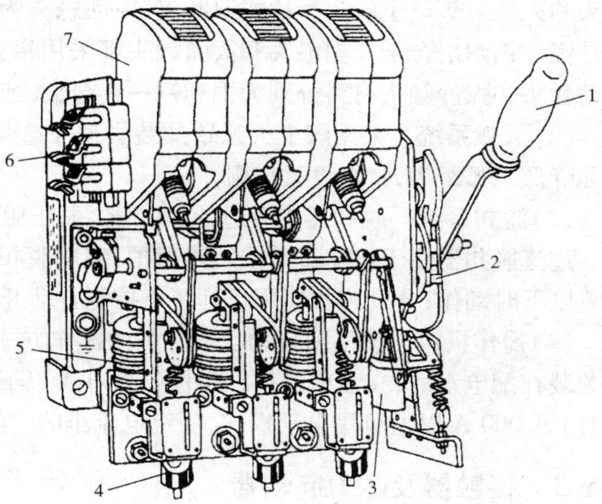

1—操作手柄；2—自由脱扣机构；3—失压脱扣器；4—过电流脱扣电流调节螺母；5—过电流脱扣器；6—辅助触点（连锁触点）；7—灭弧罩

图 4-41　DW10－200 型框架式自动空气开关的外形结构图

主触头，使其不致被电弧烧损；灭弧触头承担切断电流时的电弧烧灼。在操作中，合闸时触头闭合的顺序为灭弧触头—副触头—主触头；分闸时相反。

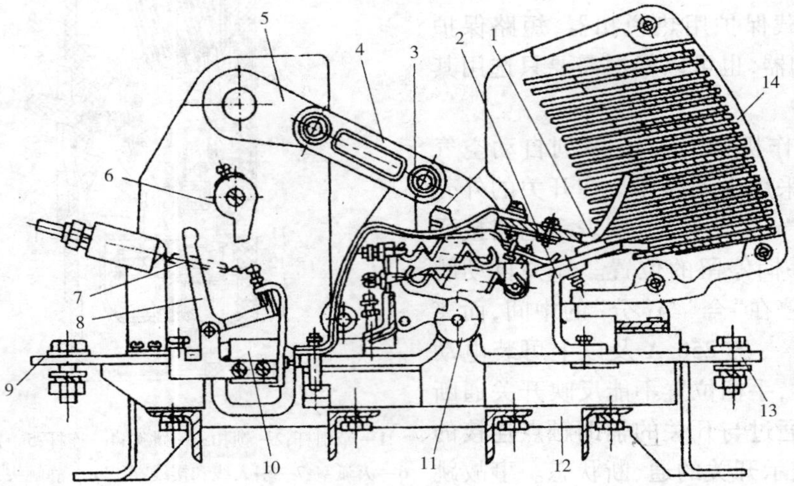

1—灭弧触头；2—副触头；3—软连接；4—连杆；5—驱动柄；6—脱扣凸轮；
7—弹簧；8—打击杆；9—下导电板；10—过流脱扣器；11—主触头；
12—框架；13—上导电板；14—灭弧室

图 4-42　DW10 型自动空气开关的触头系统

应当指出，自动空气开关所装的触头数量与额定电流大小有关。额定电流为 200 A 时，只装主触头；400 ~ 600 A 时，装有主触头和灭弧触头；1 000 A 以上时，装有主触头、副触头和灭弧触头。主触头为桥式双断点，主动触头为滚轮形，外层材料是银；主静触头材料是银—钨陶冶合金。副触头和灭弧触头都采用指式单断点触头。副触头材料是紫铜，弧动触头和弧静触头材料分别为铜和铜—钨合金（或铜—石墨陶冶合金）。

(2) 灭弧系统。采用陶土灭弧罩加装去离子金属栅片的方式灭弧，为了增强灭弧能力和降低飞弧距离，常增设灭焰栅。

(3) 脱扣系统。脱扣器中有过流脱扣器、失压脱扣器、分励脱扣器等，可根据需要选用。过流脱扣器用于电路过载或短路保护；失压脱扣器在电路电压降到开关额定电压的 40% 以下时动作；分励脱扣器用于远距离控制自动开关。

(4) 操作机构。该系列自动空气开关的操作方式很多，有手柄直接操作，也可将自动开关装在配电盘后，在盘前经杠杆操作（1 500 A 以下），还可用电磁铁远距控制（600 A 以下时），1 000 A 以上可用电动操作，额定电流小的一般采用杠杆操作。

4.5.2　接触器及磁力起动器

4.5.2.1　接触器的作用和分类

接触器是一种遥控电器，具有操作方便、动作迅速、灭弧性能好、适用于频繁操作等特点，因此被广泛地应用于电动机控制电路及自动控制电路中。接触器若与继电器等配合，则可实现自动控制及过电流、过电压等保护。

接触器分交流和直流两种。本节只介绍交流接触器。

4.5.2.2　**交流接触器基本结构**

图4-43是交流接触器的外形结构图。由图4-43可见，它的主要组成部分如下：

(1)触头系统。它包括主触头3对，动断、动合辅助触头各2对，均采用双断点桥式结构。

(2)电磁系统。包括动铁芯、吸引线圈、静铁芯、反作用弹簧等部分。铁芯由“山”形硅钢片叠压而成，漆包线绕制的吸引线圈借助弹簧弹力固定在静铁芯上，动铁芯与触头系统固定在一起。

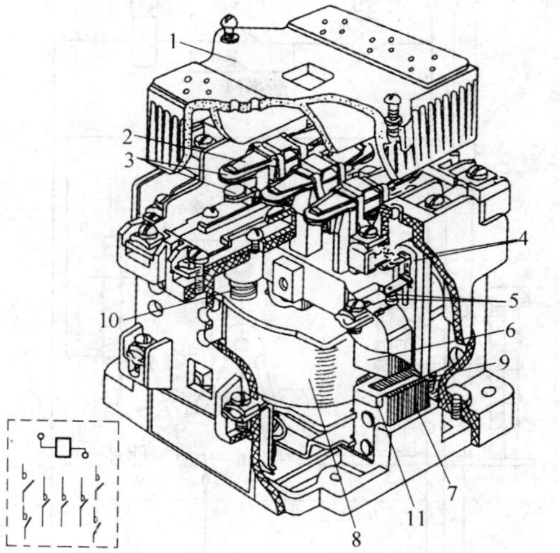

1—灭弧罩；2—触头压力弹簧片；3—主触头；4—辅助常闭触头；5—辅助常开触头；6—动铁芯；7—静铁芯；8—线圈；9—缓冲弹簧；10—反作用弹簧；11—短路环

图4-43　CJ10交流接触器外形结构图

为了减少振动和噪声，在铁芯的极面下安装铜制的短路环，如图4-44所示。当磁通变化时，短路环中将产生感应电流，使得吸引线圈中的电流为零时，铁芯中总的磁势大于零，故衔铁始终被吸住，因此振动和噪声就显著减小。

(3)灭弧系统。采用石棉水泥制成的灭弧罩。分断电路时，电弧进入灭弧罩的狭缝，因受到强烈的去游离而熄灭。

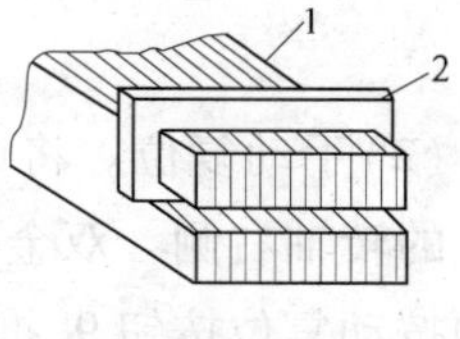

1—铁芯；2—短路环

图4-44　短路环

4.5.2.3　**磁力起动器的基本知识**

磁力起动器也称电磁开关，主要用于远距离控制三相鼠笼式电动机。它具有失压和过载保护，与熔断器配合还能实现短路保护。

磁力起动器主要由交流接触器和热继电器组成。交流接触器已在上面的内容中介绍过了，以下阐述热继电器的工作原理和结果。

热继电器由双金属片、热元件、触点系统及操动机构、整定电流装置、复位按钮等组成。图4-45为常见双金属片式热继电器的原理图。

使用时，热元件2与被保护电动机串联，动断触点串联在交流接触器的控制回路中。电动机正常工作时，触点不动作；当电动机过负荷时，若其电流大于额定值，热元件2发出更多的热量，使两种不同膨胀系数的双金属片受热弯曲推动导板3向右移动，导板3又推动温度补偿片4，使推杆11绕轴运动，从而推动了动触点连杆5，使动触点5与静触点6脱离，切断了接触器线圈的控制电路，接触器释放而切断电路，起到过载保护作用。

热继电器动作后的复位方式有自动复位和手动复位两种：

(1)自动复位。将调节螺钉拧进一段距离，使动触点连杆5的复位弹簧8始终位于连杆5转轴的左侧，此时触点开距最小。当热元件冷却后，双金属片恢复原状，触点5在弹簧8的作用下自动复位，与静触点6闭合。

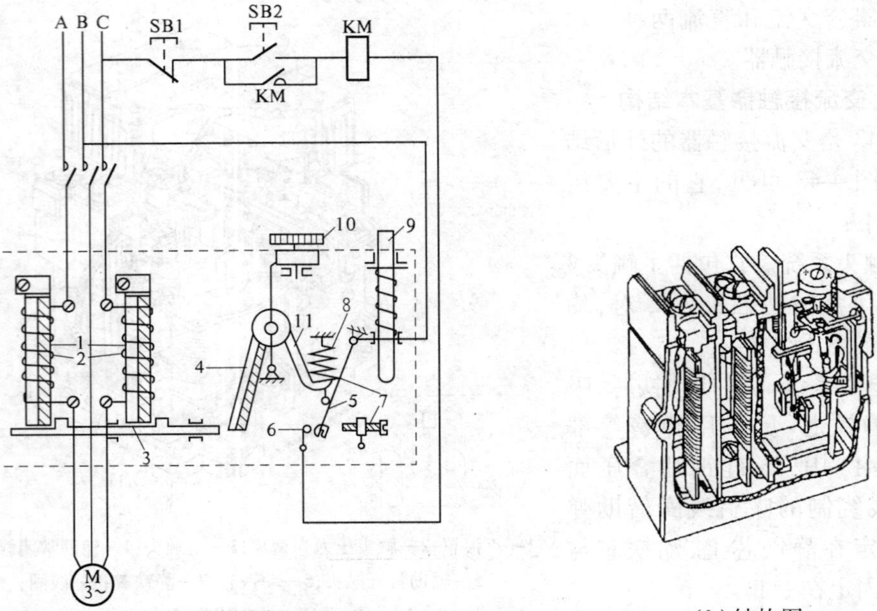

(a)原理图　　　　　　(b)结构图

1—双金属片;2—热元件;3—导板;4—温度补偿双金属片;5—动触点连杆;6—动断静触点;

7—调节螺丝(动合静触点);8—弹簧;9—复位按钮;10—整定值调节轮;11—推杆

图 4-45　热继电器原理图

(2)手动复位。将调节螺钉拧出一段距离,此时触点开距最大,使复位弹簧 8 位于连杆 5 的转轴右侧。双金属片冷却后,由于弹簧 8 的作用,动触点 5 不能自动复位。这时,必须按动复位按钮 9,推动动触点连杆 5,使弹簧 8 偏到连杆 5 转轴的左侧,便可利用弹簧的拉力使动触点复位。一般热继电器出厂时,其触点都调整为手动复位。

热继电器带有温度补偿装置,当环境温度变化时,可以有效地减少热继电器整定电流值的变化。

4.5.2.4　磁力起动器应用电路

1. 利用磁力起动器实现电动机不可逆运行的接线

图 4-46(a)所示为磁力起动器控制电动机不可逆式运行的手动控制接线图。图中,磁力起动器的主触点、辅助触点、线圈、热继电器加热件及输出触点等各元件分别独立地按其实际连接顺序绘成直线式电路图,并用规定的图形符号表示不同性质的元件(指触点、线圈等),用文字符号表示各元件所属的器具(如磁力起动器的各触点、线圈都用 K 表示)。这种不以器具的整体形式出现,而以分散的元件按顺序连接成的直线式回路图叫做展开图。图 4-46(a)中的三相主电路从电源引接经刀闸、熔断器、磁力起动器主触头和两相式加热元件接至电动机。控制电路从磁力起动器主触头电源侧引出两线,线间电压为 380 V,除辅助触点与起动按钮并联外,其他元件全部串接。

起动电动机时,揿下起动按钮 S1,则 K 线圈励磁,主触头接通使电动机起动;同时 K 辅助触点闭合将起动按钮 S1 短接,实现控制电路的“自保持”。

停机时,揿下停止按钮 S2,吸持线圈失磁,主、辅触头均开断,电路回到起动前状态,电动机停止。

电动机组发生过负荷时,热继电器动作,其输出触点 B 断开使吸持线圈失磁,实现过负荷保护停机。

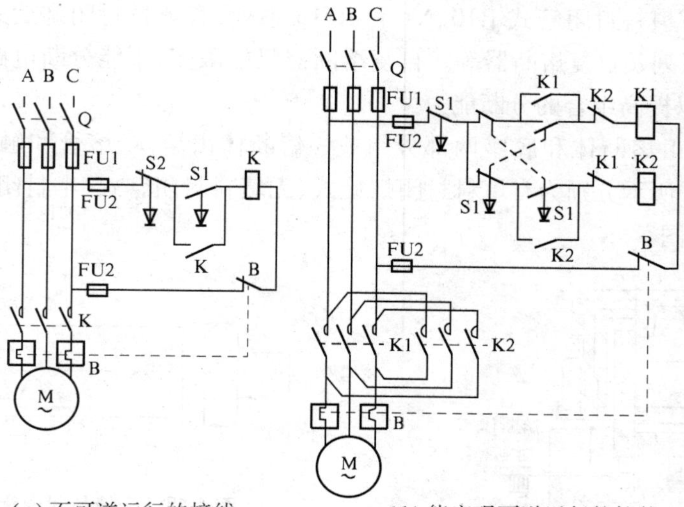

(a) 不可逆运行的接线　　(b) 能实现可逆运行的接线

图 4-46　磁力起动器控制的异步电动机接线图

2. *利用磁力起动器实现电动机可逆运行的接线*

控制电动机作正、反转起动和运行的磁力起动器称为可逆式磁力起动器。要使电动机正、反转运行需要改变三相电源的相序。为此,只要交叉倒换两相进线即可。在图 4-46(b)中的可逆运行由两只相同的交流接触器 K1 和 K2 及热继电器 B 组成,K1 和 K2 的主触头在电源侧按相同相序并接,而在负荷侧 B、C 两相线交叉换位。故 K1 主触头接通时电动机正转;K2 接通时则反转。

可逆式磁力起动器的控制电路由两支路组成。每支路控制一只交流接触器。为防止两只接触器同时动作合闸而使主电路的相间短路,故在两控制支路中各设置了机械和电气连锁。机械连锁是起动按钮 S1、S2 采用复合按钮(一常开触点和一常闭触点),当揿下 S1 作正转起动时,其常闭触点首先切断反转控制回路。同样,当揿下 S2 作反转起动时,其常闭触点首先切断正转控制回路。电气连锁是正转接触器的线圈与反转接触器的常闭辅助触点串联,反转接触器的线圈与正转接触器的常闭辅助触点串联。只有当一只接触器失磁返回之后,另一只接触器才能带电起动。

4.5.3　低压熔断器

4.5.3.1　低压熔断器的用途

低压熔断器是低压配电网中的保护元件之一,主要作短路和严重过载保护用。当通过熔断器的电流大于规定值时,以其自身产生的热量使熔体熔化而自动分断电路。通过熔断器的熔化特性和融化特性的配合以及熔断器与其他电器的配合，在一定的短路电流范围内可以达到选择性保护。

4.5.3.2 熔断器的分类及结构

熔断器按其结构型式可分为半封闭插入式熔断器 RC1A 系列，无填料封闭管式熔断器 RM10 系列，有填料封闭管式 RT0、NT 和 RT13 系列，有填料封闭螺旋式熔断器 RL1、RL2、RL6、RL7 系列及自复熔断器等。自复熔断器只能限流，不能分断电路，故常与自动开关串联使用，以提高组合的分断能力。

熔断器主要由熔断体和底座两部分组成。熔断体由熔体、熔管和触片等组成。如图 4-47 ~ 图 4-50 所示分别为有填料封闭螺旋式、无填料封闭管式、半封闭插入式和自复熔断器结构示意图。

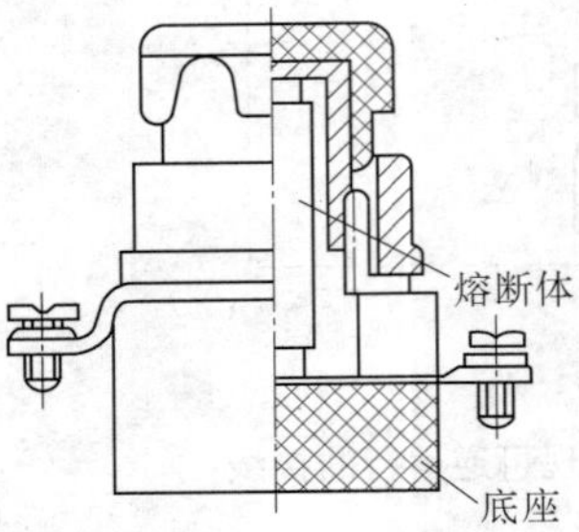

图 4-47 有填料封闭螺旋式熔断器

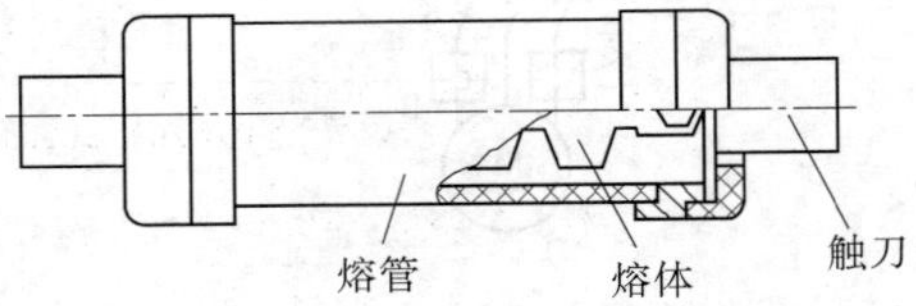

图 4-48 无填料封闭管式熔断器

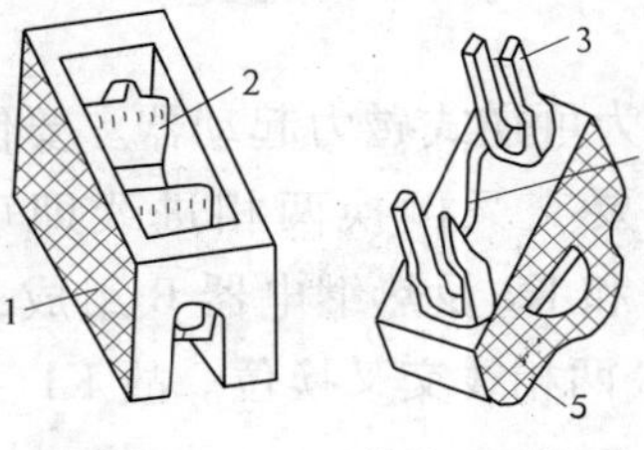

1—瓷底座；2—石棉垫；3—触刀；
4—熔丝；5—瓷盖

图 4-49 半封闭插入式熔断器

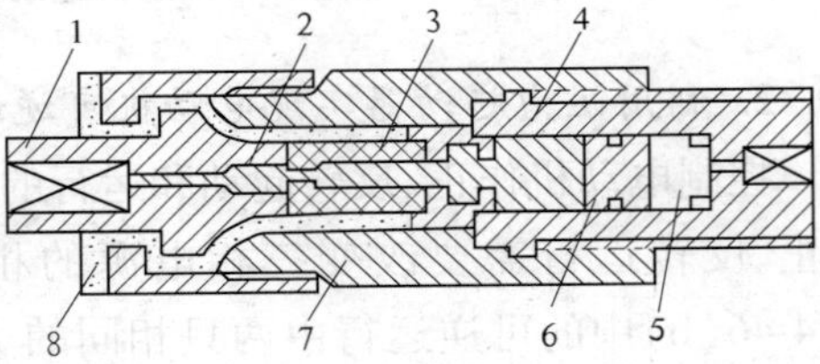

1—电流端子 1；2—熔体；3—绝缘管；
4—电流端子 2；5—氩气；6—活塞；
7—不锈钢套；8—填充剂

图 4-50 自复熔断器

4.5.3.3 对熔断器特性的主要要求

熔断器要起到良好的保护作用，保护特性要符合以下要求。

1. 保护特性曲线

保护特性曲线是表示通过熔断器的电流与熔体熔断时间的关系曲线，又称为安秒特性曲线，如图 4-51 所示。图中 I_R 为对应 30 A 熔断器的最小熔化电流，即熔体通过的电流小于最小熔化电流时熔体不会熔断。从曲线可见，通过熔体的电流越大熔断越快，而通过熔体的电流减少时，熔断的时间可以变得相当长，这就反映出利用熔断器作轻过载保护是很不灵敏的。保护特性具有反时限特性。熔断器的保护特性曲线与熔体的材料和结构型式有关。

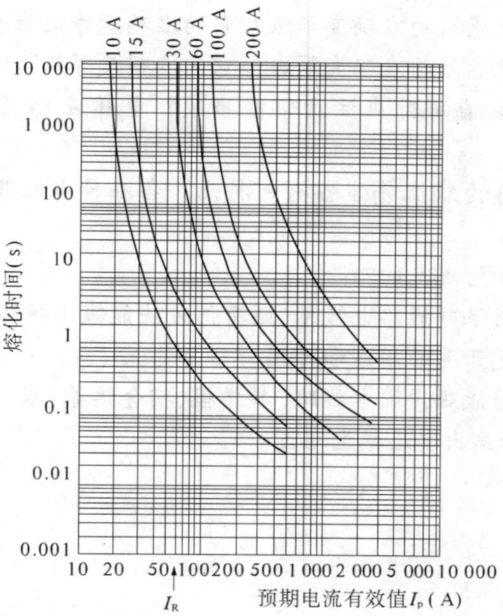

图 4-51　熔断器的保护特性曲线图

2. 分断能力

熔断器的分断能力是指它在额定电压下切断短路电流的能力。一般根据线路、电气设备状况和要求,选择具有不同分断能力的熔断器,有高分断能力的填充快速熔断器,其分断能力可达到 200 kA。分断能力主要是用于短路保护的,它具有瞬时分断的特性。熔断器中熔体的材料大致可以分为低熔点和高熔点两种类型。常用的低熔点材料有锡、铅、锌、锡铅合金及锌铅合金等,它主要用于过载保护的场合;常用的高熔点材料有铜、银和铝,可以通过较大的电流而不熔断,以提高熔体的分断能力,所以它主要用于短路保护的场合。

习题与思考题

4-1　高压断路器的作用是什么?常见的高压断路器有哪几类?

4-2　真空断路器有什么结构特点?

4-3　简述 SF_6 断路器的灭弧过程。

4-4　隔离开关的用途是什么?它是如何进行分类的?

4-5　高压断路器型号的含义是什么?隔离开关型号的含义是什么?

4-6　负荷开关的作用是什么?高压熔断器的作用是什么?

4-7　熔断器的基本结构是什么?什么是熔断器的保护特性?与哪些因素有关?

4-8　电流互感器的作用是什么?电压互感器的作用是什么?

4-9　什么是电流互感器的变比?一次电流为 1 200 A,二次电流为 5 A,计算电流互感器的变比。

4-10 什么是电流互感器的准确度等级？它的准确度等级有哪几级？

4-11 什么是电压互感器的准确度等级？它的准确度等级有哪几级？

4-12 电流互感器在使用时应注意哪些事项？电压互感器在使用时应注意哪些事项？

4-13 电缆和母线作为载流导体各有何特点？各在什么应用场合下才能表现出其优点？

4-14 母线着色是如何规定的？

4-15 除采用电抗器限制短路电流外，还有何方法能减小短路电流的大小？

4-16 简述自动空气开关的用途和作用。

4-17 观察你身边的低压供配电线路（教学楼、宿舍楼等）采用了什么样的开关电器，思考它们的作用，并试着画出其连接电路图。

第 5 章　电气主接线

教学要求

了解主接线的基本要求；掌握主接线的概念以及主接线图中主要设备的图形和文字符号，掌握单母线接线和双母线接线不同形式的接线方法、运行方式、优缺点和适用场合，掌握倒闸操作的基本原则和顺序，掌握有母线的接线形式下常见的倒闸操作（包括带旁路、倒母线），掌握单元接线、桥形接线和角形接线的接线方法、运行方式、优缺点和适用场合，掌握发电厂和变电所主变压器的选择和具体计算，掌握各种类型发电厂和变电所主接线的特点；了解发电厂和变电所主接线的设计原则和步骤。

5.1　电气主接线概述

发电厂、变电所的一次接线是由直接用来生产、汇集、变换和分配电能的一次设备构成的，通常称为电气主接线或电气主系统。电气主接线表明了各种一次设备的数量、作用和相互之间的连接方式，以及与电力系统的连接情况。电气主接线图就是用规定的文字和图形符号来描绘电气主接线的专用图。电气主接线图一般画成单线图（即用单相接线表示三相系统），但对三相接线不完全相同的局部（如各相中电流互感器的配置情况不同）则绘制成三线图。如图 5-1 所示为某小型水电站的电气主接线图。电气主接线图不仅能表明电能输送和分配的关系，也可据此制成主接线模拟图屏，以表示电气部分的运行方式，并可供运行操作人员进行模拟操作。

5.1.1　电气主接线的基本要求

电气主接线的选择正确与否对电力系统的安全、经济运行，对电力系统的稳定和调度的灵活性，以及对电气设备的选择、配电装置的布置、继电保护及控制方式的拟定等都有重大的影响。在选择电气主接线时，应注意发电厂或变电所在电力系统中的地位、进出线回路数、电压等级、设备特点及负荷性质等条件，并应满足下列基本要求。

5.1.1.1　保证必要的供电可靠性和电能质量

保证必要的供电可靠性和电能质量是电气主接线的最基本要求。这里所说的主接线的可靠性主要是指当主电路发生故障或电气设备检修时，主接线在结构上能够将故障或检修所带来的不利影响限制在一定范围内，以提高供电的能力和电能的质量。目前，对主接线的可靠性的评估不仅可以定性分析，而且可以进行定量的可靠性计算。

一般从以下几方面对主接线的可靠性进行定性分析：

（1）断路器检修时是否影响对用户的供电；

（2）设备或线路故障或检修时，停电线路数量的多少（停电范围的大小）和停电时间的长短，以及能否保证对重要用户的供电；

(3)是否存在使发电厂、变电所全部停止工作的可能性等。

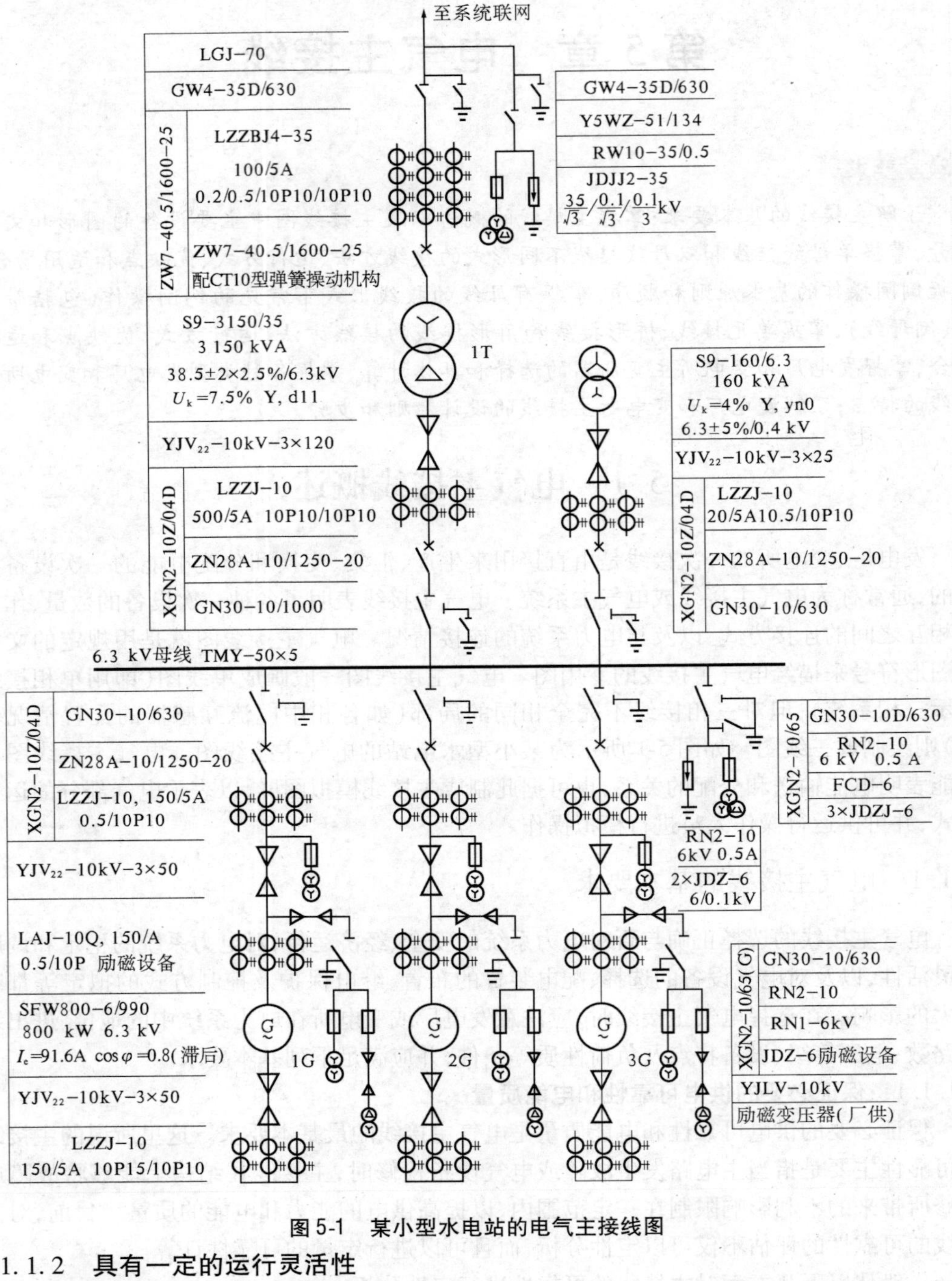

图 5-1 某小型水电站的电气主接线图

5.1.1.2 具有一定的运行灵活性

电气主接线不仅在正常运行情况下能根据调度的要求，灵活地改变运行方式，实现安全、可靠、经济地供电；而且在系统故障或电气设备检修及故障时，能尽快地退出设备、切除故障，使停电时间最短、影响范围最小，并且在检修设备时能保证检修人员的安全。

5.1.1.3 操作应尽可能简单、方便

电气主接线应该简单、清晰、明了,操作方便。复杂的电气主接线不仅不利于操作,还容易造成误操作而发生事故。但接线过于简单,又可能给运行带来不便,或造成不必要的停电。

5.1.1.4 应具有发展和扩建的可能性

随着我国国民经济的快速发展,对电力的需求也在迅速地增长。因此,在选择主接线时,还要考虑到发展和扩建的可能性。

5.1.1.5 技术上先进,经济上合理

在确定主接线时,应采用先进的技术和新型的设备。同时,在保证安全可靠、运行灵活、操作方便的基础上,尽可能减少占地面积,以节省基础建设投资和减少年运行费用,让发电厂、变电所尽快发挥最佳的社会效益和经济效益。

5.1.2 电气主接线的基本类型

母线是接受和分配电能的装置,是电气主接线和配电装置的重要环节。电气主接线一般按有无母线分类,即分为有母线和无母线两大类。

有母线的主接线形式包括单母线和双母线。单母线又分为单母线不分段、单母线分段、单母线分段带旁路母线等形式;双母线又分为双母线不分段、双母线分段、3/2 断路器(又叫一台半断路器)、双母线带旁路母线等多种形式。

无母线的主接线形式主要有单元接线、桥形接线和角形接线等。

5.1.3 电气回路中开关电器的配置原则

电气回路中的开关电器主要是指断路器和隔离开关。由于断路器具有很强的灭弧能力,因此,在电气回路中配置了断路器,用来作为接通或切断电路的控制电器和在故障情况下切除短路故障的保护电器。当线路或高压配电装置检修时,需要有明显可见的断口,以保证检修人员及设备的安全,故在电气回路中,在断路器可能出现电源的一侧或两侧均应配置隔离开关。若馈线的用户侧没有电源,断路器通往用户的那一侧,可以不装设隔离开关。但如费用不大,为了阻止过电压的侵入,也可以装设。若电源是发电机,则发电机与出口断路器之间可以不装隔离开关。但有时为了便于对发电机单独进行调整和试验,也可以装设隔离开关或设置可拆卸点。为了安全、可靠及方便地接地,可安装接地开关(又称接地刀闸)替代接地线。当电压在 110 kV 及以上时,断路器两侧的隔离开关和线路隔离开关的线路侧均应配置接地开关。对 35 kV 及以上的母线,在每段母线上亦应设置 1 ~2 组接地开关,以保证电器和母线检修时的安全。

断路器和隔离开关的操作顺序为:接通电路时,先合上断路器两侧的隔离开关,再合断路器;切断电路时,先断开断路器,再拉开两侧的隔离开关。这个断路器与隔离开关之间的操作顺序必须严格遵守,在未断开断路器的情况下,严禁带负荷拉合隔离开关等误操作,因而如此会造成严重的事故。

5.2 电气主接线的基本形式

5.2.1 单母线接线

5.2.1.1 单母线不分段接线

单母线不分段接线如图5-2所示。这种接线的特点是只有一组母线WB,各电源和出线都接在同一条公共母线上,其供电电源在发电厂是发电机或变压器,在变电所是变压器或高压进线回路。母线既可以保证电源并列工作,又能使任一条出线都可以从任一电源获得电能。每条回路中都装有断路器和隔离开关,紧靠母线侧的隔离开关(如QS_B)称做母线隔离开关,靠近线路侧的隔离开关(如QS_L)称为线路隔离开关。使用断路器和隔离开关可以方便地将电路接入母线或从母线上断开。例如,当检修断路器QF时,可先断开QF,再依次拉开其两侧的隔离开关QS_L、QS_B(当QF恢复送电时,应先合上QS_B、QS_L,后合QF,并注意QS_B和QS_L的操作顺序),然后在QF两侧挂上接地线,以保证检修人员的安全。

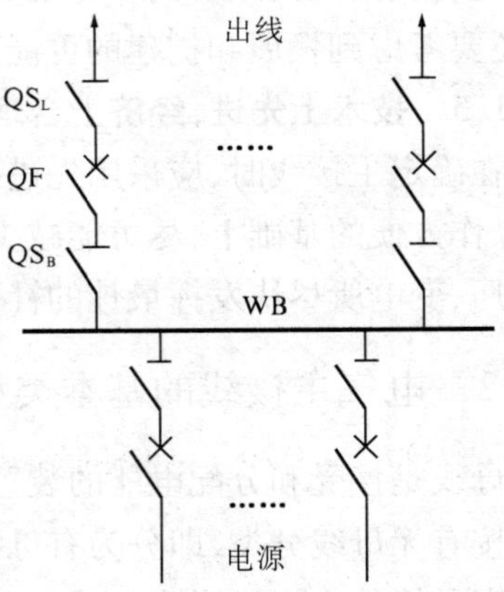

WB—母线;QS_B—母线侧隔离开关;
QS_L—线路侧隔离开关;QF—断路器

图5-2 单母线不分段接线

单母线接线的优点是结构简单、层次清晰、设备少、投资小、运行操作方便且有利于扩建。隔离开关仅在检修电气设备时作隔离电源用,不作为倒闸操作电器,从而避免了因用隔离开关进行大量倒闸操作而引起的误操作事故。

单母线不分段接线的主要缺点有以下几个方面:

(1)母线或母线隔离开关检修时,连接在母线上的所有回路都将停止工作(有条件进行带电检修的例外)。

(2)当母线或母线隔离开关上发生短路故障或断路器靠母线侧绝缘套管损坏时,所有断路器都将自动断开,造成全部停电。

(3)检修任一电源或出线断路器时,该回路必须停电。

由于单母线不分段接线供电可靠性和灵活性都较差,只能用于某些出线回路数较少、对供电可靠性要求不高的小容量发电厂和变电所中。

5.2.1.2 单母线分段接线

为提高供电可靠性,当出线回路数较多时,可用断路器将母线分段,成为单母线分段接线,如图5-3所示。母线分段的数目,取决于电源的数目及容量、

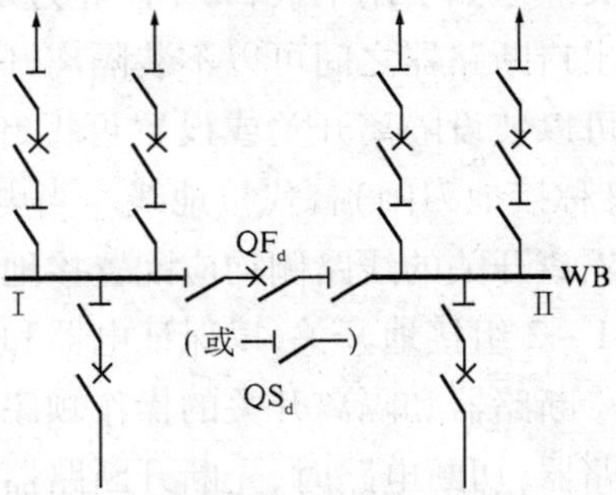

QF_d—分段断路器;QS_d—分段隔离开关

图5-3 单母线分段接线

出线回路数、运行要求等,一般情况下母线可分为 2 ~ 3 段。分段时应尽量将电源与负荷均衡地分配于各母线段上,以减少各母线段间的功率交换。重要用户可以由从不同母线段上分别引出的两个及其以上回路供电,从而提高了供电的可靠性。

母线分段后,可提高供电的可靠性和灵活性。在正常运行时,可以接通也可以断开运行。当分段断路器 QF_d 接通运行时,任一段母线发生短路故障时,在继电保护作用下,分段断路器 QF_d 和接在故障段上的电源回路断路器便自动断开。这时非故障段母线可以继续运行,缩小了母线故障的停电范围。当分段断路器断开运行时,分段断路器除装有继电保护装置外,还应装有备用电源自动投入装置,分段断路器断开运行,有利于限制短路电流。

对重要用户,可以采用双回路供电,即从不同段上分别引出馈电线路,由两个电源供电,以保证供电可靠性。

单母线分段接线的缺点是:

(1)当一段母线或母线隔离开关故障或检修时,必须断开接在该分段上的全部电源和出线,这样就减少了系统的发电量,并使该段单回路供电的用户停电。

(2)任一出线断路器检修时,该回路必须停止工作。

单母线分段接线,虽然较单母线接线提高了供电可靠性和灵活性,但当电源容量较大和出线数目较多,尤其是单回路供电的用户较多时,其缺点更加突出。因此,一般认为单母线分段接线应用在 6 ~ 10 kV,出线在 6 回及以上时,每段所接容量不宜超过 25 MW;用于 35 ~ 60 kV 时,出线回路不宜超过 8 回;用于 110 ~ 220 kV 时,出线回路不宜超过 4 回。

在可靠性要求不高时,或者在工程分期实施时,为了降低设备费用,也可使用一组或两组隔离开关进行分段(如图 5-3 中的 QS_d),任一段母线故障时,将造成两段母线同时停电,在判别故障后,拉开分段隔离开关,完好段即可恢复供电。

5.2.1.3 单母线带旁路母线接线

如图 5-4 所示,在工作母线外侧增设一组旁路母线,并经旁路隔离开关引接到各线路的外侧。另设一组旁路断路器 QF_p(两侧带隔离开关)跨接于工作母线与旁路母线间。

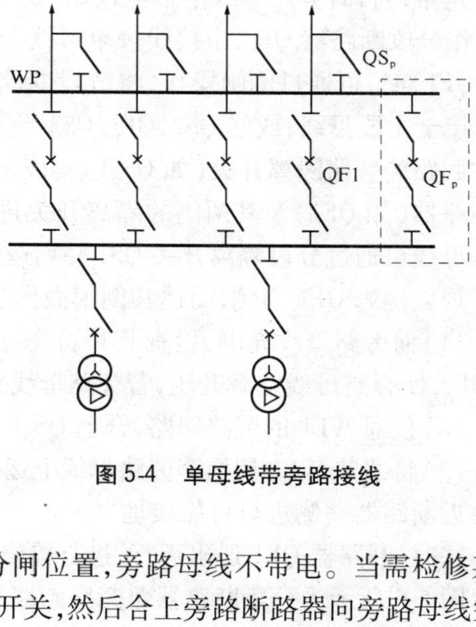

图 5-4 单母线带旁路接线

当任一回路的断路器需要停电检修时,该回路可经旁路隔离开关 QS_p 绕道旁路母线,再经旁路断路器 QF_p 及其两侧的隔离开关从工作母线取得电源。此途径即为"旁路回路"或简称"旁路"。而旁路断路器就是各线路断路器的公共备用断路器。但应注意,旁路断路器在同一时间里只能替代一条线路的断路器工作。

平时旁路断路器和旁路隔离开关均处于分闸位置,旁路母线不带电。当需检修某线路断路器时,首先合上旁路断路器两侧的隔离开关,然后合上旁路断路器向旁路母线空载升压,检查旁路母线无故障后,再合上该线路的旁路隔离开关(等电位操作)。此后,断开该出线断路器及其两侧的隔离开关,这样就由旁路断路器代替该出线断路器工作。

单母线带旁路接线可以不停电检修断路器,故提高了供电可靠性。但是,当母线出现故障或检修时,仍然会造成整个主接线停止工作。

5.2.1.4　**单母线分段带旁路接线**

如果要求在任一出线断路器检修时不中断对该回路的供电,可以采用如图 5-5 所示的单母线分段带旁路的接线。

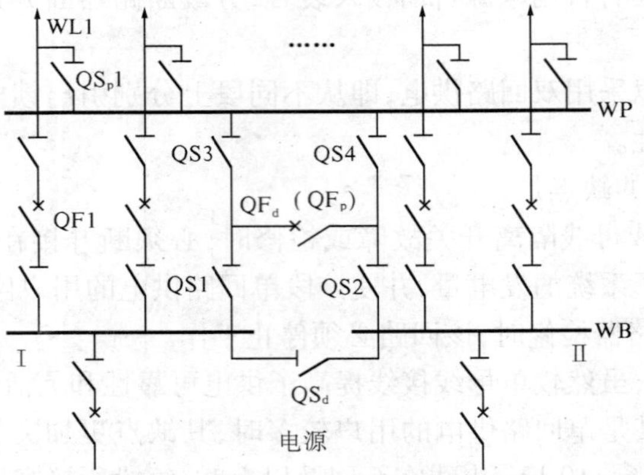

QF_d(QF_p)—分段断路器(兼作旁路断路器);WP—旁路母线;QS_p1—旁路隔离开关

图 5-5　单母线分段带旁路母线接线

这种接线增设了一组旁路母线 WP 以及各出线回路中相应的旁路隔离开关 QS_p,分段断路器 QF_d 兼作旁路断路器 QS_p,并设有分段隔离开关 QS_d。

正常运行时旁路母线不带电,QS1、QS2 及 QF_p 处于合闸状态,QS3、QS4 及 QS_d 断开,QF_p 作分段断路器 QF_d,主接线按单母线分段的方式运行。当需要检修某一出线断路器(如 QF1)时,可通过倒闸操作,将分段断路器改作旁路断路器,使旁路母线经 QS4、QF_p、QS1 接至Ⅰ段母线;或经 QS2、QF_p、QS3 接至Ⅱ段母线而带电运行,并经过被检修断路器所在回路的旁路隔离开关(如 QS_p1)构成向该回路供电的旁路通路。此时即可断开该出线断路器(如 QF1)及其两侧的隔离开关进行检修,并不会中断对该回路的供电。此时,两段母线可通过分段隔离开关 QS_d 并列运行,也可以分列运行。

现以检修 QF1 为例,简述其倒闸操作步骤。

(1)向旁路母线充电,检查其是否完好。合上 QS_d;断开 QF_p 和 QS2;合上 QS4;再合上 QF_p,使旁路母线空载升压,若旁路母线完好,QF_p 不会自动跳闸。

(2)接通 WL1 的旁路回路,合上 QS_p1。这时有两条并列的向 WL1 供电的通电回路。

(3)将线路 WL1 切换至旁路母线上运行。断开断路器 QF1 及其两侧的隔离开关,并在靠近断路器一侧进行可靠接地。

这时,断路器 QF1 退出运行,进行检修,但线路 WL1 继续正常供电。

图 5-6 所示为分段断路器兼旁路断路器的其他接线形式。

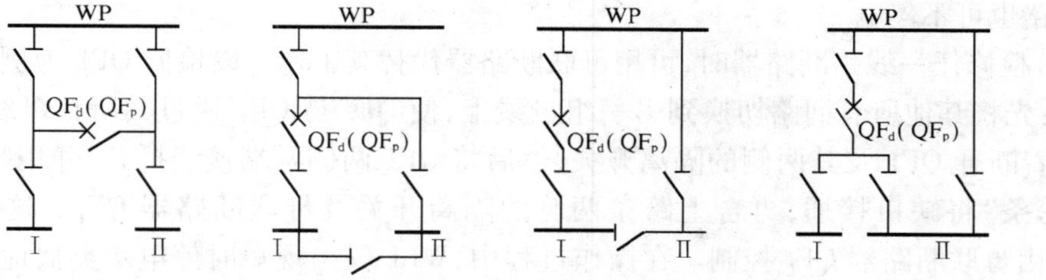

(a)略去母线分段隔离开关　(b)正常运行时旁路母线不带电　(c)正常运行时旁路母线带电　(d)旁路母线投入时刻接任一段母线

图 5-6　分段断路器兼作旁路断路器的其他接线方式

5.2.2　双母线接线

5.2.2.1　双母线不分段接线

图 5-7 所示为双母线不分段接线，它设有Ⅰ和Ⅱ两组母线，一组为工作母线，一组为备用母线。每一回路出线都通过一台断路器和两组母线隔离开关分别接至两组母线上；两组母线之间通过母线联络断路器（简称母联断路器）连接。由于每个回路设置了两组母线隔离开关，可以在两组母线之间切换，使运行的可靠性和灵活性大为提高。

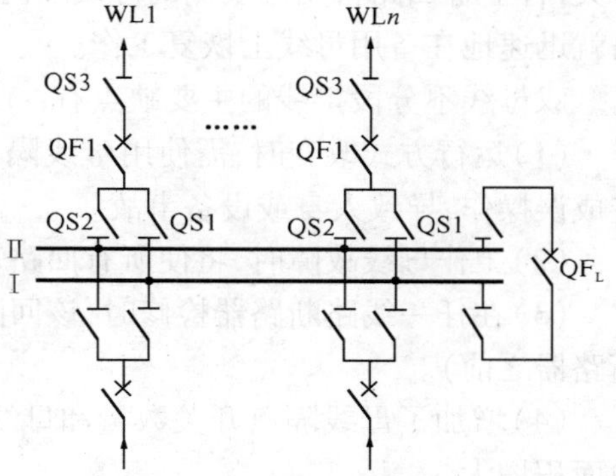

图 5-7　双母线不分段接线

双母线不分段的主要优点有：

(1)运行方式灵活。可以采用将电源和出线均衡地分配在两组母线上，母线断路器合闸的双母线当做单母线分段的运行方式；也可以采用任一组母线工作，另一组母线备用，母联断路器分闸的单母线运行方式。这时，所有回路与工作母线连接的隔离开关都合闸，与备用母线连接的隔离开关都断开。

(2)供电可靠。通过两组母线隔离开关的倒闸操作，可以轮流检修任意一组母线而不致供电中断。如图 5-7 所示的接线，在Ⅰ组母线工作、Ⅱ组母线备用的运行方式下，欲检修Ⅰ组母线时的倒闸操作步骤如下：①首先检查备用母线是否完好，合上母联断路器 QF_L 两侧的隔离开关，然后再合上母联断路器 QF_L 向备用母线Ⅱ充电。若备用母线完好时，则 QF_L 不会因继电保护动作而跳闸，可继续进行操作。②将所有回路切换至备用母线。例如，先合上 QS1、再断开 QS2，可将线路 WL1 从工作母线Ⅰ切换至备用母线Ⅱ上，其他回路的操作步骤与此相同。③断开 QF_L 及其两侧的隔离开关，则原工作母线即可检修。

与此相似，当任一组母线故障时，只需将接于该母线上的所有回路都切换至另一组母线上，便可迅速地恢复整个装置的供电。

(3)检修任一回路母线隔离开关时，只需断开该回路。这时，可将其他回路都切换至另一组母线上继续运行，然后停电检修该母线隔离开关。如果允许对隔离开关带电检修，则该回路也可不停电。

(4)检修任一线路断路器时,可用母联断路器代替其工作。以检修 QF1 为例,其操作步骤是:先将其他所有回路切换到另一组母线上,使 QF_L 与 QF1 通过其所在母线串联起来。接着断开 QF1 及其两侧的隔离开关,然后将 QF1 两侧两端接线拆开,并用临时载流用的"跨条"将缺口接通,再合上跨条两侧的隔离开关及母联断路器 QF_L。这样,出线 WL1 就由母联断路器 QF_L 控制。在操作过程中,WL1 仅出现短时停电。类似地,当发现某运行中的出线断路器出现异常现象(如故障、拒动、不允许操作)时,可将其他所有回路切换到另一组母线上,使 QF_L 与该断路器通过其所在母线形成串联供电电路,再断开 QF_L,然后拉开该断路器两侧的隔离开关,使该断路器退出运行。

(5)工作母线故障时,所有回路能迅速恢复工作。当工作母线发生短路故障时,各电源回路的断路器便自动跳闸。此时,断开各出线回路的断路器和工作母线侧的母线隔离开关,合上各回路备用母线侧的母线隔离开关,再合上各电源和出线回路的断路器,各回路就迅速地在备用母线上恢复工作。

双母线不分段接线的主要缺点有:

(1)运行方式改变时,需使用母线隔离开关进行倒闸操作,操作过程比较复杂,容易造成误操作,导致人身或设备事故。

(2)工作母线故障时,将使所有回路短时停电(切换母线时间)。

(3)在任一线路断路器检修时,该回路仍需停电或短时停电(用母联断路器代替线路断路器之前)。

(4)增加了母线隔离开关数量和母线的长度,配电装置结构较为复杂,致使投资和占地面积增大。

5.2.2.2 双母线分段接线

在发电厂、变电所中,母线发生故障时的影响范围很大。采用双母线不分段接线,当一组母线故障时,会造成约半数甚至全部回路停电或短时停电。大型发电厂、变电所对运行可靠性与灵活性的要求非常高,必须注意避免母线故障及限制母线发生故障时的影响范围,防止全厂或全所停电事故的发生。为此,可以考虑采用双母线分段接线。

在图 5-8 所示的接线中,通常一组母线(如母线Ⅰ)用分段断路器 QF_d 分为两段作为工作母线,而另一组母线(如母线Ⅱ)作为备用母线。正常运行时母联断路器 QF_L1、QF_L2 都断开。

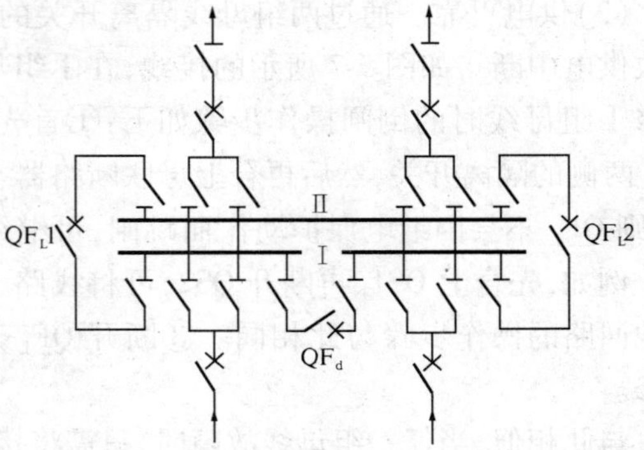

图 5-8 双母线分段接线

双母线分段接线具有单母线分段和双母线不分段接线的特点,有较高的供电可靠性与运行灵活性,但所使用的电气设备较多,使投资增大。另外,当检修某回路出线断路器时,则该回路停电,或短时停电后再用"跨条"恢复供电。双母线分段接线常用于大中型发电厂的发电机电压配电装置中。

5.2.2.3 双母线带旁路接线

采用双母线带旁路接线，其目的是为了不停电检修任一回路断路器。

图5-9所示为双母线带旁路接线。图中WP为旁路母线，QF_p为专用的旁路断路器。当变压器高压侧断路器也要求不停电检修时，主接线包括图中的虚线部分。有关旁路母线的工作特点，前面已经做过讨论，这里不再赘述。

带旁路母线的双母线接线，其供电可靠性和运行的灵活性都很高，但所用设备较多，占地面积大，经济性较差。因此，一般规定当220 kV线路有5(或4)回及以上出线、110 kV线路有7(或6)回及以上时，可采用有专用旁路断路器的带旁路母线的双母线接线。当出线回路数较少时，为了减少断路器的数目，可不设专用的旁路断路器，而用母联断路器兼作旁路断路器，其接线如图5-10所示。

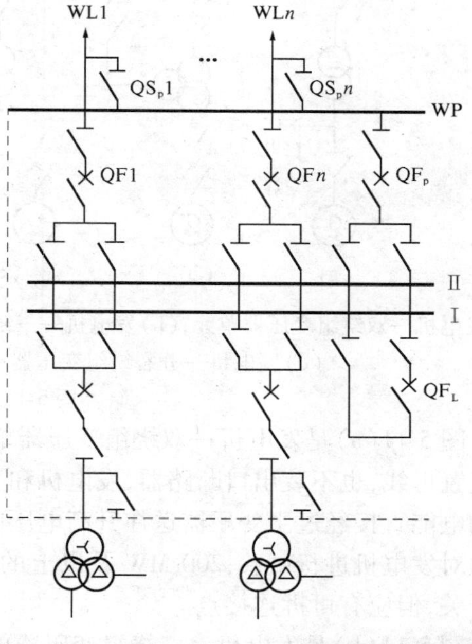

图5-9 有专用旁路断路器的双母线带旁路母线接线

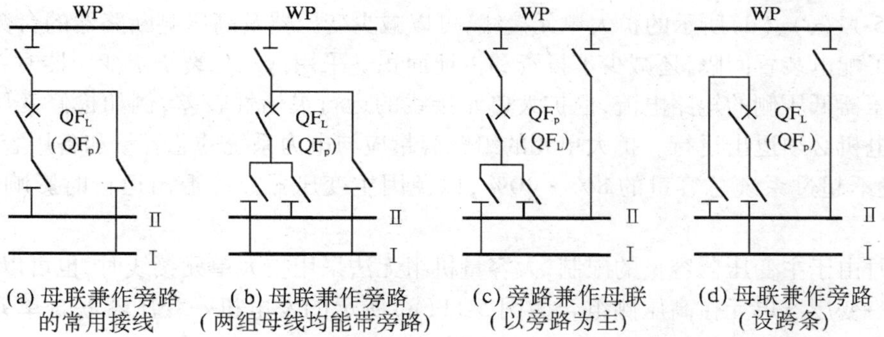

(a) 母联兼作旁路的常用接线　(b) 母联兼作旁路(两组母线均能带旁路)　(c) 旁路兼作母联(以旁路为主)　(d) 母联兼作旁路(设跨条)

图5-10 用母联断路器兼作旁路断路器的几种接线形式

双母线带旁路接线的主要缺点有：①每当检修线路断路器时，必须利用母联断路器来替代该断路器工作，从而增加了隔离开关和继电保护整定值的更改次数。②将双母线同时运行方式更改为单母线运行方式时，降低了供电可靠性。

应该特别指出的是旁路母线只是为检修出线断路器时不停止对该回路供电而设立的，它并不是为了替代主母线工作而设置的。

5.2.3 单元接线

如图5-11所示，发电机与变压器直接连接成一个单元，组成发电机—变压器组，称为单元接线。

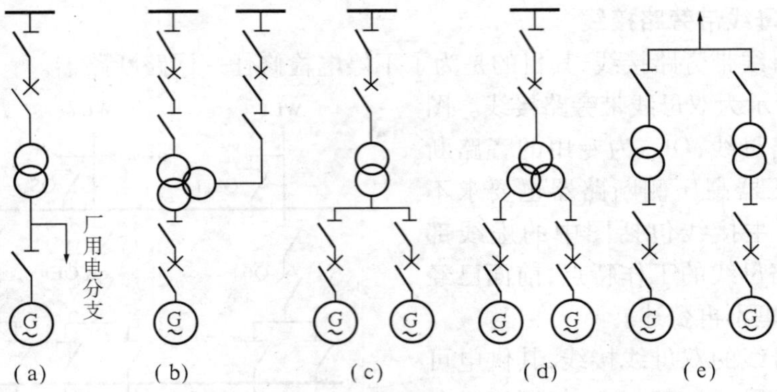

(a)发电机—双绕组变压器单元;(b)发电机—三绕组变压器单元;(c)发电机—双绕组变压器扩大单元;(d)发电机—分裂绕组变压器单元;(e)发电机—变压器联合单元

图 5-11 单元接线

图 5-11(a)是发电机—双绕组变压器单元接线,发电机出口处除接有厂用电分支外,不设置母线,也不装出口断路器,发电机和变压器的容量相匹配,必须同时工作,发电机发出的电能直接经过主变压器送往升高电压电网。发电机出口处可装一组隔离开关,以便单独对发电机进行试验,200 MW 及以上的发电机,由于采用分相封闭母线,不宜装设隔离开关,但应有可拆连接点。

图 5-11(b)是发电机—三绕组变压器单元接线,为了在发电机停止工作时,变压器高压和中压侧仍能保持联系,发电机与变压器之间应装设断路器和隔离开关。

图 5-11(c)、(d)所示的扩大单元接线,可以减少变压器及高压侧断路器的台数,也相应减少了配电装置间隔,还减少了投资和占地面积。采用低压分裂绕组变压器时,可以限制主变压器低压侧的短路电流,但扩大单元接线的运行灵活性较差,例如检修变压器时,两台发电机必须退出运行。扩大单元的组合容量应与电力系统的总容量和备用容量相适应,一般不超过系统总容量的 8% ~10%,以免因主变压器故障退出运行时影响系统的稳定。

有时由于主变压器容量的限制,大容量机组无法采用扩大单元接线时,也可以将两组发电机—变压器单元在高压侧组合为图 5-11(e)所示的发电机—变压器联合单元接线,以减少昂贵的高压断路器的台数及配电装置的间隔。

单元接线的优点是接线简单清晰,投资小,占地少,操作方便,经济性好,由于不设发电机电压母线,减少了发电机电压侧发生短路故障的几率。

5.2.4 桥形接线

当只有两台主变压器和两条线路时,可以采用如图 5-12 所示的接线方式。

这种接线称为桥形接线,可看做是单母线分段接线的变形,即去掉线路侧断路器或主变压器侧断路器后的接线;也可看做是变压器—线路单元接线的变形,即在两组变压器—线路单元接线的升压侧增加一横向联接桥臂后的接线。

桥形接线的桥臂由断路器及其两侧隔离开关组成,正常运行时处于接通状态。根据桥臂的位置又可分为内桥接线和外桥接线两种形式。

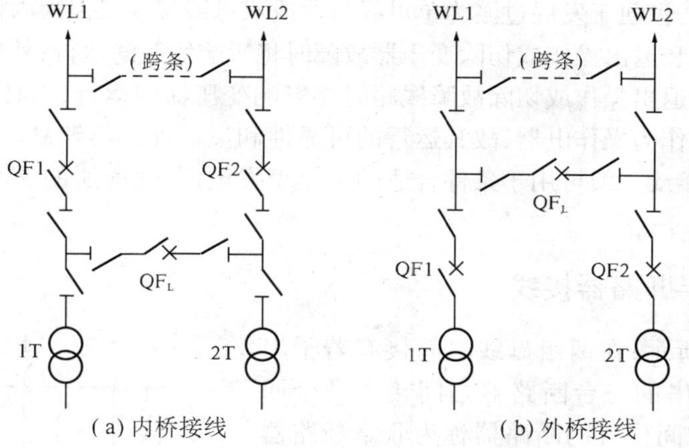

QF_L—联络断路器

图 5-12 桥形接线

5.2.4.1 内桥接线

内桥接线如图 5-12(a)所示，桥臂置于线路断路器的内侧。其特点如下：

(1)线路发生故障时，仅故障线路的断路器跳闸，其余三条支路可继续工作，并保持相互间的联系。

(2)变压器故障时，联络断路器及与故障变压器同侧的线路断路器均自动跳闸，使未故障线路的供电受到影响，需经倒闸操作后，方可恢复对该线路的供电(例如 1T 故障时，WL1 受到影响)。

(3)正常运行时变压器操作复杂。如需切除变压器 1T，应首先断开断路器 QF1 和联络断路器 QF_L，再拉开变压器侧的隔离开关，使变压器停电。然后，重新合上断路器 QF1 和联络断路器 QF_L，恢复线路 WL1 的供电。

内桥接线适用于变压器不需要经常改变运行方式、输电线路较长、线路故障几率较高、穿越功率较小的场合。

5.2.4.2 外桥接线

外桥接线如图 5-12(b)所示，桥臂置于线路断路器的外侧。其特点如下：

(1)变压器发生故障时，仅跳故障变压器支路的断路器，其余三条支路可继续工作，并保持相互间的联系。

(2)线路发生故障时，联络断路器及与故障线路同侧的变压器支路的断路器均自动跳闸，需经倒闸操作后，方可恢复被切除变压器的工作。

(3)线路投入与切除时，操作复杂，并影响变压器的运行。

这种接线适用于主变压器需按经济运行要求经常切换、输电线路较短、故障几率较低和电力系统有较大的穿越功率通过桥臂回路的场合。

在桥形接线中，为了在检修断路器时不影响其他回路的运行，减少系统开环机会，可以考虑增设跨条，并在跨条两侧各装一组隔离开关，便于轮流停电检修，正常运行时跨条断开，如图 5-12 中的虚线部分。

桥形接线属于无母线的接线形式，简单清晰，每个回路平均装设的断路器台数最少，既可以节省投资,也便于发展过渡为单母线分段或双母线接线。但因内桥接线中,当变压器进行正常投入和退出操作或切除变压器故障时将影响线路的运行;外桥接线中,当线路进行正常投入和退出操作或切除故障线路时将影响变压器的运行,而且改变运行方式时需要用隔离开关作为操作电器,故其运行的可靠性和灵活性都不够高。根据我国多年的运行经验,桥形接线一般可用于条件合适的中小型发电厂、变电所的 35 ~ 220 kV 配电装置中。

5.2.5 一台半断路器接线

如图 5-13 所示,在两组母线之间接有若干串联断路器,每一串的三台断路器之间接入两个回路。处于每串中间位置的断路器称为联络断路器 QF_L。由于两个回路共装有三台断路器,平均每一个回路装设一台半(3/2)断路器,故称为一台半断路器接线,又称为二分之三断路器接线。这种接线的主要优点有:

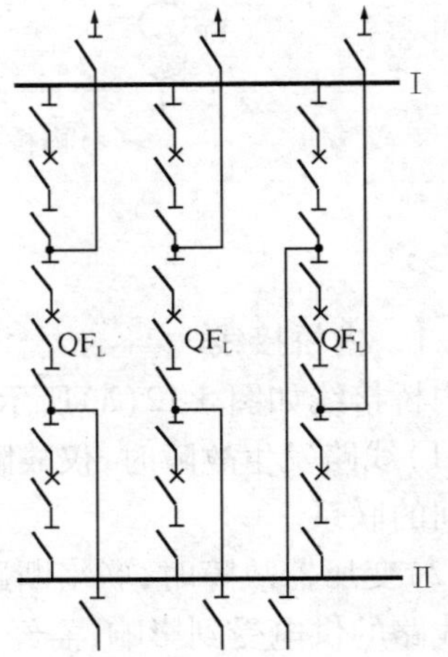

图 5-13 一台半断路器接线(3/2 接线)

(1)正常运行时,两组母线和所有断路器都同时工作,形成多环路的供电方式,增强了运行调度的灵活性。

(2)每一回路虽然只平均装设了一台半断路器,但却可经过两台断路器同时供电,任何一台断路器检修时,所有回路都不会停止工作。当一组母线故障或检修时,所有回路仍可通过另一组母线继续运行。即使是在某一台联络断路器故障、两侧断路器跳闸,以及检修与事故相重叠等严重情况时,停电的回路数也不会超过两回,不存在整个装置全部停电的危险,提高了工作的可靠性。

(3)隔离开关只用于检修时隔离电压用,免去了为改变运行方式而进行复杂的倒闸操作。当检修任一组母线或任一台断路器时,所有进出线都不需要进行切换操作,实现操作检修方便。

这种接线的主要缺点有:所用断路器、电流互感器等设备较多,投资较大;由于每个回路都与两台断路器相连,而且联络断路器又连接着两个回路,使得继电保护和二次回路的设计、调试及检修等都较为复杂。

由于一台半断路器接线的突出优点,使得它在大容量、超高压配电装置中得到了广泛的应用。为了避免两台主变压器回路或同一个系统的两回线路同时停电,一般应采用交叉配置的原则,即同名回路应接在不同串内,电源回路应与出线回路配合成串,且同名回路还不宜接在不同侧的母线上,如图 5-13 中右边的两串。在我国,这种接线普遍应用在 500 kV 的发电厂和变电所中。

5.2.6 变压器母线组接线

如图 5-14 所示,各出线回路由两台断路器分别接在两组母线上,而在工作可靠、故障率很低的主变压器的出口不装设断路器，直接通过隔离开关接到母线上，组成变压器母线组接线。这种接线调度灵活，电源和负荷可自由调配，安全可靠，有利于扩建。当变压器故障时，和它连接于同一母线上的断路器跳闸，但不影响其他回路供电。由隔离开关隔离故障，使变压器退出运行后，该母线即可恢复运行。当出线回路数较多时，出线也可以采用一台半断路器的接线形式。

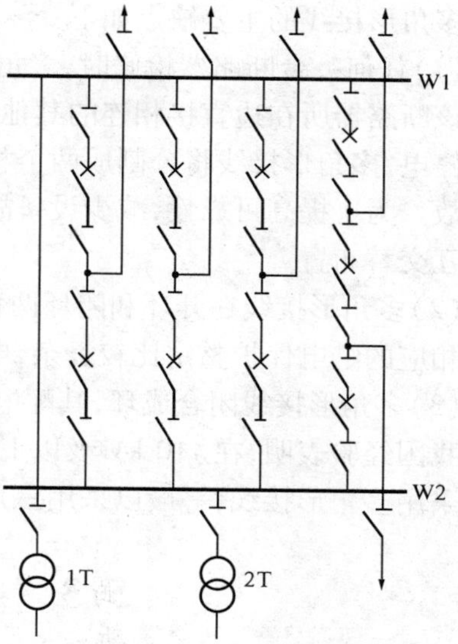

图 5-14 变压器母线组接线

5.2.7 多角形接线

多角形接线又称环形接线或多边形接线，其接线形式如图 5-15 所示。多边形的每一个边上各安装有一台断路器和两组隔离开关，多边形的各个边相互连接成闭合的环形，各出线回路通过隔离开关分别接到角形的各个顶点上。多角形接线中，断路器数等于回路数，且每条回路都与两台断路器相连接，即接在“角”上。

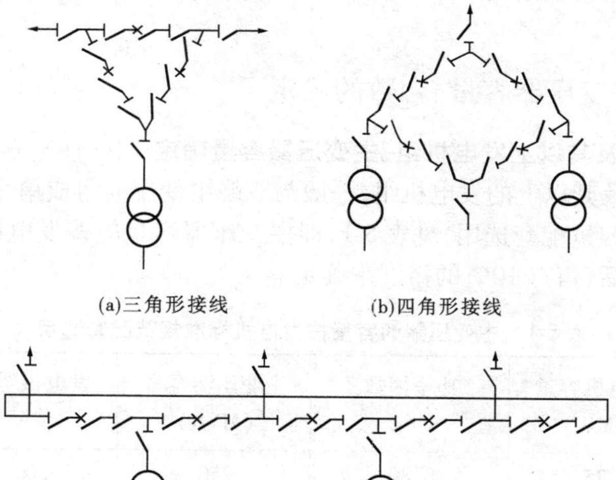
(a)三角形接线　(b)四角形接线

(c)五角形接线

图 5-15 多角形接线

多角形接线的主要优点如下：

(1)经济性较好。这种接线平均每回路需设一台断路器，投资少。

(2)工作可靠性与灵活性较高，易于实现远程自动操作。角形接线属于无汇流母线的主接线，不存在母线故障的问题。每回路均可由两台断路器供电，可不停电检修任一断路器，而任一回路故障时，不影响其他回路的运行。所有的隔离开关不用做操作电器。

多角形接线的主要缺点如下：

(1)任何一台断路器检修时,多角形接线都将开环运行,供电可靠性明显降低。此时不与该断路器所在边直接相连的其他任何设备若发生故障,都可能造成两个及其以上的回路停电,多角形接线将分割成两个相互独立部分,功率平衡也将遭到破坏,甚至造成停电事故。为了提高可靠性,减少设备故障时的影响范围,应将电源与馈线回路按照对角原则相互交替布置。

(2)多角形接线在开环和闭环两种运行状态时,各支路所通过的电流变化可能很大,使得相应的继电保护整定比较复杂,电器设备的选择比较困难。

(3)多角形接线闭合成环,其配电装置扩建较难。

我国经验表明,在110 kV及以上配电装置中,当出线回数不多,且发展比较明确时,可以采用多角形接线,一般以采用三角形或四角形为宜最多不要超过六角形。

5.3 主变压器的选择

在发电厂和变电所中,用来向电力系统或用户输送功率的变压器,称为主变压器。用于两种电压等级之间交换功率的变压器,称为联络变压器。只供本厂(所)用电的变压器,称为厂(所)用变压器或称自用变压器。主变压器是电气主接线的中心环节,其容量和台数将直接影响电气主接线的形式和配电装置的结构,并对发电厂和变电所的技术经济性有较大影响。

5.3.1 发电厂主变压器容量、台数的确定

5.3.1.1 200 MW 及其以上发电机组,主变压器容量确定

对于200 MW及其以上的发电机组,一般与双绕组变压器组成单元接线,主变压器的容量按照发电机的容量配套选用,见表5-1,即主变压器容量应按发电机的额定容量扣除本机组的厂用负荷后,留有10%的裕度来确定。

表5-1 主变压器的容量按发电机标准规范配套选用

主变压器容量(MVA)	发电机容量(MW)	功率因数 cosφ	主变压器容量(MVA)	发电机容量(MW)	功率因数 cosφ
31.5	25	0.80	250	200	0.80
63	50	0.80	360	300	0.85
125	100	0.80	690~760	600	0.85~0.80
160	125	0.80			

随着发电机功率因数不同,厂用电率不同,变压器的生产、制造、供货及发电机和变压器的过负荷能力不同等实际情况,主变压器容量会稍有变化,以上数据仅供参考。

采用扩大单元接线时,应尽可能采用分裂绕组变压器,其容量应根据单元接线的设计原则算出两台容量之和来确定。

5.3.1.2 具有发电机电压母线接线的主变压器容量、台数的确定

(1)在满足了发电机电压母线上日最小负荷及厂用负荷后,主变压器应能将发电机电压母线上的最大剩余功率送入系统。

(2)当接在发电机电压母线上最大一台发电机组停用,且发电机电压母线上的负荷达到最大时,主变压器应能从系统中倒送功率,以获取所缺的功率。此时,可考虑主变压器的允许过负荷和限制非重要负荷,重要负荷一般按全部负荷的60% ~75%估算。

(3)为保证发电机电压出线供电可靠性,接在发电机电压母线上的主变压器一般不少于两台。

5.3.1.3 连接两种升高电压母线的联络变压器容量的确定

(1)为了布置和引线方便,通常联络变压器只选一台。

(2)联络变压器容量一般不应小于接在两种电压母线上最大一台机组的容量,以保证最大一台机组故障或检修时,通过联络变压器来满足本侧负荷的要求;同时,也可在线路检修或故障时,通过联络变压器将剩余功率送入另一系统。

5.3.2 变电所主变压器容量、台数的确定

(1)为了保证供电可靠性,避免一台主变压器停运时影响用户的供电,变电所一般装设两台主变压器。当只有一个电源或变电所可由中、低压侧电网取得备用电源给重要负荷供电时,可只装设一台主变压器。对于大型枢纽变电所、地区性孤立变电所或大型企业专用变电所根据工程具体情况,可安装三台主变压器。

(2)主变压器容量一般按变电所建成后5 ~10 年的规划负荷选择,并适当考虑到远期10 ~20 年的负荷发展。对于城郊变电所,主变压器容量应与城市规划相结合。

(3)对装有两台主变压器的变电所,应能在一台变压器停运时,另一台变压器的容量在计及过负荷能力允许时间内,仍能保证对Ⅰ类及Ⅱ类负荷的连续供电。每台变压器容量一般有

$$S_e = 0.6P_m \tag{5-1}$$

式(5-1)中 P_m 为变电所最大负荷。这样,当一台变压器停运时,可保证对60%负荷的供电,考虑变压器40%的事故过负荷能力,则可保证对84%负荷的供电。由于一般电网变电所大约有25%的非重要负荷。因此,该主变压器的容量能保证对变电所重要负荷的供电要求。

5.3.3 主变压器型式的选择

5.3.3.1 相数的确定

电力变压器按相数可分为单相变压器和三相变压器两类,主要考虑变压器制造水平、可靠性要求和运输条件等因素。对于330 kV 及以下电力系统,当不受运输条件限制时,一般都选用三相变压器,因为单相变压器相对而言投资大、占地多、运行损耗也较大,同时配电装置结构复杂,增加了维护工作量。

对于500 kV 及以上电力系统中主变压器的选择,除按容量、制造水平、运输条件确定外,更重要的是考虑负荷和系统情况、保证供电可靠性,进行综合分析,在满足技术、经济

的条件下来确定选择单相变压器还是三相变压器。

5.3.3.2 绕组数的确定

变压器按其绕组数可分为双绕组普通式、三绕组式、自耦式以及低压绕组分裂式等型式。当发电厂只升高一级电压时或35 kV及以下电压的变电所，可选用双绕组普通式变压器。当发电厂有两级升高电压时，常使用三绕组变压器作为联络变压器，其主要作用是实现高、中压的联络，其低压绕组接成三角形抵消三次谐波分量。110 kV及以上电压等级的变电所中，也经常使用三绕组变压器作联络变压器。当中压为中性点不直接接地电网时，只能选用普通三绕组变压器。

自耦变压器特点是其中两个绕组除有电磁联系外，在电路上也有联系，其绕组布置如图5-16、图5-17所示。当自耦变压器用来联系两种电压的网络时，一部分传输功率可以利用电磁联系，另一部分可利用电的联系。电磁传输功率的大小决定变压器的尺寸、重量、铁芯截面和损耗，所以与同容量、同电压等级的普通变压器比较，自耦变压器的经济效益非常显著。但是，由于自耦变压器在高压电网和中压电网之间有电气连接，故具备了过电压从一个电压等级的电网转移到另一个电压等级电网的可能性。例如，高压侧电网发生过电压时，它可通过串联绕组进入公共绕组，使其绝缘受到危害。如果在中压电网出现过电压时，它同样进入串联绕组，可能产生很高的感应过电压。为了防止高压侧电网发生单相接地时，在中压绕组其他两相出现过电压，要求自耦变压器的中性点必须直接接地。

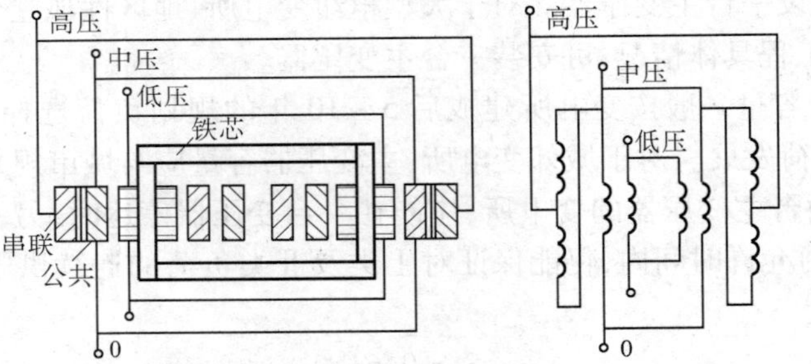

图5-16 降压型自耦变压器绕组布置图

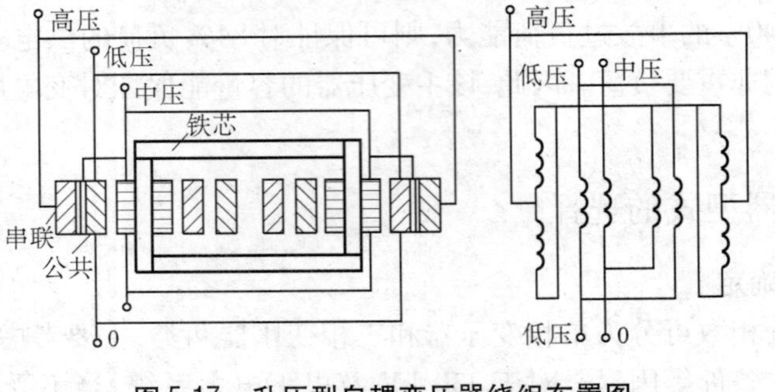

图5-17 升压型自耦变压器绕组布置图

5.3.3.3 绕组联结方式的确定

变压器三相绕组的联结组别必须与系统电压相位一致，否则就不能并列运行。电力系统采用的绕组联结方式只有星形Y和三角形D两种，因此变压器三相绕组的联结方式应根据具体工程来确定。

主变压器联结组别一般选用 YN,d11 或 Y,d11 常规接线。110 kV 及以上的变压器，高压侧三相绕组采用 YN 联结方式，低压侧三相绕组采用 D 联结方式；35 kV 及以下的变压器，高压侧三相绕组采用 Y 联结方式，低压侧三相绕组采用 D 联结方式。

5.3.3.4 **调压方式的确定**

为了保证供电质量，电压必须维持在允许范围内。通过切换变压器的分接头开关，改变变压器高压绕组的匝数，从而改变其变比，实现电压调整。切换方式有两种：一种是不带电压切换，称为无励磁调压，调整范围通常在 $\pm 2 \times 2.5\%$ 以内；另一种是带负荷切换，称为有载调压，调整范围可达 30%，其结构复杂，价格较贵。

发电厂在以下情况时，宜选用有载调压变压器：

(1)当潮流方向不固定，且要求变压器副边电压维持在一定水平时；

(2)具有可逆工作特点的联络变压器，要求母线电压恒定时；

(3)发电机经常在低功率因数下运行时。

变电所在以下情况时，宜选用有载调压变压器：

(1)地方变电所，工厂、企业的自用变电所经常出现日负荷变化幅度很大的情况时，又要求满足电能质量往往需要装设有载调压变压器；

(2)330 kV 及以上变电站，为了维持中、低压电压水平需要装设有载调压变压器；

(3)110 kV 及以下的无人值班变电站，为了满足遥调的需要应装设有载调压变压器。

5.4 电气主接线方案的技术经济比较

5.4.1 电气主接线的设计原则

电气主接线设计的基本原则是以设计任务书为依据，以国家经济建设的方针、政策、技术规定、标准为准绳，结合工程实际情况，在保证供电可靠、运行灵活、维护方便等基本要求下，力争节约投资，降低造价，并尽可能采用先进技术，坚持供电可靠、技术先进、安全实用、经济美观的原则。

5.4.2 电气主接线的设计程序

主接线的设计伴随着发电厂或变电所的整体设计，即按照工程基本建设程序，历经可行性研究阶段、初步设计阶段、施工图设计阶段等三个阶段。可行性研究阶段属于设计前期工作阶段，主要包括初步可行性研究、项目建议书编制、可行性研究、设计任务书编制等内容，初步设计和施工图设计属于设计工作阶段，在设计工作阶段后面还有一个施工运行阶段。

5.4.3 电气主接线的设计依据

电气主接线的设计依据是设计任务书，主要包括以下内容：

(1)发电厂、变电所在电力系统中的地位和作用。电力系统的发电厂有大型主力发电厂、中小型地区电厂及企业自备电厂三种类型。电力系统的变电所有系统枢纽变电所、中间变电所、地区重要变电所、一般变电所和企业专用变电所等五种类型。

(2)发电厂、变电所的分期和最终建设容量。

(3)负荷的性质。对于一类负荷必须有两个独立电源供电,而且失去任一电源时,都能保证全部一类负荷不中断供电。对于二类负荷一般要有两个独立电源供电,且当任一电源失去后,能保证全部或大部分二类负荷的供电。对于三类负荷一般只需一个电源供电。

(4)电力系统备用容量的大小以及系统对电气主接线提供的具体资料。

(5)环境条件。如当地的气温、湿度、覆冰、污秽、风向、水文、地质、海拔等,这些因素对主接线中电气设备的选择和配电装置的实施均有影响。

5.4.4 电气主接线与技术经济比较

5.4.4.1 电气主接线方案的初步拟定

根据设计任务书的要求,在原始资料分析的基础上,可拟定出若干个主接线方案,以不遗漏最优方案为原则。按照主接线的基本要求,从技术上对拟出的方案进行分析比较,淘汰明显不合理的方案,最终保留 2 ~ 3 个技术上相当,又能满足任务书要求的方案,再进行经济比较。对于重要的发电厂或变电所的电气主接线,还应进行可靠性的定量计算。

5.4.4.2 经济比较计算

1. 综合总投资计算

方案的综合总投资为

$$Z = Z_0\left(1 + \frac{\alpha}{100}\right) \tag{5-2}$$

式中 Z_0——主体设备投资,包括变压器、配电装置以及明显的大额费用,如拆迁、征地、土石方工程等费用;

α——不明显的附加费用比例系数,如现场安装费用、基础加工、辅助设备的费用等,对 110 kV 可取 90,对 35 kV 取 100。

2. 年运行费用计算

年运行费用主要包括变压器的电能损耗费及设备的检修、维护和折旧等费用,按投资百分率计算,即

$$F = a\Delta A + F_j + F_z \tag{5-3}$$

式中 F_j——检修维护费,一般取$(0.022 \sim 0.042)Z$;

F_z——折旧费,取$0.058Z$;

a——电能电价,可参考各地区实际电价;

ΔA——变压器电能损失。

3. 经济比较的方法

在几个主接线方案中,综合总投资 Z 和年运行费用 F 均为最小的方案,应优先选用,若某方案的 Z 大而 F 小,或反之,则应进一步进行经济比较,比较的方法有静态比较法和动态比较法两种。在中小工程中常使用静态比较法(此方法不计资金的利息)。这里介绍常用的抵偿年限法。

设第一方案的综合总投资大，年运行费小；第二方案的综合总投资小，年运行费大，则

$$T = \frac{Z_1 - Z_2}{F_2 - F_1} \tag{5-4}$$

如果 T 小于 5 年，则采用投资大的第一方案；若 T 大于 5 年，则应选择投资小的第二方案为宜。

5.5 电气主接线方案实例分析

本章第二节介绍的主接线形式，从原则上讲它们分别适合于各种发电厂和变电所。但是，由于发电厂的类型、容量、地理位置以及在电力系统中的地位、作用、馈线数目、输电距离的远近和自动化程度等因素，对不同发电厂或变电所的要求各不相同，所采用的主接线形式也就各异。下面仅对不同类型的发电厂和变电站的主接线加以分析。

5.5.1 火力发电厂的电气主接线

火力发电厂可分为两大类：大型区域性电厂和地方性电厂。

区域性电厂的特点是总容量和单机容量都较大，距离负荷中心较远，通常以高压或超高压远距离输电线路与系统相连接，在系统中占有重要的位置，可靠性要求和设备利用小时数都较高，主要承担系统基本负荷。发电厂内一般不设置发电机电压母线，全部机组都采用简单可靠的单元接线直接接入 220 ~ 500 kV 高压母线中，以 1 ~ 2 个升高电压将电能送入系统。发电机组采用机—炉—电单元集中控制或计算机控制，运行调度方便，自动化程度高。

图 5-18 所示为某大型区域性火电厂的电气主接线简图。该发电厂位于煤矿附近，水源充足，没有近区负荷，在系统中地位十分重要，要求有很高的运行可靠性，因此不设发电机电压母线。四台大型凝汽式汽轮发电机组都以发电机—双绕组变压器组单元接线形式，分别接入单断路器的双母线带旁路母线接线的 220 kV 高压系统和一个半断路器接线的 500 kV 超高压系统中。500 kV 与 220 kV 系统经自耦变压器 TA 相互联络。与省际电网相联系的 500 kV 超高压远距离输电线路装设有并联电抗器，用于吸收线路的充电功率。

大型区域性发电厂的电气主接线，应注意以下几个问题：

(1)发电机出口断路器的设置。在采用发电机—双绕组变压器组单元接线的大型发电机出口装设断路器，便于机组的启停、并网与切除。启停过程中的厂用电源也可以由本单元的主变压器倒送，且便于采用扩大单元接线。但大容量发电机的出口电流大，相应的断路器制造困难、价格昂贵。我国目前 200 MW 及其以上的大容量机组较多承担基本负荷，不会进行频繁的启停操作，也较少采用扩大单元、联合单元接线，所以一般不考虑装设发电机出口断路器。不过，为了防止发电机引出线回路中发生短路故障，通常应选用分相式封闭母线。

(2)发电厂的起动电源与备用电源。大型发电厂的厂用电负荷容量大，可靠性要求高。当发电机出口不装设断路器时，无法经主变压器倒送电机起动所需要的起动电源，一

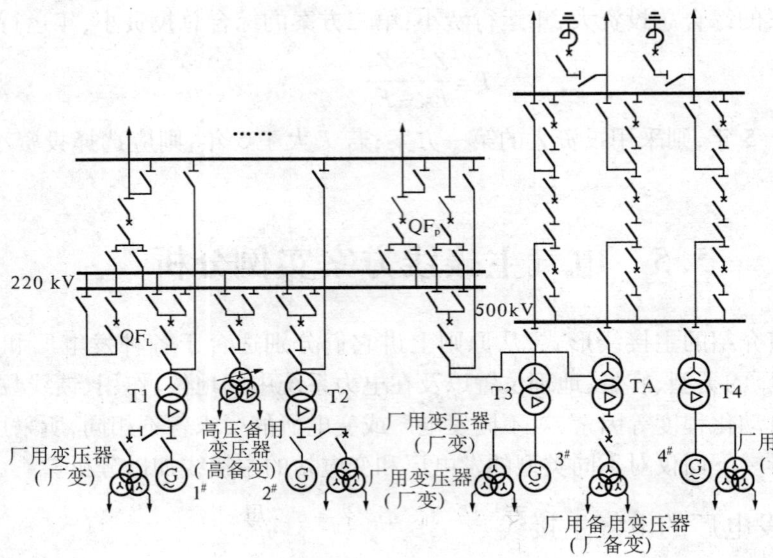

图 5-18　某大型区域性火电厂电气主接线简图

般是从与系统相连接的高压主母线上引接启动变压器，兼作高压备用厂用变压器。当发电厂中装设有自耦联络变压器时，也可以由它的第三绕组作为本厂的起动电源和备用电源。

(3)单元接线的形式与主变压器的选择。大型发电厂通常采用发电机—变压器组单元、扩大单元及联合单元接线。当采用发电机—变压器组单元接线时，单机容量为 200 MW 及其以上的大机组一般都是与双绕组变压器组成单元接线，而很少采用与三绕组变压器组成的单元接线，以省去昂贵的发电机出口断路器。若发电厂具有两个升高电压时，则通过自耦联络变压器来联络两升高的电压系统。联络变压器 TA 的第三绕组还可以作为本厂的起动或备用电源，以提高厂用电的可靠性，简化配电装置结构，节省投资。

5.5.2　水力发电厂的电气主接线

水电厂通常建设在水力资源丰富的江河湖泊处，建设规模明确，厂区较为狭窄，一般都远离负荷中心，没有发电机电压负荷，电厂的负荷曲线变化较大，机组启停频繁。因此，水电厂的电气主接线具有区域性火电厂的某些特点，但应尽量采用简单清晰、运行操作灵活、可靠性较高的主接线方式，以减少电气设备数量，简化配电装置的布置。

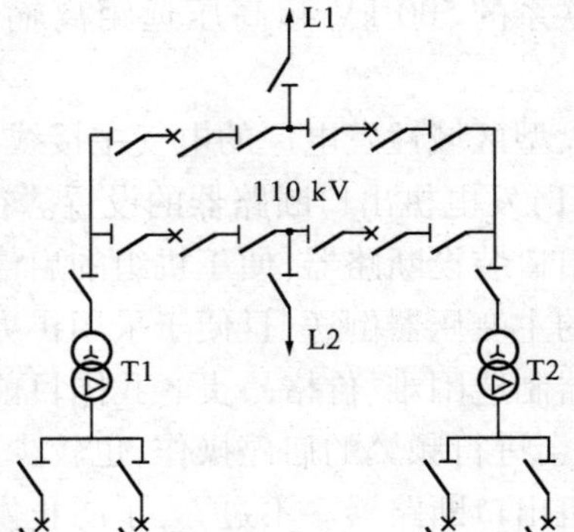

图 5-19　中等容量水电厂主接线

图 5-19 为一中等容量水电厂主接线。由于没有发电机电压负荷，采用了发电机—变压器扩大单元接线。水电厂扩建可能性较小，其

110 kV 高压侧采用四角形接线,隔离开关仅在检修时作隔离电压用,不作操作电器,易于实现自动化。

5.5.3 变电所的电气主接线

按变电所在系统中的地位和作用、电压等级以及供电范围的大小,变电所可分为枢纽变电所、开关站(开闭所)、中间变电所、地区变电所、企业变电所、终端变电所等六种。

5.5.3.1 枢纽变电所

枢纽变电所的电压等级高,主变压器容量大,进出线回路数多,通常汇集着多个大电源及多回输送大功率的联络线,联系着几部分高压及中压电网,在系统中居于枢纽地位。

图 5-20 所示的枢纽变电所,电压等级为 500/220/35 kV,有多个电源的汇聚,安装有两台大容量的自耦式主变压器。220 kV 侧有大型工业企业及城市负荷,500 kV 系统与 220 kV 系统之间有功率交换。500 kV 侧采用了交叉连接一台半断路器的双母线接线,以提高供电可靠性。220 kV 侧采用有专用旁路断路器的双母线带旁路母线的接线。主变压器 35 kV 侧的第三绕组上接有无功补偿装置。

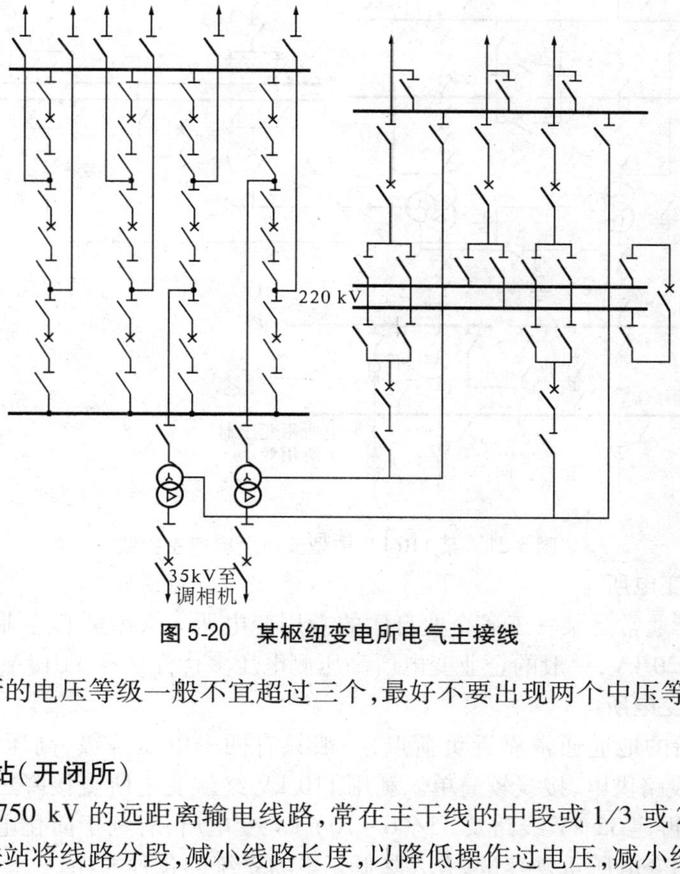

图 5-20 某枢纽变电所电气主接线

枢纽变电所的电压等级一般不宜超过三个,最好不要出现两个中压等级,以免造成主接线过分复杂。

5.5.3.2 开关站(开闭所)

对于 330 ~ 750 kV 的远距离输电线路,常在主干线的中段或 1/3 或 2/3 处设置不装设变压器的开关站将线路分段,减小线路长度,以降低操作过电压,减小线路故障的影响范围,提高系统运行的稳定性。开关站内还可以装设串联补偿装置等,以提高线路的输送能力和质量。

5.5.3.3 **中间变电所**

中间变电所一般从高压、超高压主干线路或主要环状线路上破口引接(或称 π 接)。其作用是进行系统间的功率交换,将长距离输电干线分段,经降压后向附近的负荷供电。

5.5.3.4 **地区变电所**

地区变电所通常是某一个地区或城市的主要变电所,高压侧的电压等级一般为110 ~ 220 kV。地区变电所主要承担地区性的供电任务。大容量地区变电所的主接线一般较复杂,6 ~ 10 kV 侧经常需要采取限制短路电流的措施;中、小容量地区变电所的 6 ~ 10 kV 侧有时不需要采用限制短路电流的措施,就可选用较轻型的设备,接线也较为简单。

图 5-21 所示为中型地区变电所电气主接线,110 kV 侧采用分段断路器兼作旁路断路器的单母线分段带旁路母线的接线。所有 110 kV 出线及主变压器高压侧出口都可接入旁路母线,以提高供电可靠性。35 kV 系统采用双母线接线,10 kV 侧采用有专用旁路断路器的单母线分段带旁路母线的接线。一台 10/0.4 kV 的所用变压器可以在两段 10 kV 主母线之间进行切换。

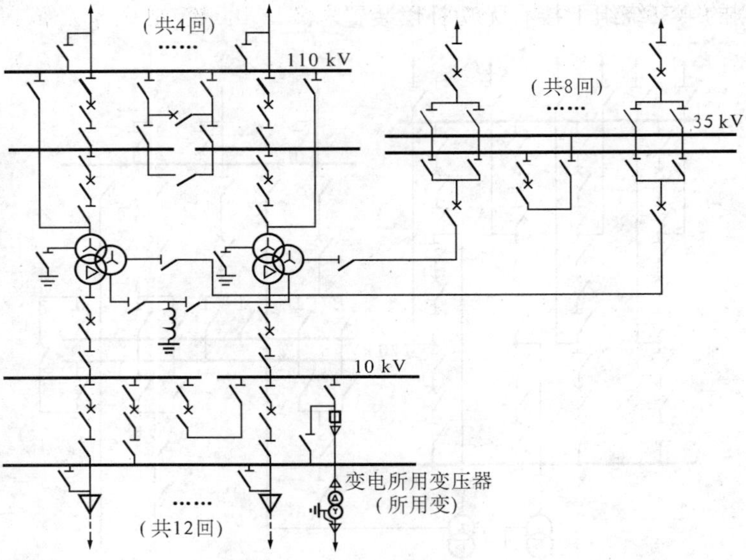

图 5-21 某 110 kV 中型变电所电气主接线

5.5.3.5 **企业变电所**

企业变电所通常是某一工矿企业自建的专用变电所。大型联合企业的总变电所,高压侧电压多为 220 kV,一般的企业变电所高压侧电压多优先选择 110 kV。

5.5.3.6 **终端变电所**

终端变电所的地址通常靠近负荷点,一般只有两个电压等级,高压侧电压多为 110 kV,由 1 ~ 2 回线路供电,接线较简单。利用 110 kV 终端变电所直接降压至 6 ~ 10 kV 供电时,通常不必再建 35 kV 线路及 35/(6 ~ 10) kV 变电所,有利于简化电网结构,减少变电所电压等级和变电所重复容量,大大降低了电力系统的各种损耗。

与有发电机电压母线的发电厂相似,必要时也应采取限制降压变电所 6 ~ 10 kV 侧短路电流的措施,以便 6 ~ 10 kV 出线可以采用较轻型的断路器和截面较小的电力电缆。

习题与思考题

5-1 什么是电气主接线？对它有哪些基本要求？

5-2 隔离开关与断路器的主要区别是什么？它们的操作程序应如何正确配合？

5-3 主接线和旁路母线各起什么作用？

5-4 设置专用旁路断路器和以母联断路器或者分段断路器兼作旁路断路器，各自有什么特点？

5-5 检修出线断路器时，如何操作？

5-6 一台半断路器接线与双母线带旁路接线相比较，两种接线各有何利弊？

5-7 在发电机—变压器单元接线中，如何确定是否装设发电机出口断路器？

5-8 在桥形接线中，内桥接线和外桥接线各适用什么场合？

5-9 角形接线有何特点？

5-10 选择主变压器时应考虑哪些因素？其容量、台数、型式等应根据哪些原则来选择？

第 6 章　厂用电及接线

教学要求

熟悉厂用电、厂用电率的概念,厂用负荷的分类;掌握厂用供电电源及其引接,掌握厂用电接线的基本接线形式,掌握厂用变压器的选择方法;能够正确分析不同发电厂和变电所的厂用电接线方式。

6.1　厂用负荷

6.1.1　厂用电的作用

所谓厂用电是指发电厂或变电所在生产过程中,自身所使用的电能。尤其是发电厂,为了保证主体设备(如锅炉、汽轮机或水轮机、发电机等)的正常生产,需要许多机械为其服务,这些机械称为自用机械或厂用机械。此外,还要为运行、检修和试验提供用电负荷。发电厂的厂用电也称为自用电。

厂用电(自用电)也是发电厂或变电所的重要的负荷,其供电电源、接线和设备必须可靠,以保证发电厂或变电所的安全可靠、经济合理运行。

6.1.2　厂用电率

发电厂在一定时间内,厂用电所消耗的电量占发电厂总发电量的百分数,称为厂用电率。计算公式为

$$K_{CY} = \frac{A_{CY}}{A_G} \times 100\% \tag{6-1}$$

式中　K_{CY}——厂用电率(%);

A_{CY}——厂用电量,kWh;

A_G——总发电量,kWh。

发电厂的厂用电率与电厂类型、容量、自动化水平、运行水平等多种因素有关。一般凝汽式火电厂的厂用电率为5% ~8%,热电厂为8% ~10%,水电厂为0.3% ~2.0%。降低厂用电率,减少厂用电的耗电量,不仅能降低发电成本,提高发电厂的经济效益,而且还可以增加对系统的供电量。

6.1.3　厂用负荷分类

按照厂用负荷在发电厂生产过程中的作用和重要性,以及供电中断对人身、设备、生产的影响,厂用负荷可以分为四类。

6.1.3.1 **Ⅰ类负荷**

凡短时停电(包括手动操作恢复供电所需的时间)会造成设备损坏、危及人身安全、主机停运或出力明显下降的厂用负荷,如火电厂的给水泵、凝结水泵、循环水泵、引风机、给粉机等以及水电厂的调速器、润滑油泵等负荷,都属于Ⅰ类负荷。对于Ⅰ类负荷,通常设置双套机械,互为备用,并分别接到有两个独立电源的母线上,当一个电源失去后,另一个电源应立即自动投入。除此外,还应保证Ⅰ类负荷的电动机能够可靠自起动。

6.1.3.2 **Ⅱ类负荷**

允许短时停电(不超过数分钟),经运行人员及时操作后恢复供电,不致造成生产混乱的厂用负荷,如输水泵、灰浆泵、输煤设备等均属于Ⅱ类负荷。对Ⅱ类负荷,一般应由两段母线供电,并可采用手动切换。

6.1.3.3 **Ⅲ类负荷**

较长时间停电而不直接影响电能生产的厂用负荷,如修配车间、油处理设备等负荷,一般由一个电源供电。

6.1.3.4 **事故保安负荷**

事故保安负荷指在发电机停机过程及停机后的一段时间内仍应保证供电的负荷,否则将引起主要设备损坏、自动控制失灵或者推迟恢复供电,甚至危及人身安全。按事故保安负荷对供电电源的不同要求,可分为两类:

(1)直流保安负荷。包括直流润滑油泵、事故照明等。直流保安负荷由蓄电池组供电。

(2)交流保安负荷。包括顶轴油泵、交流润滑油泵、盘车电机、实时控制用的电子计算机等。

6.1.4 厂用负荷统计

6.1.4.1 **火力发电厂的厂用负荷**

火力发电厂的主要厂用负荷有:

(1)煤场中用来装卸、运输的机械设备:卸煤机的抓斗起重机、扒煤机、推煤机等。

(2)将煤从煤场送到碎煤机,然后再送到锅炉间的机械:煤斗升降机、链斗运煤机、输煤皮带等。

(3)碎煤机械:煤筛和碎煤机。

(4)制造煤粉的机械:磨粉机、给煤机、磨粉机的排粉机、输送煤粉的螺旋输粉机等。

(5)为锅炉服务的机械:给粉机、鼓风机、引风机、给水泵、除灰泵等。

(6)为汽轮发电机组服务的机械:凝结水泵、循环水泵等。

(7)为变压器冷却的机械:通风机、油泵、水泵等。

(8)供热装置的机械:热网给水泵和凝结水泵等。

(9)其他辅助机械:油泵、消防泵、输水泵、生产场所的通风机、电梯、汽轮机间的行车、电除尘装置、蓄电池组充电用的充电机组或整流设备,发电机的备用励磁机,电动的汽、水阀门用的电动机等。

(10)其他辅助车间,如化学车间、修配场、仓库等的机械,在热电厂中供热装置的机械。

6.1.4.2 **水电厂的厂用负荷**

水电厂的主要厂用负荷有:

(1)为水轮机和发电机服务的机械：机组的调速和润滑系统的油泵、空气压缩机、发电及冷却系统和机组润滑系统中的水泵。

(2)为变压器冷却服务的机械：通风机、油泵、水泵等。

(3)为堤坝、进水管、发电机车间等服务的机械：起重机、卷扬机、行车、电梯等。

(4)辅助设备的机械：供水泵、排水泵、蓄电池组充电用的充电机组或整流设备，发电机的备用励磁机、修配场中的设备、滤油和油处理设备、厂房通风机等。

6.1.4.3　变电所的自用电负荷

在中小型降压变电所中，自用电的负荷主要是照明、蓄电池的充电设备、硅整流设备、变压器的冷却风扇、采暖、通风、油处理设备、检修器具以及供水水泵等。其中，重要负荷有主变压器的冷却风扇或强迫油循环冷却装置的油泵、水泵、风扇以及整流操作电源等。

6.2　厂用变压器的选择

6.2.1　厂用负荷的计算

一般厂用变压器连接在厂用母线段上，而用电设备由母线引接。为了合理正确地选择厂用变压器容量，需对每段上引接的电动机台数和容量进行统计和计算，常用负荷的计算常采用“换算系数法”。按下式计算

$$S = \sum (KP) \tag{6-2}$$

$$K = \frac{K_m K_L}{\eta \cos\varphi}$$

式中　S ——厂用分段上的计算负荷，kVA；

P ——电动机的计算功率，kW；

K——换算系数，一般取表 6-1 中的数值；

K_m——同时系数；

K_L——负荷率；

η——效率；

$\cos\varphi$——功率因数。

表 6-1　换算系数

机型	K 值	
	机组容量≤125 000 kW	机组容量≥200 000 kW
给水泵及循环水泵电动机	1.0	1.0
凝结水泵电动机	0.8	1.0
其他高压电动机及低压常用变压器	0.8	0.85
其他低压电动机	0.8	0.7

电动机的计算功率 P，应根据负荷的运行方式及特点确定。

(1)对经常连续运行的设备和连续而不经常运行的设备，连续运行的电动机均应全部计入，按下式计算

$$P = P_e \tag{6-3}$$

式中　P_e——电动机额定功率，kW。

(2)对经常短时及经常断续运行的电动机，应按下式计算

$$P = 0.5P_e \tag{6-4}$$

(3)对不经常短时及不经常断续运行的设备，一般可不予计算

$$P = 0 \tag{6-5}$$

这类负荷如行车、电焊机等。在选择变压器时由于留有裕度，同时亦考虑到变压器具有较大的过载能力，所以该类负荷可不予计入。但是，若经电抗器供电时，因电抗器一般为空气自然冷却，过载能力较小，这些设备的负荷应全部计算在内。

(4)对中央修配场的用电负荷，通常按下式计算

$$P = 0.14P_{\Sigma} + 0.4P_{\Sigma 5} \tag{6-6}$$

式中　P_{Σ}——全部电动机额定功率总和，kW；

$P_{\Sigma 5}$——其中最大5台电动机的额定功率之和，kW。

(5)煤场机械负荷中，对大型机械应该根据机械工作情况具体分析确定。对中、小型机械，则按下式计算

$$P = 0.35P_{\Sigma} + 0.6P_{\Sigma 3} \tag{6-7}$$

式中　$P_{\Sigma 3}$——其中最大3台电动机的额定功率之和，kW。

(6)对照明负荷为

$$P = K_d P_i \tag{6-8}$$

式中　K_d——需要系数，一般取0.8～1.0；

P_i——安装容量，kW。

利用"换算系数法"求得计算负荷后，必要时可用"轴功率法"进行校验。轴功率法的计算式为

$$S = K_m \sum \frac{P_{max}}{\eta \cos\varphi} + \sum S_L \tag{6-9}$$

式中　K_m——同时系数，新建电厂取0.9，扩建电厂取0.96；

P_{max}——最大运行轴功率，kW；

η——对应于轴功率的电动机效率；

$\cos\varphi$——对应于轴功率的电动机功率因数；

$\sum S_L$——低压厂用电计算负荷之和，kVA。

6.2.2　厂用变压器容量选择

厂用变压器容量选择的基本原则和应考虑的因素为：

(1)变压器原、副边额定电压必须与引接电源电压和厂用网络电压相一致。

(2)变压器的容量必须满足厂用机械从电源获得足够的功率。因此，对高压厂用工作变压器的容量应按高压厂用电计算负荷的110%与低压厂用电计算负荷之和进行选择；而低压厂用工作变压器的容量应留有10%左右的裕度。

对于高压厂用工作变压器，当为双绕组变压器时按下式选择容量，即

$$S_T \geqslant 1.1S_H + S_L \tag{6-10}$$

式中 S_H——高压厂用电计算负荷之和；

S_L——低压厂用电计算负荷之和。

当选用分裂绕组变压器时，其各绕组容量应满足

高压绕组 $$S_{tS1} \geqslant \sum S_C - S_r \tag{6-11}$$

低压绕组 $$S_{tS2} \geqslant \sum S_C \tag{6-12}$$

式中 S_{tS1}——厂用变压器高压绕组额定容量，kVA；

S_{tS2}——厂用变压器低压绕组额定容量，kVA；

S_C——厂用变压器分裂绕组计算负荷，kVA，$S_C = 1.1S_H + S_L$；

S_r——分裂绕组两分支重复计算负荷，kVA。

对于低压厂用工作变压器，可按下式选择变压器容量，即

$$K_\theta S \geqslant S_L \tag{6-13}$$

式中 S——低压厂用工作变压器容量，kVA；

K_θ——变压器温度修正系数。一般对装于屋外或由屋外进入小间的变压器，均可取 $K_\theta = 1$，但宜将小间进出风温差控制在 10 ℃以内；对装于主厂房进风小间内的变压器，当温度变化较大时，随地区而异，应适当考虑温度的修正。

(3)厂用高压备用变压器或起动变压器与最大一台厂用工作变压器的容量相同，低压厂用备用变压器的容量应与最大一台低压厂用工作变压器容量相同。

(4)厂用电抗器的容量应满足最大运行负荷的需求，并留有适当的裕度以防过载。如果环境温度超过设计温度，电抗器允许的工作电流应按下式换算

$$I = I_e \sqrt{\frac{100 - \theta_m}{100 - \theta_{al}}} \tag{6-14}$$

式中 I——电抗器允许的工作电流，A；

I_e——电抗器的额定电流，A；

100——电抗器绕组最高允许温度，℃；

θ_{al}——电抗器允许的最高空气温度，一般取 $\theta_{al} = 40$ ℃；

θ_m——周围最高空气温度（即小室排风温度），℃。

电抗器的电抗百分值，宜适当选择。电抗值较大虽然对限制厂用系统短路电流有利，但增大了正常运行时的电压降，因为电抗器不能调压，不能保证厂用电压质量，故通常取电抗值在 8% 以内。此外，对电抗器尚需进行动稳定和热稳定校验。

6.3 厂用电接线

6.3.1 厂用供电电源

6.3.1.1 厂用电的供电电压等级

确定厂用电电压等级，应从电动机的容量和厂用电供电电源这两个方面综合考虑，才

能保证厂用电的供电可靠性和经济性。

发电厂中拖动各种机械的电动机容量相差很大，从数千瓦到数千千瓦，可以从投资和有色金属消耗量两个方面考虑厂用电的供电电压。随着单台电动机容量的增大，其额定电压也相应提高。因为大容量电动机采用较低的额定电压时，会使包括厂用供电系统在内的有色金属消耗量增大，功率损耗增大，投资和运行费用也相应增加。另一方面，高压电动机绝缘等级高，尺寸大，价格也高。因此，厂用电仅用一种电压供电显然是不合理的。实践表明，容量在 75 kW 以下的电动机采用 380 V 的电压、220 kW 及其以上的电动机采用 6 kV 的电压、1 000 kW 以上的电动机采用 10 kV 的电压供电比较经济合理。

电压等级过多，会造成厂用系统接线复杂，运行维护不方便，从而降低厂用电的可靠性。所以，大中型火力发电厂的厂用电，一般都用两级电压，且大多为 6 kV 及 380/220 V 两个等级。当发电机的额定电压为 6.3 kV 时，高压厂用电压即定为 6 kV。当发电机额定电压为 10.5 kV 或更高时，需要设置高压厂用变压器将 10.5 kV 的电压降压至 6 kV 后供电。有些中等参数热电厂的发电机额定电压为 10.5 kV，厂用电电压采用 3 kV 及 380/220 V两级。这是由于在这类电厂中 200 kW 以上的大容量电动机不多，而 3 kV 的电动机以 75 kW 为起点的原因。小型火电厂厂用电只设置 380/220 V 母线，少量高压电动机直接接于发电机电压母线上。水电厂的厂用电动机容量都不大，通常只设置 380/220 V一个电压等级。大型水电厂在坝区和水利枢纽装设有大型机械，如船闸或升船机、闸门启闭装置等，这些设备距主厂房较远，需在那里设置专用的变压器，采用 6 kV 或 10 kV的电压等级供电。

6.3.1.2 工作电源

发电厂正常运行时，向厂用电供电的电源称为厂用工作电源。厂用电的供电可靠性很大程度上是由厂用电源的取得方式决定的。

现代发电厂的厂用电一般都由主发电机供电。在设计发电厂电气主接线时，总是力求主发电机与电力系统有紧密的联系。由于制造技术和运行水平的不断提高，电力系统和主发电机的事故率都已大大降低，即便发生故障，继电保护与自动装置也能迅速将故障切除。另外，当厂内发电机全部停机时，还可以方便地从系统得到电源。因此，由主发电机供电的方式有很高的可靠性，具有运行简单、调度方便、投资和运行费用都较低等优点。而且由于靠近电源，重要电动机的自起动也可得到保证。

由主发电机引接厂用电源的具体方案，取决于发电厂的自接线方式。当有发电机电压母线时，从各段发电机电压母线引接厂用工作电源，向接于同一母线段上机组（发电机、汽轮机、锅炉）的厂用负荷供电。当发电机与主变压器接成单元接线时，则从主变压器低压侧引接。厂用工作电源的两种引接方式如图 6-1 所示。

合理引接厂用电工作电源后，还不能忽视电力系统、主发电机以及厂用电自身的故障给整个厂用系统造成的严重后果。为此，必须进一步采取措施以提高供电可靠性。这些措施包括厂用电母线按炉分段、设置可靠的备用电源和装设备用电源自动投入装置。

6.3.1.3 备用电源

为了提高厂用电的可靠性，每一段厂用母线至少要由两个电源供电，其中一个为工作电源，另一个为备用电源。当工作电源故障或检修时，仍然能够不间断地由备用电源供

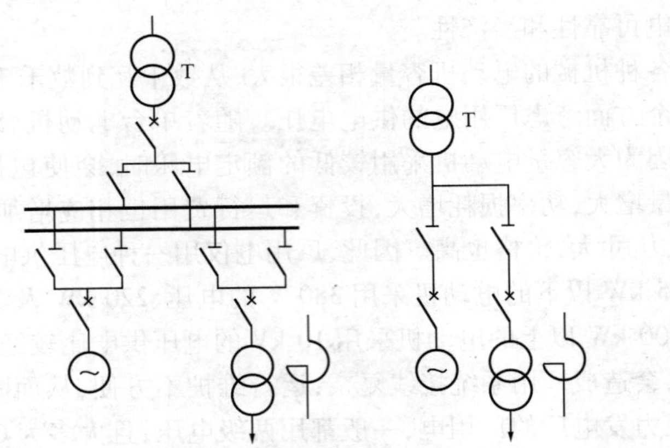

(a) 从发电机电压母线引接 (b) 从主变压器低压侧引接

图6-1 厂用工作电源的引接方式

(发电机电压为6.3 kV而厂用电压为6 kV时用电抗器)

电。厂用备用电源的备用方式有两种。

(1)明备用。所谓明备用,就是专门设置一台变压器(或线路),并经常处于热备用状态(停运),如图6-2(a)中的变压器3T。正常运行时,断路器QF1、QF2和QF3都处在分闸状态。当任何一台厂用工作变压器退出运行时,都可由3T替代工作。显然,备用变压器的容量应等于最大的一台厂用工作变压器的容量。

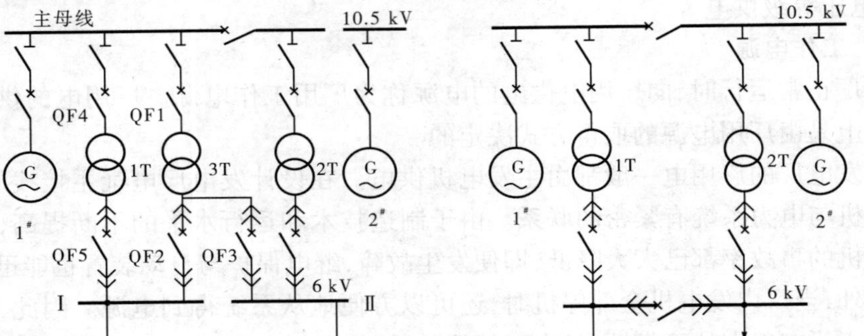

(a)明备用 (b)暗备用

图6-2 厂用备用电源的两种接线方式

(2)暗备用。暗备用就是不设置专用的备用变压器,而是将每台工作变压器的容量加大。当任何一台厂用变压器退出运行时,失去电源的母线段可由另一台厂用工作变压器同时供电,如图6-2(b)所示。正常工作时,每台厂用变压器只在一半负载下运行,因此这种备用方式投资较大,运行费用较高。

大中型发电厂特别是大型火电厂,由于每台机组的厂用负荷很大,为了不使每台厂用变压器的容量过大,通常都采用明备用方式。中小型水电厂和降压变电所,大多采用暗备用方式。

在确定厂用备用电源的取得时,既要求独立性,又要有足够的容量,并应从与系统联系最紧密处取得，以便在全厂停电的情况下，仍能从系统获得厂用电源。当有发电机电压母线时，厂用备用电源一般从发电机电压母线引接，这样既简单又经济。当所在段主母线故障时将失去厂用备用电源，但两个元件同时发生故障的概率很小，可以不用考虑。若需要两个厂用备用电源时，两备用电源不应都从发电机电压母线引接。而发电厂没有设置发电机电压母线时，备用电源一般从与系统相联系的最低一级的高压母线引接，这样发电厂的厂用系统与电力系统的联系就更加紧密，可靠性更高。

6.3.1.4 备用电源自动投入装置

为了保证对厂用电的不间断供电，还应装设备用电源自动投入装置。当工作电源因故障退出运行时，这种装置能自动地、有选择地把备用电源迅速投入到停电的母线段上。如图6-2(a)所示，当厂用工作变压器1T故障时，QF4、QF5自动跳闸，然后QF1、QF2在装置的作用下自动合闸，厂用备用变压器3T投入运行，从而替代厂用变压器1T向Ⅰ段厂用母线继续供电。在切换过程中，拖动重要机械的电动机还在惰性转动，母线电压恢复后，便可很快升速并进入正常运行，因而提高了厂用电的供电可靠性。

6.3.1.5 不间断交流电源

现代发电厂变电所一般都装设有计算机实时监控系统。它具有数据处理、计算、调节和自动控制的功能，并能记录各种状态下发电厂变电所的运行数据，特别是各种形式的故障状态，有利于我们进行分析研究。但是，对计算机的供电，即使是短暂的中断也是不允许的。因为计算机的电源一旦消失，它将会出现数据丢失、控制出错等现象，可能导致电力系统发生严重事故。所以，计算机的供电电源不能用一般的备用电源自动投入装置。若使用蓄电池的逆变装置供电，不但设备复杂，而且不经济、不方便。为了解决这个问题，可以采用如图6-3所示的不间断交流电源。当工作电源全部消失时，可以将计算机电源转移到蓄电池上，由蓄电池组继续供电。

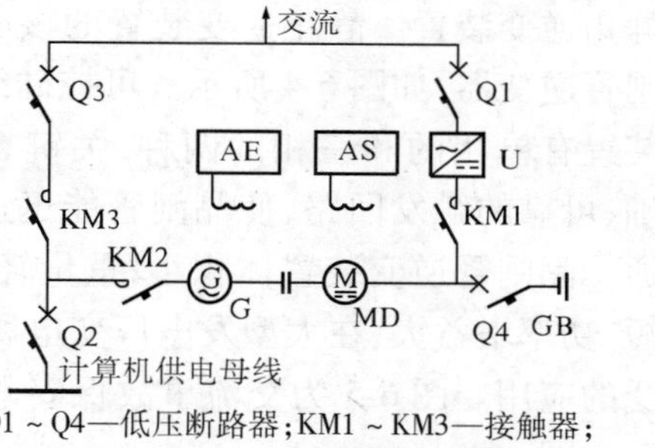

Q1～Q4—低压断路器；KM1～KM3—接触器；
U—整流装置；AE—自动励磁调节装置；
AS—自动调速装置；GB—蓄电池；G—交流发电机；
MD—直流电动机

图6-3 不间断交流电源

正常运行时，低压断路器Q1合上，接触器KM1接通，整流装置向蓄电池组GB进行浮充电，同时也向直流电动机供电。直流电动机MD运转带动交流发电机G，交流发电机G发出交流电。当接触器KM2接通并合上低压断路器Q2时，直流电动机MD和交流发电机G装有自动调速AS和自动调压AE装置，可以保证交流电压的稳定。

当交流系统发生故障、电压消失时，Q1便自动断开，直流电动机MD利用蓄电池组的电能继续运转，交流发电机G仍然可向计算机供给交流电源，不会中断对计算机的供电。

当直流系统发生故障时，直流电源消失，因直流电动机MD和交流发电机G有足够的惯性，仍然可以在短时间内继续运转，计算机不会失去供电，直到低压断路器Q3及接触器KM3自动接通后，由交流系统直接向计算机提供电源。

如果要检修直流电动机MD和交流发电机G，可先合上Q3及KM3，计算机由交流系统供电，然后再断开KM2和KM1。投入直流电动机MD和交流发电机G时可先合上

KM2 和 KM1，然后再断开 Q3 和 KM3。整个过程，计算机都不会有片刻失去交流电源。

6.3.1.6 事故保安电源

对于 200 MW 及其以上的发电机组，当厂用电源完全消失时，为确保在事故状态下机组能够安全停机，必须设置事故保安电源，并且在厂用电源完全消失时能够自动投入，保证事故保安负荷的用电。事故保安电源包括直流和交流两种。

由蓄电池组组成的直流事故保安电源，向发电机组的直流润滑系统、事故照明等负荷供电。事故照明由装在主控制室的专用事故照明屏或事故照明箱供电。事故照明屏顶设置有事故照明小母线，分布在全厂各处的事故照明电源都从小母线引出，小母线上同时接有交流电源和直流电源。正常运行时由交流电源供电，直流电源断开；当交流电源消失时，在自动装置作用下实现自动切换，即交流电源断开，直流电源投入，由直流电源供电。直流电源通常采用单回路供电。

交流事故保安电源，一般采用快速起动的柴油发电机组，或是从发电厂外部引接的可靠交流电源。此外，还应设置交流不停电电源。交流不停电电源，宜采用接于直流母线上的电动机—发电机组或静止逆变装置，目前多采用静止逆变装置。静止逆变装置的核心部分是晶闸管逆变器，如图 6-4 所示。可控硅组成的逆变装置有单相的和三相的两种，关键在于要有正确、可靠的触发回路，使晶闸管能迅速准确地导通。晶闸管逆变装置体积小、重量轻、开关时间短、功率增益大，在大型发电厂变电所中得到广泛的应用。图 6-5 为交流事故保安电源的接线示意图。

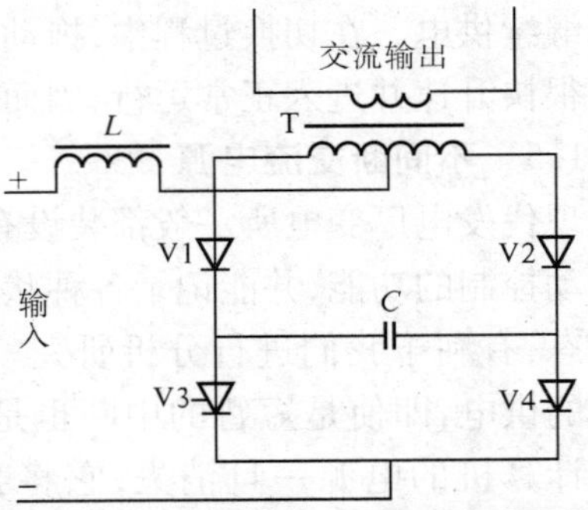

图 6-4 单相(并联)晶闸管逆变装置原理图

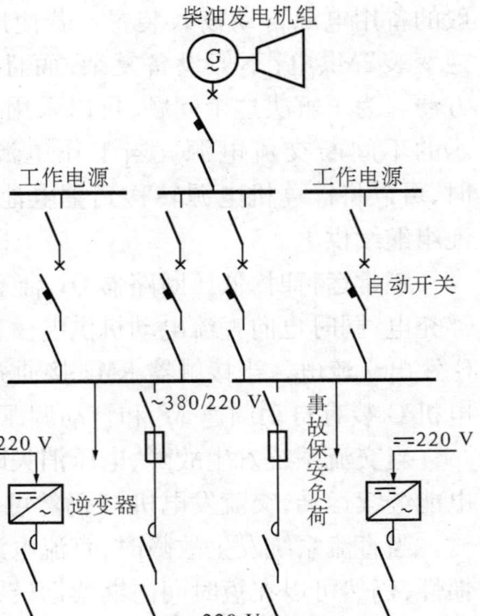

图 6-5 交流事故保安电源接线示意图

6.3.2 厂用电接线

6.3.2.1 厂用电接线的基本要求

(1)供电可靠、运行灵活。确保厂用负荷的连续供电，并能在正常、事故、检修、起动等各种情况下满足供电要求。并要尽可能地使切换操作方便，备用电源在短时间内投入。

(2)接线简单清晰、投资少、运行费用低。

(3)尽量缩小厂用电系统的故障停电范围，并应尽量避免引起全厂停电事故。各机、炉的厂用电源由本机供电，这样当厂用系统发生故障时，只影响一台发电机组的运行。

(4)接线的整体性。厂用电接线应与发电厂电气主接线紧密配合，体现其整体性。

(5)电厂分期建设时厂用电接线的合理性。应便于分期扩建或连续施工,不致中断厂用电的供应。尤其是对备用电源的接入和公共负荷的安排要全面规划、便于过渡。

6.3.2.2 厂用电接线的基本形式

发电厂厂用电系统接线通常都采用单母线分段接线形式,并多以成套配电装置接受和分配电能。

在火电厂中,高压母线均采取按炉分段的接线原则,即将厂用电母线按照锅炉的台数分成若干独立段,凡属同一台锅炉及同组的汽轮机的厂用负荷均接于同一段母线上,这样既便于运行、检修,又能使事故影响范围局限在一机一炉,不致过多干扰正常运行的完好机炉。

低压厂用母线一般也按炉分段,高压厂用电源则由相应的高压厂用母线提供。

6.4 厂用电接线实例分析

6.4.1 火电厂的厂用电接线

图6-6所示为中型热电厂厂用电接线,该厂共装设有二机三炉。因此,高压厂用母线按锅炉台数分为三段,厂用高压为6 kV,由发电厂主母线的两组工作母线通过T3、T4、T5三台高压厂用工作变压器供电。由于机组容量不大,低压厂用母线分为两段。备用电源采用明备用方式,即专门设置高压厂用备用变压器T6。为了提高厂用系统运行的可靠性,在运行方式上,可将发电厂的一台升压变压器如T2与高压厂用备用变压器T6都接到备用主母线上,将所在段的母联断路器QF2合闸,这样可使高压厂用备用变压器与系统的联系更加紧密,而且受主母线故障的影响也较小。

对厂用电动机的供电,有分别供电和成组供电两种方式。图6-6中所示的高压(6 kV)电动机的供电属于分别供电方式。即对每台电动机各敷设一条电缆线路,通过专用的高压开关柜或低压配电盘进行供电。55 kW及其以上的Ⅰ类厂用负荷和40 kW以上的Ⅱ、Ⅲ类厂用重要机械的电动机,应采用分别供电方式。图6-6所示的低压(380/220 V)Ⅰ、Ⅱ段的其他馈线表示去往车间的专用盘,是成组供电方式,即数台电动机用同一条线路送到车间的专用盘后,再分别引接到各电动机。对一般不重要机械的小电动机和距离厂用配电装置较远的车间(如中央水泵房)的电动机,这种供电方式最为适宜,可以节省电缆,简化厂用配电装置。

选择大型火电厂的厂用变压器时,应注意其接线组别。升压变压器的接线组别为YN,d11,因此升高电压与发电机电压的相位差为30°。运行中需要投入高压厂用备用变压器时,为了避免厂用电停电,厂用备用变压器与工作变压器总有一段时间并联运行,为此,当高压厂用备用变压器的接线组别为YN,d11时,高压厂用工作变压器必须是Y,y0接线。

6.4.2 水电厂的厂用电接线

水电厂的厂用机械的数量和容量都要比同容量的火电厂小得多,因此厂用电系统也

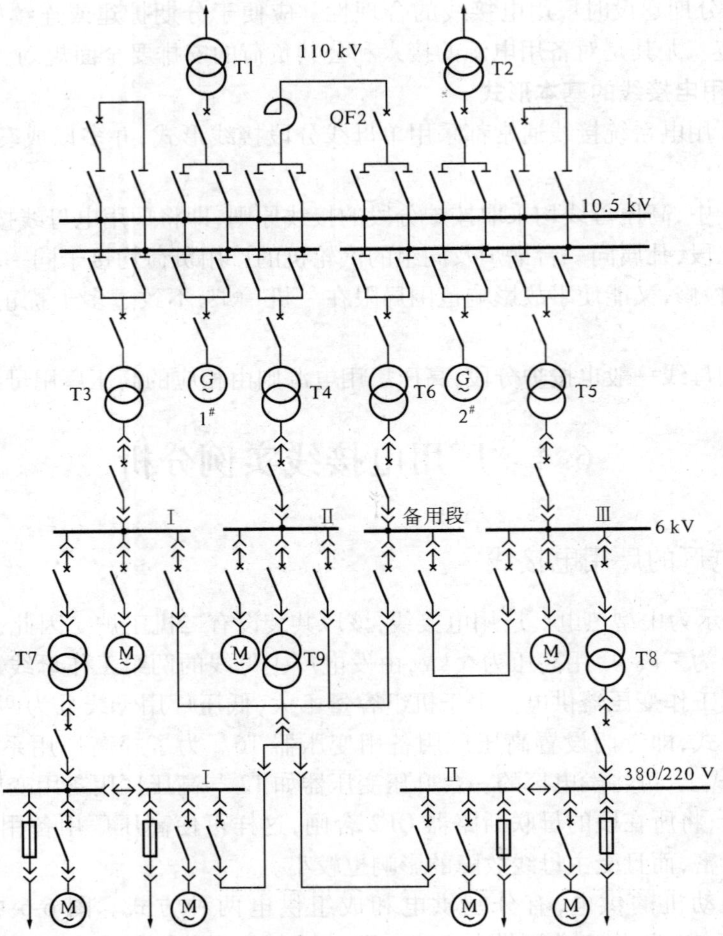

图 6-6 中型热电厂厂用电接线

比较简单。但是,水电厂仍有重要的Ⅰ类厂用负荷,如调速系统和润滑系统的油泵、发电机的冷却系统等,仍应认真考虑其供电的可靠性。中小型水电厂一般只有 380/220 V 一个电压等级,厂用母线采用单母线分段,并且全厂只设两段,两台厂用变压器以暗备用方式供电。对于大型水电厂,380/220 V 厂用母线是按机组分段的,每段均由单独的厂用变压器从各自的发电机出口引接供电,并设置明备用的厂用备用变压器。距主厂房较远的坝区负荷以 6 kV 或 10 kV 的电压供电。

图 6-7 所示为大型水电厂的厂用电接线,它的特点是发电机组的厂用负荷与全厂公用负荷分别由不同的厂用变压器供电。各发电机组的厂用负荷采用 380/220 V 电压,分别由 T5、T6、T7 和 T8 四台厂用变压器供电,并从各自的发电机出口处引接工作电源。各段的厂用备用电源采用明备用方式,从公用段引接。6 kV 厂用公用系统为单母线分段接线,由高压厂用变压器 T9、T10 供电,暗备用方式。此外,还在两台发电机的出口装设了断路器 QF1、QF4,这样即使在全厂停电时,仍然可以从系统取得电源,即从 T1 或 T4 的低

压侧取得电源。

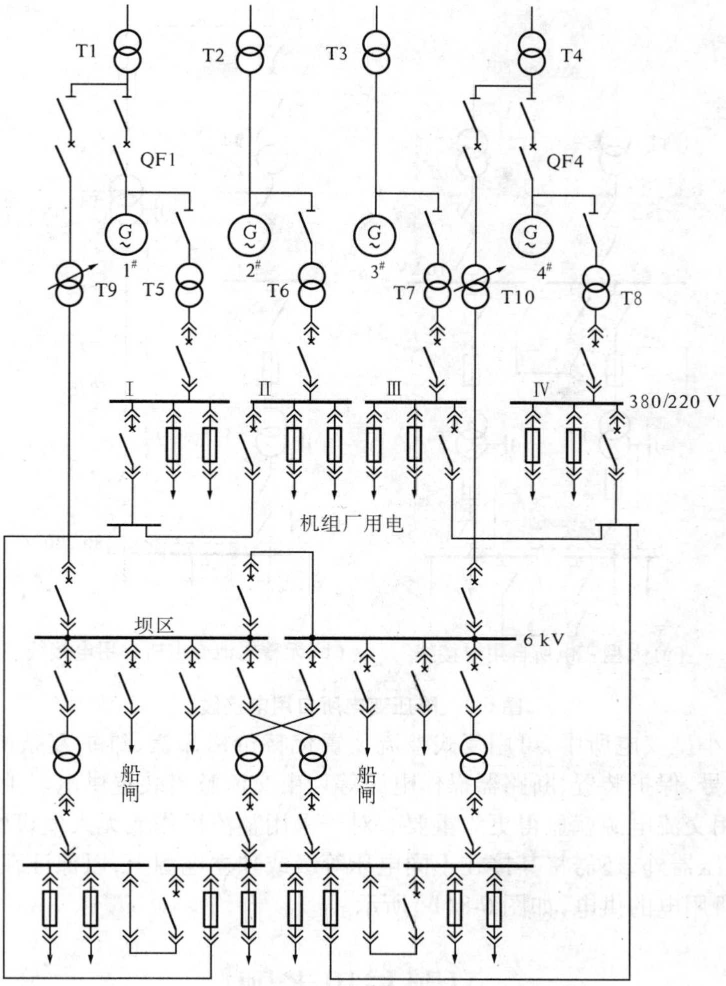

图 6-7 大型水电厂厂用电接线

6.4.3 变电所的自用电接线

由于变电所的自用电负荷耗电量不多，因此变电所的自用电接线简单，中小型降压变电所采用一台所用变压器即可，从变电所中最低一级电压母线引接电源，其副边采用380/220 V 中性点直接接地的三相四线制供电，动力和照明合用一个电源。

枢纽变电站、总容量为 60 MVA 及以上的变电所、装有水冷却或强迫油循环冷却的主变压器以及装有同步调相机的变电所，均装设两台所用变压器，分别接在最低一级母线的不同分段上。

对装有两台所用变压器的变电所，应装设备用电源自动投入装置，以提高对所用电供电的可靠性。

变电所的所用电一般采用单母线接线形式。当有两台所用变压器时，采用单母线分段接线形式,如图 6-8(a)所示。

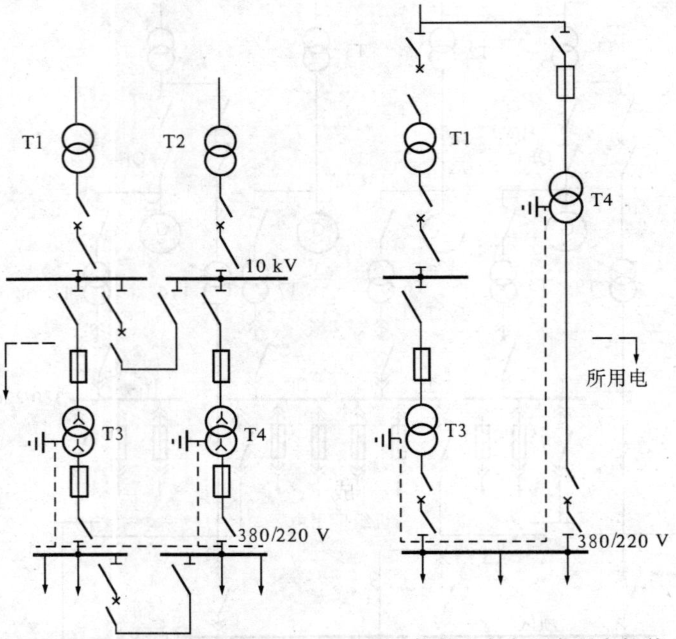

(a)大型变电所自用电接线　　(b)无蓄电池变电所自用电接线

图 6-8　降压变电所自用电接线

在一些中小型变电所中,可用复式整流装置代替价格昂贵、维护复杂的蓄电池组,变电所的控制信号、保护装置、断路器操作电源等均由交流整流装置供电。由于取消了蓄电池组,所以所用交流电源就显得更为重要。对于采用整流操作或无人值班的变电所,除应装两台所用变压器外,还需将其接在不同电压等级或独立电源上,以保证在变电所内停电时,不间断对所用电的供电,如图 6-8(b)所示。

习题与思考题

6-1　什么是厂用电和厂用电率?厂用电负荷是怎样进行分类的?

6-2　厂用电的作用和意义是什么?

6-3　什么是备用电源?明备用和暗备用的区别是什么?

6-4　对厂用电接线有哪些基本要求?

6-5　厂用电接线的设计原则是什么?

6-6　对厂用电压的确定、厂用电压的引接,其依据是什么?

6-7　发电厂和变电站的自用电在接线上有何区别?

第 7 章　配电装置

教学要求

熟悉配电装置的分类及其各自特点，熟悉配电装置中各种符号的含义；掌握配电装置和最小安全净距的概念；熟悉各种配电装置的分类、特点和布置原则及各种图形表示法，能够看懂各类工程图以及对工程中的各类配电装置进行分析；熟悉变压器的布置方式。

7.1　配电装置概述

配电装置是发电厂和变电所的重要组成部分。它是按照主接线的连接方式，由开关设备、保护和测量电器、载流导体和必要的辅助设备组建而成，用来接受和分配电能的电工建筑物。

7.1.1　配电装置的类型

配电装置按照安装地点的不同，可分为屋内配电装置、屋外配电装置；按照电压等级的不同，可分为高压配电装置和低压配电装置；按其组装的方式不同，又可分为现场装配式配电装置和成套配电装置。

7.1.2　配电装置的特点

配电装置包括屋内配电装置和屋外配电装置。屋内配电装置的特点包括：①由于允许安全净距小和可以分层布置，因此占地面积小。②维修、操作、巡视在室内进行，比较方便，且不受气候影响。③外界污秽不会影响电气设备，减轻了维护工作量。④房屋建筑投资较大，但 35 kV 及以下电压等级可采用价格较低的户内型电器设备，以减少总投资。

屋外配电装置的特点包括：①土建工程量和费用较少，建设周期短。②扩建比较方便。③相邻设备之间的距离较大，便于带电作业。④占地面积大。⑤设备充分暴露在室外，受外界污秽影响较大，运行条件较差，需加强绝缘。⑥外界气候的变化对设备维护和操作影响较大。

在发电厂和变电所中，一般 35 kV 及其以下电压等级采用屋内配电装置，110 kV 及其以上电压等级采用屋外配电装置。但是在海边和化工厂区域等污染严重的地区或城市中心区等，当技术经济比较合理时，110 ~ 220 kV 也可以采用屋内配电装置。目前，我国生产的 3 ~ 110 kV 各种成套配电装置在发电厂和变电所中已广泛应用，我国生产的 110 ~ 220 kV SF_6全封闭组合电器也得到了应用。

7.1.3　配电装置的基本要求

无论采用哪种类型的配电装置，都应满足以下基本要求：

(1)配电装置的设计和建造应符合国家技术经济政策,满足有关规程要求。

(2)保证运行可靠。设备选择合理,布置整齐、清晰,保证有足够的安全距离。

(3)节约用地。

(4)运行安全和操作巡视、检修方便。

(5)便于安装和扩建(水电厂考虑过渡)。

(6)节约用材,降低造价。

7.1.4 配电装置的安全净距

配电装置的整个结构尺寸,是综合考虑设备外形尺寸、检修维护和运输的安全距离、电气绝缘距离等因素而决定的。对于敞开暴露在空气中的配电装置,在各种间隔距离中,最基本的是带电部分对接地部分之间和不同相的带电部分之间的空间最小安全净距,即电力行业标准(DL/T 5352—2006)中所规定的 A_1 和 A_2 值。所谓最小安全净距,就是指在此距离下,无论是处于最高工作电压之下,或处于内外过电压下,空气间隙均不致被击穿。

电力行业标准(DL/T 5352—2006)中规定的屋内、屋外配电装置的安全净距,如表 7-1、表 7-2 所示,其中,B、C、D、E 等类电气距离是在 A_1 值的基础上再考虑一些其他实际因素决定的,其含义如图 7-1 和图 7-2 所示。

表 7-1 屋内配电装置的安全净距 (单位:mm)

符号	适用范围	额定电压(kV)									
		3	6	10	15	20	35	60	110J	110	220J
A_1	1. 带电部分至接地部分之间; 2. 网状和板状遮拦向上延伸线距地 2.5 m 处,与遮拦上方带电部分之间	75	100	125	150	180	300	550	850	950	1 800
A_2	1. 不同相的带电部分之间; 2. 断路器和隔离开关的断口两侧带电部分之间	75	100	125	150	180	300	550	900	1 000	2 000
B_1	1. 栅状遮拦至带电部分之间; 2. 交叉的不同时停电检修的无遮拦带电部分之间	825	850	875	900	930	1 050	1 300	1 600	1 700	2 550
B_2	网状遮拦至带电部分之间	175	200	225	250	280	400	650	950	1 050	1 900
C	无遮拦裸导体至地(楼)面之间	2 375	2 400	2 425	2 450	2 480	2 600	2 850	3 150	3 250	4 100
D	平行的不同时停电检修的无遮拦裸导体之间	1 875	1 900	1 925	1 950	1 980	2 100	2 350	2 650	2 750	3 600
E	通向屋外的出线套管至屋外通道的路面	4 000	4 000	4 000	4 000	4 000	4 000	4 500	5 000	5 000	5 500

注:J 指中性点直接接地系统。

表 7-2　屋外配电装置的安全净距　（单位：mm）

符号	适用范围	额定电压(kV)								
		3～10	15～20	35	60	110J	110	220J	330J	500J
A_1	1. 带电部分至接地部分之间； 2. 网状遮拦向上延伸线距地 2.5 m处与遮拦上方带电部分之间	200	300	400	650	900	1 000	1 800	2 500	3 800
A_2	1. 不同相的带电部分之间； 2. 断路器和隔离开关的断口两侧带电部分之间	200	300	400	650	1 000	1 100	2 000	2 800	4 300
B_1	1. 设备运输时，其外廓至无遮拦带电部分之间； 2. 栅状遮拦至绝缘体和带电部分之间； 3. 交叉的不同时停电检修的无遮拦带电部分之间； 4. 带电作业时的带电部分至接地部分之间	950	1 050	1 150	1 400	1 650	1 750	2 550	3 250	4 550
B_2	网状遮拦至带电部分之间	300	400	500	750	1 000	1 100	1 900	2 600	3 900
C	1. 无遮拦裸导体至地面之间； 2. 无遮拦导体至建筑物、构筑物顶部之间	2 700	2 800	2 900	3 100	3 400	3 500	4 300	5 000	7 500
D	1. 平行的不同时停电检修的无遮拦带电部分之间； 2. 带电部分与建筑物、构筑物的边缘部分之间	2 200	2 300	2 400	2 600	2 900	3 000	3 800	4 500	5 800

注：J 指中性点直接接地系统。

设计配电装置，选择带电导体之间和导体对接地构架的距离时，应考虑减少相间短路的可能性及减少电动力、软绞线在短路电动力、风摆、温度等因素作用下使相间及对地距离的减少，以及减少载流导体附近铁磁物质的发热。35 kV 及以上要考虑减少电晕损失、带电检修因素等。工程上所采用的各种实际距离，通常要大于表 7-1、表 7-2 的数据。

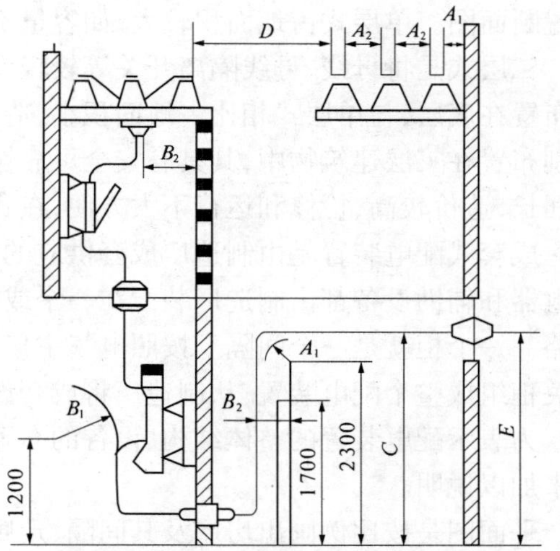

图 7-1　屋内配电装置安全净距校验图　（单位：mm）

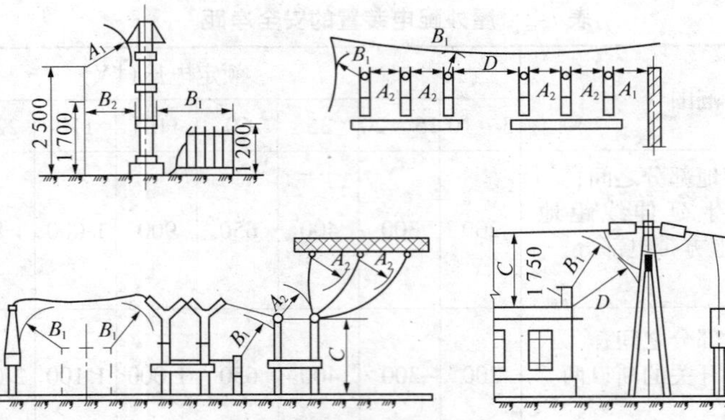

图 7-2　屋外配电装置安全净距校验图　（单位：mm）

7.2　屋内配电装置

7.2.1　屋内配电装置的分类及特点

屋内配电装置的结构型式与电气主接线、电压等级和采用的电气设备的型式密切相关，且随着新设备新技术的采用，施工、运行、检修经验的不断丰富，以及人们的习惯和观念的改变，其结构型式不断发展。目前屋内配电装置的主要型式有装配式和成套式两种。

为了将设备的故障影响限制在最小范围内，使故障的电路不致影响到相邻的电路；在检修一个电路中的电器时，避免检修人员与邻近电路的电器接触，在屋内配电装置中将一个电路内的电器与相邻电路的电器，用防火隔墙隔开形成一个间隔。同一个电路的电器和导体应布置在一个间隔内，并在现场组装，这样的结构型式称为装配式屋内配电装置。它适用于 6 ~ 10 kV 出线带电抗器的配电装置。装配式屋内配电装置按其布置形式的不同，一般可分为单层式、二层式和三层式。单层式是将所有电气设备布置在一层建筑中，适用于线路无电抗器的情况。如图 7-3 所示为单层二通道、单母线分段 35 kV 屋内配电装置断面图。单层式占地面积较大，如容量不太大，通常采用成套开关柜，以减少占地面积。二层式是将母线、母线隔离开关等较轻设备放在第二层，将电抗器、断路器等较重设备布置在底层，与单层式相比占地面积小，造价较高。三层式是将所有电气设备依其轻重分别布置在三层建筑物中，其具有安全可靠性高、占地面积小等特点，但其结构复杂，施工时间长，造价较高，检修和运行不大方便，在我国较少采用。

成套式配电装置是由制造厂成套供应的设备。同一个回路的开关电器、测量仪表、保护电器和辅助设备都由制造厂装配在一个或两个全封闭或半封闭的金属柜中，构成一个回路。一个柜就是一个间隔。按照电气主接线的要求，选择制造厂家生产的各种电路的开关柜组成整个配电装置，从制造厂将成套设备运到现场进行组装即成。

为表示配电装置的整体结构、设备的布置和安装情况，常采用平面图、断面图和配置图来加以说明。

平面图是按比例画出房屋及其间隔、走廊和出口等处的平面布置轮廓，平面图上的间隔只是为了确定间隔数及排列，故可不表示所装电器。所谓间隔，是指为了将设备故障的影响限制在最小的范围内,以免波及相邻的电气回路以及在检修其中的电器时,避免检修人员与邻近回路的电器接触,而用砖或用石棉板等做成的墙体。

断面图是表明所取断面间隔中各设备之间的连接及其具体布置的结构图,断面图按比例绘制,如图 7-3、图 7-4 所示。

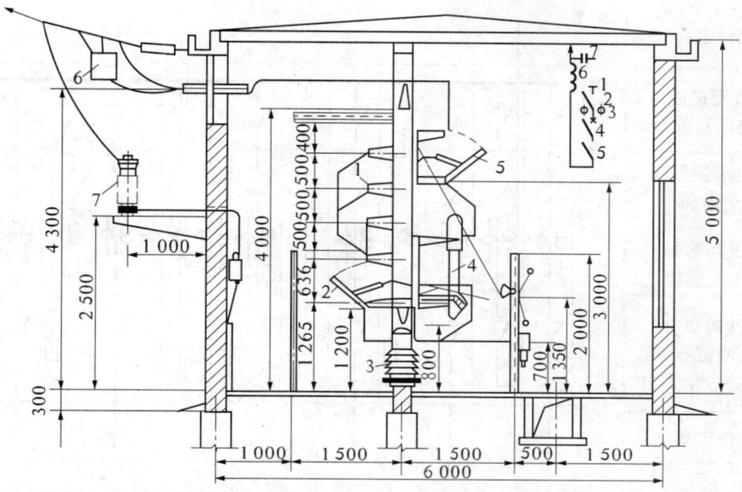

1—母线;2、5—隔离开关;3—电流互感器;4—断路器;6—阻波器;7—耦合电容器

图 7-3 单层二通道、单母线分段 35 kV 屋内配电装置断面图 (单位:mm)

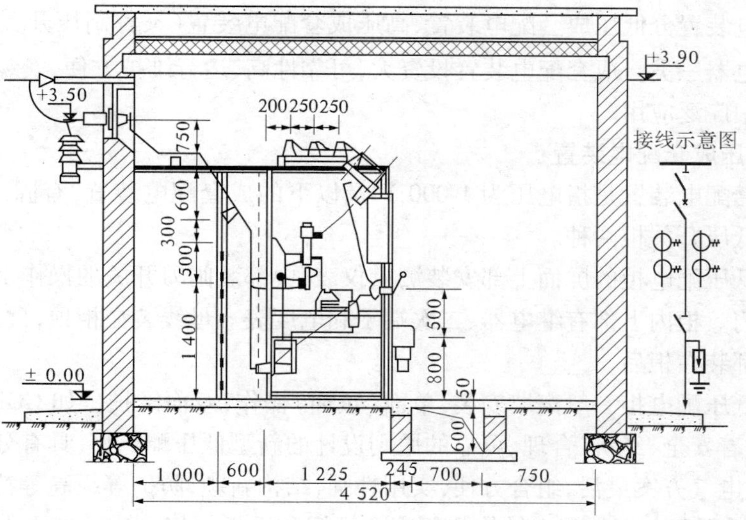

图 7-4 采用高压开关柜屋内配电装置 (单位:尺寸,mm;高程,m)

配置图是一种示意图,用来分析配电装置的布置方案和统计所用的主要设备。配置图中把进出线、断路器、互感器、避雷器等合理分配于各层间隔中,并表示出导线和电器在各间隔中的轮廓,但并不要求按比例尺寸绘出。屋内配电装置的间隔,按照回路用途可分为发电机、变压器、线路、母联(或分段)断路器、电压互感器和避雷器等间隔,见图 7-5。

下面主要介绍屋内成套式配电装置。

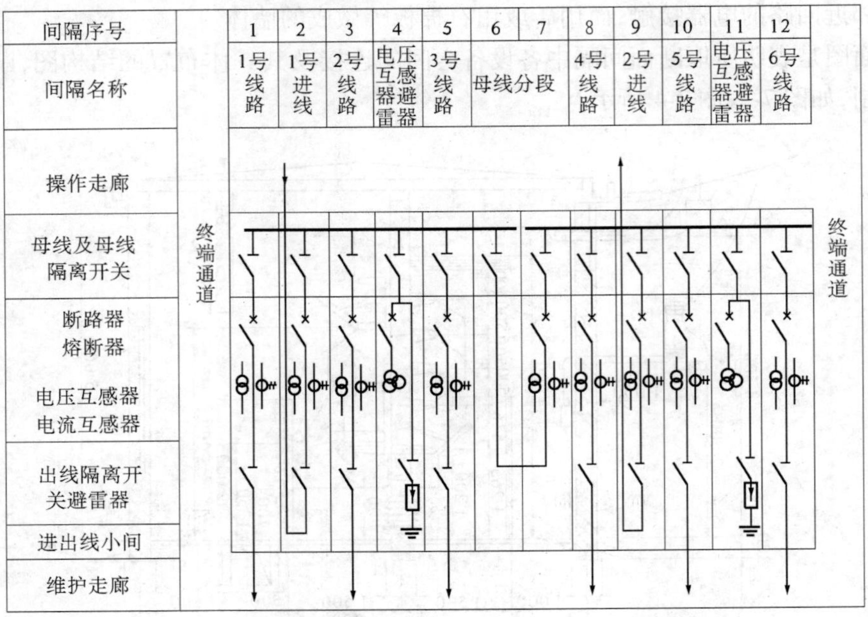

图 7-5　独立式间隔单列布置的配电装置配置图

7.2.2　屋内成套式配电装置

成套配电装置分低压成套配电装置、高压成套配电装置(又称高压开关柜)和 SF_6 全封闭式组合电器三类。成套配电装置投资大,可靠性高,运行维护方便,安装工作量小,在高低压系统中广泛应用。

7.2.2.1　低压成套配电装置

低压成套配电装置是指电压为 1 000 V 及以下的成套配电装置,有固定式低压配电柜和抽屉式低压开关柜两种。

固定式低压配电柜的屏面上部安装测量仪表,中部装闸刀开关的操作手柄,柜下部为外开的金属门。柜内上部有继电器、二次端子和电度表。母线装在柜顶,自动空气开关和电流互感器都装在柜后。

固定式低压配电柜一般离墙安装,单面(正面)操作,双面维护。如 GGD 型的低压配电柜,它是本着安全、经济、合理、可靠的原则设计的新型低压配电柜,具有分断能力高,动热稳定性好,电气方案灵活,组合方便,实用性强,结构新颖,防护等级高等特点。

GGD 型低压配电柜的基本结构采用冷弯型钢和钢板焊接而成。屏面上方为仪表门,宽为 1 000 mm 和 1 200 mm,柜正面采用不对称的双门结构,600 mm 和 800 mm 宽的柜采用整门结构,柜体后面采用对称双门结构,既安全,又便于检修,同时也提高了整体的美观性。为加强通风和散热,在柜体的下部、后上部和顶部均有通风散热孔。主母线排列在柜的后上方,柜体的顶盖在需要时可以拆下,便于现场主母线的装配和调整。柜的外形及安装尺寸如图 7-6 所示。

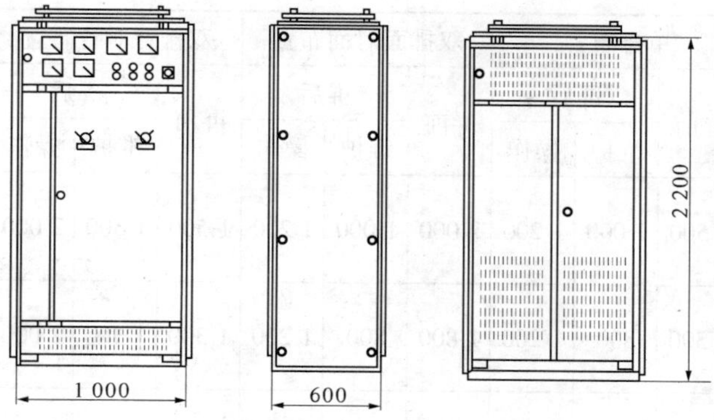

(a) GGD型交流低压配电柜外形尺寸

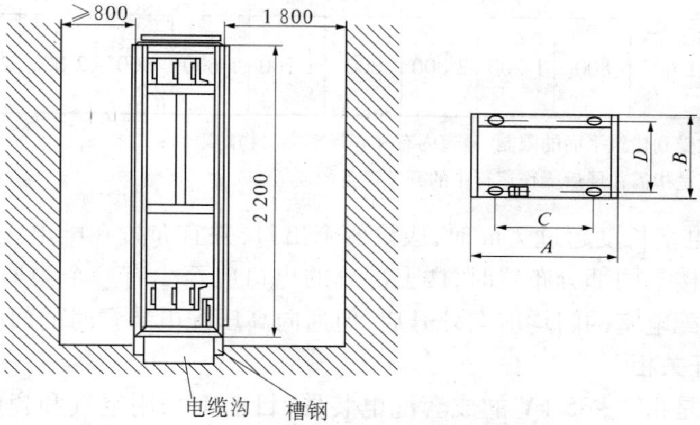

(b) GGD型交流低压配电柜安装示意图

图 7-6　GGD 型交流低压配电柜外形及安装示意图　(单位:mm)

抽屉式低压开关柜为密封式结构,密闭性好,可靠性高。由薄钢板和角钢焊接而成,主要低压设备均安装在抽屉内或手车上,回路故障时,可立即换上备用抽屉或手车,迅速恢复供电,既提高了供电可靠性,又便于对故障设备进行检修。抽屉式开关柜布置紧凑,节约占地面积,但结构复杂,钢材消耗量大,投资大。目前常用的有 MNS 型低压成套开关柜、GCS、GCK 型抽出式开关柜、DOMINO、CUBIC 型组合式低压开关柜等。

屋内低压配电装置布置要求:

(1)屋内低压配电装置的电气距离应满足规范要求。无遮拦裸导体布置在屏前通道上方,其高度应不小于 2.5 m,否则应加装不低于 2.2 m 高的遮拦;若布置在屏后通道上方,其高度不应低于 2.3 m,否则应加装不低于 1.9 m 高的遮拦。成排布置的配电屏,其屏前和屏后的通道最小宽度应符合表 7-3 的规定。

(2)低压配电装置的维护通道的出口数目,按配电装置的长度确定:长度不足 6 m 时允许一个出口;长度超过 6 m 时,应设两个出口,并布置在通道的两端;当两出口之间的距离超过 15 m 时,其间应增加出口。

表 7-3　配电屏前后的通道最小宽度　　（单位:mm）

配电屏类型		单排布置			双排面对面布置			双排背对背布置			多排同向布置		
		屏前	屏后		屏前	屏后		屏前	屏后		屏前	屏后	
			维护	操作		维护	操作		维护	操作		前排	后排
固定式	不受限制时	1 500	1 000	1 200	2 000	1 000	1 200	1 500	1 500	2 000	2 000	1 500	1 000
	受限制时	1 300	800	1 200	1 800	800	1 200	1 300	1 300	2 000	2 000	1 300	800
抽屉式	不受限制时	1 800	1 000	1 200	2 300	1 000	1 200	1 800	1 000	2 000	2 300	1 800	1 000
	受限制时	1 600	800	1 200	2 000	800	1 200	1 600	800	2 000	2 000	1 600	800

注:1. 受限制时是指受到建筑平面的限制、通道内有柱等局部突出物的限制；

2. 屏后操作通道是指需在屏后操作运行中的开关设备的通道。

(3)低压配电室长度超过 7 m 时,应设两个出口,并宜布置在配电室的两端。当低压配电室为楼上和楼下两部分布置时,楼上部分的出口应至少有一个为通向该层走廊或室外的安全出口。配电室的门均应向外开启,但通向高压配电装置时的门应双向开启。

7.2.2.2　高压开关柜

高压开关柜是指 3 ~ 35 kV 的成套配电装置,目前都采用空气和瓷(或塑料)绝缘子作为绝缘材料。发电厂和变电站中常用的高压开关柜有移开式和固定式两种。

根据 GB3906 和 IEC298 等标准要求,高压开关柜的闭锁装置应具有“五防”功能:①防止误分、误合断路器;②防止带负荷分、合隔离开关或带负荷推入、拉出金属封闭(铠装)式开关柜的手车隔离插头;③防止带电挂接地线或合接地开关;④防止带接地线或接地开关合闸;⑤防止误入带电间隔,以保证可靠的运行和操作人员的安全。

1. *移开式高压开关柜*

移开式高压开关柜又称为手车式高压开关柜。我国生产的主要有 KYN□ - 10、JYN□ - 10、GFC - 10、GFC - 11、GC - 2、JYN1 - 35、GBC - 35 等型式。

图 7-7 所示为 JYN2 - 10 型移开式金属封闭高压开关柜。开关柜由固定的壳体(以下简称外壳)和装有滚轮的可移开部件(以下简称手车)两部分组成。一般情况,外壳用钢板或绝缘板分隔成手车室、母线室、电缆室和继电器仪表室四个部分。

柜前正中部为手车室,断路器及操动机构均装在手车上,断路器手车正面上部为推进机构,用脚踩手车下部连锁脚踏板,车后母线室面板上的遮板提起,插入手柄,转动蜗杆,可使手车在柜内平稳前进或后移。当手车在工作位置时,断路器通过隔离插头与母线和出线相通。检修时,将手车拉出柜外,动、静触头分离,一次触头隔离罩自动关闭,起安全隔离作用。如果急需恢复供电,可换上备用手车,既方便检修,又可减少停电时间。手车与柜相连的二次线采用插头连接。当断路器离开工作位置后,其一次隔离插头虽断开,而二次线仍可接通，以便调试断路器。手车两侧及底部设有接地滑道、定位销和位置指示等附件。

外壳的前上部分是继电器仪表室。继电器仪表室前门（简称仪表板，下同）可以装设指示仪表、操作开关、信号继电器、按钮和信号灯具等二次设备；室内装有摇门式继电器屏，继电器为凸装板后接线型；室内顶部能装多路小母线，底部为二次插座和端子排。整个小室底下用四组减振器与壳体连成一体，以达到避振效果。

外壳的后上部分为主母线室，后下部分为电缆室，电流互感器和接地开关都装于其内；底部用绝缘板将电缆室与电缆沟隔离，后面封板上装有观察窗，可以通过观察窗了解设备运行情况。

该封闭结构具有密闭性好，供电可靠性高，维护工作量小，检修方便等优点，被广泛应用于6～10 kV厂用电配电装置中。

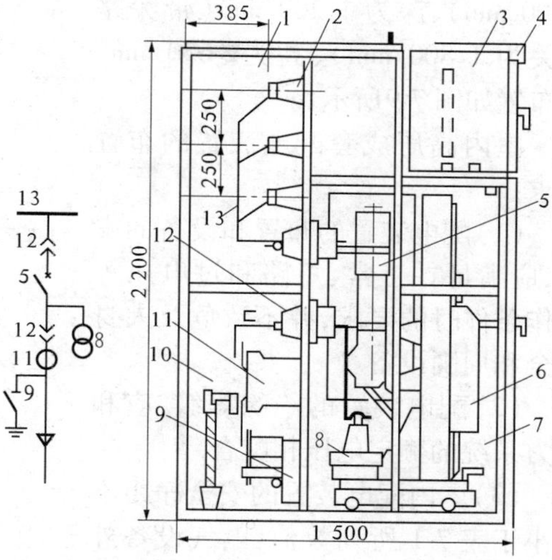

1—母线室；2—母线及绝缘子；3—继电器仪表室；4—小母线室；5—断路器；6—手车；7—手车室；8—电压互感器；9—接地隔离开关；10—出线室；11—电流互感器；12—一次接头罩；13—母线

图7-7　JYN2－10/01～05型高压开关柜外形结构示意图（单位：mm）

2. 固定式高压开关柜

固定式高压开关柜的断路器固定安装在柜体内，目前我国生产的固定式高压开关柜主要有GG0－1A、GG－10、XGN2－10等系列。与移开式相比较，其体积大、封闭性能差、检修不够方便，但制造工艺简单、钢材消耗少、投资小。因此，仍较广泛用于大、中型电厂和组成高压厂用电的配电装置及变电所的6～35 kV屋内配电装置中。

固定式高压开关柜以XGN2－12箱型固定式金属封闭开关柜为例。XGN2－12型高压开关柜为角钢或弯板焊接骨架结构，柜内分为母线室、断路器室、继电器室，室与室之间用钢板隔开。该型开关柜为双面维护，从前面可监视仪表、操作主开关和隔离开关，监视真空断路器及开门检修主开关；从后面可寻找电缆故障，检修维护电缆头等。断路器室高1 800 mm，电缆头高度780 mm，维护人员可方便地站在地面上检修。隔离开关采用旋转式隔离开关，当隔离开关打开至分断位置时，动触刀接地，在主母线和主开关之间形成两个对地断口，带电只可能发生在相间、相对地放电，而不致波及被隔离的导体从而保证了检修人员的安全。母线室母线呈品形排列，顶部为可拆卸结构，贯通若干台开关柜的长条主母线可方便地安装固定。柜中部有贯穿整个排列的二次小母线及二次端子室，可方便检查二次接线。柜底部有贯穿整个排列的接地母线，保证可靠的接地连接。

XGN2－12箱式柜主开关、隔离开关、接地开关、柜门之间均采用强制性闭锁方式，具有完善的“五防”功能。主开关传动操作设计与机械连锁装置统筹考虑，结构简单，动作可靠。XGN2－12型高压开关柜的结构见图7-8。

XGN2－12箱式开关柜为双面维护，离墙安装，柜前为操作通道，柜后为维护通道；该柜宽为 1 100 mm（Ⅲ型开关为 1 200 mm）、深为 1 200 mm（带旁路开关为 1 800 mm）、高为2 650 mm。其布置如图 7-9所示。

屋内高压成套配电装置的布置要求：

（1）配电装置的布置和设备的安装，应满足在正常、短路和过电压等工作条件时的要求，并不致危及人身安全和周围设备。

（2）配电装置的绝缘等级，应和电力系统的额定电压相配合。

（3）屋内配电装置的安全净距不应小于表 7-1 所列数值；电气设备外绝缘体最低部位距地小于 2. 3 m 时，应装设固定遮栏。配电装置中相邻带电部分的额定电压不同时，应按较高的额定电压确定其安全净距。

（4）配电装置的布置应考虑便于设备的操作、搬运、检修和试验。配电装置室内的各种通道应畅通无阻，不得设立门槛，并不应有与配电装置无关的管道通过。通道的宽度应不小于表 7-4 中的数值。

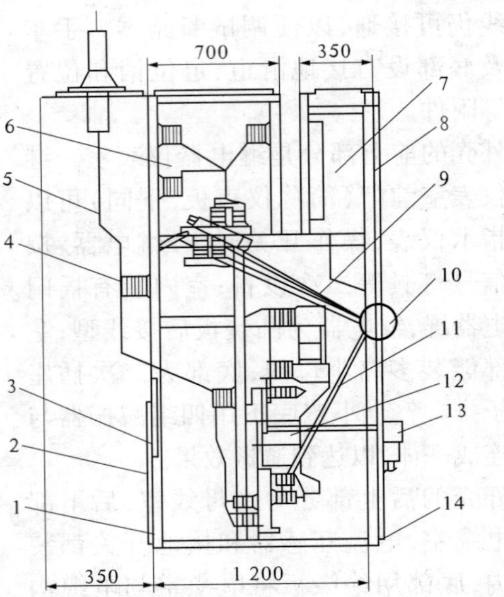

1—本体结构；2—后门连锁装配；3—照明灯；4—支持绝缘子；
5—架空出线装配；6—母线室装配；7—继电室装配；
8—前门元件装配；9—带接地刀上隔离开关传动装配；
10—操作连锁机构；11—下隔离开关传动装配；
12—电流互感器装配；13—真空断路器传动装配（电操）；
14—接地母线装配

图 7-8　XGN2 – 12 型高压开关柜结构外形图
（单位：mm）

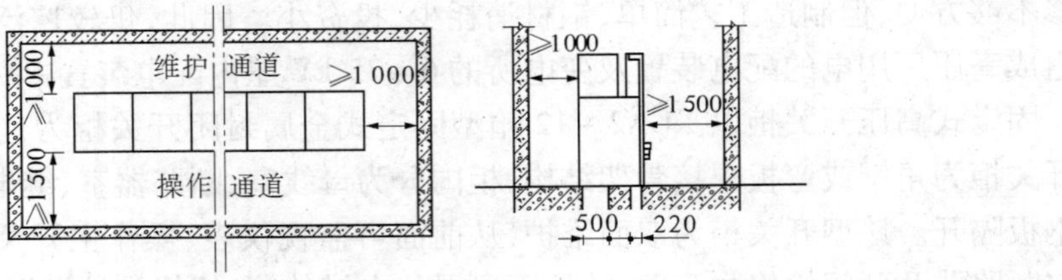

图 7-9　采用 XGN2 – 12 型高压开关柜的配电装置布置图（单位：mm）

表 7-4　配电装置室内各种通道的最小宽度　（单位：mm）

布置方式	维护通道	操作通道		通往防爆间隔的通道
		固定式	成套手车式	
一面有开关设备时	800	1 500	单车长 +1 200	1 200
两面有开关设备时	1 000	2 000	双车长 +900	1 200

（5）长度大于 7 m 的高压配电装置室，应有两个出口，并宜布置在配电装置室的两端；长度大于 60 m 时，宜增添一个出口；当配电装置室有楼层时，一个出口可设在通往屋外楼梯的平台处。配电装置室的门应为向外开启的防火门，应装弹簧锁，严禁用门闩，相

邻配电装置室之间如有门时应能双向开启；配电装置室可开窗，但应采取防止雨、雪、小动物、风沙及污秽尘埃进入的措施。

（6）屋内配电装置或引至屋外母线桥上的硬母线为消除因温度变化而可能产生的危险应力，应按下列长度装设母线伸缩补偿器：铜母线 30 ~ 50 m；铝母线 20 ~ 30 m；钢母线 35 ~ 60 m。

（7）便于扩建和分期过渡。

7.2.2.3　SF_6 全封闭式组合电器

SF_6 全封闭组合电器是按发电厂、变电站电气主接线的要求，将各电气设备依次连接组成一个整体，封装在以 SF_6 气体为绝缘介质和灭弧介质的金属接地壳体内，以优质环氧树脂绝缘子作支撑的一种新型成套高压电器。

图 7-10 为 110 kV 单母线接线的 SF_6 全封闭组合电器的断面图。为了便于支撑和检修，母线布置在下部。母线采用三相共箱式结构。配电装置按照电气主接线的连接顺序，布置成π形，使结构更紧凑，以节省占地面积和空间。该封闭组合电器内部分为母线、断路器以及隔离开关与电压互感器等四个互相隔离的气室，各气室内 SF_6 压力不完全相同。封闭组合电器各气室相互隔离，这样可以防止事故范围的扩大，也便于各元件的分别检修与更换。

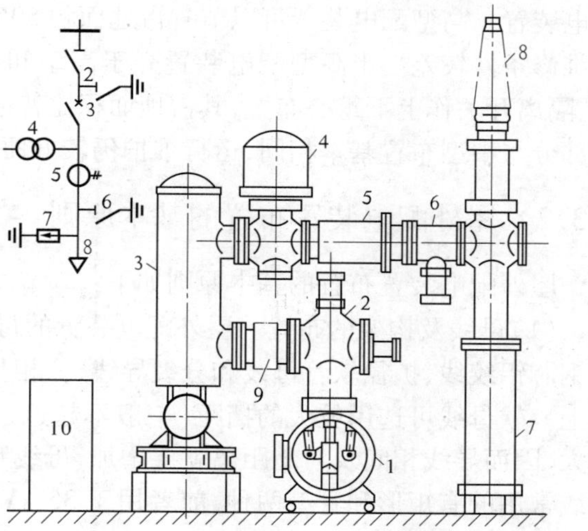

1—母线；2—隔离开关、接地开关；3—断路器；4—电压互感器；5—电流互感器；6—快速接地开关；7—避雷器；8—引线管；9—波纹管；10—操动机构

图 7-10　110 kV 单母线接线 SF_6 封闭式组合电器断面图

SF_6 封闭式组合电器与其他类型配电装置相比，具有的特点包括：①大量节省配电装置占地面积与空间；②运行可靠性高；③土建和安装工作量小，建设速度快；④检修周期长，维护方便；⑤金属外壳屏蔽作用，消除了静电感应、噪声、无线电干扰和电动力稳定等问题，有利于工作人员的安全；⑥抗震性能好；⑦需要专用的 SF_6 检漏仪器来加强运行监视；⑧金属耗量大，投资较大。

SF_6 全封闭式组合电器配电装置主要用于 110 ~ 500 kV 的工业区、市中心、险峻山区、地下、洞内以及需要扩建而缺乏土地的发电厂和变电所；也适用于位于严重污秽、海滨、高海拔以及气象环境恶劣地区的变电所以及特种行业重要变电设施等。

7.3　屋外配电装置

7.3.1　屋外配电装置的分类及特点

根据电气设备和母线布置的高度，屋外配电装置可分为中型、半高型和高型等三种。

中型配电装置是将所有电气设备都处在同一水平面内,并装在一定高度的设备支架上,使带电部分对地保持必要的高度,母线则布置在比其他电气设备略高的水平面上。中型配电装置布置比较清晰,不易误操作,运行可靠,施工和维护方便,投资少,并有多年的运行经验。明显缺点是占地面积过大。

高型和半高型配电装置的母线和其他电气设备分别装在几个不同高度的水平面上,并上、下重叠布置。凡是两组母线及母线隔离开关上下重叠布置的配电装置,就称为高型配电装置。高型配电装置可以节省占地面积50%左右,但耗用钢材较多,投资增大,操作和维修条件较差。半高型配电装置介于高型和中型之间,仅将母线与断路器、电流互感器、隔离开关作上下重叠布置,其占地面积比普通中型减少30%。除母线隔离开关外,其余部分与中型布置基本相同,运行维护仍较方便。

7.3.2 屋外配电装置布置的基本原则

屋外配电装置布置的基本原则如下:

(1)母线及构架的布置。屋外配电装置的母线有软母线和硬母线两种。软母线多采用钢芯铝绞线、扩径软管母线和分裂导线,三相呈水平布置,用悬式绝缘子悬挂在母线构架上。软母线可选用较大的挡距(一般不超过三个间隔宽度),但挡距越大,导线弧垂也越大,因而导线相间及对地距离就要增加,母线及跨越线构架的宽度和高度均需增加。硬母线常用的有矩形和管型两种,前者用于35 kV及以下的配电装置中,后者用于110 kV及以上的配电装置中。管型硬母线一般采用柱式绝缘子安装在支柱上,不需另设高大的构架;管型母线不会摇摆,相间距离可以缩小,与剪刀式隔离开关配合,可以节省占地面积,但抗震能力较差。

屋外配电装置的构架,一般由型钢或钢筋混凝土制成。钢构架经久耐用,机械强度大,可以按任何负荷和尺寸制造,便于固定设备,抗震能力强,运输方便。但钢结构金属消耗量大,且为了防锈需要经常维护。钢筋混凝土构架可以节约大量钢材,也可满足各种强度和尺寸的要求,经久耐用,维护简单。钢筋混凝土环形杆是我国配电装置构架的主要形式。以钢筋混凝土环形杆和镀铸钢梁组成的构架,兼顾了二者的优点,已在我国220 kV及其以下屋外配电装置中广泛采用。

(2)断路器的布置。断路器有低式和高式两种布置。低式布置的断路器放在0.5~1 m的混凝土基础上。低式布置的优点是检修比较方便,抗震性能较好。但必须设置围栏,因而影响通道的畅通。一般中型配电装置的断路器采用高式布置,即把断路器安装在约高2 m的混凝土基础上。断路器的操动机构须装在相应的基础上。按照断路器在配电装置中所占据的位置,可分为单列布置和双列布置。当断路器布置在主母线两侧时,称为双列布置;如将断路器集中布置在主母线的一侧,则称为单列布置。单、双列布置的确定,必须根据主接线、场地地形条件、总体布置和出线方向等多种因素合理选择。

(3)隔离开关和互感器的布置。这几种设备均采用高式布置,其要求与断路器相同。隔离开关的手动操动机构装在其靠边一相基础的一定高度上。

(4)避雷器的布置。避雷器也有高式和低式两种布置。110 kV及以上的阀型避雷器由于本身细长,多采用落地布置,安装在0.4 m的基础上,四周加围栏。氧化锌避雷器、磁吹避雷器及 35 kV 的阀型避雷器形体矮小,稳定度较好,一般采用高式布置。

(5)电缆沟和通道。屋外配电装置中电缆沟的布置,应使电缆所走的路径最短。电缆沟可分为纵向和横向电缆沟。一般横向电缆沟布置在断路器和隔离开关之间。大型变电站的纵向电缆沟,因电缆数量较多,一般分为两路。为了运输设备和消防需要,应在主要设备近旁铺设行车道路。大、中型变电所内室外铺设 3 m 宽的环形道路。屋外配电装置还应设置宽 0.8 ~1 m 的巡视小道,以便运行人员巡视电气设备,电缆沟盖板可作为部分巡视小道。

7.3.3 屋外配电装置布置实例

普通中型屋外配电装置是我国较多采用的一种类型,由于占地面积过大,近年来逐步限制了它的适用范围。随着配电装置电压的增高,出现了分相中型、半高型和高型配电装置,并得到了广泛的应用。下面介绍几种屋外配电装置布置的实例。

7.3.3.1 中型配电装置

按照隔离开关的布置方式,中型配电装置可分为普通中型配电装置和分相中型配电装置。分相中型配电装置的主要特征是采用硬(铝)管母线,隔离开关分相直接布置在母线正下方。图 7-11 ~ 图 7-14 为 110 kV 双列布置的中型配电装置。从配置图(见图 7-12)中可以看出,该配电装置是单母线分段、出线带旁路、分段断路器兼作旁路断路器的接线。

从变压器间隔断面图及出线间隔断面图(见图 7-13、图 7-14)可以看出,母线采用钢芯铝绞线,用悬式绝缘子串悬挂在由环形断面钢筋混凝土杆和钢材焊成的三角形断面横梁上。间隔宽度为 8 m。采用少油断路器,所有电气设备都安装在地面的支架上,出线回路由旁路母线的上方引出,各净距数值如出线间隔断面图(见图 7-14)内标注所示,括号中的数值为中性点不接地的电力网。变压器回路的断路器布置在母线的另一侧,距离旁路母线较远,变压器回路利用旁路母线较困难,所以这种配电装置只有出线回路带旁路母线。

7.3.3.2 半高型配电装置

图 7-15 为 110 kV 单母线、进出线均带旁路,半高型布置的进出线间隔断面图。该布置方案的特点是将旁路母线架抬高至 12.5 m,与出线断路器、电流互感器重叠布置,而母线及其他电器与普通中型配电装置相同。这种布置既保留了中型配电装置在运行、维护和检修方便方面的大部分优点,又使占地面积比中型布置节约约 30%。

7.3.3.3 高型配电装置

高型配电装置按照其结构的不同,可分为单框架双列式、双框架单列式和三框架双列式三种类型。图 7-16 为 220 kV 双母线进出线带旁路、三框架、双列断路器布置的进出线间隔断面图。在该布置方案中除将两组主母线及其隔离开关上下重叠布置外,还把两个旁路母线架提高,并列设在主母线两侧,与双列布置的断路器和电流互感器重叠布置。显然,该布置方式特别紧凑,可以两侧出线,能够充分利用空间位置,占地面积一般只有普通中型的 50%。此外,母线、绝缘子串和控制电缆的用量也比中型少。和中型布置相比钢材消耗量大,操作和检修设备条件差,特别是上层设备的检修不方便。

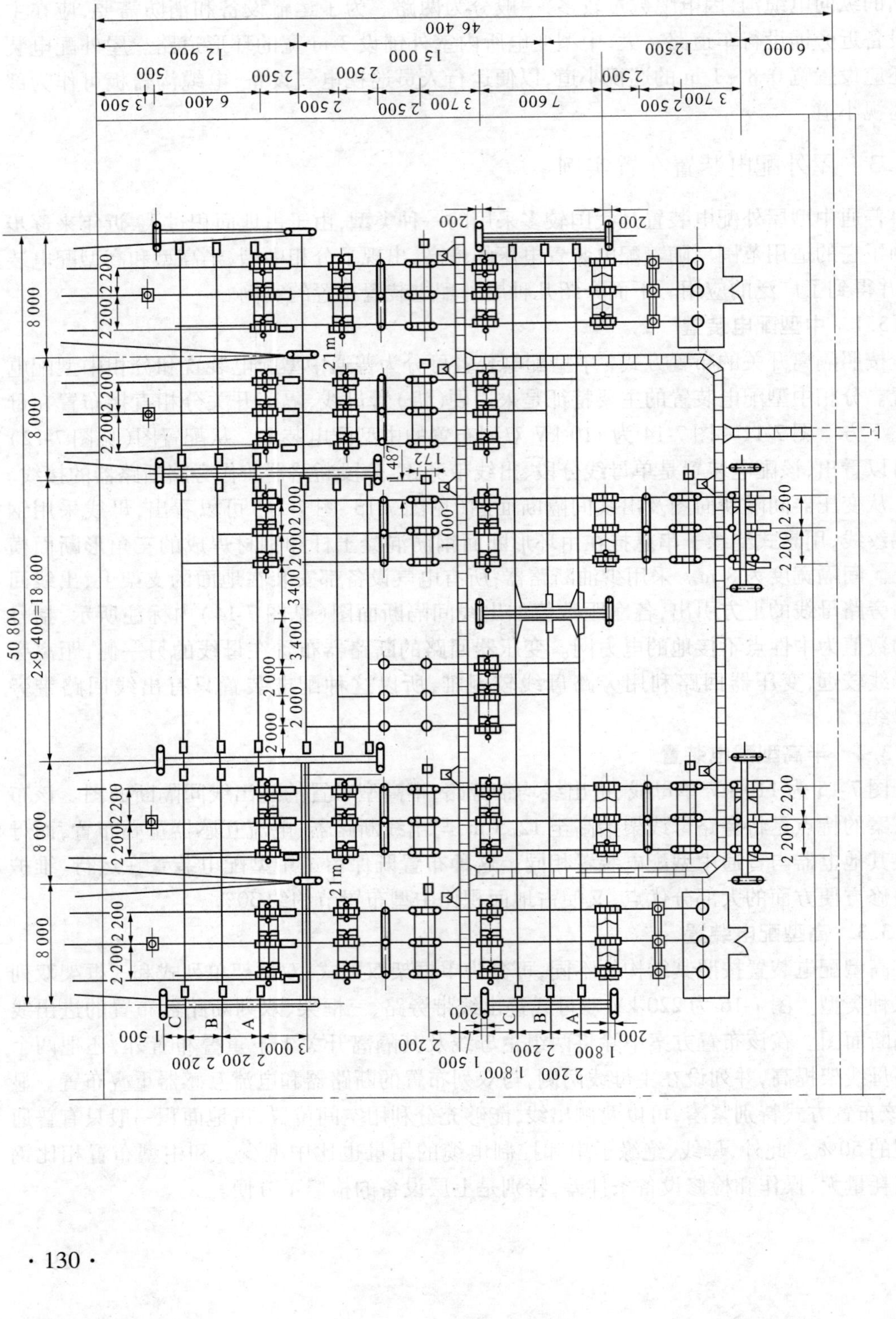

图 7-11　110 kV 双列布置的中型配电装置——平面图（单位：mm）

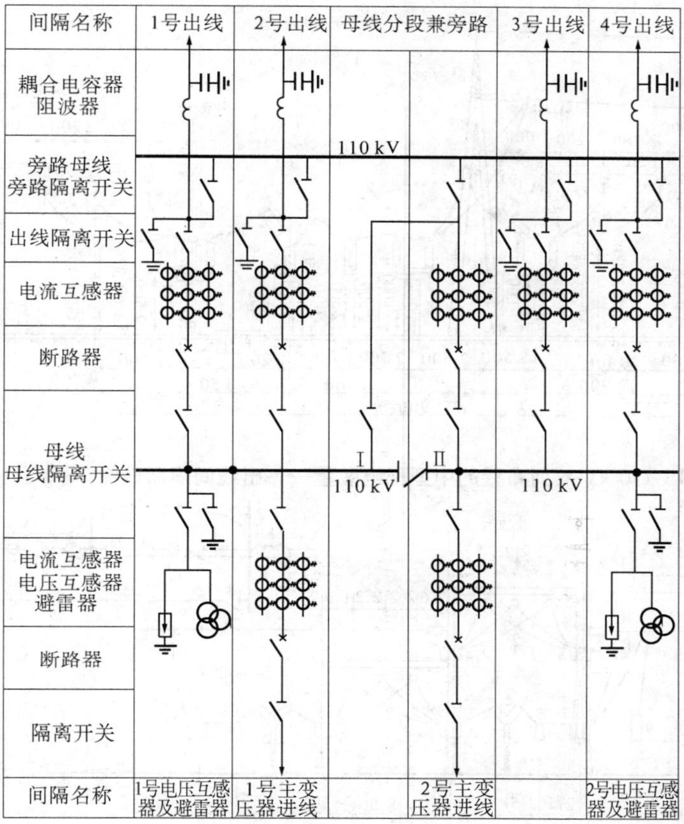

图 7-12　110 kV 双列布置的中型配电装置——配置图

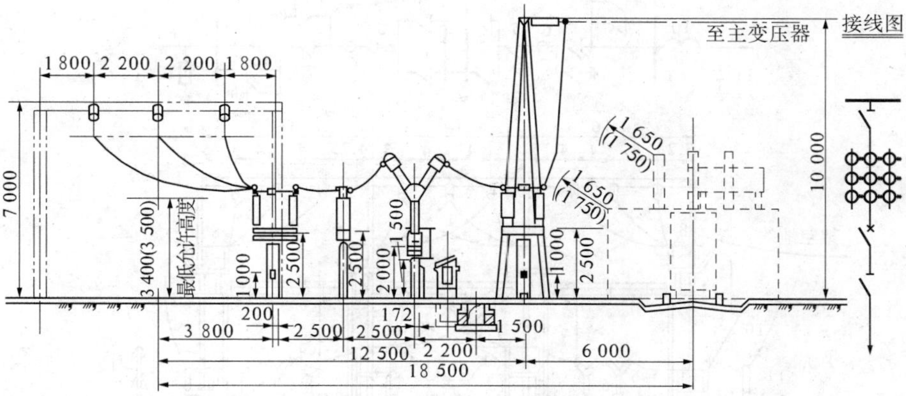

图 7-13　110 kV 双列布置的中型配电装置——变压器间隔断面图　（单位：mm）

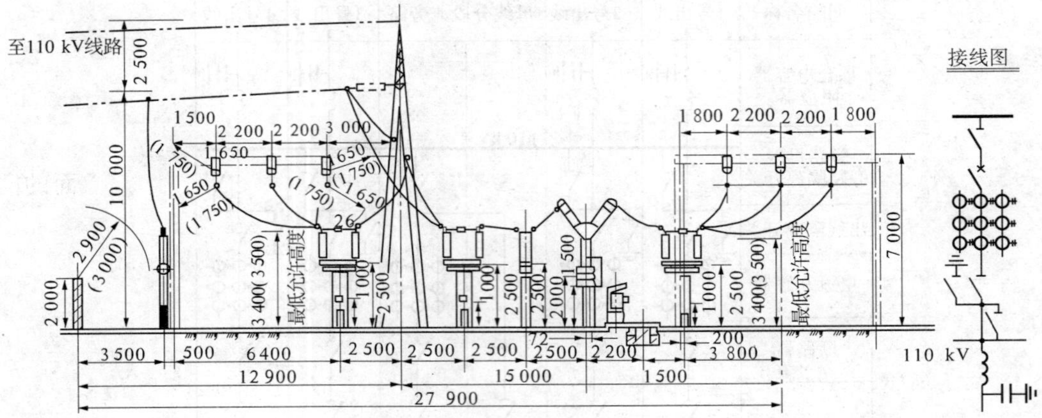

图 7-14　110 kV 双列布置的中型配电装置——出线间隔断面图　（单位:mm）

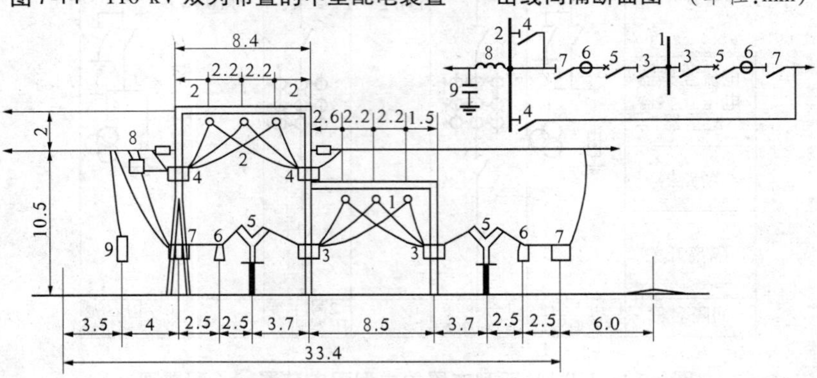

1—主母线;2—旁路母线;3、4、7—隔离开关;5—断路器;6—电流互感器;8—阻波器;9—耦合电容器

图 7-15　110 kV 单母线、进出线带旁路的半高型配电装置进出线断面图　（尺寸单位:m）

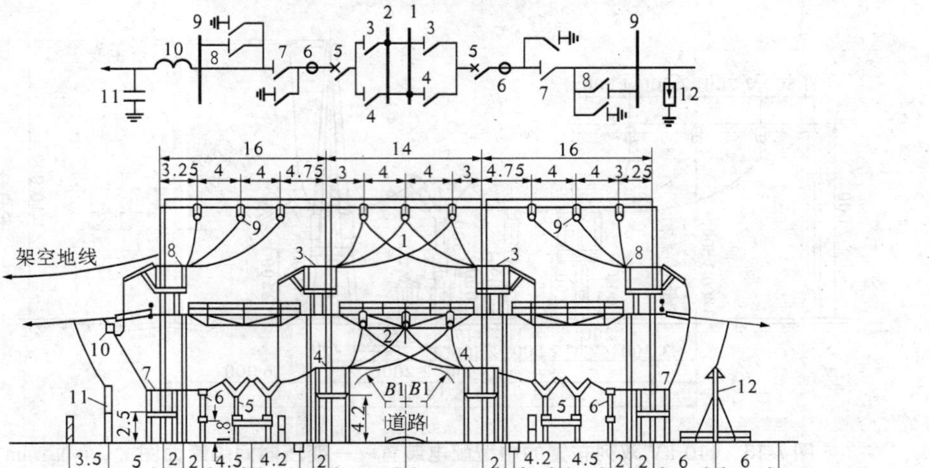

1、2 —主母线;3、4、7、8—隔离开关;5—断路器;6—电流互感器;9—旁路母线;10—阻波器;11—耦合电容器;12—避雷器

图 7-16　220 kV 双母线进出线带旁路、三框架、断路器双列布置的进出线断面图　（尺寸单位:m）

7.4 主变压器场地布置

主变压器是发电厂和变电站中最重、油量最多的设备之一，且又处于一次接线的纽带地位，其场地布置应着重考虑起吊搬运、防火防爆、进出线方式和通风散热等多方面的问题。此外，其中性点设备与出口避雷器等的布置也应一并考虑。

7.4.1 主变压器的起吊与搬运

目前，220 kV 电压等级及以下的发电厂和变电站普遍采用三相油浸式变压器。电压 35 kV 及以下电压等级和容量为 6 300 kVA 以下的变压器一般为整体运输。超过上述电压或容量者，外形尺寸过大，出厂时常卸掉散热器、油枕等附件，但仍带油运输。一般先运抵厂房安装间，利用桥机吊卸，并在完成放油、吊芯检查（钟罩式为吊盖检查）、附件安装、充油及试验等安装工序后，再经专门的通道搬运就位。可见，厂房桥机要按主变压器吊重进行校验，桥机吊高还要满足主变压器吊芯或吊盖高度的要求，否则可在安装间设置主变压器检修坑（洞）。

主变压器检修常有以下三种方式：一是拖运至安装间检修；二是就地检修，就地搭设临时性起吊设施，此时无论屋外或屋内布置均应适当增大场地面积和空间范围，室内布置的还要预先埋设吊梁吊环等；三是就近设置变压器检修间。水电站因有现成的桥机和安装间，应优先选择第一种检修方式。为此，主变压器要靠近安装间布置，为了利用主厂房的桥机进行起吊检修，要求主变压器的安装高程最好与安装间高程一致，且至安装间之间设置搬运通道。通道宽度要满足搬运中的变压器至两侧运行中的带电部分的距离不小于 B_1 值。在通道端头要预埋拖运地锚。对电压 110 kV 和容量 1 000 kVA 以上的主变压器，可酌情采用钢轨运输道，牵引力大为降低（每吨只需 45 kg 左右）。

7.4.2 主变压器的进出线方式

7.4.2.1 变压器出线套管的排列规则

对双绕组变压器，站在高压侧看，从左至右为 O、A、B、C、油枕，对侧对应为低压侧的 a、b、c。或站在油枕端看变压器，则左边为高压侧，右边为低压侧，由远至近为 O、A、B、C、油枕。如图 7-17（a）所示。

对三绕组变压器，高压侧与上述相同。中压侧和低压侧套管居同侧，且按中压、低压、油枕的顺序排列，如图 7-17（b）所示。

7.4.2.2 进出线方式

1. 硬母线进（出）线

当电路长度不大时，采用硬母线进出线最为方便，电流大小不限，布置线路要尽量减少转弯和错位。接至变压器套管挡的母线要接入母线温度补偿器，以免套管承受母线的温度应力。宽面推进的变压器居搬运通道中的一侧一般不宜采用硬母线。

2. 电缆进（出）线

通常用角钢支架固定电缆头，对多根电缆还要设置小段母线以便接线。该侧不得占据变压器搬运通道,若两侧均采用电缆进线,变压器只能窄面推进。电缆线路占用空间小,且方便灵活,便于跨越通道和公路等,施工工作量小;缺点是载流量有限,一般并联根数多于 2 ~3 根时宜改用母线。

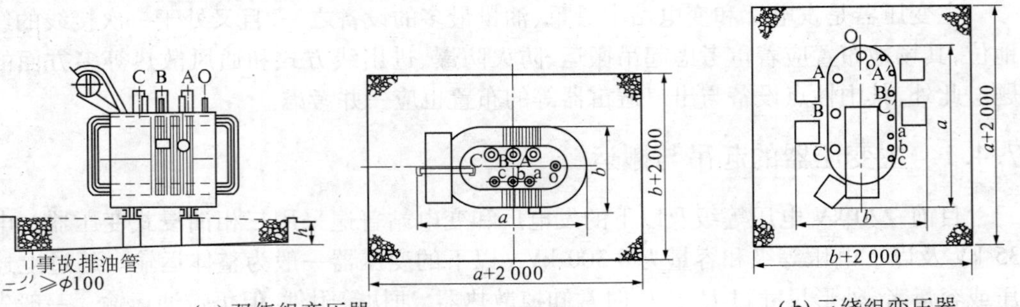

(a) 双绕组变压器　　(b) 三绕组变压器

图 7-17　变压器出线套管的排列规则及贮油池的布置

3. 跳线—架空拉线出线

此出线方式是用架空拉线挂接至变压器附近,再由拉线向变压器出线套管跳线,一般用于变压器高压侧出线。其拉线和跳线均需保证线间距离和 *D* 值的要求。跳线—拉线的具体做法取决于主变压器和开关站的位置,因而决定于电站的电气总布置。通常的做法有:经变压器门型构架拉出或经电站厂房的墙拉出,但拉线与墙面的角度不应小于30°。图 7-18 为设置变压器门型构架的出线示意图。图 7-19 为置于坝后和主厂房之间的一台三绕组主变的布置及出线图。

(a) 前门型构架出线　　(b) 后门型构架出线　　(c) 侧边门型构架出线

图 7-18　设置变压器门型构架的出线示意图

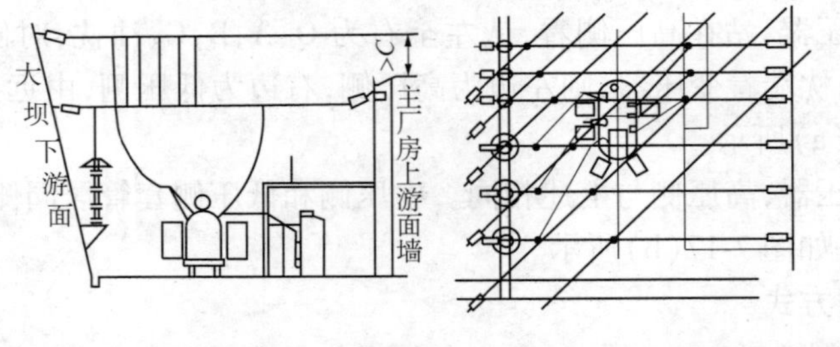

图 7-19　置于坝后与主厂房之间、设有中间拉线层的三绕组变压器的布置与出线

7.4.2.3　主变压器的防火防爆

防火措施主要不在于着火主变压器的救灾,而在于事故排油和隔离,以避免出现火灾的蔓延、扩大,祸及相邻建筑物和临近主变压器。

1. 事故排油和贮油池

为了防止变压器发生事故时燃油流失使事故范围扩大,单个油箱的油量在 1 000 kg

以上的变压器,应设置能容纳100%或20%油量的贮油池或挡油墙,设有容纳20%油量的贮油池或挡油墙时,应有将油排到安全处所的设施,且不应引起污染危害,通常通过贮油池底部的排油管迅速将全部油排至安全处。排油管内径的选择以能尽快将油排出为宜,但不应小于ϕ100 mm。当设置有油水分离的总事故贮油池时,其容量不应小于最大一个油箱的60%油量。贮油池和挡油墙的长、宽尺寸,一般较设备外廓尺寸每边相应大1 m。变压器基础应比贮油池高0.1 m,贮油池四壁应高于屋外场地0.1 m。贮油池内铺设厚度不小于0.25 m的卵石层(卵石直径0.05~0.08 m),贮油池底面向排油管侧有不小于2%的坡度。

2. 防火隔墙

当变压器着火或防爆玻璃爆破喷油时,应不危及邻近变压器或建筑物的安全。因此,主变压器与建筑物的距离不应小于1.25 m,且距变压器5 m以内的建筑物,在变压器总高度以下及外廓两侧各3 m的范围内,不应有门、窗和通风口。当变压器的油量超过2 500 kg时,两台变压器之间的防火净距不得小于下列数据:

35 kV及以下	5 m
63 kV	6 m
110 kV	8 m
220 kV	10 m

如布置有困难应设防火墙。防火墙的高度不宜低于变压器油枕的顶端高程,其长度应大于变压器贮油池两侧各1 m。若防火墙上设有隔火水幕时,防火墙的高度应比变压器顶盖高出0.5 m,长度则不应小于变压器贮油池的宽度加0.5 m。

3. 防爆管

变压器防爆管在事故喷油时,不应喷及电缆头、母线和邻近的变压器或其他电气设备。必要时应装设弯头、挡板或采取其他措施。

7.4.2.4 主变压器的基础布置

(1)主变压器的基础应安装在混凝土基础上,基础高度应保证变压器出线绝缘套管底部对地距离在2.5 m以上。当该距离为2.5 m及以上时,基础高度应与贮油池以外地面相平。对于装有瓦斯继电器的变压器,一般要求基础有1.5%的倾斜度(可在基础靠变压器油枕一侧加垫铁块),有的大变压器,厂家将其顶部做成倾斜,以保证故障时瓦斯继电器的轻瓦斯可靠动作。

(2)主变压器不宜布置在跨越水工建筑物的伸缩缝或沉陷缝处。

7.4.2.5 主变压器场地的通风散热

变压器的效率很高,但大容量变压器的功率损耗仍属可观,并以热的形式散布于周围空间,屋外的主变压器宜置于开阔通风处。此外,屋外主变压器既要增强辐射散热,又要减少日照的影响,外表以灰色漆为好。

屋内布置的主变压器间应有自然或强迫排风设施,热空气要直接排向屋外,且不得对流返回主厂房内。屋内主变压器不受强日光照射,宜着黑色漆以加强辐射散热。

习题与思考题

7-1　决定屋外配电装置的最小安全净距的依据是什么？

7-2　配电装置应满足哪些基本要求？

7-3　屋内配电装置和屋外配电装置各有何优缺点？

7-4　屋外配电装置分为哪几类？各有何特点？

7-5　成套配电装置分为哪几类？各有何优缺点？

7-6　SF_6 全封闭式组合电器的主要结构和优缺点是什么？适用范围如何？

7-7　主变压器的布置应注意哪几方面的实际问题？

第 8 章　接地装置

教学要求

掌握保护接地、保护接零的工作原理；熟悉接地装置的相关概念；了解接地电阻的计算和测量方法；了解接地工程。

接地是防止人身受到电击，保障电力系统正常运行，保护线路和设备免遭损坏，预防电气火灾，防止雷击和防止静电损害的基本措施。

发电厂和变电站中的接地分为三种：工作接地、保护接地和防雷接地。工作接地，是为了保证电力系统在正常情况和事故情况下能够可靠地工作，而将电力系统中某一点进行接地，例如变压器中性点的接地。保护接地，是为了保护人身安全，防止触电，将金属结构或电气设备的外壳进行接地。防雷接地，是为了泄放雷电荷而进行的接地，例如避雷针和避雷器的接地。本章将对接地装置的相关内容作以介绍。

8.1　人体触电的概念及机理

8.1.1　人体触电

8.1.1.1　人体触电的概念

电对人体的伤害是多方面的，当电流通过人体时，电流会对人体产生热效应、化学效应以及刺激作用等生物效应，影响人体的功能，严重时可损伤人体，甚至危及人的生命。

电流通过人体时会产生热量，热量较小时，人体局部组织温度略有升高，但不会影响人体健康；当热量较大时，可使人体温度急剧升高，严重时可损伤人体组织，甚至引起死亡。电流通过人体时，体内还会发生电解、电泳和电渗等化学效应，明显影响人体的功能和反应性。严重时，还能损伤人体组织，危及人体生命。另外，电流通过人体时，还会刺激人体的组织和器官，反射地引起体内不同区域及不同器官的反应，如使内脏及组织发生功能改变，甚至引起内分泌系统功能的改变，进而影响到血液循环、机体代谢、组织营养状态等。电流的刺激作用对心脏影响最大，常会引起心室纤维性颤动，导致心跳停止而死亡。大多数触电死亡是由于心室纤维性颤动而造成的。

归纳起来，人体触电一般是指由于人体触及带电体，造成电流对人体的伤害。电流对人体的伤害一般分为两种类型：电击伤与电灼伤。

电击伤是指电流流过人体时造成的人体内部的伤害，主要破坏人的心脏、肺及神经系统的正常工作。电击的危险性最大，一般死亡事故都是电击造成的。

电灼伤是指电弧对人体外表造成的伤害，主要是局部的热、光效应，轻者只见皮肤灼伤，严重者灼伤面积大并可深达肌肉、骨骼。常见的有灼伤、烙伤和皮肤金属化等，严重时也可危及人的生命。

电磁场能量对人体的辐射作用,会引起头晕、乏力、神经衰弱等症状;电火花会引起瓦斯及氢气爆炸,造成设备损坏和人身伤亡。所以,必须研究电气安全技术,采取有效措施。

8.1.1.2 触电发生的原因

人体的不同部位,如手脚之间、两手之间或两脚之间受到电压的作用,在人体内产生电流,造成伤害,甚至危及生命安全,叫做触电。造成人体触电的情况有两种:一是人体过于接近或直接接触带电体。要防止这种情况发生,可以对带电设备加设遮栏,以保证一定的安全距离;并且正确地执行电气设备安全运行的组织措施和技术措施。第二种情况是人体接触到平时不处在电压下,但由于绝缘损坏而呈现电压的设备外壳和金属结构,这是人们平时不容易注意的。为此,除了加强绝缘的定期监测和维修,还必须将这些平时不处在电压下,但绝缘损坏时能呈现电压的所有部分接地。须知绝缘损坏并不都是由外部原因引发的偶然现象,任何绝缘的老化都是必然的,而老化的绝缘随时可能出现绝缘故障。

8.1.2 电流对人体作用的机理

电流通过人体内部,对人体的伤害程度与通过人体电流的大小、电流通过人体的持续时间、电流通过人体的途径、电流的种类及人体的精神状态有关,且各因素之间有密切的联系。在相同的条件下,人体接触的电压越高,流经人体的电流就越大,危险性就越大。

8.1.2.1 电流大小与频率

通过人体的电流越大,人体的生理反应越强烈,引起心室颤动所需的时间越短,致命的危险就越大。对于 50 Hz 的交流电,可以被人体感知的最小电流大约为 0.5 mA;对于直流电,可以被人体感知的最小电流大约为 2 mA。这时,人体触电后可以自主摆脱电源,但人体触电后可以自主摆脱电源的最大交流电流为 10 ~ 16 mA,而其中女性的摆脱能力相对较弱。当电流达到 30 mA 以上时,就可对人体造成伤害,并有可能危及生命。当电流达到 100 mA 以上时,就可在极短时间内使人体失去知觉而导致死亡。工频电流大小对人体作用详见表 8-1。

表 8-1 工频电流对人体作用的分析资料

电流(mA)	通电时间	人体生理反应
0 ~ 0.5	连续通电	没有感觉
0.5 ~ 5	连续通电	开始有感觉,手指手腕等处有痛感,无痉挛,可以摆脱带电体
5 ~ 30	数分钟以内	痉挛,不能摆脱带电体,呼吸困难,血压升高,尚可忍受
30 ~ 50	数秒到数分	心脏跳动不规则,昏迷,血压升高,强烈痉挛,时间过长引起心室颤动
50 ~ 数百	低于心脏搏动周期	受强烈冲击,但未发生心室颤动
	超过心脏搏动周期	昏迷,心室颤动,接触部分留有电流通过的痕迹
超过数百	低于心脏搏动周期	昏迷,心室颤动,接触部分留有电流通过的痕迹
	超过心脏搏动周期	心脏停止跳动,昏迷,可能致命

在相同的电流强度下,不同的电流频率对人体影响程度不同。一般 28 ~ 300 Hz 的电流对人体影响较大,最为严重的是 40 ~ 60 Hz 的电流。频率增高对人体影响减小,当电流

频率大于 20 000 Hz 时,所产生的损害作用明显减小。直流电流与交流电流相比,要使人体产生相同的反应,直流电流必须比交流电流(50 Hz)大 2 ~ 4 倍。这说明交流电对人体的危害性比直流电更为严重。

8.1.2.2　通电时间

通电时间愈长,愈容易引起心室的颤动,死亡的危险性增大。这是因为通电时间愈长,能量积累增加,引起心室颤动的电流减小。

8.1.2.3　电流途径

电流在人体内流过的路径,对人体触电的严重性有密切关系。电流通过心脏时会引起心室颤动,较大的电流还会使心脏停止跳动。电流流过中枢神经,会引起中枢神经系统强烈失调而导致死亡。电流通过头部会使人昏迷,若电流较大,会对脑产生严重伤害,使人昏迷而导致死亡。例如:电流从手流到脚,或从一只手流到另一只手是很危险的电流途径,而从左手到胸部则是最危险的电流途径。

8.1.2.4　电流种类

直流电流、高频电流、冲击电流和静电电荷对人体都有伤害作用,其伤害程度一般较工频电流为轻。电流的频率不同,对人体的伤害程度亦不同。25 ~ 300 Hz 的交流电对人体的伤害程度最严重。

8.1.2.5　人体状况

电流对人体的作用,女性较男性敏感;小孩承受电击能力较成年人低;引起心室颤动的电流约与体重成正比。

8.1.2.6　人体电阻

人体的内部阻抗主要是电阻性的,人体电阻由皮肤电阻以及脂肪、肌肉、骨骼、血液等内部组织电阻组成,其值主要由电流通路决定。一般情况下,人体电阻为 1 000 Ω 左右。影响人体电阻的因素很多,若皮肤较厚,则电阻相对较大;若皮肤较潮湿,接触面积大,则电阻相对较小。另外,皮肤损伤、皮肤粘有导电性粉尘、通电时间长等因素也会使人体电阻变小。

8.1.2.7　电压大小

触电导致人体伤害的主要原因是电流,电流的大小又取决于电压的大小与人体电阻,而人体电阻的变化相对较小,所以通常人们把 36 V 电压定为接触安全电压,36 V 以上为危险电压。当电压大于 100 V 时,危险性急剧增加;大于 200 V 时,对人的生命产生危险。

在特殊环境中,例如水中或特别潮湿处,或金属的地面上,潮湿皮肤和大面积接触的情况下,人体电阻只有几百欧姆。此时必须使用更低的安全电压规定值,例如 36 V、24 V,甚至 12 V。

8.2　保护接地及保护接零

8.2.1　保护接地

8.2.1.1　接地和接地装置

所谓接地,就是将电气设备必须接地的部分与大地作良好的金属连接。埋在地中与大地接触的金属导体或金属导体组称为接地体。电气设备的接地部分与接地体连接用的金属导线称为接地线。接地体与接地线的总和称为接地装置。接地装置按其接地目的的不同可分为工作接地、保护接地和防雷接地。

8.2.1.2 保护接地的基本原理

图 8-1 为保护接地作用的原理接线图。图中为小接地电流系统，正常工作时电动机外壳不带电，对人是安全的。当绝缘损坏、某一相碰壳时，外壳带上了电压。此时人触及会有接地电流通过人体流入大地。考虑最严重的情况，若电动机对地绝缘，且碰壳发生在绕组的首端，这时人触及外壳与直接触及电源线一样会发生电击的危险，如图 8-1(a)所示。

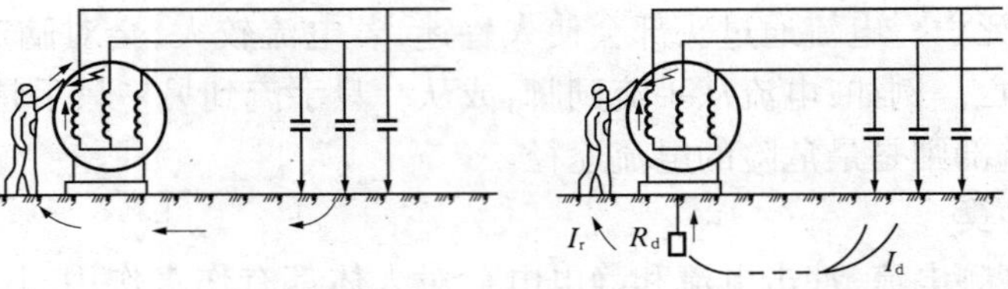

(a) 无保护接地情况　　(b) 有保护接地情况

图 8-1　保护接地作用的原理接线图

图 8-1(b)中，电动机执行保护接地时，人触及同样碰壳的电动机时，接地电流将通过人体和接地装置组成的并联支路流入大地中，通过人体的电流为：

$$I_r = \frac{R_d}{R_d + R_r + R_t} I_d \tag{8-1}$$

式中　I_r——流过人体的电流，A；

I_d——单相接地电流，A；

R_d——接地装置的电阻，Ω；

R_r——人体电阻，Ω；

R_t——人体与带电体之间的接触电阻，Ω。

由式(8-1)可见，欲使通过人体的电流 I_r 足够小，就必须提高人体电阻 R_r、人体与带电体之间的接触电阻 R_t 或降低接地装置的电阻 R_d。要提高 R_r 值，应保证人体在健康、洁净、干燥的状态下参加工作；要提高 R_t 值，安全规程规定了人触及可能漏电的电气装置时，地面应铺设绝缘垫，穿绝缘鞋、带绝缘手套等。考虑到实际工作情况，降低 I_r 值，防止人体触电的根本技术措施是降低接地装置的电阻 R_d 值，只要 R_d 足够小，是能够保证人身安全的。

8.2.1.3 接地电阻、接触电压和跨步电压

图 8-2 为一台变压器外壳装有单一接地体的保护接地装置示意图。当某一相绝缘损坏形成载流导体碰壳时，则有电流从导体通过变压器外壳流向大地，此电流称为接地电流。如果土壤的电阻率在各方向都是相同的，则接地电流应通过接地点向四周流散，且各方向的分布是均匀的，形成以接地点为中心向大地扩散的半球形的散流场，见图 8-2。

显然，接地点处的散流线密度大，地中电流强度大，随着与接地点距离的增加，散流线密度疏，电流强度减小；同时半球体的表面随接地点距离的增加而迅速增大，其对应的土

壤电阻减小。在接地回路中两点之间的电位差在接地处最高，随着与接地点距离的增大，电位差下降，一般距接地点 15～20 m 处，两点之间电位差可以忽略不计，可以认为电压降为零，这就是通常所说的电气的"地"。接地载流体大地表面的电位分布情况如图 8-2 所示。显然，接地载流体的对地电压 U_{jd}，等于接地电流与电流自接地体向周围大地散流所遇到的全部电阻的乘积。

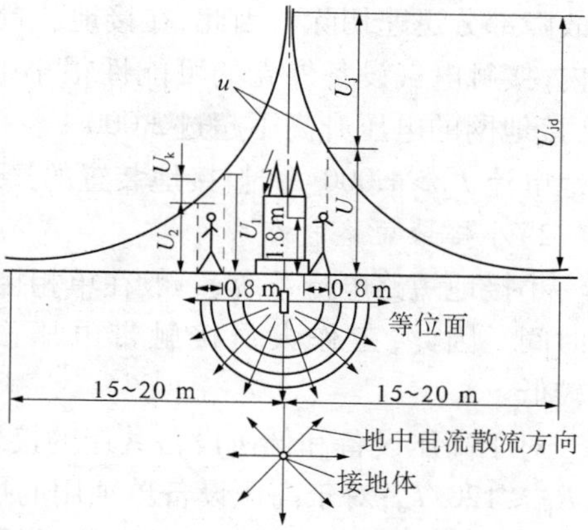

图 8-2　接地散流及电位分布示意图

接地装置的接地电阻等于接地线、接地体和电流散流所遇到的全部电阻之和。因为接地线和接地体的电阻很小，可以忽略不计，所以接地电阻即为电流自接地体向周围大地散流所遇到的全部电阻，可由下式决定

$$R_{jd} = \frac{U_{jd}}{I_{jd}} \tag{8-2}$$

式中　R_{jd}——接地装置的接地电阻；

U_{jd}——接地电压，即电气装置的接地部分与大地零电位之间的电位差；

I_{jd}——单相接地电流。

由以上讨论可知，在接地体周围 15～20 m 内，大地表面各点的电位值是这样的：离接地体的水平距离愈远，电位值愈小，在离开接地体等距的圆周上各点电位相等。人进入此区域内若接触到离接地体不同距离的两点，将有电压作用于人体。

当人站在设备的附近地面，用手触及设备外壳时，加于人手与脚之间的电压，称为接触电压。此电压通常是指人站在离设备水平距离为 0.8 m 处，与手触到设备外壳离地面垂直距离为 1.8 m 处所承受到的电压。如图 8-2 所示，地面离设备水平距离 0.8 m 处的电位为 U，设备外壳的电压为 U_{jd}，则上述两点的电位差（称为接触电压）为：$U_j = U_{jd} - U$。

当人在分布电位区域内行走时，两脚之间所承受的电压，称为跨步电压。一般步距按 0.8 m，如图 8-2 所示，地面上水平距离为 0.8 m 的两点间的电位差（称为跨步电压）为：$U_k = U_1 - U_2$。

人体所承受的接触电压和跨步电压，与所接触两点间的电位差值以及人的脚对地面接触电阻的大小有关。为了保证工作人员的安全，在接地装置设计和施工时，应使 U_k 和 U_j 在允许值以下。

8.2.1.4　接地电阻的允许值

接地电阻由 $R_{jd} = U_{jd}/I_{jd}$ 来决定，这时的接地电压 U_{jd} 应是能保证人身安全的数值。

1. 高压设备的接地电阻

在高压系统中，单相接地电流或同点两相接地时入地电流大于 500 A 的，称为大接地短路电流系统；500 A 及以下的，称为小接地短路电流系统。

1）大接地短路电流系统

在大接地短路电流系统中，一般在单相接地时，形成单相短路，相应的继电保护动作，将故障部分迅速切除。因此,在接地装置上只在短时间出现电压,工作人员在比较短的时间内,接触电气设备外壳的可能性很小,所以规定当接地短路电流经接地装置流入大地时,接地网的电压升高不超过2 000 V。据此,接地电阻应满足下列要求 $R_{jd} \leqslant 2\,000/I_{jd}$,当接地电流 $I_{jd} > 4\,000$ A 时,接地装置的接地电阻不应超过0.5 Ω,即 $R_{jd} \leqslant 0.5$ Ω。

2)小接地短路电流系统

小接地短路电流系统,一般在单相接地时,并不立即切除故障部分,允许连接运行一段时间。因此,工作人员接触带电压设备外壳的可能性较大,所以把接地电压规定得较低。

对于高压设备和低压设备共用的接地装置,要求接地电压 $U_{jd} \leqslant 120$ V,其接地电阻值为 $R_{jd} \leqslant 120/I_{jd}$;对于高压设备单独用的接地装置,要求接地电压 $U_{jd} \leqslant 250$ V,其接地电阻值为 $R_{jd} \leqslant 250/I_{jd}$。小接地短路电流系统高压设备的接地电阻值,除应满足以上要求外,还不应超过10 Ω。

2. 低压设备的接地电阻

低压设备接地装置的接地电阻,不宜超过4 Ω,即 $R_{jd} \leqslant 4$ Ω。

使用同一接地装置并列运行的发电机、变压器等电力设备,其总容量不超过100 kVA时,接地电阻允许值不超过10 Ω。

在中性点直接接地的低压电力网中,以上接地电阻系指变压器的中性点接地电阻,而用电设备只进行接零。采用保护接零进行重复接地时,每一重复接地装置的接地电阻不应超过10 Ω。

以上各种接地装置所要求的接地电阻值,是指考虑到一年内季节变化的最大接地电阻值。

8.2.2 保护接零

8.2.2.1 保护接零原理

在中性点直接接地的0.38/0.22 kV三相四线网络中,为了保证人身安全,将用电设备的金属外壳与零线作良好的电气连接,称为保护接零,见图8-3。

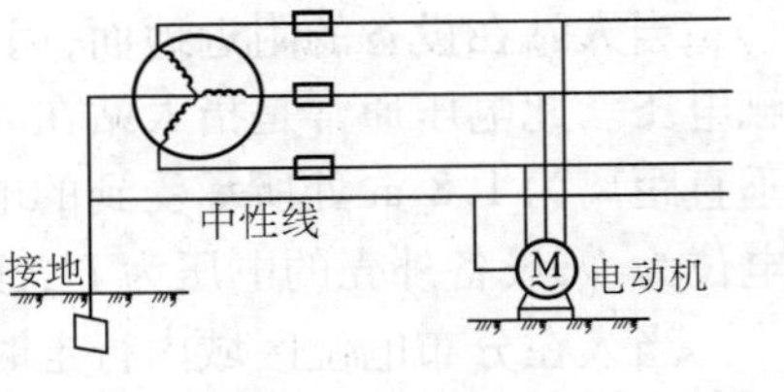

图8-3 保护接零

用电设备若某相绝缘损坏碰壳时,在故障相中会产生很大的单相短路电流,使电源处的熔断器熔断,或低压断路器跳闸,切断电源,可以避免人体触电;即使保护动作之前触及到了绝缘损坏的用电设备的外壳,由于接零回路的电阻远小于人体电阻,短路电流几乎全部通过接零回路,通过人身的电流几乎为零,从而保证了人身安全。

8.2.2.2 零线的重复接地

在保护接零的系统中,为了防止接地中性线断线失去接零的保护作用,有时还需零线的重复接地。所谓零线的重复接地,是将零线的数点分别接地,如图8-4所示。

图8-4(a)所示为无重复接地的情况。当零线发生断线的同时,某电动机一相绝缘损坏碰壳,这时断线处前的电动机外壳上的电压接近于零,而断线处后的电动机外壳上的电压接近于相电压值。有重复接地时,如图8-4(b)所示,在断线处前、后的电动机外壳上的

电压比较接近，其值都不大，所以提高了安全性。但需要指出，重复接地对人身并不是绝对安全的，最重要的在于尽可能不使零线断线，在施工和运行中对此要特别注意。

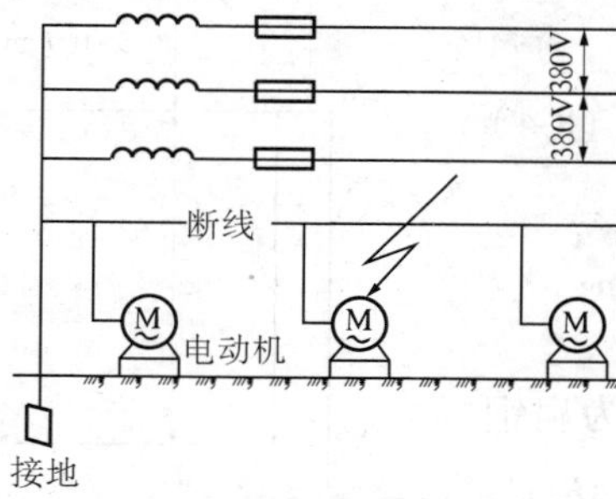

(a) 无重复接地时

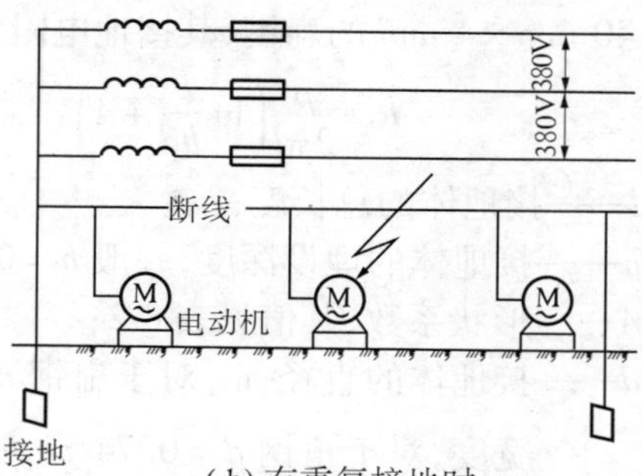

(b) 有重复接地时

图 8-4　零线的重复接地

由同一台发电机，同一台变压器或同一段母线供电的低压线路，不宜同时采用保护接零和保护接地两种方式。

8.2.3　保护接地方式的选择

(1)电压为 1 000 V 及以上的高压电气装置，在各种情况下，均应采取保护接地。电压在 1 000 V 以下的电气装置，在中性点不接地的电力网中，应采用保护接地；在中性点直接接地的电力网中，应采用保护接零和零线的重复接地，在设有中性线的情况下，亦可采用保护接地措施。

(2)由同一个电源供电的低压配电网中，只能采用一种保护方式，不可以对一部分电气设备采用保护接地，对另一部分电气设备又采用保护接零。因为在三相四线制保护接零的供电网中，若又有采用保护接地方式的电气装置，当该装置一相发生绝缘损坏碰壳时，接地电流受到接地电阻的限制，使保护装置工作失灵，故障不能切除。同时，此接地电流流回电源的中性点时在电源接地电阻产生电压降，在零线上产生高电位，直接使保护接零的电气设备外壳上带上不允许的高电位，从而会危及人身安全。

8.3　接地电阻的计算及测量

8.3.1　接地电阻的计算

接地体接地电阻 R 的计算可以根据以下几种情况进行。

8.3.1.1　垂直接地体

垂直接地体一般采用 2.5 ~ 3 m 长的角钢(20 mm × 20 mm × 3 mm ~ 50 mm × 50 mm × 5 mm)，其接地电阻可由圆棒的接地电阻推算。图 8-5 为单根圆棒，电阻可按下式估算：

$$R \approx 0.3\rho \tag{8-3}$$

式中　ρ——土壤电阻率。

8.3.1.2　**水平接地体**

水平接地体一般用 $\phi8\sim10$ mm 的圆钢或 25 mm × 4 mm ~ 40 mm × 4 mm 的扁钢，其接地电阻为

$$R=\frac{\rho}{2\pi l}\left(\ln\frac{l^2}{hd}+A\right) \tag{8-4}$$

式中　l——接地体的总长度；

h——接地体的埋设深度，一般 $h=0.5\sim0.7$ m；

A——形状系数，其值见表 8-2；

d——接地体的直径，m，对于扁钢 $d=b/2$，b 为扁钢宽度，对于角钢 $d=0.74\sqrt{b_1b_2(b_1^2+b_2^2)}$，$b_1$、$b_2$ 为角钢边长。

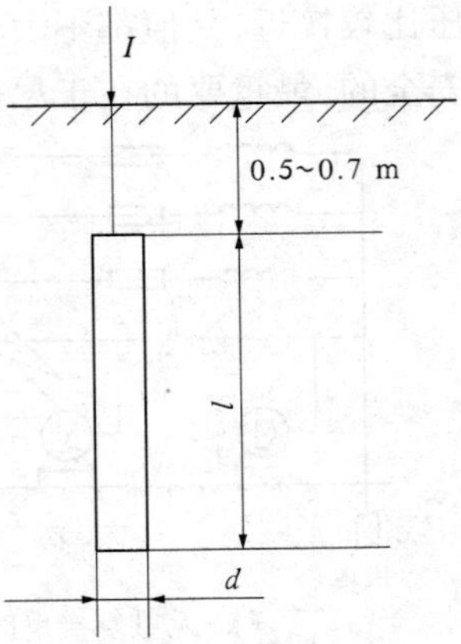

图 8-5　单根垂直接地体

表 8-2　水平接地体的形状系数

形状		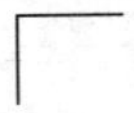		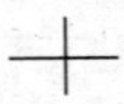	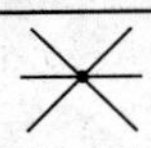	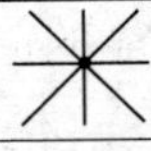	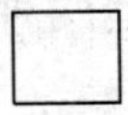	
A	0	0.378	0.867	2.14	5.27	8.81	1.69	0.48

长度为 60 m 左右的单根水平接地体的电阻可按下式估算：

$$R\approx0.33\rho \tag{8-5}$$

8.3.1.3　**复合接地体**

（1）n 根垂直接地体。如果用单根垂直接地体，其接地电阻太大不能满足要求时，可将 n 根垂直接地体并联使用，由于地中电流相互屏蔽，阻碍了电流扩散，接地体不能得到充分利用，使总的接地电阻 R_Σ 大于单根接地电阻的 $1/n$，即

$$R_\Sigma=\frac{1}{\eta}\times\frac{R}{n} \tag{8-6}$$

式中　η——利用系数，$\eta\leqslant1$。当相邻接地体之间的距离为接地体长度的 2 倍时，两根并联取 0.9；6 根并联取 0.7。

（2）接地网。它以水平接地体为主，边缘闭合成环形，其面积基本上等于发电厂和变电所的面积，一般是根据安全和工作接地的要求敷设一个统一的接地网，然后再在避雷针和避雷器下面加设集中接地体以满足防雷要求。其接地电阻可按下式估算：

$$R=\frac{\sqrt{\pi}\rho}{4\sqrt{S}}+\frac{\rho}{2\pi l}\,\frac{2l^2}{\pi dh\times10^4} \tag{8-7}$$

式中　S——接地网的总面积；

l——接地体的总长度，包括垂直接地体在内；

h——水平接地体的埋深。

在初步设计时复合接地体的接地电阻可按下式估算：

$$R\approx0.5\times\frac{\rho}{\sqrt{S}} \tag{8-8}$$

可见当土壤电阻率 ρ 和变电所占地面积 S 给定时，R 值已基本确定，要减少 R，必须

增大接地网的尺寸。通过增加并联垂直接地体的方法来减少大接地网电阻的方法,效果不明显。理论与实验表明,在 100 m×100 m 的接地网中,即使并联了无穷多个 2.5 m 长的垂直接地体,也只能使接地电阻下降 2.9%。

8.3.1.4 冲击接地电阻

在强大的雷电流流经接地体时,由于电流密度增大,电场强度大大提高,在接地体表面附近尤为显著。当土壤中电场强度超过 8.5 kV/cm 左右时,土壤中就会发生强烈的火花放电。使接地体等效半径扩大,因此同一接地体在雷电流作用下,其接地电阻要小于工频电流下的数值,将接地体在雷电流作用下的接地电阻称为冲击接地电阻。其数值为:

$$R_{ch} = \alpha R \tag{8-9}$$

式中 α——冲击系数,与接地体几何尺寸、雷电流的幅值、陡度和土壤电阻率有关。

在过电压保护规范中对各种防雷设备的冲击接地电阻均有规定,一般冲击接地电阻不大于 10 Ω。

影响接地电阻计算准确性的主要因素是土壤电阻率 ρ 的测取精度,所以土壤电阻率 ρ 值应取雷季中最大可能的值,一般按下式计算:

$$\rho = \rho_0 \psi \tag{8-10}$$

式中 ρ_0——雷季中无雨水时测得的土壤电阻率;

ψ——考虑土壤干燥程度的季节系数,约 1.3 左右。

8.3.2 接地电阻的测量

接地装置的接地电阻关系到设备和人身的安全以及电力系统的运行。除在安装工程交接验收时要测量接地电阻外,运行中每隔 1~3 年还要测量一次。对接地电阻的测量一般选择在土壤最干燥的月份进行。

接地电阻的测量方法有多种,常用的方法有两种:一种是用接地电阻测量仪测量;另一种是用电流表—电压表法测量。后者需配备隔离变压器提供测量电压,工程上多采用接地电阻测量仪。

8.3.2.1 用接地电阻测量仪测量

接地电阻测量仪的外形如同普通测量绝缘电阻的兆欧表,有 P、C、E 三个端子,E 端子接被测接地体 E′,P 端子接电位探测棒 P′,C 端子接电流探测棒 C′。常用接地电阻测量仪的测量范围见表 8-3。

表 8-3 接地电阻测量仪

名 称	测量范围(Ω)	准确度	外形尺寸(mm)	质量(kg)
ZC-8 型接地电阻测量仪	1/10/100,10/100/1 000	在额定值的 30% 以下为额定值的 1.5%,在额定值的 30% 以上为指示值的 ±5%	170×110×164	3
ZC29-1 型接地电阻测量仪	10/100/1 000		172×116×135	2.3
ZC34-1 型晶体管接地电阻测量仪	10/100/1 000	±2.5%	210×110×130	1

图 8-6 为 ZC29－1 型接地电阻测量仪的接线图。这种接地电阻测量仪的准确度相当高，误差在 ±1.5% ~ ±5% 之间。每台接地电阻测量仪都配带辅助探测棒两根，5 m、20 m、40 m 导线各一根。为了避免试验中杂散电流的干扰，发电机频率采用 120 Hz。当以150 r/min速度转动发电机时，便产生了交流电流。观察指针窗口，就可以得到接地电阻的值。将探测棒 P′移动多处，即可测得一组数据，取其平均值即为接地体的电阻值。

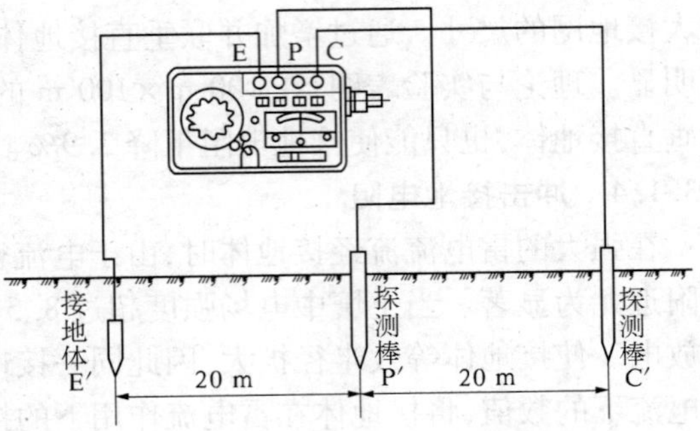

图 8-6　ZC29－1 型接地电阻测量仪的接线图

利用接地电阻测量仪测量的优点是：

(1)测量仪本身有自备电源，不需要另外的电源设备。

(2)测量仪便于携带，使用方法简单。测量时，不必经过一番计算，即可直接从测量仪上读出被测接地体的接地电阻值。

(3)测量时所需要的辅助接地体和探测棒往往与仪器成套供应，而不需另行制作，这样可以简化测量工作。

(4)有许多测量仪还能消除探测棒、辅助接地体的接地电阻以及外界的杂散电流对测量结果所产生的影响，使测量更为准确。

8.3.2.2　用电流表—电压表法测量

电流表—电压表法的最大优点是它不受测量范围的限制，无论小至 0.1 Ω 或大至 100 Ω 以上的电阻值都能测量。特别是接地电阻值不在接地电阻测量仪的测量范围时，必须使用这种方法。利用此法测量所得到的结果也比较准确。不过，测量时需要有独立的交流电源、辅助接地体、探测棒和高内阻的电压表。测量后还需要进行计算和电压校验，才能得到被测接地体的接地电阻值。

使用电流表—电压表法测量接地电阻(见图 8-7(a))的步骤如下：

(1)将辅助接地体和探测棒打入地中，棒端应露出地面 100 ~ 150 mm。若辅助接地体由多根钢管组成时，还应在各管间进行焊接。

(2)如果所采用的电源不是独立电源，进行接线前应断开其他用电设备。变压器的中性点也应断开。

(3)在合上开关前，用电压表检查测量回路是否有外电压。若电压表指针摆动，应设法消除外来电压对测量结果所带来的影响。

(4)合上开关，慢慢地调节可变电阻，达到预定的电流值，并使电压表指针指示在刻度的后半段。若电流表和电压表的量限及电源容量许可时，应将变阻器短路。若变阻器短路后，电流和电压的数值还达不到仪表刻度的后半段，那么就应增加辅助接地体的钢管根数。

(5)待电压表和电流表的指针稳定地指到所要求的位置时，要迅速记录两表的读数。

(6)断开电源开关,进行计算,得出接地电阻值。

(7)重复测量 3 ~4 次,取其平均值作为测量的结果。

(8)按图 8-7(b)、(c)改接测量线路。用上述方法分别测出辅助接地体和探测棒的接地电阻,来校核是否合乎要求。在进行测量时,电流和电压值会有很大的变化。此时,测量电流若在 1 A 以上,就基本合乎要求。

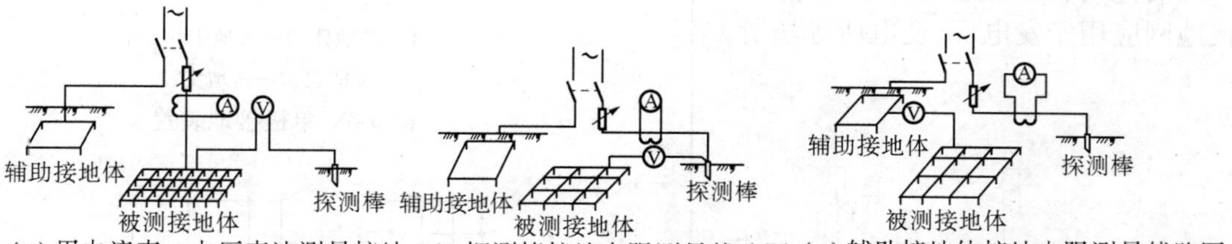

(a)用电流表—电压表法测量接地电阻的接线图 (b)探测棒接地电阻测量线路图 (c)辅助接地体接地电阻测量线路图

图 8-7 接地电阻测量接线图

8.4 接地工程

8.4.1 接地装置的组成

接地装置由接地体和接地线组成。

8.4.1.1 接地体

埋入地中并直接与大地接触的金属导体称为接地体。接地体包括两大类:

(1)自然接地体,指兼作接地体用的直接与大地接触的各种金属构件、金属井管、钢筋混凝土建筑物内的钢筋、金属管道和设备。

(2)人工接地体,指人为埋入地中的金属构件,按打入的方式不同可分为垂直接地体和水平接地体。垂直接地体一般采用钢管或角钢,垂直打入土中;水平接地体则用扁钢或圆钢平放埋入 0.6 ~0.8 m 深地下。

通常情况下,按一定布置和要求,将众多的水平和垂直接地体相互连接(连接导体一般也是水平接地体),并向设备引出接地触头,构成接地网。

8.4.1.2 接地线

电气设备的接地部分与接地体连接用的金属导体称为接地线。接地线又可分为接地干线和接地支线两种。

8.4.1.3 接地装置的分类

接地装置以接地体数量的多少,分为单极接地装置、多极接地装置和接地网络。

(1)单极接地装置又称单极接地,由一支接地体构成,适用于接地要求不太高而设备接地点较少的场所。它的构成是:接地线一端与接地体连接,另一端与设备接地点直接连接,如图 8-8(a)所示。如果有几个接地点时,可用接地支线把它们连接起来,如图8-8(b)所示。

(2)多极接地装置又称多极接地，由两支或两支以上接地体构成，多接地体之间用扁钢或圆钢连成一体，应用于接地要求比较高而设备接地点数多的场所，如图 8-9 所示。

(3)接地网络又称接地网，由多支接地体按一定的排列相互连接形成网络，如图 8-10 所示。接地网应用于发电厂、变电所等场所。

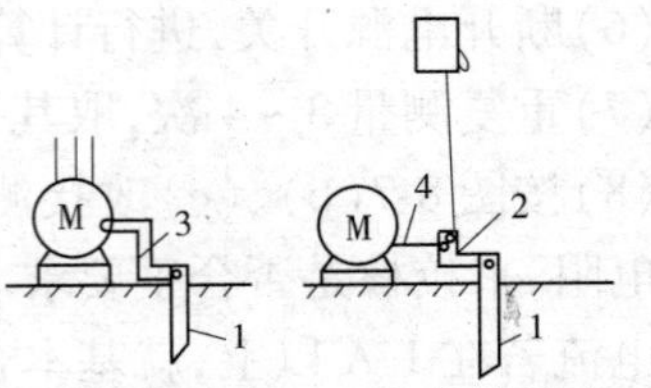

(a)单接地点　(b)多接地点

1—接地体；2—接地干线；3—接地线；4—接地支线

图 8-8　单极接地装置

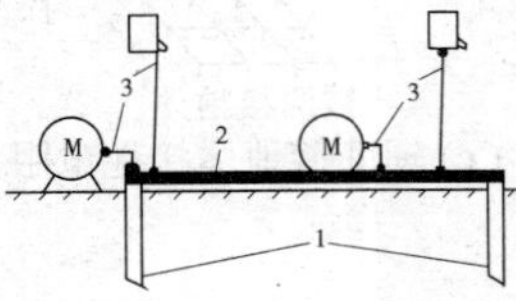

1—接地体；2—接地干线；3—接地支线

图 8-9　多极接地装置

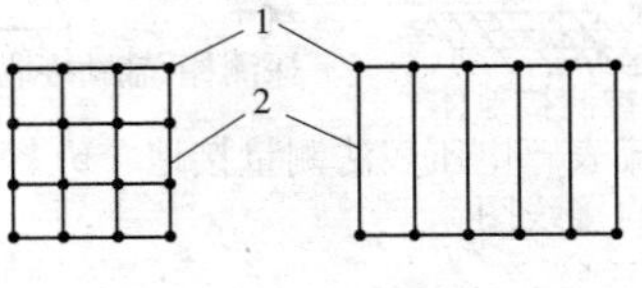

1—垂直接地体；2—水平接地体

图 8-10　接地网组成

8.4.2　接地装置的要求

(1)在使用期限内，接地装置的性能和接地电阻应满足电气装置对工作接地、保护接地及冲击接地的要求。

(2)接地设施应具有足够的机械强度或设置附加的机械保护，以能适应外界的影响。为此，接地钢管的厚度应不小于 3.5 mm，扁钢不小于 20 mm×4 mm，圆钢不小于 ϕ8 mm。地中连接一律采用焊接。

(3)接地装置应有防腐蚀措施，以保证在使用期限内保持符合要求的接地电阻值。

(4)接地体要有适当的埋深，以避免机械外伤，也可避免地表土壤层温度的剧烈变化对其的影响。在北方宜尽量埋设在冻土层以下。

(5)接地网应遍及需要保护接地的电气设备所在地点，为各设备提供接地引出抽头。在高压配电装置室等户内必要场所，还应设置明敷接地带，为设备的检修和试验提供临时性接地抽头。

(6)接地网边缘一般应封闭成环，并酌情在场内增设均压带以降低接触电压和跨步电压。

(7)节省钢材和投资、减少工作量、方便施工，为此可采取以下措施：①充分利用自然接地体。②大面积接地网应以水平接地体为主。③因地制宜不失时机地在基础开挖、土石方工程回填时深埋接地体。④利用地质钻探孔作深井接地体等以获得事半功倍的效果。

8.4.3　接地装置的敷设

电气设备的接地装置，应充分利用自然接地体。如果自然接地体的接地电阻小于要求值时，一般可不再敷设人工接地体，但为了降低接触电压和跨步电压，发电厂、变电站应敷设均压带。

可作为自然接地体的有：敷设在地下的供水管道和其他金属管道，但输送液体或气体燃料的管道除外；建筑物与地连接的金属结构；水工建筑物的金属桩；建筑物的钢筋混凝土基础等。自然接地体的接地电阻可由实际测量确定。在发电厂和变电站中，不论有无自然接地体可利用，都应敷设以水平接地体为主的人工接地体。

人工接地体普遍采用垂直埋入土中的钢管或角钢，其长度为 2 ~ 3 m，钢管的外径为 48 ~ 60 mm，管壁厚度不小于 3.5 mm，角钢厚度不小于 4 mm。钢管或角钢埋入地中时，其上端离地面的深度为 0.4 ~ 1.5 m，这样可以使接地电阻不会由于冬季土壤表面的冻结和夏季水分的蒸发而引起较大的变动。在一般的土壤内，一根钢管或角钢的垂直接地体，其接地电阻为 20 ~ 50 Ω。

埋入土中的接地棒之间用扁钢带焊接相连，形成地下接地网。扁钢带敷设在地下的深度不小于 0.3 m，扁钢带截面不得小于 48 mm^2，厚度不得小于 4 mm。

在土质坚硬的地区，如果不能垂直打入钢管及角钢时，则可采用圆钢或角钢平放敷设，埋入深度不小于 0.8 m，由于腐蚀影响，圆钢直径应不小于 8 mm。

在装设保护接地时，为了尽量降低接触电压和跨步电压，应使装置地区内的电位分布尽可能地均匀。为了达到此目的，可在装置区域内适当地布置钢管、角钢和扁钢等，形成环形接地网。

图 8-11 表示屋内配电装置房屋周围的环形接地网，此接地网由垂直埋入地中的钢棒和连接它们的扁钢组成。图中示出了断面 Ⅰ—Ⅰ 的电位分布曲线。由于接地体间相互影响的结果，区域内的电位分布比用单管接地体时要均匀得多，所以接触电压和跨步电压也大为降低。

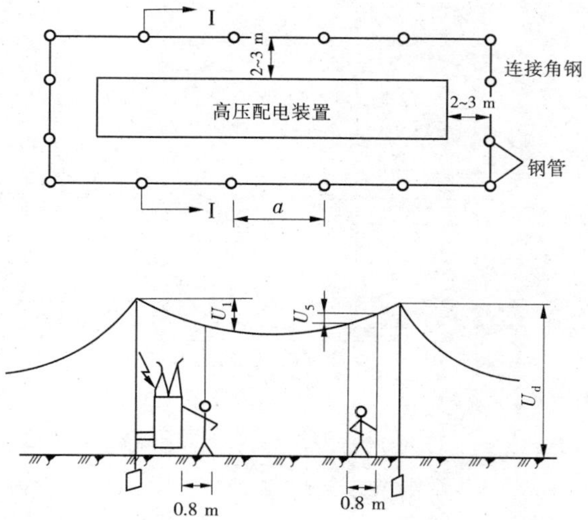

图 8-11 由钢管和扁钢组成的环形接地网及电位分布

屋内接地网由敷设在电气装置所在房屋每一层内接地干线组成，各层接地干线用几条上下联系的导线互相连接。屋内接地网在几个地点与主接地网相连。接地干线采用扁钢或圆钢，扁钢的厚度应不小于 3 mm，截面应不小于 24 mm^2，圆钢的直径应不小于5 mm。

接地线应尽量利用金属结构、钢筋混凝土、钢管等。接地线相互之间及与接地体之间的连接应采用焊接。

电气装置中的每一接地元件，应采用单独的接地线与接地体或接地干线相连接。几个接地元件不可串联连接在一个接地线中。

接地线与电气设备的外壳连接时，可采用螺栓连接或焊接。

习题与思考题

8-1　什么是接地、接零、接触电压和跨步电压？

8-2　什么是工作接地、保护接地？各有何作用？

8-3　何谓保护接零？在什么情况下应用？

8-4　接地电阻是如何定义的？对接地电阻有什么要求？

8-5　接地电阻的测量方法有哪些？用接地电阻测量仪如何测量接地电阻值？

8-6　什么是接地装置？应如何敷设？

第 9 章　电力系统短路及其计算

教学要求

熟悉短路电流计算中的基本概念；掌握短路电流计算的方法、步骤和要点，重点是三相短路计算。

9.1　短路的基本概念

9.1.1　短路的种类

在电力系统的设计和运行中，都必须考虑到可能发生的故障和不正常运行情况，因为它们会破坏电气设备的正常工作、影响对用户的供电。运行经验表明，故障大多是由短路引起的。所谓短路，是指不正常的相与相或相与地（中性点接地系统中）之间的短接。电力系统中发生的短路有三相短路 $d^{(3)}$、两相短路 $d^{(2)}$、单相接地短路 $d^{(1)}$ 和两相接地短路 $d^{(1.1)}$ 等四种基本类型。其中，三相短路时三相系统仍然保持对称，称为对称短路；其他各种类型短路发生时，三相系统不再对称，称为不对称短路。见表 9-1。

表 9-1　短路种类及事故几率

短路种类	示意图	代表符号	事故几率(%)
三相短路		$d^{(3)}$	5
两相短路		$d^{(2)}$	10 ~ 15
单相接地短路	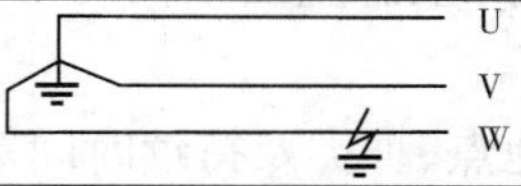	$d^{(1)}$	65 ~ 70
两相接地短路	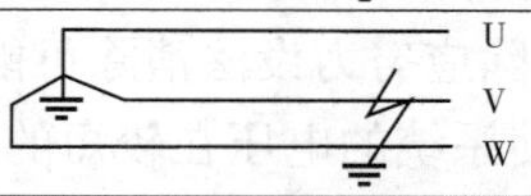	$d^{(1.1)}$	10 ~ 20

运行经验表明，在中性点直接接地的系统中，最常见的是单相接地短路，占短路故障总数的 65% ~70%，两相短路占 10% ~15%，两相接地短路占 10% ~20%，三相短路只占 5%。可见，单相接地短路发生的几率最大，三相短路发生的几率最小，但后果最为严重。本章主要讨论三相短路。

9.1.2 短路的原因

发生短路的原因很多,主要有以下几个方面:

(1)电气设备的绝缘被破坏。如绝缘材料陈旧老化、绝缘机械损伤、未及时发现和消除设备的缺陷以及设计、安装不当造成短路等。

(2)误操作事故。如运行人员不遵守技术操作规程和安全工作规程以及技术水平低、管理不善而造成误操作事故。

(3)自然灾害。如雷击、大风、洪水、冰雪、塌方等引起的线路倒杆、倒塔、断线,以及小动物跨接导体等造成短路。

9.1.3 短路的危害及防止措施

短路故障会对电力系统的正常运行带来严重后果。电力系统发生短路时,短路电流可能超过该回路正常工作电流的十几倍甚至几十倍,而且系统网络电压降低,从而对导体、电气设备、电能用户及整个电力系统都将产生严重后果,主要表现在以下几个方面:

(1)短路故障使短路点附近的某些支路中流过巨大的短路电流,使导体严重发热、绝缘损坏,甚至使导体发红、熔化,致使设备损坏。

(2)短路电流通过导体,相互间会产生强大的电动力,使导体弯曲变形,甚至使设备或其支架受到损坏。

(3)短路故障发生后,短路点的电压为零,电源到短路点之间的网络电压降低,使部分用户的供电受到破坏,网络中的用电设备不能正常工作。如异步电动机转速降低,导致产生废品和次品;其绕组将流过较大的电流,导致电动机过热,使绝缘迅速老化,缩短电动机的寿命,甚至烧毁电动机。

(4)影响电力系统运行的稳定性。在由多个发电机组成的电力系统中发生短路时,由于电压大幅度下降,发电机输出的电磁功率急剧减小,由原动机供给的机械功率来不及调整,发电机就会加速而失去同步,使系统瓦解而造成大面积停电,破坏了并联运行的稳定性,整个系统被解列为几个异步运行的部分。这是短路造成的最严重、最危险的后果。

(5)干扰通信。当发生接地短路时,接地短路电流所产生的强大磁通,可能在邻近的平行线路(如通信线、电话线、铁路信号系统等)上感应出很高的电势,会对邻近的通信线产生干扰。

短路所引起的危害程度,与短路故障的地点、种类及持续时间等因素有关。为了保证电气设备安全可靠的运行,减轻短路的影响,除应努力设法消除可能引起短路的一切原因外,一旦发生短路,还应尽快切除故障部分,使系统的电压在较短的时间内恢复到正常值。为此,可采用快速动作的继电保护和断路器,发电厂装自动电压调整器。另外,还可以采用限制短路电流的措施,如在出线上加装限流电抗器、将并联的变压器解列运行等。

9.1.4 短路电流计算的基本假设

计算短路电流的目的,是在电气装置的设计和运行中,用来选择电气设备、设计继电保护装置、确定限制短路电流的措施和分析电力系统的故障等。

考虑到现代电力系统的实际情况，要进行准确的短路计算是相当复杂的，同时对解决大部分实际问题，并不要求十分精确的计算结果。为简化计算，实用中多采用近似计算方法。这种方法是建立在一系列的假设基础之上的，其计算结果稍偏大，一般误差为10% ~15%。

基本假设如下：

(1)电力系统是对称的三相系统。

(2)电力系统中所有发电机电势的相角在短路过程中都相同，频率与正常工作时相同。

(3)变压器的励磁电流略去不计。

(4)电力系统中各元件的磁路不饱和。即各元件的参数不随电流而变化，计算中可以应用叠加原理。

(5)电压等级为 330 kV 及以下的输电线路的电容略去不计。

(6)电力系统中各元件的电阻略去不计。只在计算非周期分量的衰减时间常数时，才计电阻的作用。

9.2 标幺值

计算短路电流时常涉及四个电气量，即电压 U、电流 I、功率 S 和电抗 X。四量之间的关系有：$U=\sqrt{3}IX$、$I=\dfrac{S}{\sqrt{3}U}$、$S=\sqrt{3}UI$、$X=\dfrac{U^2}{S}$。上述四量可用有名值表示，也可用标幺值表示。为了短路计算方便，通常应用标幺值。

9.2.1 标幺值的意义

某些电气量的标幺值是该电气量的有名值与所选定的基准值之比，即

$$\text{标幺值}=\frac{\text{有名值(任意单位)}}{\text{基准值(与有名值同单位)}}$$

可见标幺值是一个无单位的比值。如以 200 V 电压作为基准值，则 50 V 电压的标幺值为 50 V/200 V = 0.25。标幺值的符号为各量符号加下角“ * ”。

9.2.2 标幺额定值

电力系统中每一元件都有其额定参数。以各元件的额定参数作为基准值的标幺值称为标幺额定值。元件的四个额定参数 U_e、I_e、S_e、X_e 中只有 2 个是独立量。通常将 I_e 和 X_e 用 U_e 和 S_e 来表示，有 $I_e=\dfrac{S_e}{\sqrt{3}U_e}$ 和 $X_e=\dfrac{U_e^2}{S_e}$。若以 U、I、S、X 表示元件任一状态的四个有名值，则其标幺额定值为

$$\left.\begin{aligned} U_{*e} &= \frac{U}{U_e} \\ S_{*e} &= \frac{S}{S_e} \\ I_{*e} &= \frac{I}{I_e} = I\frac{\sqrt{3}U_e}{S_e} \\ X_{*e} &= \frac{X}{X_e} = X\frac{S_e}{U_e^2} \end{aligned}\right\} \tag{9-1}$$

发电机、变压器、电抗器等由产品给出标幺值额定值。例如某发电机 $X''_{d*}=0.20$,其下角“e”被省略。

9.2.3 标幺基准值

标幺额定值不便于直接进行短路电流的计算。为此任意选择统一的基准参数作为基准值,所得的标幺值叫做标幺基准值。为便于利用标幺基准值直接进行短路电流的计算,其基准值通常以 S_j 和 U_j 为独立基准功率和基准电压,则基准电流为 $I_j=\frac{S_j}{\sqrt{3}U_j}$,基准电抗为 $X_j=\frac{U_j^2}{S_j}$。四个量的标幺基准值分别为

$$\left.\begin{aligned} U_{*j} &= \frac{U}{U_j} \\ S_{*j} &= \frac{S}{S_j} \\ I_{*j} &= I\frac{\sqrt{3}U_j}{S_j} \\ X_{*j} &= X\frac{S_j}{U_j^2} \end{aligned}\right\} \tag{9-2}$$

在实用计算中,基准功率常取 $S_j=100$ MVA 或 $S_j=1\ 000$ MVA(大容量系统中用);基准电压则取 $U_j=U_p$。U_p 为各级电压的平均值,即平均额定电压,例如:3 kV 的平均额定电压为 3.15 kV,6 kV 的为 6.3 kV,10 kV 的为 10.5 kV,35 kV 的为 37 kV,110 kV 的为 115 kV,220 kV 的为 230 kV 等,统一记为 U_p。

9.2.4 标幺值、有名值及百分值之间的换算

9.2.4.1 由标幺值计算有名值

根据标幺值定义和式(9-1)、式(9-2),可直接由标幺值写出有名值,即

$$\left.\begin{aligned} U &= U_{*e}\cdot U_e = U_{*j}\cdot U_j \\ S &= S_{*e}\cdot S_e = S_{*j}\cdot S_j \\ I &= I_{*e}\cdot\frac{S_e}{\sqrt{3}U_e} = I_{*j}\cdot\frac{S_j}{\sqrt{3}U_j} \\ X &= X_{*e}\cdot\frac{U_e^2}{S_e} = X_{*j}\cdot\frac{U_j^2}{S_j} \end{aligned}\right\} \tag{9-3}$$

在短路电流计算中,四种电气量有名值的单位规定为:电压—千伏(kV),电流—千安(kA),功率—兆伏安(MVA),电抗—欧姆(Ω)。

9.2.4.2　**由电抗标幺额定值换算为电抗标幺基准值**

先由标幺额定值算出有名值,然后再与基准值相比,即

$$X_{*j} = X_{*e} \cdot \frac{X_e}{X_j} = X_{*e} \cdot \frac{U_e^2}{S_e} \Big/ \frac{U_j^2}{S_j} = X_{*e} \cdot \frac{S_j}{S_e} \cdot \frac{U_e^2}{U_j^2} \tag{9-4}$$

9.2.4.3　**电抗标幺额定值与电抗百分值之间的换算**

电抗有名值占电抗额定值的百分数称为电抗百分值,记为 $X\%$。据此定义,$X\% = \frac{X}{X_e} \times 100$。等式两边同除 100,得

$$X_{*e} = \frac{X\%}{100} \tag{9-5}$$

标幺值的某些特点如下:

(1)在三相电路中,相电压和相电流的标幺值等于线电压和线电流的标幺值,即

$$U_{*xg} = U_*, I_{*xg} = I_*$$

式中　U_{*xg}、I_{*xg}——相电压和相电流的标幺值;

U_*、I_*——线电压和线电流的标幺值。

(2)三相功率和单相功率的标幺值相同。

(3)三相电路的标幺值欧姆定律为 $U_* = I_* X_*$,功率 $S_* = U_* I_*$,与单相电路的相同。

(4)当电网的电源电压为额定值时(即 $U_* = 1$),功率标幺值与电流标幺值相等,且等于电抗标幺值的倒数,即

$$S_* = I_* = \frac{1}{X_*} \tag{9-6}$$

由于上述特点,用标幺值计算短路电流可使计算简便,且结果明显,便于迅速及时地判断计算结果的正确性。

9.3　电力系统各元件电抗值的计算

计算短路电流时,必须知道电力系统中各元件的电抗值。在高压网络的短路电流计算中,一般只考虑同步电机、电力变压器、架空线路与电缆线路及电抗器等主要元件的电抗。配电装置中的母线、长度较小的连接导线、断路器、互感器等的阻抗值较小,均予以忽略。

9.3.1　同步电机

在三相短路电流的实用计算中,只需知道同步电机在短路起始瞬间的电抗,即纵轴次暂态电抗 X''_d。

9.3.1.1　**标幺额定值**

各类型同步电机的次暂态电抗标幺额定值 X''_{d*e} 可由产品目录中查出。在无厂家数

据的情况下，可采用表 9-2 所列的平均值作近似计算。

表 9-2　各类同步电机 X''_{d*e} 的平均值

同步电机类型	X''_{d*e}
汽轮发电机	0.125
有阻尼绕组的水轮发电机	0.20
无阻尼绕组的水轮发电机	0.27
同步补偿机	0.16
同步电动机	0.20

9.3.1.2　标幺基准值

由同步电机的电抗标幺额定值计算其标幺基准值，可按式(9-4)计算，即 $X''_{d*j}=X''_{d*e}\cdot\frac{S_j}{S_e}\cdot\frac{U_e^2}{U_j^2}$，可得发电机的电抗标幺基准值为

$$X''_{d*j}=X''_{d*e}\cdot\frac{S_j}{S_e}\cdot\frac{U_e^2}{U_j^2}\cdot\frac{U_p^2}{U_e^2}=X''_{d*e}\cdot\frac{S_j}{S_e}\cdot\frac{U_p^2}{U_j^2}$$

若取 $U_j=U_p$，上式简化为

$$X''_{d*j}=X''_{d*e}\cdot\frac{S_j}{S_e}\tag{9-7}$$

式中　X''_{d*j}——同步电机的次暂态电抗标幺值；

S_e——同步电机的额定容量，MVA，一般可由 $S_e=\frac{p_e}{\cos\varphi}$ 计算，p_e 为同步电机的有功功率，MW。

9.3.2　变压器

9.3.2.1　标幺额定值

双绕组变压器产品给出阻抗电压百分值 $U_d\%$，按定义为

$$U_d\%=\frac{\sqrt{3}I_eX_T}{U_e}\times100=\frac{X_T}{U_e/(\sqrt{3}I_e)}\times100=\frac{X_T}{X_e}\times100=X_T\%$$

可见，变压器的阻抗电压(或短路电压)百分值即为其电抗百分值。于是，根据式(9-5)，变压器的电抗标幺额定值为

$$X_{T*e}=\frac{U_d\%}{100}\tag{9-8}$$

三相绕组变压器如图 9-1(a)所示。各绕组之间的短路电压百分值分别记为 $U_{d\,\mathrm{I-II}}\%$、$U_{d\,\mathrm{II-III}}\%$、$U_{d\,\mathrm{I-III}}\%$，数值由产品目录给出。角注Ⅰ、Ⅱ、Ⅲ分别表示高、中、低三侧。三相绕组变压器的等值电路图如图 9-1(b)所示。各绕组的电抗标幺额定值分别记

为 $X_{Ⅰ*e}$、$X_{Ⅱ*e}$、$X_{Ⅲ*e}$，则有

$$\left.\begin{aligned}X_{Ⅰ*e}+X_{Ⅱ*e}=X_{Ⅰ-Ⅱ}=\frac{U_{dⅠ-Ⅱ}\%}{100}\\X_{Ⅰ*e}+X_{Ⅲ*e}=X_{Ⅰ-Ⅲ}=\frac{U_{dⅠ-Ⅲ}\%}{100}\\X_{Ⅱ*e}+X_{Ⅲ*e}=X_{Ⅱ-Ⅲ}=\frac{U_{dⅡ-Ⅲ}\%}{100}\end{aligned}\right\}$$

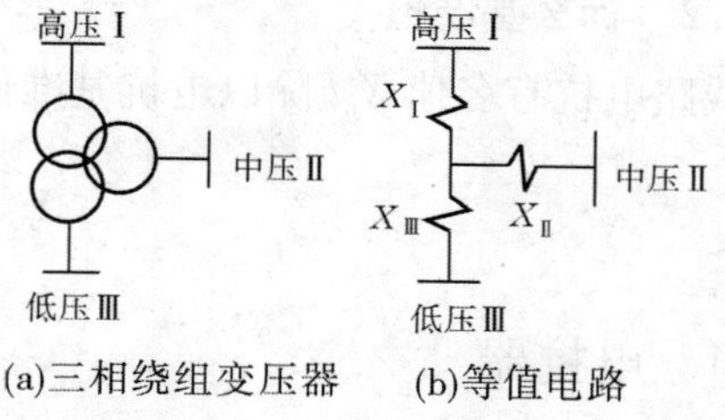

图 9-1　三相绕组变压器及其等值电路

解此方程组，得

$$\left.\begin{aligned}X_{Ⅰ*e}=\frac{1}{200}(U_{dⅠ-Ⅱ}\%+U_{dⅠ-Ⅲ}\%-U_{dⅡ-Ⅲ}\%)\\X_{Ⅱ*e}=\frac{1}{200}(U_{dⅠ-Ⅱ}\%+U_{dⅡ-Ⅲ}\%-U_{dⅠ-Ⅲ}\%)\\X_{Ⅲ*e}=\frac{1}{200}(U_{dⅠ-Ⅲ}\%+U_{dⅡ-Ⅲ}\%-U_{dⅠ-Ⅱ}\%)\end{aligned}\right\}\qquad(9\text{-}9)$$

9.3.2.2　标幺基准值

参照上述同步电机的标幺基准值计算。同理有

对双绕组变压器

$$X_{T*j}=X_{T*e}\cdot\frac{S_j}{S_e}=\frac{U_d\%}{100}\cdot\frac{S_j}{S_e}$$

对三相绕组变压器

$$\left.\begin{aligned}X_{Ⅰ*j}=X_{Ⅰ*e}\cdot\frac{S_j}{S_e}\\X_{Ⅱ*j}=X_{Ⅱ*e}\cdot\frac{S_j}{S_e}\\X_{Ⅲ*j}=X_{Ⅲ*e}\cdot\frac{S_j}{S_e}\end{aligned}\right\}\qquad(9\text{-}10)$$

式中　$U_d\%$—— 变压器短路电压百分值；

S_e——变压器的额定容量，MVA。

9.3.3　架空线路和电缆线路

9.3.3.1　有名值

线路给出每千米的电抗值 X_o，在实用计算中通常采用表 9-3 所给的平均值。于是 l 千米长线路的电抗有名值为 $X_o l$。

表 9-3　各种线路电抗平均值

线路种类	电 抗(Ω/km)
6 ~ 220 kV 架空线路(每一回)	0.4
1 kV 及以下架空线路(每一回)	0.3
35 kV 电缆线路	0.12
3 ~ 10 kV 电缆线路	0.07 ~ 0.08
1 kV 及以下电缆线路	0.06 ~ 0.07

9.3.3.2　**标幺基准值**

线路电抗有名值 $X_o l$ 除以电抗基准值 U_j^2/S_j，即得线路的电抗标幺基准值为

$$X_{w*j}=X_o l\cdot\frac{S_j}{U_p^2} \tag{9-11}$$

9.3.4　电抗器

9.3.4.1　**百分值与标幺额定值**

产品给出电抗百分值 $X_L\%$，其意义为

$$X_L\%=\frac{X_L}{X_{Le}}\times 100=X_L\frac{\sqrt{3}I_{Le}}{U_{Le}}\times 100$$

上式两边同除以 100，得其电抗标幺额定值

$$X_{L*e}=\frac{X_L\%}{100} \tag{9-12}$$

9.3.4.2　**标幺基准值**

电抗器标幺基准值可由下式求出

$$X_{L*j}=\frac{X_L\%}{100}\cdot\frac{U_{Le}}{\sqrt{3}I_{Le}}\cdot\frac{S_j}{U_p^2} \tag{9-13}$$

式中　X_{L*j}——电抗器的标幺基准值；

$X_L\%$——电抗器的百分值；

U_{Le}——电抗器的额定电压，kV；

I_{Le}——电抗器的额定电流，kA；

U_p——电抗器所在电压级的平均额定电压，kV。

由于电抗器的电抗值大，不宜将 U_{Le} 和 U_p 等同，以免增大计算误差。

【例 9-1】　图 9-2 所示为某发电机、变压器、架空线路、电抗器等的额定参数，试求发电机、变压器、架空线路、电抗器的各电抗标幺基准值，取 $S_j=100$ MVA、$U_j=U_p$。

解：发电机　$X''_{d*j}=0.2\times\frac{100}{1.25/0.8}=12.8$

变压器　$X_{T*j}=\frac{7}{100}\times\frac{100}{5}=1.4$

电抗器　$X_{L*j}=\frac{8}{100}\times\frac{10}{\sqrt{3}\times 0.2}\times\frac{100}{10.5^2}=2.1$

架空线路　$X_{w*j}=0.4\times 40\times\frac{100}{37^2}=1.17$

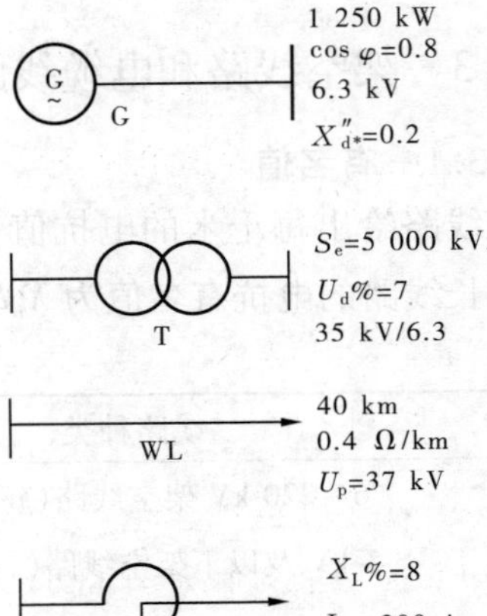

图 9-2　例 9-1 的元件

9.4 短路电流的计算程序

计算短路电流前,应根据计算的目的收集有关资料,如电力系统接线图、运行方式及各元件的技术数据等资料。计算时,根据资料首先作出计算电路图,再选定计算短路点。对每一短路点作出等值电路图,并逐步化简至最简短路回路,求出短路回路总电抗,最后根据短路回路总电抗便可求出短路电流值。详细程序如下。

9.4.1 作计算电路图

短路电流的计算电路图以计算短路点周围电力网的电气接线图为基础,省去其中与计算短路电流无关的设备,基本上只保留发电机(或调相机)、变压器、线路及电抗器四类阻抗元件,同时保持其连接顺序;再就近标注各元件的设计文字符号、计算编号及有关参数;并根据计算目的,在图中标出计算短路点。计算电路图如图 9-3 所示。

在计算电路图中,各级电网电压用平均额定电压代替,并标注在各级母线上(如图 9-3 中有 37 kV 和 6.3 kV)。同时,将接在同一级电压等级上的所有元件(电抗器除外)的额定电压也都以平均额定电压代替。所谓平均额定电压是电力网首末两端额定电压的平均值。采用平均额定电压代替电网电压可使短路计算大为简化,各级平均额定电压分别为 0.23 kV、0.4 kV、3.15 kV、6.3 kV、10.5 kV、37 kV、63 kV、115 kV、230 kV 等。

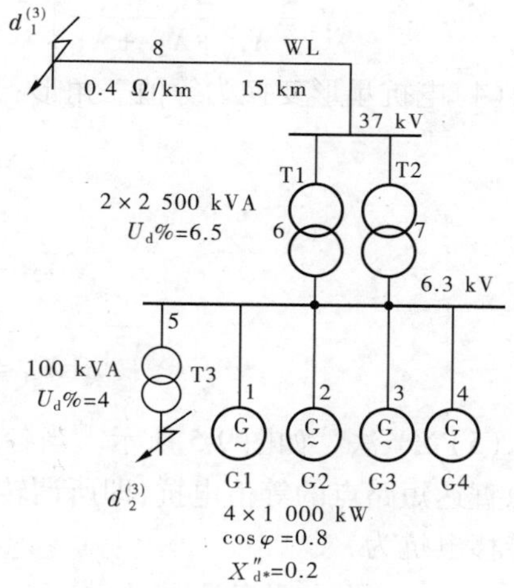

图 9-3 计算电路图举例

9.4.2 等值电路图

等值电路图是电源电流流向短路计算点的全部网络图。在短路电流计算中,对应一个短路计算点作一张等值电路图。在作等值电路图时,应将其中的变压器、线路、电抗器等全部抽象为电抗,用统一的电抗符号表示;将发电机表示为一电动势符号且与电抗符号串联。各元件的参数一律换算成电抗标幺基准值后,就近用分数的分母表示;分数的分子则表示元件的编号,并与计算电路图相一致。在电源电动势的符号旁只标注额定容量。这就是等值电路图。

9.4.3 等值电路图的化简

将初始等值电路图逐步进行等值变换,也就是逐步合并电抗,同时也合并部分电源,直到只有一个支路电源经一个支路总电抗至短路点的等值电路图。这一过程中主要是电抗的变换与合并,常采用以下几种方法。

(1)串联元件的等值电抗:

$$X = X_1 + X_2 + \cdots + X_n$$

(2)并联元件的等值电抗：

$$\frac{1}{X} = \frac{1}{X_1} + \frac{1}{X_2} + \cdots + \frac{1}{X_n}$$

(3)电抗三角形等值变换为星形。将图 9-4 中的三个互相接为△形的电抗 X_{12}、X_{23}、X_{31} 变换为三个互接为 Y 形的电抗 X_1、X_2、X_3 后，外线路上的电流与线间电压应保持不变。直接引用电工学公式有

$$\left.\begin{aligned} X_1 &= \frac{X_{12}X_{31}}{X_{12} + X_{23} + X_{31}} \\ X_2 &= \frac{X_{23}X_{12}}{X_{12} + X_{23} + X_{31}} \\ X_3 &= \frac{X_{31}X_{23}}{X_{12} + X_{23} + X_{31}} \end{aligned}\right\} \tag{9-14}$$

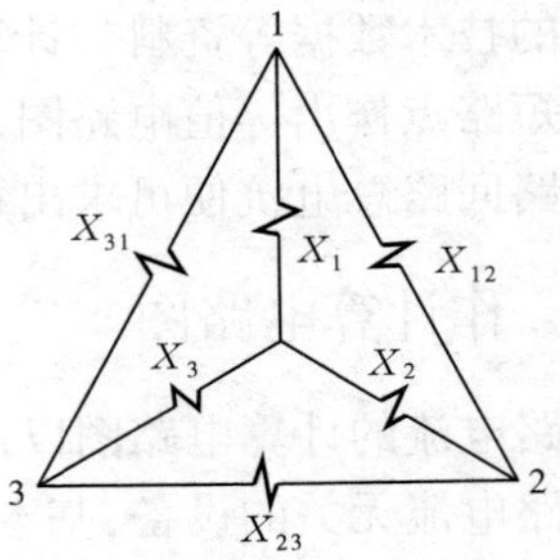

图 9-4　电抗的△→Y 等值变换

(4)电抗星形变换为等值三角形：

$$\left.\begin{aligned} X_{12} &= X_1 + X_2 + \frac{X_1X_2}{X_3} \\ X_{23} &= X_2 + X_3 + \frac{X_2X_3}{X_1} \\ X_{31} &= X_3 + X_1 + \frac{X_3X_1}{X_2} \end{aligned}\right\} \tag{9-15}$$

(5)ΣY 法。如图 9-5 所示。当各电源支路和短路点之间有公共电抗 X 时，为求出各电源直达短路点的等值电抗，即所谓转移电抗，可采用此法。直接引用电工学公式，各支路转移电抗为

$$\left.\begin{aligned} X_{1\mathrm{d}} &= X_1 X \Sigma Y \\ X_{2\mathrm{d}} &= X_2 X \Sigma Y \\ &\vdots \\ X_{n\mathrm{d}} &= X_n X \Sigma Y \end{aligned}\right\} \tag{9-16}$$

式中：$\Sigma Y = \dfrac{1}{X_1} + \dfrac{1}{X_2} + \cdots + \dfrac{1}{X_n} + \dfrac{1}{X}$。

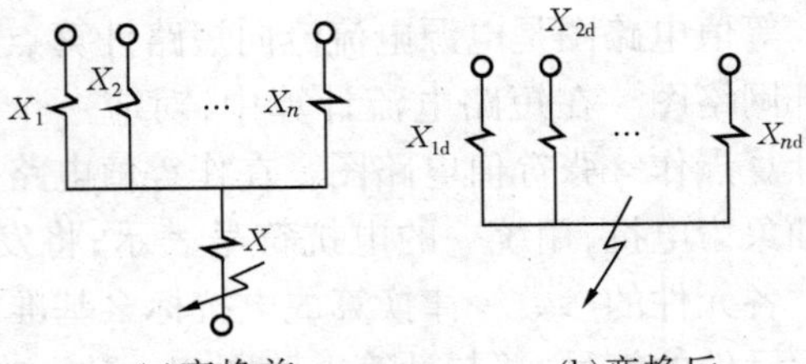

图 9-5　用 ΣY 法进行等值变换

【例 9-2】　试计算图 9-3 中 $d_1^{(3)}$ 点和 $d_2^{(3)}$ 点短路时短路回路总电抗的标幺值。

解：设 $S_\mathrm{j} = 100$ MVA，$U_\mathrm{j} = U_\mathrm{p}$。

$d_1^{(3)}$ 点短路时，其等值电路如图 9-6(a)、(b)、(c)所示。此时，变压器和线路的电抗均不在其短路回路中而不绘入。图 9-6(d)、(e)、(f)为同一计算电路图在 d_2 点短路时的等值电路图，其中不绘入变压器 T3 的电抗。

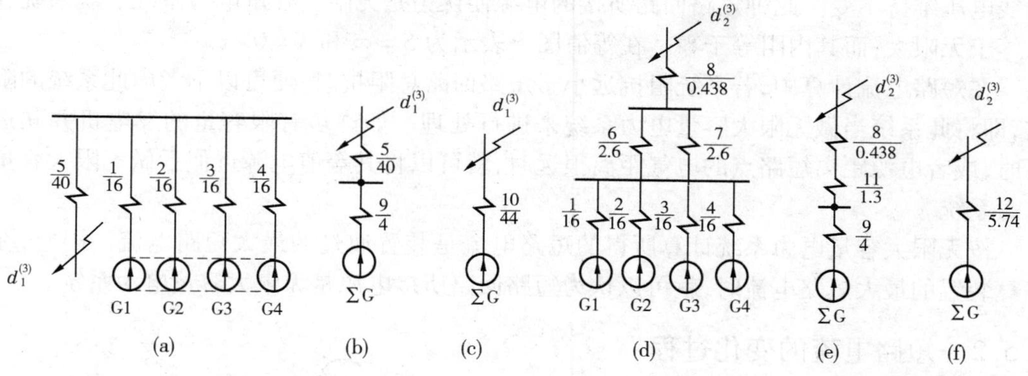

(a)、(b)、(c)—$d_1^{(3)}$ 的短路；(d)、(e)、(f)—$d_2^{(3)}$ 的短路

图 9-6　例 9-2 的等值电路

$$X_1 = X_2 = X_3 = X_4 = 0.2 \times \frac{100}{1/0.8} = 16$$

$$X_5 = \frac{4}{100} \times \frac{100}{0.1} = 40$$

$$X_9 = \frac{1}{4} \times 16 = 4$$

短路回路总电抗 $X_{10} = 4 + 40 = 44$。

$d_2^{(3)}$ 点短路的等值电路如图 9-6(d)、(e)、(f)所示。

$$X_6 = X_7 = \frac{6.5}{100} \times \frac{100}{2.5} = 2.6$$

$$X_8 = 0.4 \times 15 \times \frac{100}{37^2} = 0.438$$

$$X_{11} = \frac{1}{2} \times 2.6 = 1.3$$

短路回路总电抗 $X_{12} = 4 + 1.3 + 0.438 = 5.74$。

因高压电路的短路电流计算均采用标幺值，算式中电抗符号的脚码可只标编号而省略 *，如上例的 X_1、X_2 等。

9.5　无限大容量电力系统供电的三相短路

9.5.1　无限大容量电力系统的概念

实际的电力系统，它的容量和阻抗都有一定的数值。因此，在供电电路中的电流发生变动时，系统母线电压便相应地变动。系统发电机愈多，则系统内阻抗就愈小。这时若外电路元件的阻抗比系统内阻抗大得多，则当外电路中电流发生变动甚至出现短路时，系统出口母线电压变化甚微。在实用的短路计算中可忽略此电压的变动而近似认为系统出口母线电压维持不变。此种短路回路所接的电源便认为是无限大容量电力系统。既系统容量等于无限大,而其内阻等于零。在等值图上表示为 $S=\infty$ 和 $X=0$。

在短路电流计算中,若系统阻抗远小于短路回路总阻抗时,便可以不考虑此系统的阻抗,即将此系统当做无限大容量电力系统来进行处理。如许多有限容量的发电机并联运行时,或者电源距离短路点的电气距离很远时,就可以将其等值电源近似看做无限大容量电力系统。

按无限大容量电力系统计算所得的短路电流是装置通过的最大短路电流。因此,在估算装置的最大短路电流时,就可以认为短路回路所接电源是无限大容量电力系统。

9.5.2 短路电流的变化过程

现以图 9-7(a)为例,讨论由无限大容量电力系统供电的电路内发生三相短路时,短路电流的变化过程。因是对称短路,只画出一相电路。系统出口母线电压为相应电压级的平均额定电压。

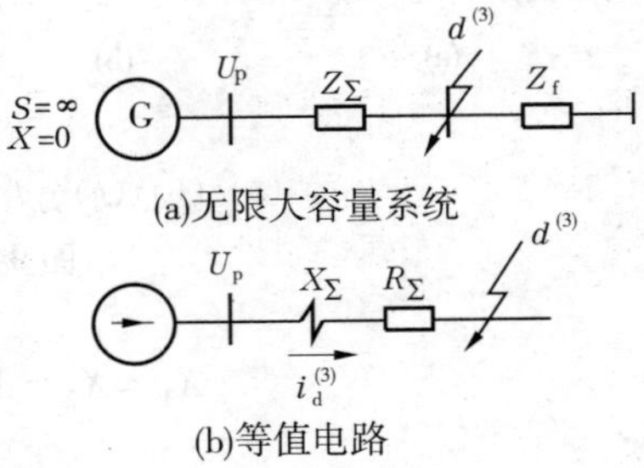

图 9-7 由无限大容量电力系统供电电路的三相短路

9.5.2.1 短路电流的解析式

正常运行情况下,电路中的负荷电流决定于系统母线电压 U_p、网络阻抗 Z_Σ 和负载阻抗 Z_f。当 $d^{(3)}$ 点发生三相短路时,整个电路的总阻抗突然减小到 Z_Σ,如等值电路图 9-7(b)所示。此时无穷大系统的出口母线电压不变,所以电路中的电流增大。

高压短路回路基本上是感性电路。由于电感电路内电流不能突变,在短路回路中将出现一暂态过程。假设短路前负荷电流为零,即在空载下发生三相金属性短路。这种情况即相当于恒定的正弦电势突然加到 $L—R$ 电路,将出现一暂态过程。现直接引用电工学公式,当系统某相电压为 $u=\frac{\sqrt{2}U_p}{\sqrt{3}}\sin(\omega t+\psi)$ 时,该相短路电流瞬时值为

$$i_d^{(3)}=\frac{\sqrt{2}U_p}{\sqrt{3}\sqrt{X_\Sigma^2+R_\Sigma^2}}\sin(\omega t+\psi-\phi)-\frac{\sqrt{2}U_p}{\sqrt{3}\sqrt{X_\Sigma^2+R_\Sigma^2}}\sin(\psi-\phi)\cdot e^{-\frac{R_\Sigma}{L_\Sigma}t}$$

式中 ψ——短路发生时刻相电势的相位;

ϕ——短路回路的阻抗角。

在实际高压短路回路中,ϕ 值接近于 90°,阻抗中的 R_Σ 与 X_Σ 相比小得多,可忽略不计。以 T_f 代替 L_Σ/R_Σ。若短路刚好发生在某相的 $\psi=0$ 时刻,得最大相短路电流的实用计算公式为

$$i_d^{(3)}=\sqrt{2}\frac{U_p}{\sqrt{3}X_\Sigma}\sin(\omega t-90°)+\sqrt{2}\frac{U_p}{\sqrt{3}X_\Sigma}e^{-\frac{t}{T_f}} \tag{9-17}$$

9.5.2.2 周期分量

由式(9-17)可见,短路电流中有一幅值恒定的正弦周期分量(第一项),其有效值可用欧姆定律直接求出,即

$$I_{dz}^{(3)} = \frac{U_p}{\sqrt{3} X_\Sigma} \tag{9-18}$$

两边同除以基准电流 $I_j = \frac{S_j}{\sqrt{3} U_j}$，并取 $U_j = U_p$，得标幺值

$$I_{dz*}^{(3)} = \frac{U_p}{\sqrt{3} X_\Sigma} \frac{\sqrt{3} U_p}{S_j} = \frac{1}{X_\Sigma} \frac{U_p^2}{S_j} = \frac{1}{X_{\Sigma *}} \tag{9-19}$$

式(9-19)与式(9-6)一致。

9.5.2.3 非周期分量

式(9-17)中的第二项是按指数规律衰减的非周期分量。假定短路前电路处于空载，电流等于零，由于电感电路的电流不能突变，短路开始时，必将出现一个非周期分量电流，它与 $t=0$ 时的周期分量瞬时值大小相等，方向相反，达到相互抵消，使电感电路的初始电流保持为零。出现的非周期分量电流将逐渐衰减至零，其衰减时间常数为

$$T_f = \frac{L_\Sigma}{R_\Sigma} = \frac{X_\Sigma}{314 R_\Sigma} \tag{9-20}$$

在主要是电感的高压短路回路中，T_f 的平均值取 0.05 s。非周期分量约经 $4T_f$ 即 0.2 s后便已基本衰减完毕。在电阻较大的电路中，非周期分量衰减得更快。非周期分量衰减到零后，短路的暂态过程结束，进入稳定状态。此时的短路电流称为稳态电流，其有效值记为 $I_\infty^{(3)}$，显然 $I_\infty^{(3)} = I_{dz}^{(3)}$。

对应式(9-17)的短路电流曲线如图 9-8 所示。图中可见，该相电势曲线 e 刚好过零时发生短路，产生短路电流周期分量 $i_{dz}^{(3)}$ 和非周期分量 $i_{dfz}^{(3)}$，二者叠加得总短路电流 $i_d^{(3)}$。

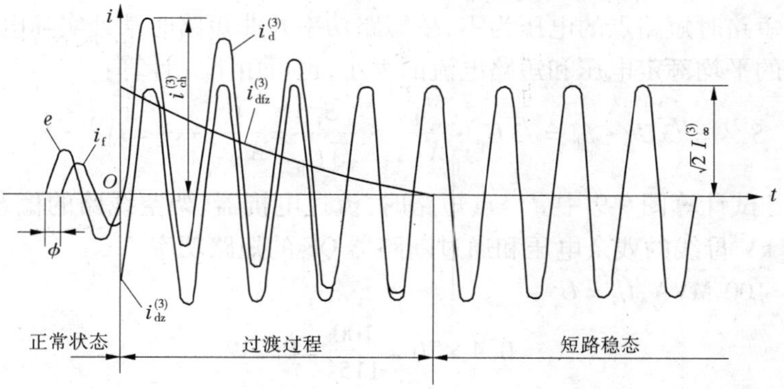

e—电源电势；$i_{dz}^{(3)}$—周期分量电流；$i_{dfz}^{(3)}$—非周期分量电流；$i_d^{(3)}$—总短路电流；i_f—正常负荷电流

图 9-8 无限大容量电力系统供电的三相短路电流曲线

9.5.2.4 冲击短路电流

由曲线可见，在短路后半个同期即 0.01 s 瞬间，总短路电流达到最大数值，略小于周期分量振幅的两倍，称为冲击短路电流，记为 $i_{ch}^{(3)}$。其值为

$$i_{ch}^{(3)} = \sqrt{2} I_{dz}^{(3)} + \sqrt{2} I_{dz}^{(3)} e^{-\frac{0.01}{T_f}} = \sqrt{2} I_{dz}^{(3)} (1 + e^{-\frac{0.01}{T_f}}) = \sqrt{2} K_{ch} I_{dz}^{(3)} \tag{9-21}$$

$$K_{ch} = 1 + e^{-\frac{0.01}{T_f}} \tag{9-22}$$

K_{ch}称为冲击系数。当取 $T_f=0.05\ s$,$K_{ch}=1.8$ 时,则

$$i_{ch}^{(3)}=2.55I_{dz}^{(3)} \tag{9-23}$$

在短路开始时,三相电势处于不同相位 ψ。上述分析假定某相 $\psi=0$,该相的冲击短路电流值最大。其他两相也在同时出现冲击短路电流,但数值较小。这种情况下的短路(短路时某相 $\psi=0$),是最严重的短路,所以将以此作为计算短路电流的计算条件。

9.5.3 母线残余电压

在继电保护装置的整定计算中,常要计算短路点以前某一母线的残余电压。三相短路时短路点电压为零。距短路点电抗为 X 的母线残余电压即为该电抗上的三相电压降。达到稳态时的残余电压数值为

$$\left.\begin{aligned}&\text{用有名值定义}\quad U^{(3)}=\sqrt{3}I_{\infty}^{(3)}\cdot X\\&\text{用标幺值定义}\quad U_*^{(3)}=\frac{U^{(3)}}{U_j}=\frac{\sqrt{3}I_{\infty}^{(3)}\cdot X}{\sqrt{3}I_j\cdot X_j}=I_{\infty *}^{(3)}\cdot X_*\end{aligned}\right\} \tag{9-24}$$

$$U^{(3)}=U_*^{(3)}\cdot U_p \tag{9-25}$$

9.5.4 短路功率

系统发生短路时,某点的短路功率可按下式计算:

$$S_d^{(3)}=\sqrt{3}U_p\cdot I_{dz} \tag{9-26}$$

式中 U_p——某点电路的平均额定电压,kV;

I_{dz}——通过某点的短路电流周期分量,kV。

由于三相短路时短路点的电压为零,故短路功率并非短路时某处实际电功率,它用来综合反映电路的平均额定电压和短路电流的大小,也可由下式计算:

$$S_d^{(3)}=\sqrt{3}U_p\cdot I_{dz}=\sqrt{3}U_p\cdot\frac{1}{X_{\Sigma *}}\cdot\frac{S_j}{\sqrt{3}U_p}=\frac{1}{X_{\Sigma *}}\cdot S_j=I_{dz*}^{(3)}\cdot S_j \tag{9-27}$$

【例 9-3】 试计算图 9-9 中 $d^{(3)}$ 点短路时,流过电抗器、架空线路的稳态短路电流和冲击电流,6.3 kV 母线的残余电压和通过断路器 QF 的短路功率。

解:取 $S_j=100$ MVA,$U_j=U_p$。

$$X_1=0.4\times70\times\frac{100}{115^2}=0.212$$

$$X_2=X_3=\frac{10.5}{100}\times\frac{100}{20}=0.525$$

$$X_4=\frac{4}{100}\times\frac{6}{\sqrt{3}\times0.3}\times\frac{100}{6.3^2}=1.16$$

$$X_5=0.212+\frac{1}{2}\times0.525+1.16=1.634$$

流过电抗器的稳态短路电流和冲击电流分别为

$$I_{\infty L}^{(3)}=\frac{1}{X_5}\cdot I_j=\frac{1}{1.634}\times\frac{100}{\sqrt{3}\times6.3}=5.61(\text{kA})$$

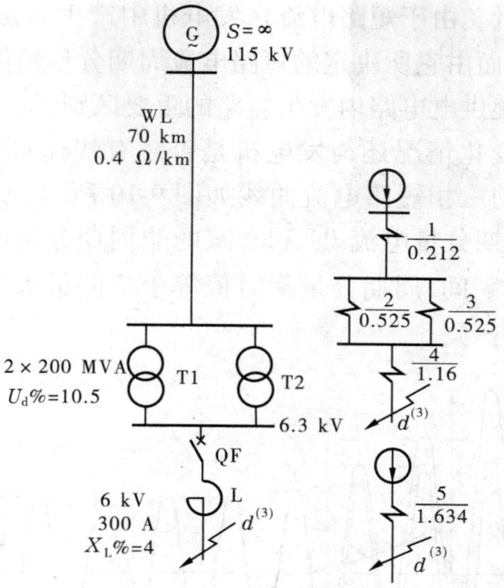

图 9-9　例 9-3 的电路

$$i_{chL}^{(3)} = 2.55 \times 5.61 = 14.3(\text{kA})$$

流过架空线路的稳态短路电流和冲击电流分别为

$$I_{\infty w}^{(3)} = \frac{1}{X_5} \cdot I_j = \frac{1}{1.634} \times \frac{100}{\sqrt{3} \times 115} = 0.31(\text{kA})$$

$$i_{chw}^{(3)} = 2.55 \times 0.31 = 0.79(\text{kA})$$

6.3 kV 母线的残余电压为

$$U^{(3)} = I_{\infty *}^{(3)} \cdot X_* \cdot U_p = \frac{1}{1.634} \times 1.16 \times 6.3 = 4.47(\text{kV})$$

通过断路器 QF 的短路功率

$$S_d^{(3)} = \sqrt{3} \times 6.3 \times 5.61 = 61.21(\text{MVA})$$

或

$$S_d^{(3)} = \frac{1}{1.634} \times 100 = 61.20(\text{MVA})$$

由于计算短路功率用的是 6.3 kV,而不是残余电压 4.47 kV,所以短路功率是个假定值。

9.6　发电机供电电路的三相短路

电力系统中的短路,在很多情况下,供电系统母线电压要下降。因此,不能将供电电源视为无限大容量电力系统,而应看成是一个有限容量的等值发电机。

9.6.1　短路电流曲线

假设短路前发电机处于空载,某相电势过零时突然发生三相短路,其短路电流包含周期分量和最大的非周期分量。由于短路电流在发电机中产生去磁电枢反应，使得发电机的端电压是一个变化值，因而由它所决定的短路电流周期分量幅值或有效值也随之变化，这是与无限大容量电力系统供电电路内发生短路的重要区别。

短路电流周期分量的变化情况还与发电机是否装有快速自动电压调整器(ZLT)有关。无自动电压调整器时的三相短路电流曲线如图 9-10 所示。某相电势(曲线 e)过零时发生短路，产生衰减的周期分量电流 $i_{dz}^{(3)}$ 和衰减的非周期分量电流 $i_{dfz}^{(3)}$，二者叠加得总短路电流 $i_{d}^{(3)}$。短路开始的瞬间，周期分量瞬时值等于负的最大值 $i_{dzm}^{(3)}$，非周期分量等于正最大值 $i_{dfzm}^{(3)}$，二者之和等于零。

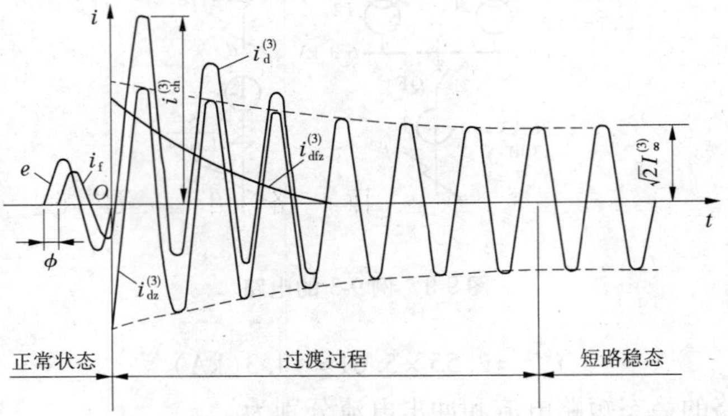

图 9-10　无 ZLT 的发电机供电的三相短路电流曲线

目前，发电机一般均装有自动电压调整器。当发电机电压变动时，电压调整器能自动调节励磁电流，维持发电机电压在规定范围内。发生短路时，发电机端电压突然下降，由于自动电压调整器有一定的电磁惯性，又因励磁回路有较大电感，励磁电流不会立即增大。因此，在短路发生后的短时间内，周期分量的变化与没有自动电压调整器的相同。约在 0.2 s 后，随着励磁电流的增大，周期分量也逐渐增大，最后过渡到稳定值 $I_{\infty}^{(3)}$，其幅值为$\sqrt{2}I_{\infty}^{(3)}$，如图 9-11 所示。

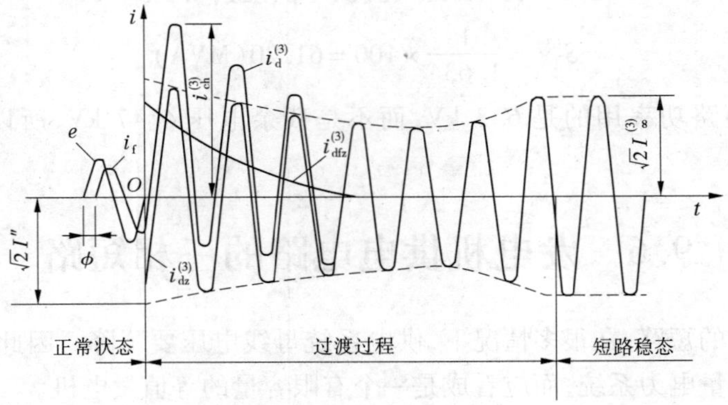

图 9-11　有 ZLT 的发电机供电的三相短路电流曲线

非周期分量产生的原因和变化规律与发电机有无自动电压调整器无关，且与无穷大容量电力系统供电的三相短路的非周期分量相同。

9.6.2 周期分量电流振幅值的变化

周期分量电流的振幅值由短路初始值 I''_m 逐渐衰减到稳态值 $\sqrt{2}I_\infty^{(3)}$。这是由于在短路过程中发电机的电枢反应使定子电势逐渐减小。这一过程可参见图 9-12 的原理示意图。图 9-12 中设发电机无自动电压调整器,因而励磁电流 I_L 及其产生的主磁通 ϕ_L 在短路过程中维持不变。发电机在短路前处于空载状态。当经外接电抗 X_w 发生三相短路时,在定子回路内突然产生三相短路电流 $i_d^{(3)}$,其三相感性周期分量 $i_{dz}^{(3)}$ 突然形成一个同步旋转的电枢磁势,试图产生直轴去磁电枢反应磁通 ϕ_d。ϕ_d 与主磁通 ϕ_L 具有相同磁路,穿过发电机气隙后与转子绕组(有的发电机还有阻尼绕组)相链。由于转子绕组有较大的电感,其磁通链不能突变,故在短路初始瞬间必然感生出一个附加电流(又叫自由电流)i_{fL},与原励磁电流 I_L 方向相同。它产生的附加磁通 ϕ_{fL} 抵消了初始电枢反应磁通 ϕ_d,使发电机在短路初始瞬间的气隙总磁通保持不变,因而短路开始时刻发电机电势也保持不变。

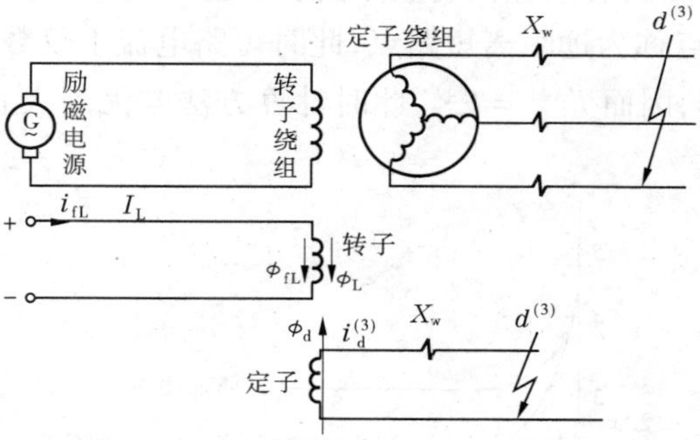

图 9-12 无 ZLT 的发电机在外电路短路时的电枢反应过程

假如励磁回路等没有电阻,自由电流产生后将永远存在下去。但实际上它们都有电阻,自由电流将按指数曲线衰减,衰减速度决定于转子电路的时间常数 L/R。时间常数愈大,衰减得愈慢。随着自由电流 i_{fL} 的衰减,磁通 ϕ_{fL} 也逐渐减小,最后趋于零。

图 9-13 所示为短路过程中励磁绕组电流变化的情形。在短路前后,因无自动电压调整器,励磁电流 I_L 保持不变。自由电流则由初始值 I_{fLo} 逐渐衰减至零。自由电流脉动的原因是:定子的三相非周期分量在空间产生一方向恒定的磁通,同步旋转的转子绕组切割此磁通而感应出一交变的电势。

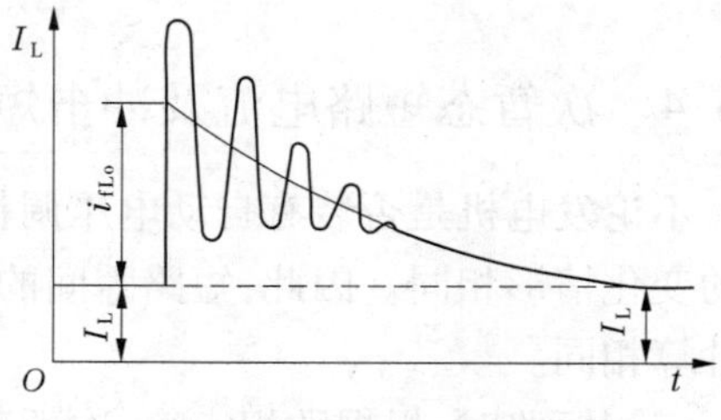

图 9-13 无 ZLT 的发电机在外电路短路时励磁绕组中电流的变化

短路电流周期分量,在短路后 $t=0$ 时刻的振幅值记为 $I''^{(3)}_m$,其有效值记为 $I''^{(3)}$,称为次暂态短路电流。稳定后的振幅值记为 $I_{m\infty}^{(3)}$,其有效值记为 $I_\infty^{(3)}$,叫做稳态短路电流。

9.6.3 计算电抗对周期分量有效值的影响

短路电流周期分量有效值的大小及变化过程,不仅与发电机是否装有自动电压调整器有关,而且还与短路点至发电机的电距离有关。电距离愈大,发电机端电压下降愈小,周期分量有效值变化愈小;反之愈大。

电距离的大小可用计算电抗 X_{js*} 表示。发电机短路回路的计算电抗,是以发电机的总容量 $S_{G\Sigma}$ 作基准时,短路回路总电抗的标幺值

$$X_{js*}=X_{\Sigma*j}\frac{U_j^2}{S_j}\bigg/\frac{U_p^2}{S_{G\Sigma}}=X_{\Sigma*j}\cdot\frac{S_{G\Sigma}}{S_j} \tag{9-28}$$

式中 $X_{\Sigma*j}$——短路回路总电抗标幺基准值;

$S_{G\Sigma}$——短路回路的发电机总容量,MVA。

图 9-14 所示为不同的计算电抗 X_{js*} 时,周期分量有效值的变化曲线。当 X_{js*} 较小,即短路点离发电机的电距离较近时,如曲线 1 和 2 所示,周期分量的次暂态值 $I''^{(3)}$ 很大,电枢去磁反应造成周期分量的衰减也很明显。曲线 2 至 5 相应于发电机装有自动电压调整器。$X_{js*}>3.45$的短路点称为远距离短路点,此时短路电流不仅数值较小,且无明显的衰减和自动电压调整过程,因而 $I''^{(3)}=I_{\infty}^{(3)}$,此时计算方法与无限大容量电力系统供电的三相短路相同。

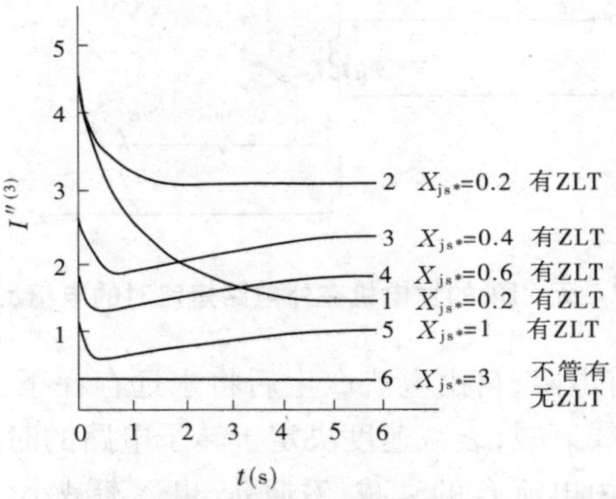

图 9-14 不同 X_{js*} 值时短路电流周期分量有效值的变化

9.6.4 次暂态短路电流及冲击短路电流的计算

不论发电机是否装有自动电压调整器,在短路初始瞬间及以后的几个周期内,短路电流的变化情形相同。因此,短路瞬间的次暂态短路电流、次暂态短路功率及冲击短路电流的计算相同。

三相短路时,根据欧姆定律,次暂态短路电流为

$$I''^{(3)}=\frac{E''}{\sqrt{3}\,(X''_d+X_w)}=\frac{E''}{\sqrt{3}X_\Sigma} \tag{9-29}$$

式中 E''——发电机次暂态电势;

X''_d——发电机次暂态电抗;

X_w——从发电机端至短路点的外接电抗。

发电机的次暂态电势,可近似用下式计算:

$$E'' = U_{Ge} + \sqrt{3} I_{Ge} \cdot X''_d \sin\phi = KU_p \tag{9-30}$$

式中 U_{Ge}——发电机额定电压,等于发电机的平均额定电压 U_p。

I_{Ge}——发电机的额定电流。

ϕ——短路前电流与电压之间的相位角。

K——考虑发电机内部阻抗压降的比例系数。汽轮发电机的内部电抗值较小,可忽略其影响而取 $K=1$;对水轮发电机,当 $X_{js*}>1$ 时,取 $K=1$,当 $X_{js*}\leqslant 1$ 时,可按表 9-4 取值。

表 9-4　水轮发电机电压计算系数 *K* 值

计算电抗 X_{js*}	0.20	0.27	0.30	0.40	0.50	0.75	1.00
无阻尼绕组	—	1.16	1.14	1.10	1.07	1.05	1.03
有阻尼绕组	1.11	1.07	1.07	1.05	1.03	1.02	1.00

将式(9-30)的 E'' 值代入式(9-29),得三相次暂态短路电流和次暂态短路功率为

$$\left.\begin{aligned} I''^{(3)} &= \frac{K \cdot U_p}{\sqrt{3} X_\Sigma} \\ S''^{(3)}_d &= \sqrt{3} U_p \cdot I''^{(3)} = K \cdot \frac{U_p^2}{X_\Sigma} \end{aligned}\right\} \tag{9-31}$$

用标幺值计算为

$$\left.\begin{aligned} I''^{(3)}_* &= \frac{K \cdot U_p}{\sqrt{3} X_\Sigma} \cdot \frac{\sqrt{3} U_p}{S_j} = \frac{K}{X_\Sigma} \cdot \frac{U_p^2}{S_j} = \frac{K}{X_{\Sigma *}} \\ S''^{(3)}_{d*} &= \sqrt{3} U_p \cdot \frac{K}{X_{\Sigma *}} \cdot \frac{S_j}{\sqrt{3} U_p} = \frac{K}{X_{\Sigma *}} \cdot S_j \end{aligned}\right\} \tag{9-32}$$

三相中的最大相冲击短路电流为

$$i^{(3)}_{ch} = \sqrt{2} K_{ch} \cdot I''^{(3)} \tag{9-33}$$

实用短路计算中,对发电机机端取 $K_{ch}=1.9$,对发电厂高压配电装置母线取 $K_{ch}=1.85$,远离发电厂时取 $K_{ch}=1.8$,则冲击短路电流分别为

$$\left.\begin{aligned} &\text{发电机机端} && i^{(3)}_{ch} = \sqrt{2} \times 1.9 I''^{(3)} = 2.7 I''^{(3)} \\ &\text{发电厂高压配电装置母线} && i^{(3)}_{ch} = \sqrt{2} \times 1.85 I''^{(3)} = 2.6 I''^{(3)} \\ &\text{远离发电厂} && i^{(3)}_{ch} = \sqrt{2} \times 1.8 I''^{(3)} = 2.55 I''^{(3)} \end{aligned}\right\} \tag{9-34}$$

计算任一时刻的短路电流周期分量有效值,常利用运算曲线法,将在下一节中讨论。

9.6.5　短路电流的总有效值与冲击电流有效值

在进行电气设备的选择校验时,用到任一时刻的短路电流(包括周期分量和非周期

分量)有效值 I_t 和冲击电流有效值 I_{ch}。

I_t 是指以 t 时刻为中心的一周期内各瞬时电流的均方根值,即

$$I_t = \sqrt{\frac{1}{T}\int_{t-\frac{T}{2}}^{t+\frac{T}{2}} i_{dt}^2 \cdot dt} \tag{9-35}$$

由于周期分量振幅值是变化的,近似假定在一周期内维持不变等于 t 时刻的振幅值 $\sqrt{2}I_{zt}$,则在该周期内,周期分量电流 $i_{dzt}=\sqrt{2}I_{zt}\sin(\omega t-\frac{\pi}{2})$;非周期分量也近似以该周期中的值即 t 时刻的数值 I_{fzt} 代替,由此可得

$$i_{dt} = \sqrt{2}I_{zt}\sin(\omega t - \frac{\pi}{2}) + I_{fzt}$$

代入式(9-35),得

$$I_{dt} = \sqrt{\frac{1}{T}\int_{t-\frac{T}{2}}^{t+\frac{T}{2}} [\sqrt{2}I_{zt}\sin(\omega t - \frac{\pi}{2}) + I_{fzt}]^2 dt} = \sqrt{I_{zt}^2 + I_{fzt}^2} \tag{9-36}$$

式(9-36)表明,任一时刻短路电流的总有效值等于该时刻的周期分量有效值与非周期分量瞬时值的平方和再开平方。

冲击短路电流有效值即为 $t=0.01$ s 时的短路电流总有效值。近似计算取该时刻周期分量有效值为 I'',故有

$$I_{ch} = \sqrt{I''^2 + (\sqrt{2}I''e^{-\frac{0.01}{T_f}})^2} = I''\sqrt{1+2(K_{ch}-1)^2} \tag{9-37}$$

对应不同的冲击系数,冲击电流有效值分别为

$$\left.\begin{array}{ll} K_{ch}=1.9 & I_{ch}=1.62I'' \\ K_{ch}=1.85 & I_{ch}=1.56I'' \\ K_{ch}=1.8 & I_{ch}=1.52I'' \end{array}\right\} \tag{9-38}$$

9.7 用运算曲线法计算短路电流

9.7.1 运算曲线

计算发电机供电电路在短路过程中任何时刻的短路电流周期分量,可用运算曲线。发电机供电电路三相短路时,任一时刻 t 的短路电流周期分量有效值 $I_{zt}^{(3)}$ 可根据欧姆定律,由下式决定

$$I_{zt}^{(3)} = \frac{E_t}{\sqrt{3}(X_d'' + X_w)} \tag{9-39}$$

式中 E_t 是任一时刻 t 的发电机电势,E_t 随时间变化。因为确定 E_t 很复杂,故实用计算中,计算 $I_{zt}^{(3)}$ 用运算曲线。运算曲线是表示三相短路过程中,短路点在不同时刻的短路电流的周期分量有效值的标幺值 $I_{zt*}^{(3)}$,与短路回路计算电抗 X_{js*} 之间的函数关系,即 $I_{zt*}^{(3)}=f(t,X_{js*})$。运算曲线考虑了各类发电机的基本特点,利用运算曲线计算短路电流周期分量,可以得到必要的准确度。运算曲线也可以制成运算曲线数字表,供短路电流计算使

用,水轮发电机和汽轮发电机运算曲线数字表见附录1。

所有运算曲线只作到 $X_{js*}=3.45$。当 $X_{js*}>3.45$ 时,$I_{zt*}^{(3)}$ 随时间变化极小,此时有 $I_{zt*}^{(3)}=I''^{(3)}_{*}=I_{\infty*}^{(3)}=\dfrac{1}{X_{js*}}$,即可按无限大容量电力系统供电的计算方法处理。曲线只作到 $t=4$ s,这时短路过程实际上已经进入稳定状态,所以 $I_{\infty*}=I_{z4*}$。

利用运算曲线计算短路电流周期分量的方法有两种,第一种是同一变化法;第二种是个别变化法。

9.7.2 同一变化法计算短路电流

当系统中各电源的性质相同,且各电源到短路点电距离接近时,可以将所有电源合并为一个等效电源,这种方法称为同一变化法。

同一变化法的计算步骤如下:

(1)根据计算电路作出等值电路图。

(2)网络简化。在简化等值电路过程中,合并电源,求出短路回路总电抗 $X_{\Sigma*}$。

(3)由短路回路总电抗 $X_{\Sigma*}$ 换算出计算电抗 X_{js*}($X_{js*}=X_{\Sigma*}\cdot\dfrac{S_{G\Sigma}}{S_j}$),根据相应的运算曲线,查出不同时刻短路电流的周期分量有效值的标幺值 $I_{zt*}^{(3)}$。次暂态短路电流 $I''^{(3)}_{*}$ 的值查 $t=0$ 的曲线;稳态短路电流 $I_{\infty*}^{(3)}$ 的值查 $t=4$ s 的曲线;当 $X_{js*}>3.45$ 时,可按无限大容量电力系统供电的计算方法处理,即 $I_{zt*}^{(3)}=\dfrac{1}{X_{js*}}$。

(4)任一时刻 t 的短路电流的周期分量有名值 $I_{zt}^{(3)}$,可用下式求得:

$$\left.\begin{aligned} I_{zt}^{(3)} &= I_{zt*}^{(3)} I_{G\Sigma} \\ I_{G\Sigma} &= \frac{S_{G\Sigma}}{\sqrt{3}\,U_p} \end{aligned}\right\} \tag{9-40}$$

式中 $S_{G\Sigma}$——合并电源容量,MVA;

$I_{G\Sigma}$——合并电源的额定电流,kA;

U_p——短路点所在电压级的平均额定电压,kV。

(5)根据选择电气设备的需要,通常计算短路电流的下列各值:$I''^{(3)}$、$I_{z0.1}^{(3)}$、$I_{z0.2}^{(3)}$、$I_{z1}^{(3)}$、$I_{z2}^{(3)}$、$I_{z4}^{(3)}$、$I_{zt}^{(3)}$、$i_{ch}^{(3)}$、$I_{ch}^{(3)}$ 和 $S''^{(3)}_{d}$。

最后,将所得数值填入短路电流计算成果表。

9.7.3 个别变化法计算短路电流

当电力系统中发电机的类型及与短路点的电距离不同时,这些电源供给短路点的短路电流周期分量的变化规律是不相同的,如仍按同一变化法计算短路电流,其结果会与实际的短路电流大有出入。为了得到正确的结果,应考虑各电源短路电流的变化不同而分别进行计算,这种计算方法称为个别变化法。其计算步骤如下:

(1)将电源分组,分组的方法是:一般将所有发电机按其类型及距离短路点的远近分为几组,复杂电路分为两个或三个组便够了。每组发电机用一个容量等于该组所有发电机额定容量之和的等值电源代替。将发电机分组时，宜将与短路点直接相连的同型发电机并为一组，与短路点距离差别较小的同型发电机并为另一组。如有无限大容量系统，因为它供给的短路电流周期分量不变，所以将它单独作为一个电源。

(2)对每一组电源分别按上述同一变化法的计算步骤进行计算。但在简化网络中会出现以下情况：

①分组电源支路与短路点直接相连，如图 9-15(a)所示。这种情况下要注意，每一支路的计算电抗，应是以该支路发电机总容量为基准容量的标幺值。其计算电抗分别是：

$$\left.\begin{aligned} X_{1js*} &= X_1 \cdot \frac{S_{\Sigma 1}}{S_j} \\ X_{2js*} &= X_2 \cdot \frac{S_{\Sigma 2}}{S_j} \end{aligned}\right\} \tag{9-41}$$

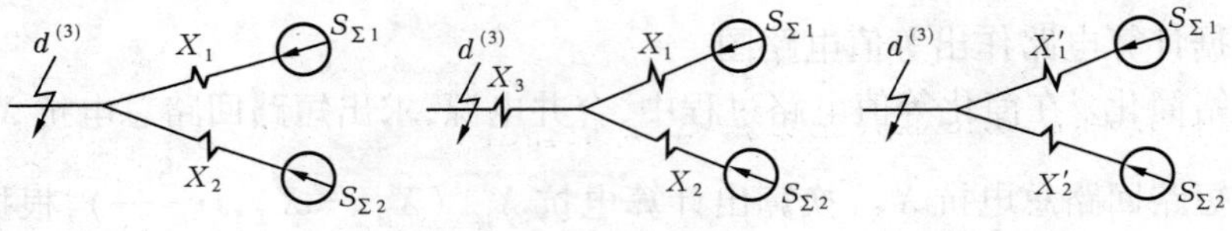

图 9-15　按个别变化法计算短路电流的电路

②各分组电源支路经公共电抗与短路点相连，如图 9-15(b) 所示。此时须先将电路变换成各分组电源支路与短路点直接相连，如图 9-15(c) 所示。其转移电抗 X'_1 和 X'_2 可由星形变三角形的方法或 ΣY 法求得。接在电源 $S_{\Sigma 1}$ 和电源 $S_{\Sigma 2}$ 之间的电抗不考虑，因为它不影响短路点的短路电流。

(3)将每一组电源支路求出的短路电流等数据直接按算术加法求和，即得短路点的总的短路电流。

个别变化法计算短路电流，考虑了发电机类型、容量等因素对短路电流周期分量的影响，因而计算结果比较准确，同时个别变化法可以得到各电源支路向短路点提供的短路电流，为电气设备的选择、继电保护整定提供数据，因而在实际工程中经常应用。

【例 9-4】　网络的计算电路图如图 9-16 所示。求 $d_1^{(3)}$ 点短路时的有关数值：I''、$I_{z0.2}$、I_{z1}、I_{z2}、I_{z4}、i_{ch}、I_{ch} 和 S''_d，并将结果列入短路电流计算成果表(取 $K_{ch}=1.8$)。

解：取 $S_j = 100$ MVA，$U_j = U_p$。各元件的电抗标幺值为

$$X_1 = X_2 = X_3 = X_4 = 0.2 \times \frac{100}{1/0.8} = 16$$

$$X_5 = X_6 = \frac{6.5}{100} \times \frac{100}{2.5} = 2.6$$

$$X_7 = X_8 = 0.2 \times \frac{100}{2/0.8} = 8$$

$$X_9 = \frac{7}{100} \times \frac{100}{5} = 1.4$$

$$X_{10} = 0.4 \times 10 \times \frac{100}{37^2} = 0.292$$

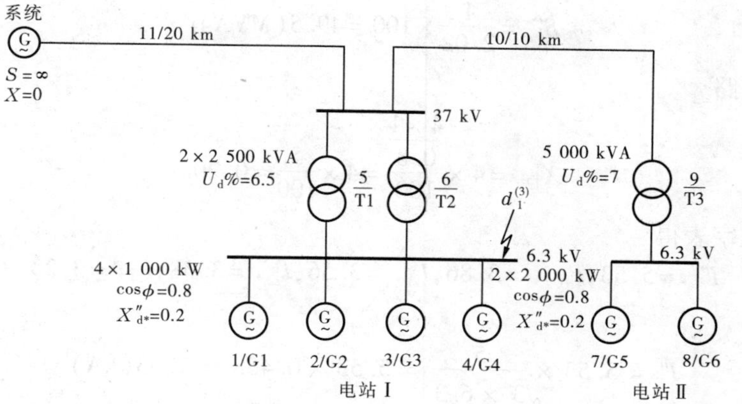

图 9-16　例 9-4 的计算电路

$$X_{11}=0.4\times 20\times \frac{100}{37^2}=0.584$$

采用分组电源法，将电源分为系统、电站 I 和电站 II 三组，等值电路图及其简化变换如图 9-17 所示。与其相伴进行的电抗变换与合并为

$$X_{12}=\frac{1}{4}\times 16=4$$

$$X_{13}=\frac{1}{2}\times 2.6=1.3$$

$$X_{14}=\frac{1}{2}\times 8+1.4+0.292=5.69$$

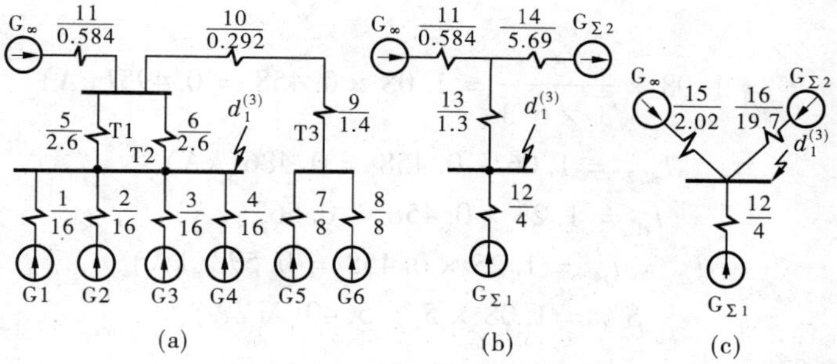

图 9-17　例 9-4 的等值电路

系统支路与电站 II 支路有公共电抗 X_{13}，如图 9-17(b)所示。转移阻抗

$$X_{15}=0.584+1.3+\frac{0.584\times 1.3}{5.69}=2.02$$

$$X_{16}=5.69+1.3+\frac{5.69\times 1.3}{0.584}=19.7$$

最终等值电路如图 9-17(c)所示。各分组电源支路的计算如下：

系统支路

$$I''=I_{zt}=\frac{1}{2.02}\times\frac{100}{\sqrt{3}\times 6.3}=4.54(\text{kA})$$

$$S''_{d}=\frac{1}{2.02}\times 100=49.5(\mathrm{MVA})$$

电站Ⅰ支路

$$X_{12js}=4\times\frac{\frac{4\times 1}{0.8}}{100}=4\times\frac{5}{100}=0.20$$

查运算曲线数字表得

$$I''_{*}=5.53, I_{z0.2*}=3.86, I_{z1*}=3.56, I_{z2*}=3.38, I_{z4*}=3.23$$

则有名值

$$I''=5.53\times\frac{5}{\sqrt{3}\times 6.3}=5.53\times 0.458=2.53(\mathrm{kA})$$

$$I_{z0.2}=3.86\times 0.458=1.77(\mathrm{kA})$$

$$I_{z1}=3.56\times 0.458=1.63(\mathrm{kA})$$

$$I_{z2}=3.38\times 0.458=1.55(\mathrm{kA})$$

$$I_{z4}=3.23\times 0.458=1.48(\mathrm{kA})$$

$$S''_{d}=5.53\times 5=27.7(\mathrm{MV})$$

电站Ⅱ支路

$$X_{16js}=19.7\times\frac{\frac{2\times 2}{0.8}}{100}=19.7\times\frac{5}{100}=0.985$$

查运算曲线数字表得

$$I''_{*}=1.08, I_{z0.2*}=1.06, I_{z1*}=1.23, I_{z2*}=1.25, I_{z4*}=1.25$$

则有名值

$$I''=1.08\times\frac{5}{\sqrt{3}\times 6.3}=1.08\times 0.458=0.495(\mathrm{kA})$$

$$I_{z0.2}=1.06\times 0.458=0.486(\mathrm{kA})$$

$$I_{z1}=1.23\times 0.458=0.563(\mathrm{kA})$$

$$I_{z2}=I_{z4}=1.25\times 0.458=0.573(\mathrm{kA})$$

$$S''_{d}=1.08\times 5=5.40(\mathrm{MVA})$$

短路点的叠加数据为

$$I''=4.54+2.53+0.495=7.57(\mathrm{kA})$$

$$I_{z0.2}=4.54+1.77+0.486=6.80(\mathrm{kA})$$

$$I_{z1}=4.54+1.63+0.563=6.73(\mathrm{kA})$$

$$I_{z2}=4.54+1.55+0.573=6.66(\mathrm{kA})$$

$$I_{z4}=4.54+1.48+0.573=6.59(\mathrm{kA})$$

$$i_{ch}=2.55\times 7.57=19.3(\mathrm{kA})$$

$$I_{ch}=1.52\times 7.57=11.5(\mathrm{kA})$$

$$S''_{d}=49.5+27.7+5.40=82.6(\mathrm{MVA})$$

将上述结果填入短路电流计算成果表，如表 9-5 所示。

表 9-5 短路电流计算成果表

电源计算数据	1	短路点			d_1			
	2	平均额定电压		kV	6.3			
	3	电源名称			系统	电站Ⅰ	电站Ⅱ	合计
	4	电源种类				水轮发电机	水轮发电机	
	5	电源额定容量		MVA	∞	5	5	
	6	电源额定电流				0.458	0.458	
	7	转移电抗			2.02	4	19.7	
短路电流计算数据	8	计算电抗				0.2	0.985	
	9	$t=0$ s	标幺值 I''_*		0.495	5.53	1.08	
	10		有名值 I''	kA	4.54	2.53	0.495	7.57
	11	$t=0.2$ s	标幺值 $I_{z0.2*}$		0.495	3.86	1.06	
	12		有名值 $I_{z0.2}$	kA	4.54	1.77	0.486	6.80
	13	$t=1$ s	标幺值 I_{z1*}		0.495	3.56	1.23	
	14		有名值 I_{z1}	kA	4.54	1.63	0.563	6.73
	15	$t=2$ s	标幺值 I_{z2*}		0.495	3.38	1.25	
	16		有名值 I_{z2}	kA	4.54	1.55	0.573	6.66
	17	$t=4$ s	标幺值 $I_{\infty*}$		0.495	3.23	1.25	
	18		有名值 I_{∞}	kA	4.54	1.48	0.573	6.59
	19	冲击短路电流 i_{ch}		kA	11.6	6.45	1.26	19.3
	20	冲击短路电流有效值 I_{ch}		kA	6.90	3.85	0.75	11.5
	21	短路功率 S''_d		MVA	49.5	27.7	5.40	82.6

9.8 对称分量法在不对称短路计算中的应用

在不对称短路时，三相电路中各相电流的大小不相等，它们之间的相位也不相同，各相电压降也不对称。不对称短路的电流和电压，通常采用对称分量法进行计算。

9.8.1 对称分量法

对称分量法是指任何一组不对称三相系统的相量（电流、电压等），都可以分解成相序各不相同的三组对称的三相分量系统，即正序分量、负序分量和零序分量，如图 9-18 所示。如以 A 相为基准相，则不对称三相系统相量可由各个序分量系统的相量表示如下

$$\left.\begin{aligned}\dot{F}_{A} &= \dot{F}_{A1} + \dot{F}_{A2} + \dot{F}_{A0} \\ \dot{F}_{B} &= \dot{F}_{B1} + \dot{F}_{B2} + \dot{F}_{B0} = a^{2}\dot{F}_{A1} + a\,\dot{F}_{A2} + \dot{F}_{A0} \\ \dot{F}_{C} &= \dot{F}_{C1} + \dot{F}_{C2} + \dot{F}_{C0} = a\,\dot{F}_{A1} + a^{2}\dot{F}_{A2} + \dot{F}_{A0}\end{aligned}\right\} \tag{9-42}$$

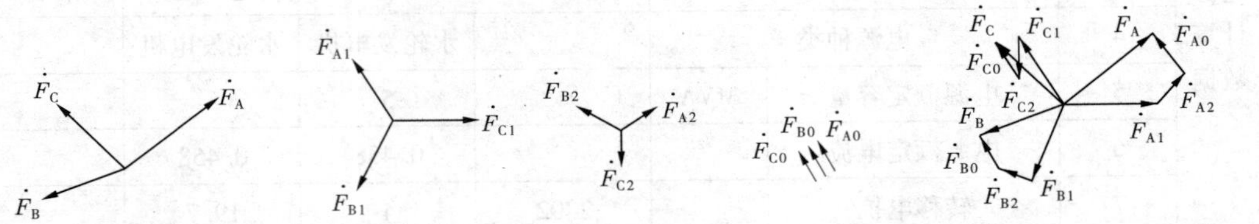

(a)不对称三相系统的相量　(b)正序分量　(c)负序分量　(d)零序分量　(e)序分量合成不对称分量

图 9-18　三相系统及序分量

联立方程式，可得基准相 A 相的对称分量

$$\left.\begin{aligned}\dot{F}_{A1} &= \frac{1}{3}(\dot{F}_{A} + a\,\dot{F}_{B} + a^{2}\dot{F}_{C}) \\ \dot{F}_{A2} &= \frac{1}{3}(\dot{F}_{A} + a^{2}\dot{F}_{B} + a\,\dot{F}_{C}) \\ \dot{F}_{A0} &= \frac{1}{3}(\dot{F}_{A} + \dot{F}_{B} + \dot{F}_{C})\end{aligned}\right\} \tag{9-43}$$

式中：a 为对称分量法中专用的运算符号，是一个复数，其模为 1，幅角为 120°，即

$$a = e^{j120^\circ} = \cos 120^\circ + j\sin 120^\circ = -\frac{1}{2} + j\frac{\sqrt{3}}{2}$$

式中：$j = \sqrt{-1}$，并有 $j^2 = -1$；$j^3 = -j = \frac{1}{j}$；$j^4 = 1$。任一相量乘以运算符号 a 即相当于将该相量逆时针旋转 120°；乘以 a^2 相当于旋转 240°。

正序分量或负序分量的相量和为零，为对称平衡系统；零序分量相量和不为零，属对称但不平衡系统，即

$$\dot{F}_{A1} + \dot{F}_{B1} + \dot{F}_{C1} = \dot{F}_{A1} + a^{2}\dot{F}_{A1} + a\,\dot{F}_{A1} = \dot{F}_{A1}(1 + a^{2} + a) = 0$$

$$\dot{F}_{A2} + \dot{F}_{B2} + \dot{F}_{C2} = \dot{F}_{A2} + a\,\dot{F}_{A2} + a^{2}\dot{F}_{A2} = \dot{F}_{A2}(1 + a + a^{2}) = 0$$

$$\dot{F}_{A0} + \dot{F}_{B0} + \dot{F}_{C0} = 3\dot{F}_{A0}$$

不平衡系统的条件是

$$\dot{F}_{A} + \dot{F}_{B} + \dot{F}_{C} \neq 0$$

在中性点不接地或无中线的三相电路中，相电流之和等于零，相电流不含零序分量。不平衡系统中三相电流之和等于其零序分量的 3 倍，并通过中线或中性点接地。可见中线或中性点接地线是零序分量的通道。

9.8.2　各序电压基本方程

9.8.2.1　各序电压方程

当发生不对称短路时，由于其正序、负序和零序三组分量属于对称系统，都能满足欧

姆定律和克希荷夫定律。因此,正序、负序和零序电流只产生相应的正序、负序和零序电压降。这是个很重要的性质。对于对称电路,能够采用对称分量法来分析不对称短路就是基于这个性质。

各序电流通过同一元件所遇到的电抗可能大不相同(见9.9节),设其分别为正序电抗X_1、负序电抗X_2和零序电抗X_0,则通过各序电流时,此元件两端电压的各序电压分量分别为

$$\left.\begin{aligned}\Delta\dot{U}_1 &= \mathrm{j}\dot{I}_1X_1\\ \Delta\dot{U}_2 &= \mathrm{j}\dot{I}_2X_2\\ \Delta\dot{U}_0 &= \mathrm{j}\dot{I}_0X_0\end{aligned}\right\} \tag{9-44}$$

9.8.2.2 各序网络

在发电机供电的电路中发生不对称短路时,从电源到短路点的电路中存在以下电压或电势:①由各序电流分量在发电机内部及外电路的各序电抗上产生的各序电压降;②发电机的正序综合相电势E,它只作用于正序分量系统,而与负序及零序系统无关;③短路点的三个相电压(短路点处各相对电源中性点的电压)或相对地电压分解而成的正序、负序与零序短路点电压分量系统。根据各序分量系统的独立存在原理,对从电源到短路点的短路回路分别写出各序分量的电压方程:

$$\left.\begin{aligned}\dot{U}_{d1} &= \dot{E} - \mathrm{j}\dot{I}_{d1}X_{1\Sigma}\\ \dot{U}_{d2} &= 0 - \mathrm{j}\dot{I}_{d2}X_{2\Sigma}\\ \dot{U}_{d0} &= 0 - \mathrm{j}\dot{I}_{d0}X_{0\Sigma}\end{aligned}\right\} \tag{9-45}$$

式中　$\dot{E}$——电源的综合相电势;

$\dot{I}_{d1}$、$\dot{I}_{d2}$、$\dot{I}_{d0}$——从电源至短路点的正序、负序和零序电流;

$X_{1\Sigma}$、$X_{2\Sigma}$、$X_{0\Sigma}$——包括电源和外电路的短路回路正序、负序和零序总电抗;

$\dot{U}_{d1}$、$\dot{U}_{d2}$、$\dot{U}_{d0}$——短路点电压的正序、负序和零序分量。

式(9-45)称为各序电压基本方程,由此可见,不对称短路是用对称分量法把一个不对称的三相系统分解为三个独立的对称三相系统来进行计算的。因此,以前所讨论的三相短路电流的计算方法,也将适用于不对称短路。但是,应该看到,每一个基本方程中存在2个未知数,还需另外寻找补充方程才能求解。

9.9 序阻抗和序网络图

9.9.1 各元件的各序电抗

用对称分量法计算不对称短路电流时,须知道网络中各元件的正序、负序和零序电抗。

9.9.1.1 正序电抗

在计算三相短路电流时所用的各元件电抗就是元件的正序电抗。因为三相短路电流

就是正序电流。

9.9.1.2 **负序电抗**

(1)静止电器如变压器、电抗器、架空线路及电缆线路等的负序电抗等于正序电抗。这是因为当三相电流改变相序时,这些元件的相与相之间的互感并不改变。

(2)同步电机的负序电抗一般不等于正序电抗。正序电流产生的磁场与转子同步旋转,而负序电流产生的磁场与转子方向相反,并相对转子有2倍的反向同步转速,因而这两种磁场的磁路不同,故电抗值也不等。同步电机的负序电抗值可由产品目录或手册查出。如缺少这些数据,也可采用下述平均值:

对汽轮发电机和有阻尼绕组的水轮发电机,$X_2 = 1.22X''_d$。在实用近似计算中可采用$X_2 \approx X''_d$。

对无阻尼绕组的水轮发电机,$X_2 = 1.45X''_d$。

9.9.1.3 **零序电抗**

各元件的零序电抗与元件本身的构造及零序电流通过的路径有关。

1. 同步电机

如果三相定子绕组在空间完全对称分布,则其零序电流产生的零序磁通之和为零。但实际上,由于定子绕组结构上的特点,三相不会完全对称布置,所以零序磁通虽小但总有一定数值,并与定子绕组的型式有关,无厂家数据时可取下列平均值:

无阻尼绕组的水轮发电机	$X_0 = 0.38X''_d$
有阻尼绕组的水轮发电机	$X_0 = 0.45X''_d$
容量50 MVA及以下的汽轮发电机	$X_0 = 0.52X''_d$

2. 电抗器

因电抗器各相线圈之间的距离较大,互感较小,故其零序电抗主要决定于各相线圈的自感。可近似地等于正序电抗,即$X_0 = X_1$。

3. 架空线路

架空线路的零序电流以大地和架空地线作为回流通道,故其零序电抗与线路是否装有良好导电的架空地线有关。此外,在双回架空线路的零序电流之间存在着互感的影响,使每回线路的零序电抗比单回线路的大。详细计算架空线路的零序电抗是非常复杂的,实际近似计算可取以下平均数据:

单回架空线路	$X_0 = (2 \sim 3.5)X_1$
双回中的一回架空线路	$X_0 = (2 \sim 3.5) \times 1.5X_1$

式中括号内的小数适于有良导体的架空地线的线路;大数适用于无架空地线的线路。若线路装有架空钢绞线,可根据其导电性能在2与3.5之间取值。

4. 电力电缆

电力电缆的零序电抗与诸多因素有关,计算也很复杂。对于电压为6~35 kV的三芯电缆。可取$X_0 = 3.5X_1$。

5. 变压器

变压器的零序电抗与绕组的接线组别及变压器的结构型式有关,后者主要指单相或三相三柱或三相五柱等。

三角形连接的变压器绕组内零序电流成环流，每相绕组具有与正序电抗相同的零序电抗，但其引出线上仍无零序电流通道，故引出线上 $X_0=\infty$。星形连接的变压器绕组，若中性点既未直接接地，又无中线引出，则其绕组和引出线上均不能流过零序电流，即 $X_0=\infty$。只有绕组为 Y_0 接线一侧（包括引出线和绕组）具有零序通道，若有零序电压加于此侧，则另一侧绕组必感应出零序电势。如果另一侧绕组也是 Y_0 接线，则每相零序通道从变压器直达另一侧引出线；如果另一侧绕组为△接线，则其感应出的零序电势在三相绕组之间互相短接，而不作用于另一侧引出线。

图 9-19 为几种常用的双绕组和三绕组变压器的绕组接线及其零序电流等值电路图，这些变压器的一侧绕组均具有 Y_0 接线。图中 X_{I}、X_{II} 和 X_{III} 为变压器绕组的漏电抗，$X_{\mu 0}$ 为变压器的零序励磁电抗。由于零序磁通仍是工频交变分量，它在变压器的原、副绕组中的电磁感应关系与正、负序的相同，故变压器的正序等值电路仍适用于零序，各绕组的零序电抗 X_{I}、X_{II} 和 X_{III} 也与正序的相同。

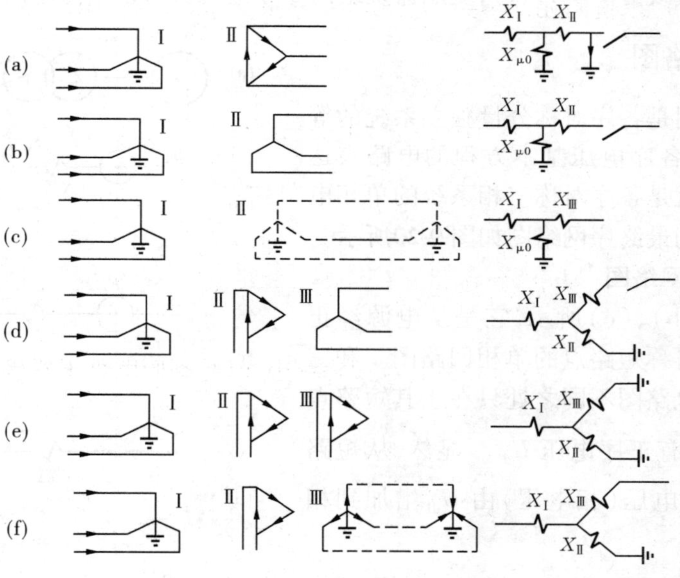

图 9-19　变压器的零序电流的等值电路

（1）YN，d 接线的双绕组变压器，如图 9-19（a）所示，在 Y_0 侧加以零序电压，则△侧感应零序电势并流过零序电流，但不能流出△绕组以外。故等值电路图中 X_{II} 的外端被短接，并与外接电路断开。X_{II} 与地短接并不表示绕组Ⅱ和中性线或地相接，而表示每相零序电流在此闭合。由等值电路可得

$$X_0=X_{\mathrm{I}}+\frac{X_{\mathrm{II}}X_{\mu 0}}{X_{\mathrm{II}}+X_{\mu 0}}\approx X_{\mathrm{I}}+X_{\mathrm{II}}=X_{\mathrm{T}}$$

式中因 $X_{\mu 0}$ 比 X_{I} 和 X_{II} 大得多（即取 $X_{\mu 0}=\infty$），因此 $\frac{X_{\mu 0}}{X_{\mathrm{II}}+X_{\mu 0}}\approx 1$。可见，YN，d 接线的变压器是零序通道的终端，且本身具有 X_{T}（该变压器正序电抗）的零序电抗值。

（2）YN，y 接线如图 9-19（b）所示，可得 $X_0=X_1+X_{\mu 0}$。对于常用的三相三柱式变压

器，零序磁通不能在铁芯柱中通过，只能经绝缘介质和变压器外壳构成通路，磁阻很大，故零序励磁电抗 $X_{\mu0}$ 虽比绕组电抗值大，但比正序励磁电抗小得多。一般标幺额定值 $X_{\mu0*}=0.3\sim1$。

(3)双绕组变压器为 YN,yn 接线时见图 9-19(c)，其零序电流可在两侧绕组间传递。若绕组Ⅱ侧具有零序通道，则变压器的零序电抗应与该侧零序等值电路一并考虑。若绕组Ⅱ侧无零序通道，则与 YN,y 接线的情况相同。

(4)三绕组变压器的零序电流等值电路见图 9-19(d)、(e)和(f)。因常用的三绕组变压器至少有一侧绕组接成△，故可认为 $X_{\mu0}=\infty$。线圈漏磁电抗 X_{I}、X_{II} 和 X_{III} 可由式(9-9)求得。各接线组别的零序电抗为：

YN,d,y 接线见图 9-19(d)，$X_0=X_{\mathrm{I}}+X_{\mathrm{II}}=X_{\mathrm{I-II}}$；

YN,d,d 接线见图 9-19(e)，$X_0=X_{\mathrm{I}}+\dfrac{X_{\mathrm{II}}X_{\mathrm{III}}}{X_{\mathrm{II}}+X_{\mathrm{III}}}$；

YN,d,yn 接线见图 9-19(f)，变压器绕组的零序电抗要与整个零序网络一并考虑。

9.9.2 序网络图

各序网络图是各序对称分量独立系统的等值电路图，也是各序电压基本方程的电路表达形式。实质上就是各序对称三相系统的单相电路图。化简后的最终序网络图如图 9-20所示。

9.9.2.1 正序网络图

如图 9-20(b)、(c)所示，它是从电源经正序总电抗到不对称短路点的单相回路图。和三相短路的等值电路图不同之处只在于其短路点电压不为零，而有正序电压 $\dot{U}_{d1}$。显然，从短路点到电源，正序电压(相电压)由 $\dot{U}_{d1}$ 增加到相电势 $\dot{E}$。

9.9.2.2 负序网络图

如图 9-20(d)、(e)所示。负序电流和正序电流通过的电路元件相同，除发电机以外的各元件的负序电抗相同。与正序网络相比，负序网络不同之处在于，发电机的负序电势为零和发电机的负序电抗值略大于正序电抗。负序网络是一个无源网络。显然，从短路点到发电机，负序电压由 $\dot{U}_{d2}$ 减小至零。

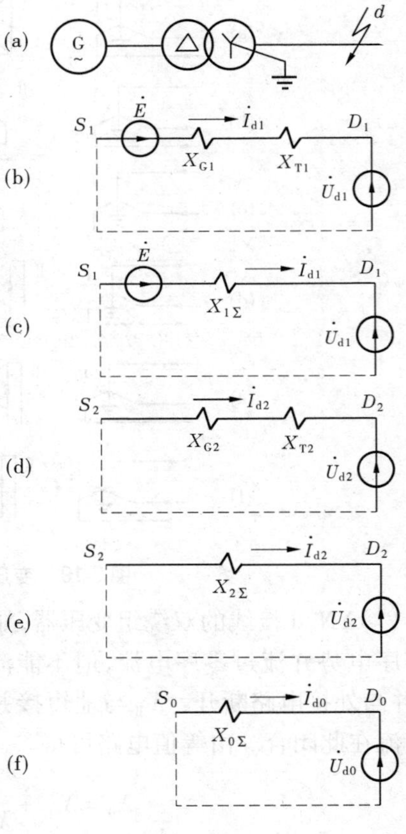

图 9-20　拟制序网络图

9.9.2.3 零序网络图

零序电流通过的路径与正、负序电流不同，后者在三相之间互成回路，因而从各电源到短路点之间的回路都是正、负序电流的路径；零序电流只能在相与地之间流通，只有通过接地的中性点才能与接地短路点构成零序短路电流通道。

在短路电流计算中，具有大零序电抗的通道并无实际意义。由关于变压器零序电抗的分析可知：对于高压电力网，零序通道的起点实际上就是在短路点一侧具有 Y_0 接线，而在对侧包含有△接线的变压器，即具有 YN，d、YN，yn，d 或 YN，y，d 等常规接线组别的变压器。对于 380 V 低压网络，Y，yn 接线的变压器便是不对称短路时零序通道的始端。但其零序电抗值比对侧具有△接线的变压器要大若干倍。

尚需注意的是，当实际电路中具有中性点接地阻抗时，在单相的零序网络中的相应零序电抗值应取其 3 倍，这是因为该阻抗上通过 3 倍零序电流，其电压降为单相零序电流通过时的 3 倍。

图 9-20(f) 为阻抗合并后的最简零序网络图，其终点在短路点，始点在 YN，d 接线的变压器而未到发电机，故比正、负序网络要短一截。

9.10　不对称短路电流的计算

9.10.1　不对称短路时短路点的电流和电压

三相电路发生不对称短路时，经采用对称分量法后，已分解成三个独立存在的对称系统，因而可以通过三相电路中某特殊相来求解。由于公式(9-45)的三个基本电压方程式中共含有六个未知数 $\dot{I}_{d1}$、$\dot{I}_{d2}$、$\dot{I}_{d0}$ 和 $\dot{U}_{d1}$、$\dot{U}_{d2}$、$\dot{U}_{d0}$，因此还需列出三个补充方程。六个方程联立求解，最后将所得的相应分量叠加，即可得短路点的不对称短路电流和电压。

9.10.1.1　两相短路

图 9-21(a) 所示电路，B、C 两相发生短路，该两相称为故障相，A 相为非故障相。三相中选 A 相作特殊相。根据短路类型，有下列已知条件

$$\dot{I}_{dA}^{(2)}=0,\dot{I}_{dB}^{(2)}=-\dot{I}_{dC}^{(2)},\dot{U}_{dB}^{(2)}=\dot{U}_{dC}^{(2)}$$

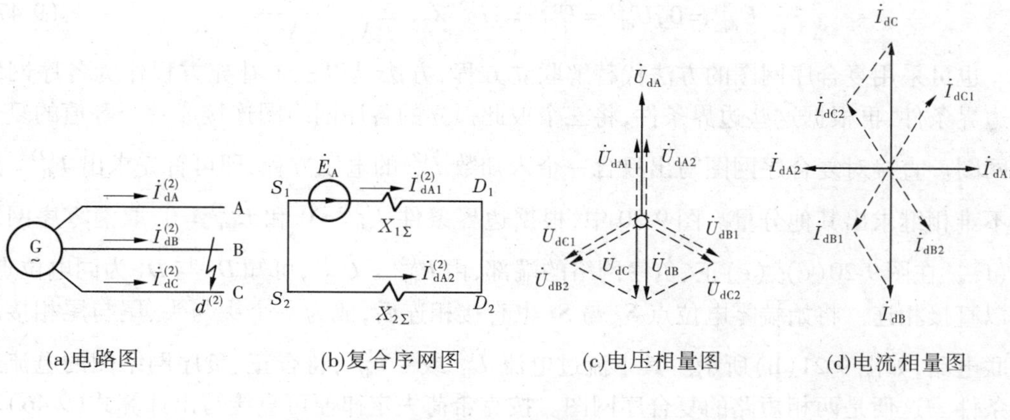

图 9-21　两相短路

根据公式(9-43)，由前两个已知条件可得第一个补充方程为

$$\dot I_{d0}^{(2)} = \frac{1}{3}(\dot I_{dA}^{(2)} + \dot I_{dB}^{(2)} + \dot I_{dC}^{(2)}) = 0$$

由第一已知条件和第一补充方程，有 $\dot I_{dA}^{(2)} = \dot I_{d1}^{(2)} + \dot I_{d2}^{(2)} + \dot I_{d0}^{(2)} = 0$，得第二补充方程为

$$\dot I_{d1}^{(2)} = -\dot I_{d2}^{(2)}$$

由第三已知条件 $\dot U_{dB}^{(2)} = \dot U_{dC}^{(2)}$，代入公式(9-43)可写出

$$\dot U_{d1}^{(2)} = \frac{1}{3}(\dot U_{dA}^{(2)} + a\dot U_{dB}^{(2)} + a^2\dot U_{dC}^{(2)}) = \frac{1}{3}[\dot U_{dA}^{(2)} + \dot U_{dB}^{(2)}(a + a^2)]$$

$$\dot U_{d2}^{(2)} = \frac{1}{3}(\dot U_{dA}^{(2)} + a^2\dot U_{dB}^{(2)} + a\dot U_{dC}^{(2)}) = \frac{1}{3}[\dot U_{dA}^{(2)} + \dot U_{dB}^{(2)}(a^2 + a)]$$

比较上两式，得第三补充方程为

$$\dot U_{d1}^{(2)} = \dot U_{d2}^{(2)}$$

联立基本电压方程和补充方程如下

$$\left.\begin{aligned} &\dot E_A = jX_{1\Sigma}\dot I_{d1}^{(2)} + \dot U_{d1}^{(2)} \\ &0 = jX_{2\Sigma}\dot I_{d2}^{(2)} + \dot U_{d2}^{(2)} \\ &0 = jX_{0\Sigma}\dot I_{d0}^{(2)} + \dot U_{d0}^{(2)} \\ &\dot I_{d0}^{(2)} = 0 \\ &\dot I_{d1}^{(2)} = -\dot I_{d2}^{(2)} \\ &\dot U_{d1}^{(2)} = \dot U_{d2}^{(2)} \end{aligned}\right\}$$

解此联立方程组，得 A 相的电流电压分量为

$$\dot I_{d0}^{(2)} = 0, \dot I_{d1}^{(2)} = -\dot I_{d2}^{(2)} = \frac{\dot E_A}{j(X_{1\Sigma} + X_{2\Sigma})} \tag{9-46}$$

$$\dot U_{d0}^{(2)} = 0, \dot U_{d1}^{(2)} = \dot U_{d2}^{(2)} = j\dot I_{d1}^{(2)}X_{2\Sigma} = \frac{\dot E_A X_{2\Sigma}}{X_{1\Sigma} + X_{2\Sigma}} \tag{9-47}$$

也可采用复合序网图的方法代替解联立方程，方法是以三个补充方程作为各序网络的边界条件，再根据这些边界条件，将三个彼此孤立的各序网络图连接成一个等值的复合序网图。直接对复合序网图写出只含一个未知数 $\dot I_{d1}^{(2)}$ 的电压方程，即可首先求出 $\dot I_{d1}^{(2)}$。然后不难相继求出其他分量。图 9-20 中，根据边界条件 $\dot I_{d0}^{(2)} = 0$ 和 $\dot U_{d0}^{(2)} = 0$，取消零序网络图(f)。在图 9-20(c)、(e)正、负序网络的端部，由 $\dot U_{d1}^{(2)} = \dot U_{d2}^{(2)}$，可知 D_1 与 D_2 为同电位点，可以直接相连。将始端零电位点 S_1 与 S_2 也直接相连后，成为一个头与头、尾与尾相接的并联电路，如图 9-21(b)所示。其中流过电流 $\dot I_{d1}^{(2)}$ 或 $-\dot I_{d2}^{(2)}$，符合正、负序网络图的电流边界条件。这便是两相短路的复合序网图。按克希荷夫定律便可直接写出计算式(9-46)和式(9-47)。

短路点电流和电压可由式(9-43)得

$$\dot{I}_{dB}^{(2)} = a^2\dot{I}_{d1}^{(2)} + a\dot{I}_{d2}^{(2)} = \dot{I}_{d1}^{(2)}(a^2 - a) = -j\sqrt{3}\cdot\dot{I}_{d1}^{(2)}$$

$$\dot{I}_{dC}^{(2)} = a\dot{I}_{d1}^{(2)} + a^2\dot{I}_{d2}^{(2)} = \dot{I}_{d1}^{(2)}(a - a^2) = j\sqrt{3}\cdot\dot{I}_{d1}^{(2)}$$

取其绝对值，有

$$\left.\begin{aligned} I_d^{(2)} &= \sqrt{3}\cdot I_{d1}^{(2)} = \frac{\sqrt{3}E}{X_{1\Sigma} + X_{2\Sigma}} \\ \text{近似计算取 } X_{1\Sigma} = X_{2\Sigma}\text{，则}\quad I_d^{(2)} &= \frac{\sqrt{3}}{2}\cdot\frac{E}{X_{1\Sigma}} \end{aligned}\right\}\qquad(9\text{-}48)$$

由式(9-43)可得

$$\left.\begin{aligned} \dot{U}_{dA}^{(2)} &= \dot{U}_{d1}^{(2)} + \dot{U}_{d2}^{(2)} = 2\dot{U}_{d1}^{(2)} = \dot{E}_A\frac{2X_{2\Sigma}}{X_{1\Sigma} + X_{2\Sigma}} = \dot{E}_A \\ \dot{U}_{dB}^{(2)} &= \dot{U}_{dC}^{(2)} = a^2\dot{U}_{d1}^{(2)} + a\dot{U}_{d2}^{(2)} = \dot{U}_{d1}^{(2)}(a^2 + a) = -\dot{U}_{d1}^{(2)} = -\frac{1}{2}\dot{U}_{dA}^{(2)} \end{aligned}\right\}\qquad(9\text{-}49)$$

两相短路的综合电流向量如图 9-21(d)所示。取 $\dot{E}_A$ 为基准向量置于竖直位置，对照复合序网图首先确定 $\dot{I}_{d1}^{(2)}$ 和 $\dot{I}_{d2}^{(2)}$；然后按三相对称关系确定 B、C 两相的电流分量；最后合并同相的分量得短路点电流。电压向量图见图 9-21(c)，同样按上述三个步骤确定。

9.10.1.2 单相接地短路

如图 9-22 所示电路，电源中性点直接接地。A 相发生单相接地短路，为故障相。B、C 两相为非故障相。三相中选取 A 相作特殊相。根据短路类型有下列已知条件

$$\dot{I}_{dB}^{(1)} = \dot{I}_{dC}^{(1)} = 0, \dot{U}_{dA}^{(1)} = 0$$

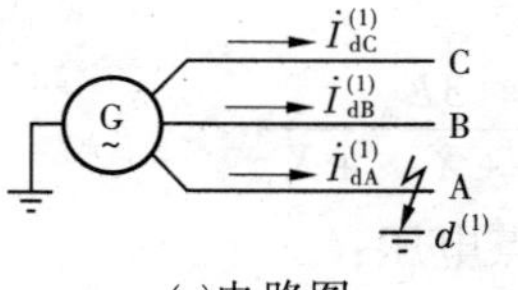

(a)电路图

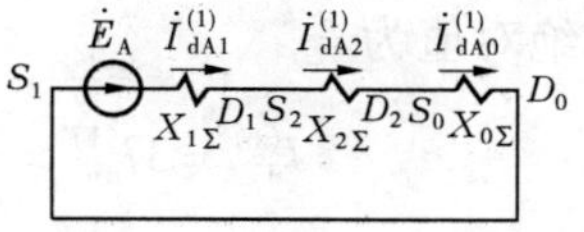

(b)复合序网图

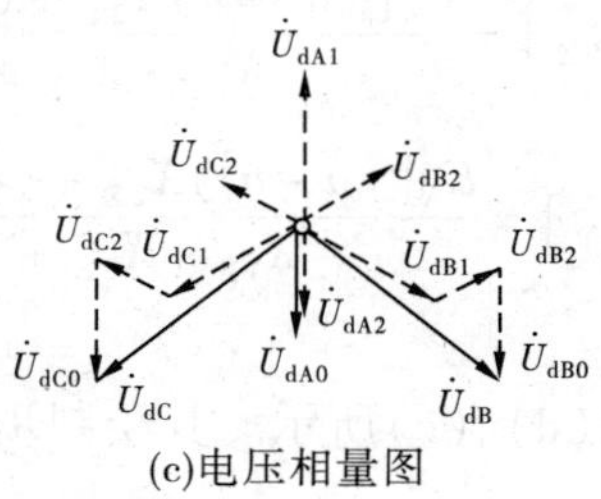

(c)电压相量图

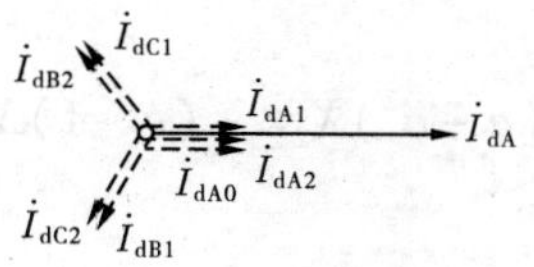

(d)电流相量图

图 9-22 单相短路

根据式(9-43)，由前两个已知条件得两个补充方程为：$\dot{I}_{d1}^{(1)} = \dot{I}_{d2}^{(1)} = \dot{I}_{d0}^{(1)}$；由第三已知条件得第三补充方程为 $\dot{U}_{d1}^{(1)} + \dot{U}_{d2}^{(1)} + \dot{U}_{d0}^{(1)} = 0$。

联立基本方程和补充方程如下：

$$\left.\begin{aligned}\dot{E}_A &= jX_{1\Sigma}\dot{I}_{d1}^{(1)} + \dot{U}_{d1}^{(1)} \\ 0 &= jX_{2\Sigma}\dot{I}_{d2}^{(1)} + \dot{U}_{d2}^{(1)} \\ 0 &= jX_{0\Sigma}\dot{I}_{d0}^{(1)} + \dot{U}_{d0}^{(1)} \\ \dot{I}_{d1}^{(1)} &= \dot{I}_{d2}^{(1)} = \dot{I}_{d0}^{(1)} \\ \dot{U}_{d1}^{(1)} &+ \dot{U}_{d2}^{(1)} + \dot{U}_{d0}^{(1)} = 0\end{aligned}\right\}$$

解之,得 A 相的各序电流分量和电压分量为

$$\dot{I}_{d1}^{(1)} = \dot{I}_{d2}^{(1)} = \dot{I}_{d0}^{(1)} = \frac{\dot{E}_A}{j(X_{1\Sigma} + X_{2\Sigma} + X_{0\Sigma})} \tag{9-50}$$

$$\left.\begin{aligned}\dot{U}_{d0}^{(1)} &= -j\dot{I}_{d1}^{(1)}X_{0\Sigma} = -\frac{\dot{E}_A X_{0\Sigma}}{X_{1\Sigma} + X_{2\Sigma} + X_{0\Sigma}} \\ \dot{U}_{d2}^{(1)} &= -j\dot{I}_{d1}^{(1)}X_{2\Sigma} = -\frac{\dot{E}_A X_{2\Sigma}}{X_{1\Sigma} + X_{2\Sigma} + X_{0\Sigma}} \\ \dot{U}_{d1}^{(1)} &= -\dot{U}_{d2}^{(1)} - \dot{U}_{d0}^{(1)} = j\dot{I}_{d1}^{(1)}(X_{2\Sigma} + X_{0\Sigma}) = \frac{\dot{E}_A(X_{2\Sigma} + X_{0\Sigma})}{X_{1\Sigma} + X_{2\Sigma} + X_{0\Sigma}}\end{aligned}\right\} \tag{9-51}$$

也可用边界条件先将三个独立的序网络图连接成复合序网图。单相接地短路时的边界条件(即上述三个补充方程)为各序电流相等和各序电压之和为零,可知等值的复合序网图应为三个序网图串联成封闭回路,如图 9-22(b)所示。针对该图便可直观地写出各序电流和电压的计算式。

故障相电流的绝对值为

$$I_d^{(1)} = 3I_{d1}^{(1)} = \frac{3E_A}{X_{1\Sigma} + X_{2\Sigma} + X_{0\Sigma}} \tag{9-52}$$

将公式(9-51)代入式(9-42)中,可得短路点电压:

$$\left.\begin{aligned}\dot{U}_{dB}^{(1)} &= -j\dot{I}_{d1}^{(1)}[(a^2 - a)X_{2\Sigma} + (a^2 - 1)X_{0\Sigma}] = \frac{\dot{E}_A[(a^2 - a)X_{2\Sigma} + (a^2 - 1)X_{0\Sigma}]}{X_{1\Sigma} + X_{2\Sigma} + X_{0\Sigma}} \\ \dot{U}_{dC}^{(1)} &= -j\dot{I}_{d1}^{(1)}[(a - a^2)X_{2\Sigma} + (a - 1)X_{0\Sigma}] = \frac{\dot{E}_A[(a - a^2)X_{2\Sigma} + (a - 1)X_{0\Sigma}]}{X_{1\Sigma} + X_{2\Sigma} + X_{0\Sigma}}\end{aligned}\right\} \tag{9-53}$$

单相接地短路时的综合向量图如图 9-22(d)、(c)所示。其绘制步骤和方法与两相短路的相同。

9.10.1.3 两相接地短路

如图 9-23 所示电路,电源中性点直接接地。设 B 相和 C 相发生两相接地短路,叫做故障相。A 相为非故障相,选作特殊相。根据短路类型,有以下已知条件:

$$\dot{I}_{dA}^{(1.1)} = 0, \dot{U}_{dB}^{(1.1)} = \dot{U}_{dC}^{(1.1)} = 0$$

由此可得特殊相的三个补充方程为

$$\dot{I}_{d1}^{(1.1)} + \dot{I}_{d2}^{(1.1)} + \dot{I}_{d0}^{(1.1)} = \dot{I}_{dA}^{(1.1)} = 0$$

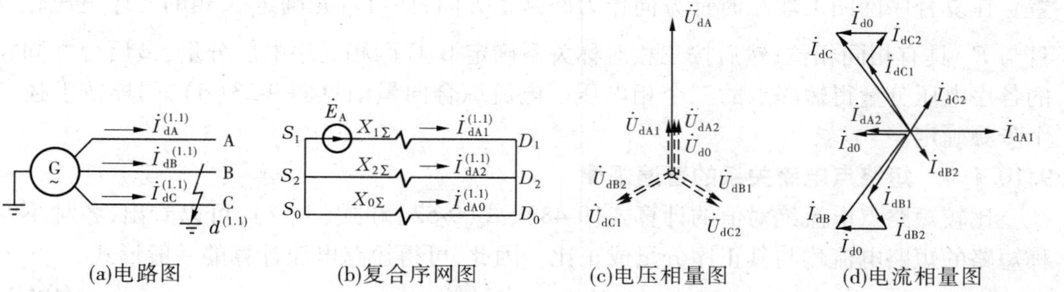

图 9-23　两相接地短路

$$\dot U_{d1}^{(1.1)} = \dot U_{d2}^{(1.1)}$$

$$\dot U_{d1}^{(1.1)} = \dot U_{d0}^{(1.1)}$$

将此三个补充方程与三个基本方程联立，可解出 A 相的 6 个对称分量。也可用三个补充方程作为边界条件，将三个序网图并联，即将其首端 S_1、S_2 和 S_0 相连接，终端 D_1、D_2 和 D_0 相连接，得复合序网图，如图 9-23(b)所示。可直接写出各序电流和电压分量为

$$\left.\begin{aligned} \dot I_{d1}^{(1.1)} &= \frac{\dot E_A}{j\left(X_{1\Sigma} + \dfrac{X_{2\Sigma}X_{0\Sigma}}{X_{2\Sigma}+X_{0\Sigma}}\right)} \\ \dot I_{d2}^{(1.1)} &= -\dot I_{d1}^{(1.1)}\frac{X_{0\Sigma}}{X_{2\Sigma}+X_{0\Sigma}} \\ \dot I_{d0}^{(1.1)} &= -\dot I_{d1}^{(1.1)}\frac{X_{2\Sigma}}{X_{2\Sigma}+X_{0\Sigma}} \end{aligned}\right\} \tag{9-54}$$

$$\dot U_{d1}^{(1.1)} = \dot U_{d2}^{(1.1)} = \dot U_{d0}^{(1.1)} = j\dot I_{d1}^{(1.1)}\frac{X_{2\Sigma}X_{0\Sigma}}{X_{2\Sigma}+X_{0\Sigma}} \tag{9-55}$$

故障相中的电流为

$$\left.\begin{aligned} \dot I_{dB}^{(1.1)} &= a^2\dot I_{d1}^{(1.1)} + a\dot I_{d2}^{(1.1)} + \dot I_{d0}^{(1.1)} = \dot I_{d1}^{(1.1)}\left(a^2 - \frac{X_{2\Sigma}+aX_{0\Sigma}}{X_{2\Sigma}+X_{0\Sigma}}\right) \\ \dot I_{dC}^{(1.1)} &= a\dot I_{d1}^{(1.1)} + a^2\dot I_{d2}^{(1.1)} + \dot I_{d0}^{(1.1)} = \dot I_{d1}^{(1.1)}\left(a - \frac{X_{2\Sigma}+a^2X_{0\Sigma}}{X_{2\Sigma}+X_{0\Sigma}}\right) \end{aligned}\right\} \tag{9-56}$$

整理式(9-56)可得故障相电流绝对值

$$I_d^{(1.1)} = \sqrt{3}\sqrt{1-\frac{X_{2\Sigma}X_{0\Sigma}}{(X_{2\Sigma}+X_{0\Sigma})^2}}\cdot I_{d1}^{(1.1)} \tag{9-57}$$

短路点流入地中电流为

$$I_{jd}^{(1.1)} = 3I_{d0}^{(1.1)} = 3I_{d1}^{(1.1)}\frac{X_{2\Sigma}}{X_{2\Sigma}+X_{0\Sigma}}$$

短路点 B、C 两相电压为零，A 相电压为

$$\dot U_{dA}^{(1.1)} = \dot U_{d1}^{(1.1)} + \dot U_{d2}^{(1.1)} + \dot U_{d0}^{(1.1)} = 3\dot U_{d1}^{(1.1)} \tag{9-58}$$

两相接地短路的综合电压向量如图 9-23(c)所示。取 $\dot E_A$ 为基准向量，置于竖直位

置。在复合序网图上取顺时针方向作为回路正方向，便可首先确定 A 相的三序电压相等且与 $\dot{E}_A$ 具有相同相位；然后按三相对称关系确定 B、C 两相的序电压分量；最后合并同相的各序电压分量得短路点的三个相电压。电流综合向量图见图 9-23(d)，同样按上述三个步骤确定。

9.10.1.4 短路点电流关系的普遍规律

比较短路点电流绝对值的计算式(9-48)、式(9-52)和式(9-57)，可以看出，各种不对称短路的短路电流均与其正序分量成正比。因此，可得短路电流计算的一般形式

$$I_d^{(n)} = m^{(n)} I_{d1}^{(n)} \tag{9-59}$$

式中：$m^{(n)}$ 为比例系数，由短路类型决定，见表 9-6。

表 9-6 不同短路类型的 $X_f^{(n)}$ 和 $m^{(n)}$ 值

短路类型	上角码(n)	$X_f^{(n)}$	$m^{(n)}$
三相短路	(3)	0	1
两相短路	(2)	$X_{2\Sigma}$	$\sqrt{3}$
单相接地短路	(1)	$X_{2\Sigma}+X_{0\Sigma}$	3
两相接地短路	(1.1)	$\dfrac{X_{2\Sigma}X_{0\Sigma}}{X_{2\Sigma}+X_{0\Sigma}}$	$\sqrt{3}\sqrt{1-\dfrac{X_{2\Sigma}X_{0\Sigma}}{(X_{2\Sigma}+X_{0\Sigma})^2}}$

各短路类型的正序电流 $\dot{I}_{d1}^{(n)}$ 分别按式(9-46)、式(9-50)和式(9-54)求得。比较这些公式可得出其一般计算形式如下

$$\dot{I}_{d1}^{(n)} = \frac{\dot{E}}{X_{1\Sigma}+X_f^{(n)}} = \frac{\dot{E}}{X_{\Sigma}^{(n)}} \tag{9-60}$$

式中：$X_f^{(n)}$ 为引入到正序网络之后的附加电抗，由短路类型决定，见表 9-6。

式(9-60)说明：对称三相电路中某点发生不对称短路时的正序电流分量，等于在该短路点后加入一附加电抗 $X_f^{(n)}$ 后的三相对称短路电流。且 $X_f^{(n)}$ 值与正序网络参数无关，并在短路过程中保持不变。这一普遍规律叫正序等效定则。

最后需要指出，上述各种不对称短路的电流和电压各序分量关系式，在短路过程中的任何时刻都是适用的。此外，不对称短路电流的计算，不外乎是先求出短路回路的 $X_{1\Sigma}$、$X_{2\Sigma}$ 和 $X_{0\Sigma}$ 值，然后再根据不对称短路类型，用计算三相短路电流的方法确定其正序电流。所以，不对称短路电流计算并不需要其他任何特殊的计算方法。

9.10.2 次暂态短路电流和冲击短路电流的计算

由本章 9.6 节式(9-30)，发电机次暂态电势 $E''=KU_p$。因为式(9-60)中的 E 是相电势，以 $E''=\dfrac{KU_p}{\sqrt{3}}$代入式(9-60)，得短路点次暂态电流的正序分量为

$$I''^{(n)}_{d1} = \frac{KU_p}{\sqrt{3}(X_{1\Sigma}+X_f^{(n)})} = \frac{KU_p}{\sqrt{3}X_{\Sigma}^{(n)}} \tag{9-61}$$

短路点次暂态短路电流为

$$I''^{(n)}_{d}=m^{(n)}\frac{KU_p}{\sqrt{3}X^{(n)}_{\Sigma}} \tag{9-62}$$

上两式中的 $X^{(n)}_{\Sigma}=X_{1\Sigma}+X^{(n)}_{f}$，是在实际的短路点处加入 $X^{(n)}_{f}$，认为在 $X^{(n)}_{f}$ 后面发生三相短路的短路回路总电抗。

如果这些电抗是对于基准功率 S_j 的标幺值，则有

$$I''^{(n)}_{d1}=\frac{K}{X_{1\Sigma*}+X^{(n)}_{f*}}\frac{S_j}{\sqrt{3}U_p} \tag{9-63}$$

$$I''^{(n)}_{d}=m^{(n)}\frac{K}{X_{1\Sigma*}+X^{(n)}_{f*}}\frac{S_j}{\sqrt{3}U_p} \tag{9-64}$$

短路点的冲击电流为

$$i^{(n)}_{ch}=\sqrt{2}K_{ch}I''^{(n)}_{d} \tag{9-65}$$

冲击系数 K_{ch} 按本章 9.6 节的方法取值。

9.10.3 不对称短路任一时刻短路电流的计算

不对称短路电流计算公式，在短路过程中的任何时刻都是适用的，并且正序电流分量和实际短路点处加入附加电抗后的三相短路电流相等。因此，计算三相短路电流的运算曲线，也可用来计算不对称短路时的正序电流分量。再根据不对称短路的类型乘以相应的比例系数 $m^{(n)}$，便得到故障相短路点的短路电流值。

利用运算曲线来计算不对称短路电流时，有两种计算方法：同一变化法和个别变化法。

9.10.3.1 同一变化法

与对称短路的同一变化法所不同的是：求出从电源到短路点的正序电抗 $X_{1\Sigma*}$ 后，还需求出对短路点的附加电抗 $X^{(n)}_{f*}$，总的计算电抗为

$$X^{(n)}_{js*}=(X_{1\Sigma*}+X^{(n)}_{f*})\frac{S_{G\Sigma}}{S_j} \tag{9-66}$$

以 $X^{(n)}_{js*}$ 值查相应发电机类型的运算曲线，所得纵坐标即为任一时刻短路电流正序分量的标幺额定值 $I^{(n)}_{d1*t}$。

任一时刻短路点的故障相电流为

$$I^{(n)}_{dt}=m^{(n)}I^{(n)}_{d1*t}\frac{S_{G\Sigma}}{\sqrt{3}U_p} \tag{9-67}$$

9.10.3.2 个别变化法

与对称短路的个别变化法相比，不对称短路在正序网络的终端增加了公共的附加电抗 $X^{(n)}_{f*}$，故须先求出电源支路到后移短路点的转移电抗，并换算成各支路的计算电抗。然后利用相应运算曲线，确定各电源支路任一时刻的短路电流正序分量，从而得到各电源支路供给的短路点短路电流。各支路短路电流的叠加便是短路点总的短路电流。

【例 9-5】 计算例 9-4 所示电路（见图 9-16）中，d_1 点发生两相短路时，短路点的

$I''^{(2)}$、$i_{ch}^{(2)}$ 和 $I_{\infty}^{(2)}$。

解:取 $S_j = 100$ MVA,$U_j = U_p$。

根据例 9-4 的计算电路图,分别作出 d_1 点两相短路的正序网络和负序网络。图 9-24(a)为正序网络,它与例 9-4 的初始等值电路相同,但短路点处具有正序电压分量如图中的 $\dot{U}_{d1}^{(2)}$,正序网络最后化简为图 9-24(b)。

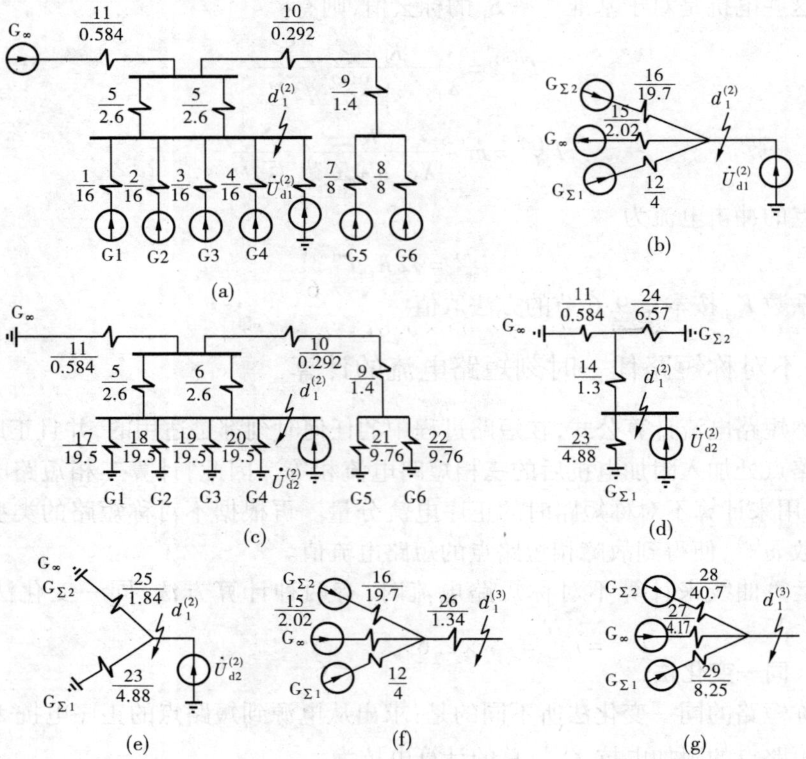

图 9-24 例 9-5 的等值电路

负序网络与正序网络基本相同,但始端取消各电动势源后直接接地,并将各发电机的电抗换为负序电抗,按 $X_2 = 1.22X''_d$ 计算有

$$X_{17} = X_{18} = X_{19} = X_{20} = 1.22 \times 16 = 19.5$$

$$X_{21} = X_{22} = 1.22 \times 8 = 9.76$$

其等值电路如图 9-24(c)所示。负序网络逐步化简,最后合并为一个负序总电抗 $X_{2\Sigma}$,其化简过程如图 9-24(d)、(e)所示,其中

$$X_{23} = \frac{1}{4} \times 19.5 = 4.88$$

$$X_{24} = \frac{1}{2} \times 9.76 + 1.4 + 0.292 = 6.57$$

$$X_{25} = \frac{0.584 \times 6.57}{0.584 + 6.57} + 1.3 = 1.84$$

负序网络总电抗为

$$X_{2\Sigma}=X_{26}=\frac{1.84\times4.88}{1.84+4.88}=1.34$$

将正序网络末端串联 $X_{2\Sigma}$，假设在 $X_{2\Sigma}$ 后发生三相短路，所得三相短路网络即为复合序网，如图 9-24(f)所示。

用 ΣY 法求出各电源支路对短路点的转移电抗，见图 9-24(g)，则有

$$\sum Y=\frac{1}{2.02}+\frac{1}{19.7}+\frac{1}{4}+\frac{1}{1.34}=1.54$$

$$X_{27}=2.02\times1.34\times1.54=4.17$$

$$X_{28}=19.7\times1.34\times1.54=40.7$$

$$X_{29}=4\times1.34\times1.54=8.25$$

对系统支路

$$I''^{(2)}=I_{\infty}^{(2)}=\sqrt{3}\times\frac{1}{4.17}\times\frac{100}{\sqrt{3}\times6.3}=3.81(\text{kA})$$

$$i_{\text{ch}}^{(2)}=2.55\times3.81=9.72(\text{kA})$$

对 $G_{\Sigma1}$ 支路，计算电抗 $X_{\Sigma1\text{js}}=8.25\times\frac{5}{100}=0.413$，查水轮发电机运算曲线数字表，得

$$I''^{(2)}_{\text{d1}*}=2.68\text{ kA},I''^{(2)}_{\text{z4d1}*}=2.69\text{ kA}$$

则

$$I''^{(2)}=\sqrt{3}\times2.68\times\frac{5}{\sqrt{3}\times6.3}=2.13(\text{kA})$$

$$i_{\text{ch}}^{(2)}=2.55\times2.13=5.43(\text{kA})$$

$$I_{\infty}^{(2)}=I_{\text{z4}}^{(2)}=\sqrt{3}\times2.69\times\frac{5}{\sqrt{3}\times6.3}=2.14(\text{kA})$$

对 $G_{\Sigma2}$ 支路，计算电抗 $X_{\Sigma2\text{js}}=40.7\times\frac{5}{100}=2.04$，查运算曲线数字表，得

$$I''^{(2)}_{\text{d1}*}=0.512\text{ kA},I''^{(2)}_{\text{z4d1}*}=0.528\text{ kA}$$

则

$$I''^{(2)}=\sqrt{3}\times0.512\times\frac{5}{\sqrt{3}\times6.3}=0.406(\text{kA})$$

$$i_{\text{ch}}^{(2)}=2.55\times0.406=1.04(\text{kA})$$

$$I_{\infty}^{(2)}=I_{\text{z4}}^{(2)}=\sqrt{3}\times0.528\times\frac{5}{\sqrt{3}\times6.3}=0.419(\text{kA})$$

$d_1^{(2)}$ 点的总的短路电流为

$$I''^{(2)}=3.81+2.13+0.406=6.35(\text{kA})$$

$$i_{\text{ch}}^{(2)}=9.72+5.43+1.04=16.2(\text{kA})$$

$$I_{\infty}^{(2)}=I_{\text{z4}}^{(2)}=3.81+2.14+0.419=6.37(\text{kA})$$

9.10.4 两相短路电流的近似计算

当网络中发电机的 $X_2=X_1$ 时，两相短路电流可按在同一点发生三相短路的短路电流

直接算出:

(1)无限大容量电力系统支路

$$I_{zt}^{(2)}=\frac{\sqrt{3}}{2}I''^{(3)} \tag{9-68}$$

(2)发电机供电支路

次暂态短路电流为 $$I''^{(2)}=\frac{\sqrt{3}}{2}I''^{(3)} \tag{9-69}$$

冲击短路电流为 $$i_{ch}^{(2)}=\frac{\sqrt{3}}{2}i_{ch}^{(3)} \tag{9-70}$$

稳态短路电流为

$X_{js*}>0.6$ 时 $$I_{\infty}^{(2)}\approx\frac{\sqrt{3}}{2}I_{\infty}^{(3)} \tag{9-71}$$

$X_{js*}=0.6$ 时 $$I_{\infty}^{(2)}=I_{\infty}^{(3)} \tag{9-72}$$

$X_{js*}<0.6$ 时 $$I_{\infty}^{(2)}=1.5I_{\infty}^{(3)} \tag{9-73}$$

习题与思考题

9-1 短路有哪些类型?有哪些危害?短路的原因有哪些?防止短路发生的措施有哪些?

9-2 什么是无限大容量电力系统?由它供电的电路内发生短路时,系统的母线电压和短路电流的周期分量如何变化?为什么?

9-3 短路电流是由哪两种分量组成的?什么是冲击短路电流、次暂态短路电流和稳态短路电流?计算它们各有什么作用?

9-4 同步发电机突然三相短路的电磁暂态过程是怎么样的?各种暂态电流分量的变化规律是什么?

9-5 同一变化法和个别变化法在应用上有什么区别?

9-6 某网络接线如图 9-25 所示,试计算 $d^{(3)}$ 点发生三相短路时的 I''、I_{∞}、i_{ch} 和 S''_{d}(取 $K_{ch}=1.8$)。

9-7 某网络接线如图 9-26 所示,试计算:① $d_1^{(3)}$ 点发生三相短路时的 I''、I_{∞}、i_{ch} 和 S''_{d};② $d_2^{(2)}$ 点处发生两相短路时,短路点的 $I''^{(2)}$、$i_{ch}^{(2)}$ 和 $I_{\infty}^{(2)}$(取 $K_{ch}=1.8$,$X_2=1.22X''_{d}$)。

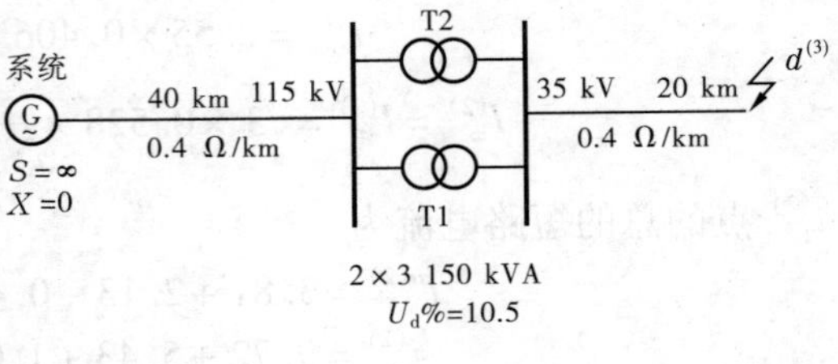

图 9-25 题 9-6 电路图

9-8 某网络接线如图 9-27 所示,试计算:① $d_1^{(3)}$ 和 $d_2^{(3)}$ 点发生三相短路时的 I''、$I_{z0.1}$、$I_{z0.2}$、I_{z1}、I_{z2}、I_{∞}、i_{ch}、I_{ch} 和 S''_{d};② $d_3^{(2)}$ 点处发生两相短路时,短路点的 $I''^{(2)}$、$i_{ch}^{(2)}$ 和 $I_{\infty}^{(2)}$,并将结果列入短路电

流计算成果表（取 $K_{ch}=1.8, X_2=1.22X''_d$）。

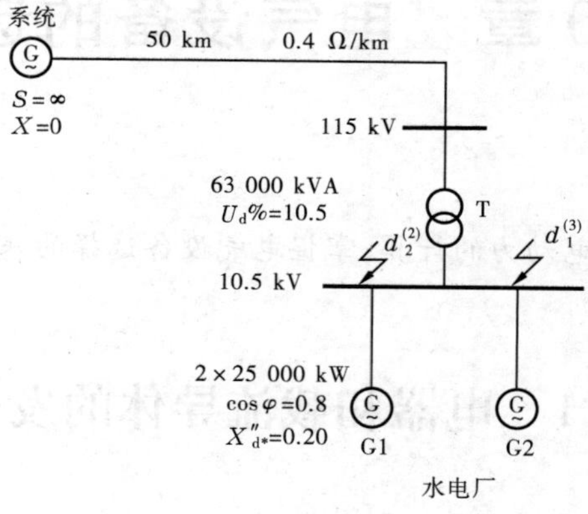

图 9-26 题 9-7 电路图

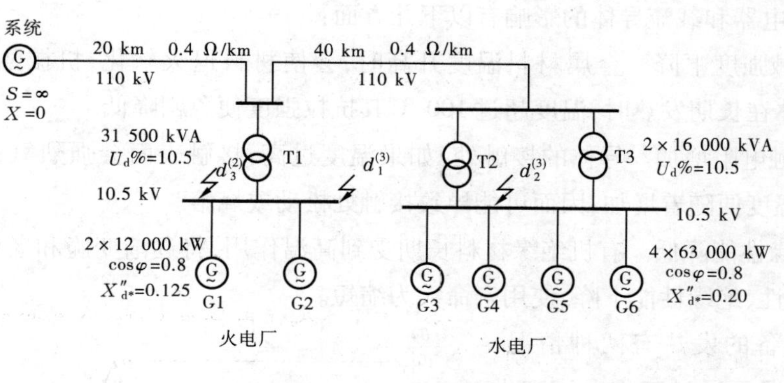

图 9-27 题 9-8 电路图

9-9 利用两相短路的近似计算公式，计算题 9-8 中 $d_3^{(2)}$ 点处发生两相短路时，短路点的 $I''^{(2)}$、$i_{ch}^{(2)}$ 和 $I_\infty^{(2)}$，并与上题结果相比较。

第 10 章　电气设备的选择

教学要求

熟悉电气设备发热和电动力的计算；掌握电气设备选择的基本知识；掌握主要电气设备选择的方法、步骤及技巧。

10.1　电器和载流导体的发热

10.1.1　发热对电器和载流导体的影响

发热对电器和载流导体的影响有以下几方面：

(1)机械强度下降。金属材料温度升高时，会使材料退火软化，机械强度下降。例如，当铝导体在长期发热时，温度超过 100 ℃其抗拉强度便急剧降低。

(2)接触电阻增加。导体的接触处，如果温度过高，接触表面会强烈氧化，使得接触电阻增加，温度便随着增加，因而可能导致接触处松动或烧熔。

(3)绝缘性能降低。有机绝缘材料长期受到高温作用，将逐渐变脆和老化，以至绝缘材料失去弹性、绝缘性能下降、使用寿命大为缩短。

电气设备的发热有两种情况：一是正常情况下通过工作电流产生的长期发热，其发热温度较低但连续持久；二是因短路电流通过产生的短时发热，其发热温度高但持续时间极短。载流导体的发热过程如图 10-1 所示。电气设备绝缘的老化和金属机械强度的降低除与温度有关外，还决定于发热的持续时间。因此，我国规定了电器载流部分长期发热的允许温度和短时发热的允许温度（参见有关规定），以及载流导体长期发热的允许温度和短时发热允许温度（见表 10-1）。上述温度的规定值，可以作为发热计算的依据。

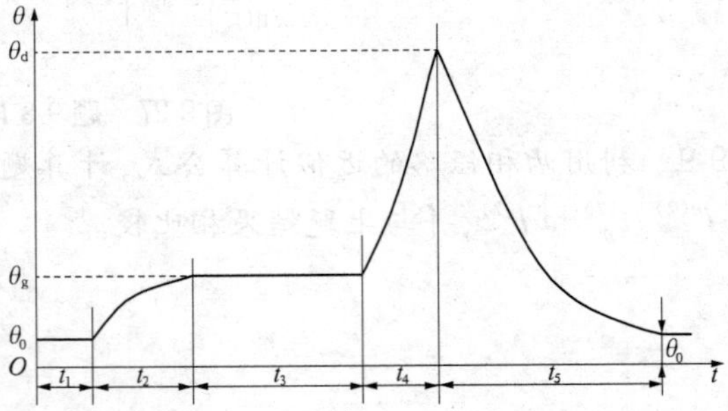

t_1—未通电流前的时间；t_2—通电流后到稳定发热的时间；t_3—稳定发热时间；t_4—短路电流通过的时间；t_5—切除短路电流后导体的冷却时间；θ_0—实际环境温度；θ_g—电流为 I_g 时的稳定发热温度；θ_d—短路时的最高发热温度

图 10-1　载流导体的发热过程

表 10-1 载流导体长期和短时发热的允许温度 （单位:℃）

导体种类和材料		允许温度	
		长期发热 θ_e	短时发热 θ_{de}
裸母线:铜		70	300
铝		70	200
钢(不和电器直接连接的)		70	400
钢(和电器直接连接的)		70	300
油浸纸绝缘电力电缆	1~3 kV(铝芯)	80	200
	6 kV(铝芯)	65	200
	10 kV(铝芯)	60	200
	35 kV(铜芯)	50	175
交联聚乙烯绝缘电力电缆	6~10 kV(铝芯)	90	200
	35 kV(铝芯)	80	200
聚氯乙烯绝缘电力电缆		65	130
聚乙烯绝缘电力电缆		70	140

10.1.2 正常情况下均匀导体的长期发热

均匀导体就是沿全长有相同截面和材料的导体(如母线、电缆)。导体内不通电流时,其温度与周围实际环境温度 θ_0 相等,如图 10-1 中 t_1 阶段所示;当电流流过导体时,导体内发出热量,使其温度升高;若导体通过其额定电流 I_e,则温度将稳定上升到导体的长期发热允许温度 θ_e;若导体流过的电流为某一值 I_g,则其升高的稳定温度 θ_g 可用下式计算

$$\theta_g = \theta_0 + (\theta_e - \theta_{0e})\left(\frac{I_g}{I_e}\right)^2 \tag{10-1}$$

式中 θ_{0e}——基准环境温度。

我国目前常采用的基准环境温度如下:

(1)电力变压器和电器(如断路器、隔离开关、互感器等)为 40 ℃;

(2)发电机(利用空气冷却时,进入机内的空气温度)为 35~40 ℃;

(3)裸导体、绝缘线、母线和电力电缆(放在空气中)为 25 ℃;

(4)埋在地下的电力电缆为 15 ℃。

长期发热过程如图 10-1 中 t_2 和 t_3 时间段所示。如果 $\theta_g \leqslant \theta_e$,可认为导体满足长期发热条件。

10.1.3 短路情况下均匀导体的短时发热

短路时,短路电流流过导体的时间,一般为零点几秒到几秒,这是一种短时发热的状况。

短路情况下均匀导体的短时发热,如图 10-1 所示的 t_4 时间段。发生短路后,导体温度急剧升高,θ_d 是短路后导体的最高发热温度。到 t_5 后短路被切除,导体温度逐渐下降,最后与周围环境温度相同。

由于短路电流超出正常许多倍,虽然通流的时间很短,但温度却上升到很高数值,以至超出短时发热允许温度,使电气设备的有关部分受到损坏。因此,把电气设备具有承受短路电流的热效应而不至于因短时过热而损坏的能力,称为电气设备的热稳定。

如果导体在短路电流作用下,t 时间内产生热效应 Q_d 不超过它所允许的热效应 Q_{re},则 θ_d 不会超过 θ_{de},就认为该导体满足热稳定要求。Q_{re}的数据一般由制造厂提供,也可查阅有关手册。

短路电流热效应 Q_d 的计算方法有两种。

10.1.3.1 实用计算法

Q_d 由短路电流的周期分量热效应 Q_{zt}和非周期分量热效应 Q_{fzt}组成,即

$$Q_d = Q_{zt} + Q_{fzt} \tag{10-2}$$

可利用复化辛普生公式求积分近似值的方法,并经适当的假定,得到如下计算 Q_{zt}的公式

$$Q_{zt} = \frac{I''^2 + 10I_{z(t/2)}^2 + I_{zt}^2}{12}t \tag{10-3}$$

式中 $I_{z(t/2)}$——短路时间为$\frac{t}{2}$ 时的短路电流周期分量有效值。

式(10-3)分子上各项的系数分别为 1、10、1,可简称 1-10-1 公式。利用式(10-3)进行计算,工作量小,有足够的准确度,故推荐采用。

若短路电流由几个电源供给,短路电流的数值和切除的时间都不相同,周期总热效应 Q_{zt}可用下式叠加计算

$$\begin{aligned} Q_{zt} = {} & (I_{z1} + I_{z2} + I_{z3} + \cdots + I_{zn})^2 t_1 + (I_{z2} + I_{z3} + \cdots + I_{zn})^2 (t_2 - t_1) + \\ & (I_{z3} + \cdots + I_{zn})^2 (t_3 - t_2) + \cdots + I_{zn}^2 (t_n - t_{n-1}) \end{aligned} \tag{10-4}$$

式中 I_{z1}、I_{z2}、I_{z3}、…、I_{zn}——各个电源供给的周期分量电流;

t_1、t_2、t_3、…、t_{n-1}、t_n——各个电源短路持续时间,且 $t_1 < t_2 < t_3 < \cdots < t_{n-1} < t_n$。

短路电流非周期分量可用解析式表达,在最严重的条件下起始值为$\sqrt{2}I''$,因此非周期分量热效应 Q_{fzt}可用下式计算

$$Q_{fzt} = \int_0^t (\sqrt{2}\, I'' e^{-\frac{t}{T_{fi}}})^2 dt = T_{fi} I''^2 (1 - e^{\frac{-2t}{T_{fi}}}) \tag{10-5}$$

当短路持续时间 $t >> T_{fi}$时,式(10-5)可简化为

$$Q_{fzt} = I''^2 T_{fi} \tag{10-6}$$

式中 T_{fi}——非周期分量衰减时间常数,一般取 0.05 s。

10.1.3.2 等值时间法

这个方法是依据等效发热的概念,取短路电流的热效应 $\int_0^{t_d} I_{dt}^2 dt$ 等于稳态电流在一段相应时间内产生的热效应。这样一段相应时间又叫做等值时间 t_z,如图 10-2 所示。

用等值时间法计算短路电流的热效应公式为

$$Q_d = Q_{zt} + Q_{fzt} = I_\infty^2 t_z + I_\infty^2 t_{fz} \quad (10\text{-}7)$$

式中 I_∞——短路电流的稳态值,kA;

t_z——周期分量的等值时间,s;

t_{fz}——非周期分量的等值时间,s。

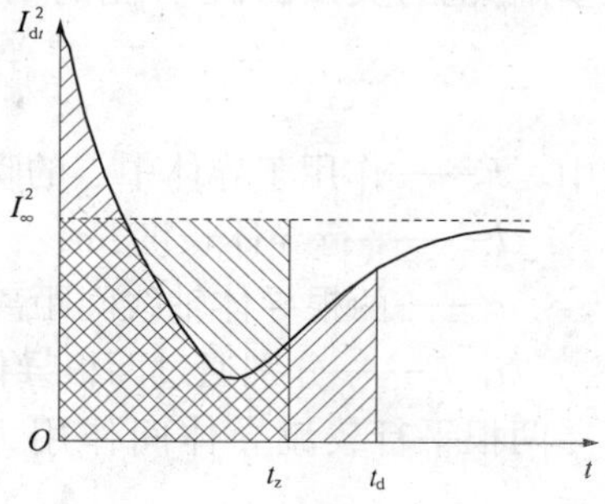

图 10-2 等值时间 t_z 的意义

下面分别确定周期分量的等值时间 t_z 与非周期分量的等值时间 t_{fz}。

(1)周期分量的等值时间 t_z 与短路时间 t_d 有关,与短路电流衰减特性 β''($\beta'' = \frac{I''}{I_\infty}$)有关,还与发电机的电压调节性能有关,可由图 10-3 查得。

图 10-3 给出了 $t_z = (\beta'', t_d)$ 曲线,它适用于具有自动电压调节器的 50 MW 以下发电机供电的短路回路。图 10-3 中只给出 $t_d \leqslant 5$ s 的曲线,当 $t_d > 5$ s时,可以认为短路电流已达到稳定值,$t_d > 5$ s后的时间也即是等值时间,可按 $t_z = t_{z(5)} + (t_d - 5)$ 计算。

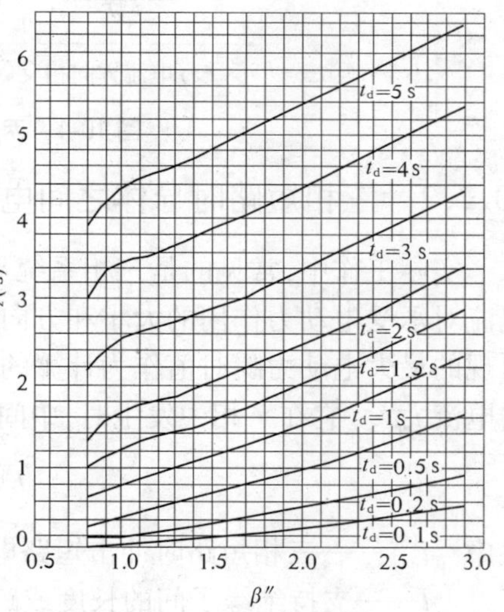

图 10-3 短路电流周期分量等值时间曲线

(2)非周期分量的等值时间 t_{fz} 可按下式进行计算

$$t_{fz} = 0.05\beta''^2 \quad (10\text{-}8)$$

最后得到短路全电流的热效应公式为

$$Q_d = I_\infty^2 t_z + I_\infty^2 t_{fz} = I_\infty^2 (t_z + t_{fz}) = I_\infty^2 t_z \quad (10\text{-}9)$$

当短路电流切除时间 $t_d > 1$ s 时,导体发热多少主要由周期分量来决定,在此情况下,可不计非周期分量的影响。此时

$$Q_d = I_\infty^2 t_z \quad (10\text{-}10)$$

10.2 电器和载流导体的电动力效应

载流导体位于磁场中,要受到磁场力的作用,这种力称为电动力。在正常情况下,工作电流不大,电动力也不大;而在短路电流通过的情况下,其电动力可达很大数值,以致导体的载流部分产生变形或损坏。因此,把导体和电器承受短路电流电动力效应的能力,称为电动力稳定,简称动稳定。

10.2.1　两根平行导体之间电动力的计算

当无限长的两根平行导体通过电流，并假定电流集中在各导体的轴线上时，根据《电工基础》的有关知识，导体间的相互作用力可用下式计算

$$F = 0.2 i_1 i_2 \frac{l}{a} \tag{10-11}$$

式中　F——作用于导体中点的瞬时合力（实际作用力沿导体长度均匀分布），N；

l——平行导体长度，m；

a——两根导体轴线间距离，m；

i_1、i_2——分别通过两根导体的瞬时电流，kA。

两根平行载流导体间作用力的方向是：电流同方向时相吸，反之相斥，如图 10-4 所示。

(a) 电流方向相反　　(b) 电流方向相同

图 10-4　两根平行载流导体间的作用力

10.2.2　三相短路时导体之间电动力的计算

实际工作中，常见的是三相系统母线水平敷设，三相母线的相互位置以及各相瞬时电流对承受电动力作用的大小和方向有重要影响（见图 10-5）。计算中，通常只选择可能出现的最大电动力瞬时值作为计算的依据。三相短路时，瞬时出现的最大电流为短路冲击电流 $i_{ch}^{(3)}$。它在一相中发生时，中间的 B 相将受到最大作用力 $F^{(3)}$

$$F^{(3)} = 0.173 i_{ch}^{(3)2} \frac{l}{a} \tag{10-12}$$

式中　$i_{ch}^{(3)}$——三相短路时冲击短路电流，kA；

l——支持绝缘子间的长度或跨距，cm；

a——母线相间距离，cm。

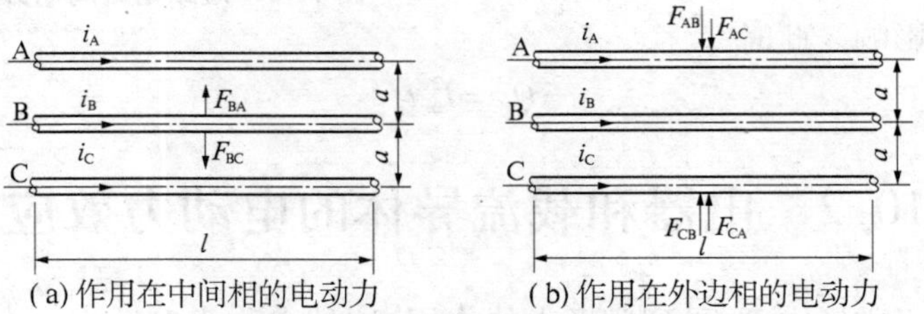

(a) 作用在中间相的电动力　　(b) 作用在外边相的电动力

图 10-5　三相硬母线的相互作用力

由于三相短路和两相短路的冲击短路电流的关系是 $i_{ch}^{(2)} = \frac{\sqrt{3}}{2} i_{ch}^{(3)}$，所以两相短路时两故障平行母线间的最大电动力 $F^{(2)}$ 为

$$F^{(2)} = 2.04 i_{ch}^{(2)2} \frac{l}{a} \times 10^{-1} = 2.04 \left(\frac{\sqrt{3}}{2} i_{ch}^{(3)} \right)^2 \frac{l}{a} \times 10^{-1}$$

$$= 1.53 i_{ch}^{(3)2} \frac{l}{a} \times 10^{-1} \qquad (10\text{-}13)$$

显然，$F^{(2)} < F^{(3)}$，因此选择电气设备校验动稳定时，应采用三相短路电流进行校验。

10.3 电气设备选择的一般条件

10.3.1 电气设备选择的一般原则和环境条件

10.3.1.1 一般原则

电气设备选择的一般原则如下：

(1)应满足正常运行、检修、短路和过电压情况下的要求，并考虑远景发展；

(2)应按当地环境条件校核；

(3)力求技术先进和经济合理；

(4)与整个工程的建设标准协调一致；

(5)同类设备应尽量减少品种；

(6)选用的新产品均具有可靠的试验数据，并经正式鉴定合格。

10.3.1.2 环境条件

1. 温度

选择电气设备的环境温度按表 10-2 选取。

表 10-2 选择电气设备的环境温度

安装场所	环境温度	
	最高	最低
屋外	年最高温度	年最低温度
电抗器室	该处通风设计最高排风温度	
屋内其他处	该处通风设计温度。当无资料时，可取最热月平均最高温度加 5 ℃	

注：1. 年最高(或最低)温度为一年中所测得的最高(或最低)温度的多年平均值。

2. 最热月平均最高温度为最热月每日最高温度的月平均值，取多年平均值。

我国规定，普通高压电器在环境为 +40 ℃时，允许按额定电流长期工作。当电器安装点的环境温度高于 +40 ℃，但不高于 +60 ℃时，环境温度每增高 1 ℃，建议减小额定电流 1.8%；当使用环境温度低于 +40 ℃时，环境温度每降低 1 ℃，建议增加额定电流 0.5%，但最大不得超过额定电流的 20%。

普通高压电器一般可在环境最低温度为 -30 ℃时正常运行。

2. 日照

屋外高压电器在日照影响下将产生附加温升。如果制造部门未能提出产品在日照下额定载流量下降的数据，在设计中可暂按电器额定电流的 80% 选择设备。

3. 风速

一般高压电器可在风速≤35 m/s 的环境下使用。在最大设计风速 >35 m/s 的地区，可在屋外配电装置的布置中采取措施，如加强基础固定或降低安装高度等措施。

4. 冰雪

在积雪和覆冰严重的地区，应采取措施防止冰串引起瓷件绝缘对地闪络；重冰区应选破冰厚度大的隔离开关。

5. 湿度

一般高压电器可在温度为 +20 ℃、相对湿度为 90%（电流互感器为 85%）的环境中使用。在长江以南和沿海地区，当相对湿度超过一般产品使用标准时，应选用湿热带型高压电器。

6. 污秽

工厂（如化工厂、冶炼厂、火电厂及盐雾场所等）排出的含有二氧化硫、硫化氢、氨等成分的烟气、粉尘等对电气设备危害较大。在此地区可采用防污型绝缘子或选高一级电压的产品，以及采用屋内配电装置等办法来解决。

7. 海拔

电器的一般使用条件为海拔≤1 000 m。对安装在海拔 >1 000 m 地区的电器，外绝缘一般应予加强，可选用高原型产品或选用外绝缘提高一级的产品。由于现有 110 kV 及以下电器的外绝缘大多有一定裕度，故可使用在海拔 2 000 m 以下的地区。

8. 地震

选择电器时，应根据当地的地震烈度，选择能够满足地震要求的产品。一般电器产品可以耐受地震烈度为Ⅷ度的地震力。

10.3.2 按正常运行条件选择

10.3.2.1 按环境条件选择

选择电气设备时，应在当地环境条件（气温、风速、湿度、污秽、海拔、地震、覆冰等）满足要求的条件下，尽量选用普通型产品。

电气设备的装置地点也影响所选设备的型式。通常装设在户内的设备应选择户内型，也可以选择户外型，但不经济。装置在户外的设备只能选择户外型。

10.3.2.2 按工作电压选择

电气设备的额定电压就是铭牌或技术参数标出的线电压。电气设备的绝缘均有一定裕度，可长期在超过额定电压 10% ~15% 的电压下工作，此时称为最高允许工作电压。在正常情况下，选择电气设备的最高允许工作电压不得小于该回路的最高运行电压。由于回路的最高运行电压通常在线路首端，它比电力网的额定电压只高 5% ~10%，因此按工作电压选择的条件为

$$U_e \geqslant U_{we} \tag{10-14}$$

式中 U_e——电气设备额定电压，kV；

U_{we}——电气设备所在电网额定电压，kV。

按式（10-14）的条件选择设备时，虽然运行电网各点电压不同，但总不会超过电气设

备的最高允许工作电压。

10.3.2.3 **按工作电流选择**

电气设备的额定电流是指在基准环境温度 θ_{0e} 下,发热温度不超过长期发热允许温度时所允许长期通过的最大电流。

开关电器没有明确的过载能力规定,为安全起见,选择电器时一律按其没有过载能力计算,如有裕度,留给运行单位需要时使用。因此,按工作电流选择的条件为

$$I_y \geqslant I_{gmax} \tag{10-15}$$

式中 I_y——导体和电器的长期允许通过电流,A;

I_{gmax}——各种可能运行方式下回路最大持续工作电流,A,一般认为连续运行超过4 min即为持续工作电流。

I_y 的确定:

$$I_y = \sqrt{\frac{\theta_e - \theta_0}{\theta_e - \theta_{0e}}} I_e = K_\theta I_e \tag{10-16}$$

式中 K_θ——环境温度修正系数;

I_e——载流导体的额定载流量,A;

θ_{0e}——基准环境温度;

θ_0——实际环境温度。

I_{gmax} 的确定:

(1)由于发电机、变压器和调相机在电压降低5%时,出力保持不变,故其相应回路的 $I_{gmax} = 1.05I_e$(I_e 为电机的额定电流);

(2)母联断路器回路一般可取母线上最大一台发电机或变压器的 I_{gmax};

(3)母线分断电抗器的 I_{gmax} 应为母线上最大一台发电机跳闸时,保证该段母线负荷所需的电流;

(4)出线回路的 I_{gmax} 除考虑线路正常负荷电流(包括线路损耗)外,还应考虑事故时由其他回路转移过来的负荷。

10.3.3 按短路条件进行校验

10.3.3.1 **短路计算条件**

按短路条件检验电气设备的动、热稳定以及电器开断能力时,必须采用流过设备最大可能的短路电流,为此作验算用的短路电流应按下列条件确定:

(1)容量和接线。按本工程(施工期长的大型水电厂为本期工程)设计最终容量计算,并考虑电力系统的远景发展规划(可为本期工程建成后5~10年);其接线应采用可能发生最大短路电流的正常接线方式,而不考虑在切换过程中可能并列运行的接线方式。

(2)短路的种类。一般按三相短路验算。若发电机出口的两相短路较三相短路严重,则应按最严重情况验算。

(3)短路计算点。校验电器和载流导体时,必须在计算电路图上确定电器和载流导体处于最严重情况的短路地点,这些地点称为短路计算点。

选择计算点的方法举例如下:如图10-6中,选择发电机回路断路器QF1,应考虑两

个可能计算点，即 d_1 点和 d_2 点。由图 10-6 可知，d_1 点短路时流过断路器 QF1 的仅为发电机 G1 供给的短路电流，而 d_2 点短路时流过断路器 QF1 的为其他三台发电机和系统供给的短路电流，显然，d_2 点短路流过断路器 QF1 的短路电流大，它是选择断路器 QF1 的短路计算点。选择分段断路器 QF2 时，可考虑两种非切换过程的运行方式，一是变压器 T1 和 T2 并列运行方式，此时由于电路对称，d_3 点或 d_4 点短路时，通过断路器 QF2 的短路电流一样大，可任选一处作为计算点；二是变压器 T1 检修，但两段发电机电压母线通过断路器 QF2 并列运行，此时 d_3 点短路，通过断路器 QF2 的短路电流将由于系统通过 QF2 的短路电流比第一种运行方式大（第一种运行 T1 和 T2 各分流一半而较小）而严重，因此选 d_3 点作为计算点；同理，T2 检修时，选 d_4 点作为计算点。选择配电变压器 T3、断路器 QF3，很明显 d_5 点是计算点，此时所有电源供给的短路电流均通过断路器 QF3。选择右边发电机汇流主母线时，由于主母线的损坏将使该段母线上的所有设备长期不能工作，因此必须选择最严重的 d_6 点作为计算点。

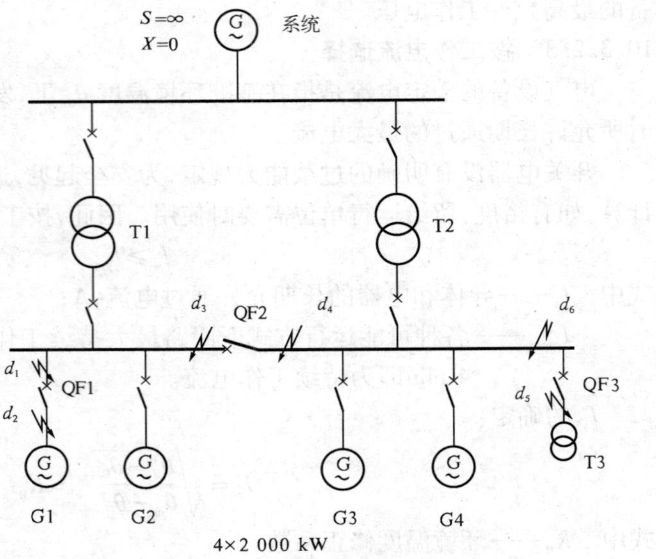

图 10-6　选择断路器和汇流主母线短路计算点示意图

10.3.3.2　短路计算时间

选择电器和载流导体时，除考虑上述计算条件外，还必须正确估计短路的两个计算时间：一是断路器的实际开断时间 t_k，t_k 由下式决定

$$t_k = t_b + t_{gf} \tag{10-17}$$

式中　t_b——继电保护（主保护）动作时间，它是起动机构、延时机构及执行机构动作时间之和，对于无延时的速断保护可取 $t_b = 0.05 \sim 0.06$ s，对于晶体管速断保护取 $t_b = 0.04$ s；

t_{gf}——断路器固有分闸时间。

另一个是短路热稳定计算时间 t_d，t_d 由下式决定

$$t_d = t_b + t_{kd} \tag{10-18}$$

式中　t_b——继电保护（主保护）动作时间，验算裸导体及 110 kV 以下电缆热稳定时，一般采用主保护动作时间，如主保护有死区，则应采用能对该死区起作用的后备保护动作时间，并采用相应处的短路电流值；验算开关电器热稳定时，一般采用后备保护动作时间。

t_{kd}——断路器全开断时间，为断路器固有分闸时间与熄弧时间之和。

10.3.3.3　**短路热稳定校验**

短路电流通过电气设备产生了热效应，满足短路热稳定的一般条件是

$$Q_{re} \geqslant Q_d \quad 或 \quad I_{re}^2 t_{re} \geqslant Q_d \tag{10-19}$$

式中　Q_{re}——电气设备额定热效应，$kA^2 \cdot s$，制造部门常以 t_{re} 额定热稳定电流 I_{re} 表示；

Q_d——在短路热稳定计算时间 t_d 内，短路电流所产生的热效应，$kA^2 \cdot s$。

10.3.3.4　**短路动稳定校验**

短路时，电气设备承受的电动力效应决定于冲击短路电流，为了校验方便，制造部门通常用额定动稳定电流，即通过的极限电流峰值来表示电器承受电动效应的能力。因此，满足开关电器动稳定的一般条件是

$$i_{de} \geqslant i_{ch}^{(3)} \tag{10-20}$$

式中　i_{de}——电气设备的额定动稳定电流，kA；

$i_{ch}^{(3)}$——三相短路冲击短路电流，kA。

采用熔断器保护的电器回路是否按短路条件进行校验的规定如下：

(1)用限流型熔断器保护的电器和载流导体，可不校验动、热稳定；

(2)用非限流型熔断器保护的电器和载流导体，可不校验热稳定，但仍应校验动稳定。

高压电气设备选择及校验项目如表10-3所示，对于选择和校验的特殊要求，将在本章以下各节介绍。

表10-3　高压电气设备选择及校验项目

设备名称	电压(kV)	电流(A)	开断电流(kA)	短路电流稳定		其他校验项目
				热稳定	动稳定	
断路器	√	√	√	√	√	
隔离开关	√	√		√	√	
负荷开关	√	√	√	√	√	
熔断器	√	√	√			选择性
电压互感器	√					准确度及二次负荷
电流互感器	√	√		√	√	准确度及二次负荷
支持绝缘子	√				√	
套管绝缘子	√	√		√	√	
母线		√		√	√	
电力电缆	√	√		√		

注：表中√都为应选择或校验的项目。

10.4　高压开关电器的选择

10.4.1　高压断路器的选择

高压断路器的选择除满足前述电气设备选择的原则和一般条件(环境、电压、电流和动、热稳定等)，还应按其本身的特殊要求进行选择，现介绍如下。

10.4.1.1 **型式的选择**

高压断路器应根据断路器安装地点、环境和使用技术条件等要求选择其种类和型式。目前,由于油断路器运行维护及可靠性都比真空断路器和 SF_6 断路器差,对其使用越来越少;真空断路器和 SF_6 断路器因其运行维护简单、可靠性高及开断电流大等优点,得到广泛应用。

在选择断路器型式的同时,应根据工程的规模、性质以及操作电源,选配断路器的操作机构。

10.4.1.2 **按开断电流选择**

为了保证断路器开断可能的最大短路电流后还能继续可靠地工作,必须按开断电流选择,即

$$I_{ke} \geqslant I_{dt} = \sqrt{I_{zt}^2 + I_{fzt}^2} = \sqrt{I_{zt}^2 + (\sqrt{2} I'' e^{-t_k/T_{fi}})^2} \tag{10-21}$$

式中 I_{ke}——断路器的额定开断电流,kA;

t_k——断路器的实际开断时间,s;

I_{dt}、I_{zt}、I_{fzt}——t_k 时刻短路全电流有效值、周期分量有效值及非周期分量有效值,kA;

T_{fi}——短路点的非周期分量衰减时间常数,s,一般取 0.05 s。

式(10-21)适用于高速开断(即 $t_k < 0.1$ s)或 $T_{fi} > 0.1$ s 的情况。对于中速断路器(即 $t_k = 0.1 \sim 0.2$ s),当非周期分量小于周期分量幅值的20%时,可以仅按开断电流的周期分量选择断路器,即

$$I_{ke} \geqslant I_{zt} \tag{10-22}$$

当断路器的额定开断电流较系统的短路电流大很多时,为了简化计算和偏于安全,也可用次暂态电流 I''计算,即

$$I_{ke} \geqslant I'' \tag{10-23}$$

对于低速开断(即 $t_k > 0.2$ s)的断路器,可按下式进行选择

$$I_{ke} \geqslant I_{z0.2} \tag{10-24}$$

式中 $I_{z0.2}$——0.2 s 周期分量有效值,kA。

装设自动重合闸装置的断路器具有连续开断事故电流的要求,如断路器不能保证额定开断能力,则上述公式应按降低的开断电流进行选择。

10.4.2 隔离开关的选择

隔离开关的选择要求和方法与高压断路器基本相同,仅不必验算其开断能力。由于隔离开关触头长期外露,易受污秽直接影响引起接触状态恶化,过载能力低,因此选择隔离开关额定电流时宜稍留裕度。对装设有接地闸刀的,还应根据其安装处的短路电流校验接地闸刀的动、热稳定。

隔离开关的型式选择十分重要,应根据配电装置的布置特点和使用要求等因素,进行综合技术经济比较后确定。对于小水电系统的 6 ~ 10 kV 户内配电装置,通常选用 GN19 - 10C 型隔离开关和 GN30 - 10D 型旋转式隔离开关,其中 GN19 - 10C 型带有穿墙套管;GN30 - 10D 型旋转式隔离开关用于 XGN2 - 12 型高压开关柜中。35 kV 及以上电

压等级户外配电装置广泛选用 GW4 型、GW5 型或 GW6 型等隔离开关。

隔离开关及其接地闸刀一般采用手动操作机构，220 kV 及以上电压等级的隔离开关也有采用电动操作机构的。

10.4.3 高压熔断器的选择

10.4.3.1 型式的选择

水电站和变电所常用的高压熔断器有两大类：一类是户内熔断器，最高电压能达 35 kV，常用的有 RN1 型、RN3 型和 RN5 型，主要用于电力线路、电力变压器和电力电容器等设备的过载和短路保护，RN2 型额定电流均为 0.5 A，为保护电压互感器的专用熔断器；另一类是户外熔断器，常用的有 RW3 型、RW4 型、RW5 型和 RW7 型等跌落式熔断器，其作用除与 RN1 型相同外，在一定条件下还可以分断和关合空载架空线路、空载变压器和小负荷电流，RW10－35/0.5 型为保护 35 kV 电压互感器专用的户外产品。

10.4.3.2 按工作电压选择

按工作电压选择的条件如下

$$U_e \geqslant U_{we}$$

式中 U_e——熔断器的额定电压，kV；

U_{we}——熔断器安装处电网额定电压，kV。

按上式选择时，必须注意充填石英砂的限流型熔断器只能按 $U_e = U_{we}$ 的条件选择，这种情况下熔断器熔断产生的最大过电压倍数限制在规定的 2.5 倍相电压之内，此值并未超过同一电压等级电器的绝缘水平。如果熔断器使用在工作电压低于其额定电压的电网中，过电压倍数可能达 3.5～4，大大超过电器绝缘的耐受水平。

10.4.3.3 按工作电流及保护特性选择

按工作电流及保护特性选择的条件如下

$$I_{eRg} \geqslant I_{eRt} \geqslant I_{gmax} \tag{10-25}$$

式中 I_{eRg}——熔断器熔管的额定电流，A；

I_{eRt}——熔断器熔件的额定电流，A；

I_{gmax}——回路最大持续工作电流，A。

式(10-25)是选择熔断器额定电流的总要求，其中熔件额定电流的选择最重要，它的选择与其熔断特性有关，应能满足保护的可靠性、选择性和灵敏度要求。当熔件额定电流选择过大时，将延长熔断时间，降低灵敏度；当选择过小时，则不能保证保护的可靠性和选择性。选择熔件额定电流的具体方法如下：

(1)保护 35 kV 及以下电力变压器：

$$I_{eRt} = kI_{gmax} \tag{10-26}$$

式中 I_{gmax}——变压器回路最大持续工作电流，A；

k——系数，当不考虑电动机自起动时，可取 1.1～1.3；当考虑电动机自起动时，可取 1.5～2.0。

以上考虑系数 k 的目的是使变压器在通过最大持续工作电流、通过变压器励磁涌流(为变压器额定电流的 7 倍左右)的 0.5 s 内，以及电动机自起动或保护范围以外短路产生的冲击电流不应使熔件熔断，并且还应保证前后级保护动作的选择性以及本段范围内短路能以最短时间切除故障。

(2)保护电力电容器

$$I_{eRt}=KI_{ce}$$

式中 I_{ce}——电容器回路的额定电流，A。

K——系数，对于跌落式熔断器，取1.2~1.3；对于限流型熔断器，当为一台电容器时，取1.5~2.0，当为一组电容器时，取1.3~1.8。

以上考虑系数K的目的是防止电网电压升高、波形畸变、运行过程中的涌流等原因引起电容器回路电流增大产生误熔断。

10.4.3.4 按开断电流选择

按开断电流选择的条件如下

$$I_{ke}\geqslant I_{dt}(\text{或}\ S_{ke}\geqslant S_{dt}) \tag{10-27}$$

式中 I_{ke}(或S_{ke})——熔断器的额定开断电流，kA(或额定开断容量，MVA)。

I_{dt}——短路全电流，kA，对于限流型熔断器，取$I_{dt}=I''$；对于非限流型熔断器，须考虑非周期分量影响，取$I_{dt}=I_{ch}$(全电流最大有效值)。

跌落式熔断器的开断能力应分别按上、下限值验算，在验算上限值时应用系统的最大运行方式；验算下限值时，应用最小运行方式。

保护电压互感器的熔断器，只需按额定电压和开断能力选择。

10.4.3.5 熔断器的选择性校验

为了保证前后两级熔断器之间或熔断器与电源(或负荷)保护之间的选择性，应进行熔体的选择性校验。各种型号熔断器的熔体熔断时间可由制造厂提供的安秒特性曲线上查出。

【例10-1】 图10-7所示为某小型水电站电气主接线图。试选择发电机回路的断路器QF1和隔离开关QS1，断路器QF1和隔离开关QS1均安装于高压开关柜内。实际环境温度$\theta_0=+35$ ℃，海拔为658 m。发电机主保护动作时间$t_{b1}=0.05$ s，后备保护动作时间$t_{b2}=3.5$ s，6.3 kV母线三相短路电流计算参数见表10-4。

解：(1)最大持续工作电流I_{gmax}的计算。

$$I_{gmax}=1.05I_e=1.05\frac{P}{\sqrt{3}U_e\cos\varphi}=1.05\times\frac{2\ 000}{\sqrt{3}\times6.3\times0.8}=241(\text{A})$$

(2)根据$U_{we}=6$ kV和$I_{gmax}=241$ A及安装于高压开关柜的条件，查附录2选用ZN28-10/630真空断路器和GN19-10C/400隔离开关，真空断路器的固有分闸时间为$t_{gf}\leqslant0.06$ s，全开断时间$t_{kd}=0.08$ s。

(3)短路电流的确定。

发电机回路短路计算点可确定为图10-7中d_1点，通过该回路中断路器QF1和隔离开关QS1的短路电流为除本回路发电机外所有电源供给的短路电流之和，即$I''=7.15-\frac{1}{2}\times2.53=5.89$(kA)，同理可得，$I_{z0.1}=5.55$ kA，$I_{z0.2}=5.51$ kA，$I_{z1}=5.44$ kA，$I_{z2}=5.4$ kA，$I_{z4}=5.36$ kA，$i_{ch}=15.2$ kA，$I_{ch}=9.07$ kA，$S''=64.25$ MVA。

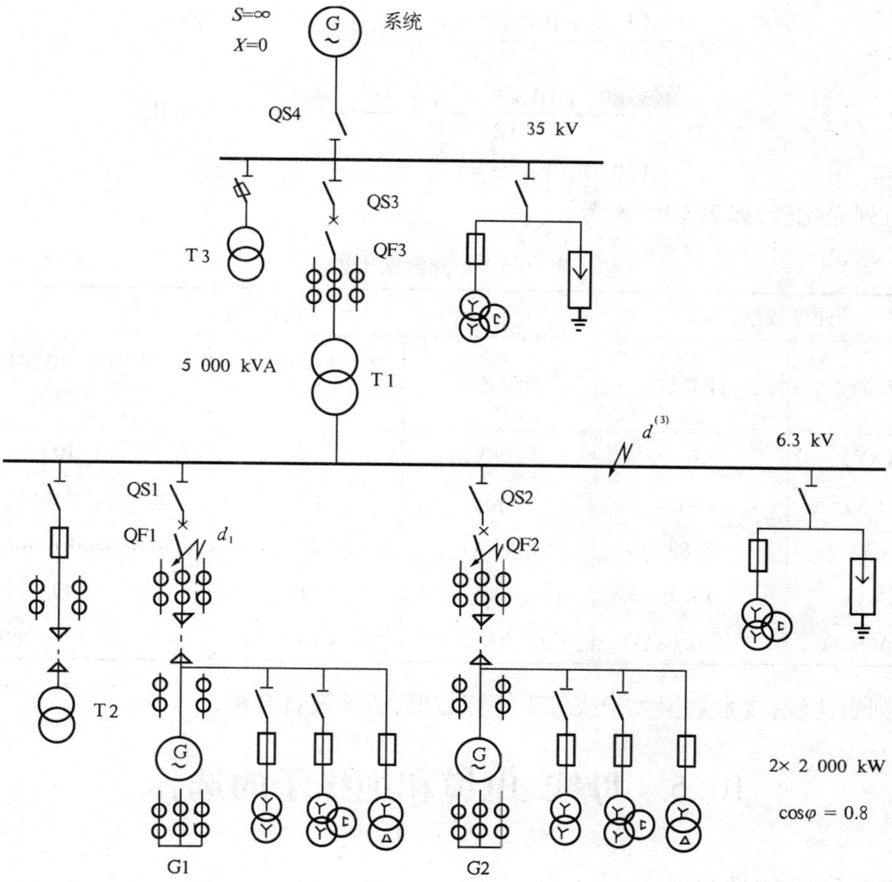

图 10-7 小型水电站电气主接线图

表 10-4 6.3 kV 母线三相短路电流计算参数

电源名称	短路参数								
	I'' (kA)	$I_{z0.1}$ (kA)	$I_{z0.2}$ (kA)	I_{z1} (kA)	I_{z2} (kA)	I_{z4} (kA)	i_{ch} (kA)	I_{ch} (kA)	S'' (MVA)
系统支路	4.62	4.62	4.62	4.62	4.62	4.62	11.78	7.02	50.4
电站支路	2.53	1.86	1.77	1.63	1.55	1.48	6.83	4.10	27.7
合计	7.15	6.48	6.39	6.25	6.17	6.10	18.61	11.12	78.1

(4)短路计算时间的确定。

断路器 QF1 的实际开断时间

$$t_k = t_b + t_{gf} = 0.05 + 0.06 = 0.11(s)$$

热稳定计算时间

$$t_d = t_b + t_{kd} = 3.5 + 0.08 \approx 4(s)$$

(5)短路电流热效应的计算。

$$Q_d = \frac{(I'')^2 + 10I_{z(t/2)}^2 + I_{zt}^2}{12}t + I''^2 T_{fi}$$

$$= \frac{5.89^2 + 10 \times 5.4^2 + 5.36^2}{12} \times 4 + 5.89^2 \times 0.05$$

$$= 120.08(\text{kA}^2 \cdot \text{s})$$

(6)列表比较,如表 10-5 所示。

表 10-5　计算数据比较

计算数据		技术数据		
计算参数	计算值	额定参数	ZN28 - 10/630 保证值	GN19 - 10C/400 保证值
U_{we}(kV)	6	U_e(kV)	12	10
I_{gmax}(A)	241	I_e(A)	630	400
I''(kA)	5.89	I_{ke}(kA)	20	—
i_{ch}(kA)	15.2	i_{de}(kA)	50	40
Q_d($\text{kA}^2 \cdot \text{s}$)	120.08	$I_{re}^2 t_{re}$($\text{kA}^2 \cdot \text{s}$)	$20^2 \times 4 = 1\ 600$	$14^2 \times 5 = 980$

经列表比较:技术数据大于或等于计算数据,所选设备合格。

10.5　母线、电缆和绝缘子的选择

10.5.1　母线的选择

10.5.1.1　选型

母线的选型与工作电流有关,通常还应考虑尽量减小集肤效应系数、散热良好、断面系数大、安装检修简单及连接方便。母线一般采用铝质材料,小水电站由于工作电流较小,户内配电装置的母线一般采用矩形铝母线,35 kV 户外配电装置一般采用钢芯铝绞线或矩形铝母线。大型发电厂和 110 kV 及以上变电站中的母线还可以采用槽型或圆管型等。槽型母线一般可用于 4 000 ~ 8 000 A 的配电装置;圆管型母线可用于 8 000 A 以上的大电流母线。另外,由于圆管型母线表面光滑,电晕放电电压高,因此可用做 110 kV 及以上配电装置母线。

10.5.1.2　按满足长期允许发热条件选择

按满足长期允许发热条件选择的条件如下

$$\left.\begin{aligned} & I_y \geqslant I_{gmax} \\ & I_y = \sqrt{\frac{\theta_e - \theta_0}{\theta_e - \theta_{0e}}} \cdot I_e = K_\theta I_e \end{aligned}\right\} \qquad (10\text{-}28)$$

式中各量代表的意义与式(10-15)和式(10-16)相同。其中环境温度修正系数 K_θ 可按上式计算,也可以查表 10-6。对于户外钢芯铝绞线,由于风速、日照和海拔的影响,长期发热允许温度可按不超过 +80 ℃考虑，此时的环境温度修正系数 K_θ 可直接查表 10-6。当导体接触面处有镀(搪)锡可靠覆盖层时，长期发热允许温度可提高至 +85 ℃，母线的额定载流量也可相应提高。

表 10-6　裸导体在不同海拔下的环境温度修正系数 K_θ

长期发热允许温度(℃)	适用范围	海拔(m)	实际环境温度 θ_0(℃)						
			+20	+25	+30	+35	+40	+45	+50
+70	户内矩形导体及不计日照的户外软导线		1.05	1.00	0.94	0.88	0.81	0.74	0.67
+80	计及日照的户外软导线	1 000 及以下	1.05	1.00	0.95	0.89	0.83	0.76	0.69
		2 000	1.01	0.96	0.91	0.85	0.79		
		3 000	0.97	0.92	0.87	0.81	0.75		
		4 000	0.93	0.89	0.84	0.77	0.71		

10.5.1.3　**按经济电流密度选择**

当正常工作电流通过母线时，在母线中将引起电能损耗。当电流一定时，母线截面面积越大，电能损耗费用就越小，见图 10-8 中曲线 1。然而母线截面面积越大，初投资越大，年维修折旧费也因此增加，见图 10-8 中曲线 2。曲线 3 为曲线 1 和曲线 2 相加而得，它表明母线结构的年运行费用与母线截面面积的关系。由图 10-8 可见，当母线截面面积为 S_j 时，年运行费用最小，称之为经济截面面积。电能损耗还与电流大小和通过的时间长短有关，如年最大负荷利用小时数增大，电能损耗也就增大为曲线 1′，曲线 1′和曲线 2 相加即得到曲线 3′，此时经济截面面积 S_j'将大于 S_j。由曲线 3(或 3′)可见，在经济截面面积附近曲线比较平坦时，选择的标准化截面面积稍大或稍小于经济截面，增加的年运行费用差不多，但总体来看，选择稍小的标准化截面面积可使母线初投资和有色金属耗用量减小，还是比较合适的。

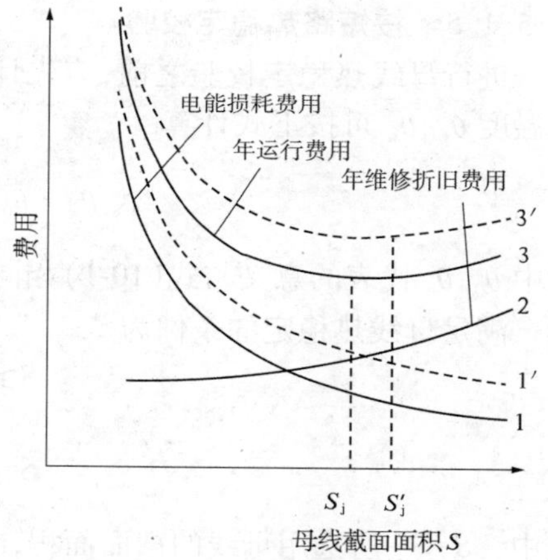

图 10-8　年运行费与载流导体截面面积的关系曲线

除配电装置的汇流主母线外，长度在 20 m 以上的母线，例如发电机至主变压器或者发电机至配电装置等的连接母线，其截面面积首先应按经济电流密度选择，即

$$S \approx S_j = \frac{I_{gmax}}{J} \tag{10-29}$$

式中　S——所选用的比经济截面面积 S_j 略小的标准截面面积，或接近经济截面的标准截面面积，mm^2；

I_{gmax}——正常工作情况下的最大持续工作电流，A；

J——经济电流密度，A/mm^2，可按最大负荷利用小时数查表 10-7 即得，对于由经济电流密度决定的户外导体，一般不校验日照的影响。

表 10-7　导体的经济电流密度 J　（单位：A/mm^2）

导体材料	最大负荷利用小时（h/年）		
	3 000 以下	3 000 ~ 5 000	5 000 以上
铜裸导线与母线	3.0	2.25	1.75
铝裸导线与母线	1.65	1.15	0.9
铜芯电缆	2.5	2.25	2.0
铝芯电缆	1.92	1.73	1.54

10.5.1.4　按电晕电压校验

110 kV 及以上电压等级的线路、发电厂和变电站母线均应以当地气象条件下晴天不出现全面电晕为控制条件，使导线安装处的最高工作电压小于临界电晕电压，即

$$U_{gmax} \leqslant U_0 \tag{10-30}$$

式中　U_{gmax}——导线安装处的最高工作电压，kV；

U_0——临界电晕电压，kV。

10.5.1.5　按短路热稳定校验

进行母线热稳定校验之前，应先计算短路前母线通过最大持续工作电流 I_{gmax} 后的稳定温度 θ_w，θ_w 可按下式计算

$$\theta_w = \theta_0 + (\theta_e - \theta_0)\left(\frac{I_{gmax}}{I_y}\right)^2 \tag{10-31}$$

式中 θ_0、θ_e 代表的意义与式（10-1）相同，θ_y、I_{gmax} 代表的意义与式（10-28）相同。

满足母线热稳定的条件为

$$\left.\begin{aligned} S &\geqslant S_{min} \\ S_{min} &= \frac{\sqrt{Q_d}}{C} \times 10^3 \end{aligned}\right\} \tag{10-32}$$

式中　S——所选用母线的截面面积，mm^2；

S_{min}——满足短路热稳定的母线最小截面面积，mm^2；

Q_d——短路电流的热效应，$kA^2 \cdot s$；

C——热稳定系数。

母线在短路前稳定温度 θ_w 不同时，C 值可取表 10-8 所列数值。

表 10-8　母线短路前温度为 θ_w 时的 C 值

导体材料及短时发热允许温度 θ_{de}（℃）		短路前稳定温度 θ_w（℃）										
		40	45	50	55	60	65	70	75	80	85	90
铝	200	99	97	95	93	91	89	87	85	83	81	79
铜	300	186	183	181	179	176	174	171	169	166	164	161

对于钢芯铝绞线，由于钢芯损耗的影响，C 值暂取铝导体的 87%。

10.5.1.6　按短路动稳定校验

装在支持绝缘子上的硬母线的最大允许应力应不小于短路时母线中所产生的应力，否则将产生变形或损坏，因此必须满足

$$\sigma_y \geqslant \sigma$$

式中　σ_y——硬母线最大允许应力，kg/cm^2，对于铝其为 700 kg/cm^2，对于铜其为 1 400 kg/cm^2；

σ——短路时母线的最大应力，kg/cm^2。

当三相单片矩形母线在同一平面布置时，其应力计算可假定母线结构为一多跨的连续梁，受均匀负荷的作用力，承受的最大应力 σ 为

$$\sigma = \frac{M}{W} = \frac{1}{W}\frac{F^{(3)}l}{10} = \frac{F^{(3)}l}{10W} = 1.77\frac{l^2}{aW}i_{ch}^{(3)^2} \times 10^{-3} \tag{10-33}$$

式中　M——一跨距母线承受的最大弯矩，kg·cm；

W——母线断面系数，cm^3，可查表 10-9。

其余各量代表的意义与式(10-12)相同。

在设计中，往往是根据母线的最大允许应力来确定母线允许的最大跨距 l_{max}(cm)，把 σ_y 代入式(10-33)可得

$$l_{max} = \frac{23.8}{i_{ch}}\sqrt{\sigma_y aW} \tag{10-34}$$

式中　i_{ch}——三相短路时冲击短路电流，kA；

l_{max}——母线机械强度允许的最大跨距，cm；

a——母线相间距离，cm；

σ_y——母线最大允许应力，kg/cm^2；

W——母线断面系数，cm^3。

在实用计算中，母线机械强度允许的最大跨距 l_{max} 可直接查表 10-9 计算数据。若母线实际跨距 l 小于 l_{max}，则满足动稳定要求，否则应采取措施。其措施有：限制短路电流、改变布置方式、增大相间距离、增大母线截面面积及减小跨距，其中以减小跨距最为有效，但要增加支持绝缘子数量。如计算所得 l_{max} 很大，为避免母线因自重而过分弯曲，选用的实际跨距以不超过 1.5～2.0 m 为宜。

在小水电系统中，按以上介绍的方法选择配电装置汇流主母线时，由于规定不按经济电流密度选择，加上主母线较短，汇集的容量不大，故所选的截面往往小于连接于其上的某些回路母线的截面，为了便于安装，在这种情况下主母线可按回路最大的母线截面选用。

对于装设于开关柜内的母线和绝缘子可不作选择和校验，对于户外软导线可不进行机械强度方面的校验，另外对某些母线还要进行机械共振条件的校验。

【例 10-2】　试选择例 10-1 中发电机 6.3 kV 电压母线。母线安装于高压开关柜上，采用平放布置，$a = 25$ cm，$l = 120$ cm。其保护动作时间也为发电机的后备保护动作时间 $t_{t2} = 3.5$ s。

解：(1)最大持续工作电流 I_{gmax} 的计算

表 10-9　矩形铝母线额定载流量及计算数据

导体尺寸 $h\times b$ (mm × mm)	导体截面 (mm^2)	额定载流量 I_e(A)		断面系数 W(cm^3)		惯性半径 r_i(cm)		导体共振的最大允许跨距(cm)		机械强度允许的最大跨距(cm)	
		平放	竖放	平放	竖放	平放	竖放	平放	竖放	平放	竖放
25 × 4	100	292	308	0.42	0.067	0.723	0.116	96	39	$408\sqrt{a}/i_{ch}$	$163\sqrt{a}/i_{ch}$
25 × 5	125	332	350	0.52	0.104	0.723	0.145	96	43	$454\sqrt{a}/i_{ch}$	$203\sqrt{a}/i_{ch}$
40 × 4	160	456	480	1.07	0.107	1.156	0.161	122	39	$651\sqrt{a}/i_{ch}$	$206\sqrt{a}/i_{ch}$
40 × 5	200	515	543	1.33	0.167	1.156	0.145	122	43	$726\sqrt{a}/i_{ch}$	$257\sqrt{a}/i_{ch}$
50 × 4	200	565	594	1.67	0.133	1.445	0.116	136	39	$814\sqrt{a}/i_{ch}$	$230\sqrt{a}/i_{ch}$
50 × 5	250	637	671	2.08	0.208	1.445	0.145	136	43	$908\sqrt{a}/i_{ch}$	$287\sqrt{a}/i_{ch}$
63 × 6.3	397	872	949	4.17	0.417	1.821	0.182	153	48	$1\,288\sqrt{a}/i_{ch}$	$407\sqrt{a}/i_{ch}$
63 × 8	504	995	1 082	5.29	0.672	1.821	0.231	153	55	$1\,448\sqrt{a}/i_{ch}$	$516\sqrt{a}/i_{ch}$
63 × 10	630	1 129	1 227	6.62	1.050	1.821	0.289	153	61	$1\,620\sqrt{a}/i_{ch}$	$645\sqrt{a}/i_{ch}$
80 × 6.3	504	1 100	1 193	6.72	0.529	2.312	0.182	172	48	$1\,632\sqrt{a}/i_{ch}$	$458\sqrt{a}/i_{ch}$
80 × 8	640	1 249	1 358	8.53	0.853	2.312	0.231	172	55	$1\,839\sqrt{a}/i_{ch}$	$582\sqrt{a}/i_{ch}$
80 × 10	800	1 411	1 535	10.67	1.333	2.312	0.289	172	61	$2\,057\sqrt{a}/i_{ch}$	$727\sqrt{a}/i_{ch}$
100 × 6.3	630	1 363	1 481	10.50	0.662	2.890	0.182	193	48	$2\,040\sqrt{a}/i_{ch}$	$512\sqrt{a}/i_{ch}$
100 × 8	800	1 547	1 682	13.33	1.067	2.890	0.231	193	55	$2\,299\sqrt{a}/i_{ch}$	$650\sqrt{a}/i_{ch}$
100 × 10	1 000	1 663	1 807	16.67	1.667	2.890	0.289	193	61	$2\,571\sqrt{a}/i_{ch}$	$813\sqrt{a}/i_{ch}$
125 × 6.3	788	1 693	1 840	16.41	0.827	3.613	0.182	216	48	$2\,551\sqrt{a}/i_{ch}$	$573\sqrt{a}/i_{ch}$
125 × 8	1 000	1 920	2 087	20.83	1.333	3.613	0.231	216	55	$2\,874\sqrt{a}/i_{ch}$	$727\sqrt{a}/i_{ch}$
125 × 10	1 250	2 063	2 242	26.04	2.083	3.613	0.289	216	61	$3\,213\sqrt{a}/i_{ch}$	$909\sqrt{a}/i_{ch}$

$$I_{gmax}=2\times1.05I_e=2\times241=482(\text{A})$$

(2)按满足长期允许发热条件选择。

根据 $I_{gmax}=482$ A，查表 10-9 选用矩形铝母线 $S=50\times5(\text{mm}^2)$（考虑到机械加工时的强度影响，汇流主母线一般不应小于 50 mm × 5 mm 的截面），其 $I_e=637$ A（$\theta_{0e}=25$ ℃，着色）。

$$I_y=\sqrt{\frac{\theta_e-\theta_0}{\theta_e-\theta_{0e}}}I_e=\sqrt{\frac{70-35}{70-25}}\times637=561.78(\text{A})>I_{gmax}=482\text{ A}$$

因主母线不按经济电流密度选择，故选用 LMY－50 × 5 矩形铝母线。

(3)按短路热稳定校验。

短路计算点为图 10-7 中 6.3 kV 母线上的 $d^{(3)}$ 点，短路电流值为表 10-4 合计栏中数值。

热稳定计算时间

$$t_d=t_b+t_{kd}=3.5+0.08\approx4(\text{s})$$

主母线短路前可能的最高温度为

$$\theta_w=\theta_0+(\theta_e-\theta_0)\left(\frac{I_{gmax}}{I_y}\right)^2=35+(70-35)\left(\frac{482}{561.78}\right)^2=60.76(℃)$$

由 $\theta_w=60.76$ ℃查表 10-8 得：$C=89$。

短路电流热效应的计算：

$$\begin{aligned}Q_d&=\frac{(I'')^2+10I_{z(t/2)}^2+I_{zt}^2}{12}t+I''^2T_{fi}\\&=\frac{7.15^2+10\times6.17^2+6.10^2}{12}\times4+7.15^2\times0.05\\&=158.9(kA^2\cdot s)\end{aligned}$$

$$S_{min}=\frac{\sqrt{Q_d}}{C}\times10^3=\frac{\sqrt{158.9}}{89}\times10^3=142(mm^2)$$

$$S=50\times5(mm^2)>S_{min}$$

所选母线满足热稳定要求。

(4)按短路动稳定校验。

满足机械强度要求的最大允许跨距 l_{max}(cm)为

$$l_{max}=\frac{23.8}{i_{ch}}\sqrt{\sigma_y aW}=\frac{23.8}{18.61}\sqrt{700\times25\times2.08}=244(cm)>l=120\ cm$$

所选母线满足动稳定要求。由于电压等级只有 6.3 kV，所以不按电晕电压校验。故所选 LMY－50×5 矩形铝母线合格。

10.5.2 电力电缆的选择

10.5.2.1 型式的选择

根据敷设环境和使用条件选择电缆型式时，一般按下列原则：

(1)根据电缆的额定电压和类别选择。

(2)一般采用铝芯电缆。

对 4 mm^2 及以下截面面积的电缆应选用铜芯电缆，对移动设备，有剧烈振动或对铝有严重腐蚀场合的线路，如闸门移动滑线，电焊机检修电源和蓄电池等，应选用铜芯电缆及橡套电缆。

(3)绝缘和护套的选择。①聚氯乙烯绝缘及护套电缆，价格便宜，安装简便，没有敷设高差限制，在很大范围内可以代替不滴流和黏性纸绝缘电缆，1 kV 及以下系统应优先选用。②交联聚乙烯绝缘聚氯乙烯护套电缆，线芯工作温度高，载流量大，适用于高落差和垂直敷设，安装简便，性能优良，6～35 kV 电压等级应优先选用。③不滴流纸绝缘电缆和黏性纸绝缘电缆的制造工艺完全一样，价格基本相同。但不滴流电缆线芯工作温度高，抗老化性能好，使用寿命长，除能适应黏性纸绝缘电缆的敷设环境外，还能适应高落差和垂直敷设，故在选用纸绝缘电缆时应优先选用不滴流纸绝缘电缆。

(4)外护层及铠装的选择：①明敷(包括架空、隧道、沟道内等)在电缆支架的电缆，可选用聚氯乙烯绝缘护套，必要时可选用钢带铠装，但不应选用黄麻外护层；②电缆敷设在垂直高差很大的竖井或需承受大拉力的场合宜选用内钢丝铠装电缆；③电缆直埋敷设时，一般选用钢带铠装电缆，在潮湿或具有腐蚀性土壤的地区，还应带有塑料外护层或黄麻外护层。按过电压要求，最外层需有金属外皮，护层可采用钢铠外包型。

10.5.2.2 **按工作电压选择**

按工作电压选择的条件如下

$$U_e \geqslant U_{we}$$

式中 U_e——电缆的额定电压，kV；

U_{we}——电缆安装处电网额定电压，kV。

10.5.2.3 **按满足长期允许发热条件选择**

按满足长期允许发热条件选择的条件如下

$$I_y = KI_e \geqslant I_{gmax} \tag{10-35}$$

式中 K——考虑不同敷设条件下的校正系数，对于小型水电站，所选电缆数目较少，且一般敷设在空气中，所以 K 值可等于环境温度修正系数 K_θ；

I_y、I_e、I_{gmax}——意义与式(10-16)相同。

各种电力电缆的载流量参见相关材料(也可以在网上搜索)。

10.5.2.4 **按经济电流密度选择**

除厂用电缆外，长度超过 20 m 的电力电缆应按经济电流密度选择，选择计算公式与式(10-29)相同，经济电流密度 J 可查表 10-7。

选用电缆时，应尽量不用截面面积大于 185 mm² 的规格，而采用多根电缆并列，以改善散热条件、减小金属耗量。电缆经济合理的根数是：当 $S_j < 150$ mm² 时，选一根；当 $S_j >$ 150 mm² 时，经济根数由$\dfrac{S_j}{150}$决定；介于一根 150 mm² 和两根 150 mm² 电缆之间，选用两根较小截面面积的电缆也可以认为是经济的。当电缆根数大于 2 时，应考虑选用母线。

10.5.2.5 **按短路热稳定校验**

电缆热稳定校验方法有两种：一是利用电缆热稳定计算截面校验；二是利用短路电流热效应比较法校验。

1. 利用电缆热稳定计算截面校验

满足电缆热稳定的条件为(与母线热稳定校验方法一样)

$$\left.\begin{aligned} S &\geqslant S_{min} \\ S_{min} &= \frac{\sqrt{Q_d}}{C} \times 10^3 \end{aligned}\right\} \tag{10-36}$$

式中 S——所选用电缆的截面面积，mm²；

S_{min}——电缆热稳定计算最小截面面积，mm²；

Q_d——短路电流热效应，kA² · s；

C——热稳定系数，可参考表 10-10 所示数值，其中 θ_w 为电缆短路前的稳定温度。

$$\theta_w = \theta_0 + (\theta_e - \theta_0)\left(\frac{I_{gmax}}{I_y}\right)^2$$

表 10-10　铝电力电缆短路前温度为 θ_w 时的 C 值

短时发热允许温度 θ_w(℃)		短路前稳定温度 θ_w(℃)										
		40	45	50	55	60	65	70	75	80	85	90
10 kV 油浸纸绝缘	200	96.3	94.4	92.5	90.6	88.6	—	—	—	—	—	—
10 kV 交联聚乙烯绝缘							86.7	84.7	82.8	80.8	78.8	76.8
10 kV 聚氯乙烯绝缘	140	79.3	75.8	74.6	72.2	69.7	67.2	64.7	—	—	—	—
10 kV 聚乙烯绝缘	130	75.8	73.3	70.8	68.3	65.7	63	—	—	—	—	—

注:若电力电缆为 6 kV,C 值为表中数值除以 0.93。

当按短路热稳定条件确定的电缆截面面积大于按正常工作电流选择的截面面积时,应尽量选择短时发热允许温度较高的电缆,如改聚氯乙烯绝缘的电缆为交联聚乙烯绝缘的电缆,或者增大电缆截面面积使之接近于由热稳定条件决定的计算截面面积。

2. 利用短路电流热效应比较法校验

为了保证电缆末端发生短路时电缆芯线温度不超过允许值,电缆的允许热效应 Q_y 应不小于计算的短路电流热效应 Q_d 值,即

$$Q_y \geqslant Q_d \tag{10-37}$$

式中　Q_y——电缆的允许热效应,$kA^2 \cdot s$,常用电缆的允许热效应见表 10-11;

Q_d——短路电流热效应,$kA^2 \cdot s$。

电力电缆不必校验短路动稳定,对于供电距离较远、容量较大的电缆还应校验其电压损失。

表 10-11　电力电缆允许热效应 Q_y　　(单位:$kA^2 \cdot s$)

名称		电缆截面面积(mm^2)(三芯)											
		10	16	25	35	50	70	95	120	150	185	240	300
铝芯	聚氯乙烯电力电缆 $\theta_e = 70$ ℃	0.523	1.34	3.27	6.411	13.08	25.64	47.23	75.36	117.7	179.1	301.4	471
	1 kV 不滴油、黏性油电缆及 6 kV 不滴油电缆 $\theta_e = 80$ ℃	0.871	2.231	5.446	10.67	21.79	42.7	78.65	125.5	196.1	298.2	501.9	784.3
	6 kV、10 kV 交联聚乙烯电缆 $\theta_e = 90$ ℃	0.808	2.069	5.05	9.898	20.2	39.59	72.92	116.4	181.8	276.5	465.4	727.2

续表 10-11

名称		电缆截面面积(mm^2)											
		10	16	25	35	50	70	95	120	150	185	240	300
铜芯	聚氯乙烯电力电缆 $\theta_e=70$ ℃	1.218	3.119	7.615	14.93	30.46	59.7	110	175.4	274.1	417	701.8	1 097
	1 kV 不滴油、黏性油电缆及 6 kV 不滴油电缆 $\theta_e=80$ ℃	2.033	5.205	12.71	24.91	50.83	99.63	183.5	292.8	457.5	695.9	1 171	1 830
	6 kV、10 kV 交联聚乙烯电缆 $\theta_e=90$ ℃	1.886	4.828	11.79	23.1	47.15	92.41	170.2	271.6	424.3	645.5	1 086	1 697

【例 10-3】 试选择例 10-1 中发电机 6.3 kV 引出回路电力电缆。电力电缆采用沟道敷设，长度超过 20 m，年最大负荷利用小时数为 5 618 h。

解：(1)最大持续工作电流 I_{gmax} 的计算。

$$I_{gmax}=1.05\times\frac{2\ 000}{\sqrt{3}\times 6.3\times 0.8}=241(\mathrm{A})$$

(2)根据 $U_{we}=6.3$ kV 和 $I_{gmax}=241$ A 及敷设环境条件，实际环境温度 $\theta_0=+35$ ℃，查表 10-13 选用 YJLV－6/3×150(mm^2)三相交联聚乙烯的铝芯电力电缆，其电缆($\theta_0=+35$ ℃，$\theta_e=90$ ℃)的允许载流量 $I_y=290\ \mathrm{A}\geq I_{gmax}=241$ A，满足条件。

(3)按经济电流密度选择。根据年最大负荷利用小时数 5 618 h 查表 10-7 得 $J=1.54\ \mathrm{A/mm^2}$，因此

$$S_j=\frac{I_{gmax}}{J}=\frac{241}{1.54}=156.5(\mathrm{mm^2})$$

选接近 $S_j=156.5\ \mathrm{mm^2}$ 的电缆为 150 mm^2 较合理。

(4)按短路热稳定校验。热稳定计算时间为

$$t_d=t_b+t_{kd}=0.05+0.08\approx 0.2(\mathrm{s})$$

短路电流热效应

$$\begin{aligned}Q_d&=\frac{(I'')^2+10I_{z(t/2)}^2+I_{zt}^2}{12}t+I''^2T_{fi}\\&=\frac{5.89^2+10\times 5.55^2+5.51^2}{12}\times 0.2+5.89^2\times 0.05\\&=7.95(\mathrm{kA^2\cdot s})\end{aligned}$$

根据 YJLV－6/3×150(mm^2)三相交联聚乙烯铝芯电力电缆查表 10-11 得

$$Q_y=181.8\ \mathrm{kA^2\cdot s}>Q_d=7.95\ \mathrm{kA^2\cdot s}$$

故满足热稳定要求，所选电缆合格。

10.5.3 绝缘子的选择

10.5.3.1 型式的选择

绝缘子包括支持绝缘子和套管绝缘子,其品种繁多。水电站和变电所支持母线的户内支持绝缘子推荐选用联合胶装的多棱式支持绝缘子,户外支持绝缘子一般选用棒式支持绝缘子,铝导体套管绝缘子便于与铝母线连接,应推广采用。

10.5.3.2 按工作电压选择

按工作电压选择的条件为

$$U_e \geqslant U_{we}$$

对于水电站与变电所的 3 ~ 20 kV 户外支持绝缘子和套管绝缘子,当有污秽或冰雪时,一般采用高一级电压的产品。对于 3 ~ 6 kV 者,也可采用提高两级电压的产品。

10.5.3.3 按工作电流选择套管绝缘子

按工作电流选择套管绝缘子的条件如下

$$I_y \geqslant I_{gmax}$$

当周围环境温度高于 +40 ℃但不超过 +60 ℃时,套管的长期允许工作电流 I_y 应按下式计算

$$I_y = \sqrt{\frac{\theta_e - \theta_0}{\theta_e - 40}} I_e = \sqrt{\frac{80 - \theta_0}{40}} I_e \qquad (10\text{-}38)$$

式中 I_e——套管的额定电流,A;

I_{gmax}、θ_e 和 θ_0 表示的意义与式(10-15)和式(10-16)相同。

10.5.3.4 按短路热稳定校验套管绝缘子

满足短路热稳定的条件为

$$I_{re}^2 t_{re} \geqslant Q_d$$

通常设备制造厂提供铝导体套管绝缘子 5 s 额定热稳定电流,可查有关工程手册得到。

10.5.3.5 按短路动稳定校验

满足短路动稳定的条件为

$$F_{js} \leqslant 0.6 F_{ph} \qquad (10\text{-}39)$$

式中 F_{ph}——绝缘子抗弯破坏负荷,N;

F_{js}——短路时作用于绝缘子顶部的计算作用力,N,对于三相同平面布置的矩形母线,可按下式计算

$$F_{js} = 1.77 i_{ch}^{(3)2} \frac{l}{a} K_f \times 10^{-1}$$

式中 K_f——折算系数,当母线平放时,$K_f = 1$,当母线竖放时,$K_f = 1.4$;

l——绝缘子间的最大跨距,cm,对于套管取本身瓷套长度和与相邻跨距长度的算术平均值;

$i_{ch}^{(3)}$、a 代表的意义与式(10-12)相同。

【例 10-4】 试选择例 10-2 中用于支持发电机 6.3 kV 电压母线的绝缘子。

解：根据 $U_{we}=6.3$ kV 及安装于高压开关柜的条件查手册选用 ZNA－6 MM 型支持绝缘子，其 $F_{ph}=3\ 750$ N，当 $l=120$ cm 时

$$F_{js}=1.77i_{ch}^{(3)2}\frac{l}{a}K_f\times10^{-1}$$

$$=1.77\times18.61^2\times\frac{120}{25}\times1\times10^{-1}$$

$$=294.2(\mathrm{N})$$

$$0.6F_{ph}=0.6\times3\ 750=2\ 250(\mathrm{N})$$

$F_{js}\leqslant0.6F_{ph}$，故所选 ZNA－6 MM 型支持绝缘子合格。

10.6　互感器的选择

10.6.1　电压互感器的选择

10.6.1.1　型式的选择

电压互感器的型式应根据其用途、安装地点等条件来选择。

6～10 kV 及以下的电压互感器均为户内型，一般推荐采用树脂浇注绝缘结构的单相式电压互感器，如 JDZ－6(10) 型或 JDZJ－6(10) 型等系列产品。JDZ－6(10)型系列的电压互感器带一个二次绕组；JDZJ－6(10)型系列的电压互感器带两个二次绕组，该型电压互感器一般用于必须测量相电压和反映零序电压的情况。

35 kV 户外布置的电压互感器为油浸绝缘结构的单相式户外型产品（如 JDJ－35 或 JDJJ－35 系列），带一个或两个二次绕组的结构；35 kV 户内布置的电压互感器为环氧树脂浇注绝缘结构的单相式电压互感器，如 JDZJ－35 或 JDZ－35 系列等产品。

110 kV 及以上的电压互感器有油浸绝缘结构的单相式户外型产品（如 JDCF－□□型）、电容式电压互感器（如 TYD□－□型）以及 SF_6 气体绝缘的电压互感器（如JDQXH－□型）等。

10.6.1.2　按工作电压选择

电压互感器的一次额定电压应按与安装地点所在电网额定电压一致来选择。根据电压互感器的用途及接线方式，对于两个绕组的单相式电压互感器，其一次绕组额定电压 $U_{1e}=U_{we}$，二次绕组额定电压 U_{2e}为 100 V；对于三个绕组的 35 kV 及以下单相式电压互感器一次绕组额定电压 U_{1e}为$\frac{U_{we}}{\sqrt{3}}$，主二次绕组额定电压 U_{2e}为$\frac{100}{\sqrt{3}}$ V，辅助二次绕组额定电压为$\frac{100}{3}$ V。对于三个或四个绕组的 110 kV 及以上单相式电压互感器一次绕组额定电压 U_{1e}为$\frac{U_{we}}{\sqrt{3}}$，主二次绕组额定电压 U_{2e}为$\frac{100}{\sqrt{3}}$ V，辅助二次绕组额定电压为 100 V。

10.6.1.3　按电压互感器准确度等级及二次负荷容量校验

电压互感器的准确度等级应符合其二次侧所连接的测量仪表对准确度的最高要求，校验时，首先根据仪表和继电器接线要求选择电压互感器的接线方式，并尽可能将负荷均

匀分布在各相上，然后计算各相负荷大小，按照所接仪表的准确度和容量选择电压互感器的准确度和额定容量。

电压互感器的额定二次容量(对应于所要求的准确度)S_{2e}应不小于电压互感器的二次负荷S_2，即

$$S_{2e} \geqslant S_2$$

$$S_2 = \sqrt{(\sum S_0 \cos\varphi)^2 + (\sum S_0 \sin\varphi)^2} = \sqrt{(\sum P_0)^2 + (\sum Q_0)^2}$$

式中　S_0、P_0、Q_0——各仪表的视在功率、有功功率和无功功率；

$\cos\varphi$——各仪表的功率因数。

由于小型水电站的二次侧负荷一般不大，电压互感器大多能满足要求，所以可不必进行校验。

【例 10-5】　试选择例 10-1 中 6.3 kV 母线电压互感器回路设备。

解：(1)6.3 kV 母线电压互感器回路中隔离开关的选择：隔离开关的短路电流数据和热稳定计算时间与主母线选择相同。

为了使电压互感器检修时与电源可靠隔离，须装设一组隔离开关，可选用 GN19－10C/400 型，此时热稳定和动稳定校验应满足要求，即

$$Q_d = 158.9\ \text{kA}^2\cdot\text{s} < I_{re}^2 t_{re} = 14^2 \times 5 = 980(\text{kA}^2\cdot\text{s})$$

$$i_{ch} = 18.61\ \text{kA} < i_{de} = 40\ \text{kA}$$

GN19－10C/400 型隔离开关选配 CS6－1T 手动操作机构。

(2)6.3 kV 母线电压互感器回路中电压互感器的选择。

根据母线电压互感器的用途、$U_{we} = 6.3$ kV 及安装于高压开关柜的条件，查附录 5 选用 JDZJ－6 型，$\frac{6}{\sqrt{3}} / \frac{0.1}{\sqrt{3}} / \frac{0.1}{3}$ kV 的单相三绕组电压互感器三台连接成 $Y_0/Y_0/\triangleright$ 接线，可满足测量、保护和绝缘监察的需要。

(3)6.3 kV 母线电压互感器回路中高压熔断器的选择。

选用专用的 RN2－10、6 kV 型熔断器，其 $I_{ke} = 85\ \text{kA} > I'' = 7.15\ \text{kA}$，可满足要求。由于采用 RN2－10、6 kV 型熔断器，可不校验热稳定和动稳定。

10.6.2　电流互感器的选择

10.6.2.1　型式的选择

电流互感器品种繁多，其型式应根据安装使用条件及产品情况选择。

6～10 kV 及以下的电流互感器均为户内型，目前一般采用树脂浇注绝缘结构的产品。35 kV 户内高压配电装置，电流互感器为户内型，一般也采用树脂浇注绝缘结构的产品；35 kV 及以上高压配电装置，在有条件时宜优先采用装入式电流互感器，以节约投资，在装入式电流互感器不能满足测量准确度时，一般可采用油浸瓷箱式绝缘结构的户外独立式电流互感器，如 LCW－35 型、LCWB－110 型等产品或 SF_6 气体绝缘电流互感器，如 LVQB－220 型等产品。

10.6.2.2　按工作电压选择

按工作电压选择的条件如下

$$U_e \geqslant U_{we}$$

10.6.2.3　**按工作电流选择**

用于测量时，电流互感器的正常工作电流 I_g 应尽量为其额定一次电流 I_{1e} 的 $\frac{2}{3}$，以保证测量仪表的最佳工作，并在过载时使仪表有适当的指示，但这时的最大持续工作电流 I_{gmax} 不应超过额定一次电流，以满足长期允许发热条件的要求，即

$$\left.\begin{aligned} I_{1e} &\geqslant (1.2 \sim 1.5) I_g \\ I_{1e} &\geqslant I_{gmax} \end{aligned}\right\} \tag{10-40}$$

式中　I_{1e}——电流互感器的额定一次电流，A；

I_g——电流互感器的正常工作电流，A，即电流互感器所在回路的额定电流；

I_{gmax}——电流互感器所在回路的最大持续工作电流，A。

电流互感器的额定二次电流 I_{2e}，对于强电系统用 5 A，弱电系统用 1 A。

10.6.2.4　**按短路热稳定校验**

满足短路热稳定的条件为

$$K_{re} \geqslant \frac{\sqrt{Q_d / t_{re}}}{I_{1e}} \times 10^3 \tag{10-41}$$

式中　K_{re}、t_{re}——电流互感器的额定热稳定倍数及热稳定时间，s，可查附录 4 得到；

I_{1e}——电流互感器的额定一次电流，A；

Q_d——短路电流热效应，$kA^2 \cdot s$。

当所选的电流互感器不能满足短路热稳定要求时，则可选择额定电流较大的电流互感器。对于测量用的电流互感器，若此时工作电流比额定一次电流的 $\frac{2}{3}$ 低得多，则不宜再用增大变比的方法来提高热稳定电流，而应与制造部门协商，要求提供热稳定倍数较高的互感器或增加互感器的一个二次测量抽头。

10.6.2.5　**按短路动稳定校验**

满足短路动稳定的条件为

$$K_{de} \geqslant \frac{i_{ch}^{(3)}}{\sqrt{2} I_{1e}} \times 10^3 \tag{10-42}$$

式中　K_{de}——电流互感器的额定动稳定倍数，可查附录 4 得到；

I_{1e}——电流互感器的额定一次电流，A；

$i_{ch}^{(3)}$——三相冲击短路电流，kA。

10.6.2.6　**按电流互感器准确度等级及二次负荷容量校验**

测量用的电流互感器的准确度等级应符合其二次侧所连接的测量仪表对准确度的最高要求，也即二次负荷 S_2 不大于该准确度所规定的额定容量 S_{2e}，即

$$S_{2e} \geqslant S_2 = I_{2e}^2 Z_{2f}$$

电流互感器二次负荷（忽略电抗）包括测量仪表电流线圈电阻 r_y、继电器电阻 r_j、连接导线电阻 r_d 和接触电阻 r_c，即

$$Z_{2f} = r_y + r_j + r_d + r_c$$

小型水电站中，电流互感器二次负荷一般不大，电流互感器的准确度等级大多能符合

要求，可不校验电流互感器准确度等级及二次负荷容量。限于机械强度的要求，电流互感器二次接线的导线宜选用铜芯，且截面面积不小于 2.5 mm^2。

【例 10-6】 试选择例 10-1 中发电机引出回路的电流互感器（励磁用互感器不用选）。

解：根据例 10-1 已经得到的数据，$U_{we}=6.3$ kV 和 $I_{gmax}=241$ A 及安装于高压开关柜的条件，查附录 4 选用 LAJ－10，300/5A，0.5/D 的电流互感器，可供测量和差动保护装置用，并查得 1 s 热稳定倍数和动稳定倍数分别为：$K_{re}=100\sim50$，$K_{de}=180\sim90$。

热稳定校验：$K_{re}=100\sim50>\dfrac{\sqrt{120.08/1}}{300}\times10^3=36.53$

动稳定校验：$K_{de}=180\sim90>\dfrac{15.2}{\sqrt{2}\times300}\times10^3=35.83$

电流互感器满足动、热稳定要求。

所以，选用 LAJ－10，300/5A，0.5/D 的电流互感器合格。

习题与思考题

10-1 什么叫电气设备的动稳定？什么叫电气设备的热稳定？进行电气设备的动稳定校验时，为什么以 $i_{ch}^{(3)}$ 为计算依据？

10-2 电气设备的长期发热和短时发热各有什么特点？

10-3 什么是电气设备选择的一般条件？

10-4 选择电气设备时，短路计算点应如何确定？试说明选择母线分段断路器时其最大持续工作电流和短路计算点应如何确定。

10-5 何谓经济电流密度？按经济电流密度选择导体截面后，为何还必须按长期允许发热电流进行校验？

10-6 配电装置的汇流母线为何不按经济电流密度选择导线截面？

10-7 如图 10-9 所示，为某水电站电气主接线图。其 10.5 kV 和 110 kV 母线三相短路电流计算参数见表 10-12。

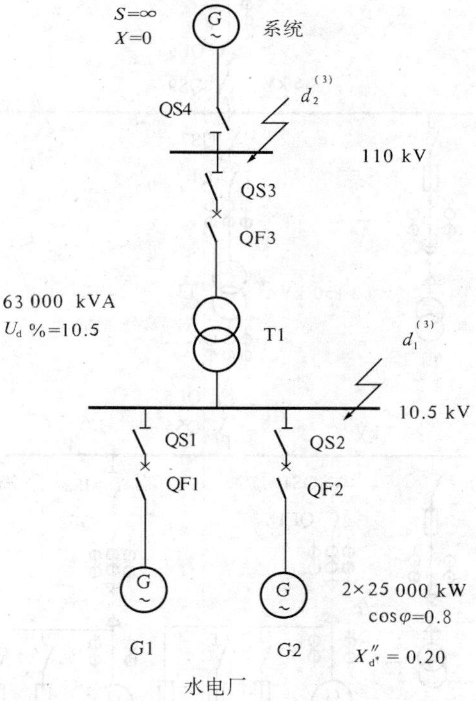

图 10-9 某水电站电气主接线图

（1）试选择发电机回路的断路器 QF1 和隔离开关 QS1（均安装于户内）。实际环境温度 $\theta_0=+35$ ℃，海拔为 566 m。发电机主保护动作时间 $t_{b1}=0.05$ s，后备保护动作时间 $t_{b2}=3.5$ s。

表 10-12　10.5 kV 和 110 kV 母线三相短路电流计算参数

短路点	电源名称	I'' (kA)	$I_{z0.1}$ (kA)	$I_{z0.2}$ (kA)	I_{z1} (kA)	I_{z2} (kA)	I_{z4} (kA)	i_{ch} (kA)	I_{ch} (kA)	S'' (kVA)
$d_1^{(3)}$	系统	15.8	15.8	15.8	15.8	15.8	15.8	40.29	24.01	287
	电站	19	13.92	13.26	12.23	11.61	11.1	48.45	28.88	345
	合计	34.8	29.72	29.06	28.03	27.41	26.9	88.74	52.89	632
$d_2^{(3)}$	系统	2.77	2.77	2.77	2.77	2.77	2.77	7.06	4.21	552
	电站	1.06	0.86	0.84	0.84	0.84	0.85	2.7	1.61	210
	合计	3.83	3.63	3.61	3.61	3.61	3.62	9.76	5.82	762

(2)选择 110 kV 户外的断路器 QF3 和隔离开关 QS1，其主保护动作时间取 $t_{b1}=0.05$ s，后备保护动作时间取 $t_{b2}=3.5$ s。

10-8　如图 10-10 所示，为某小型水电站电气主接线图。

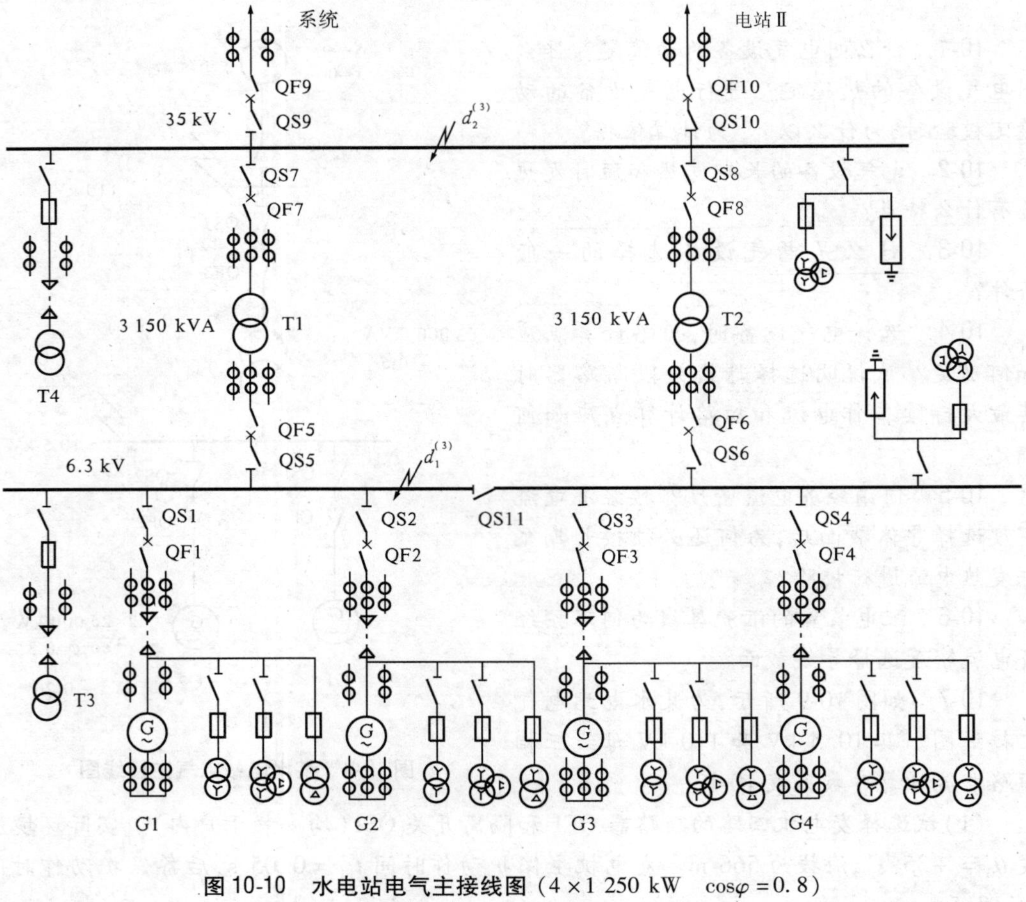

图 10-10　水电站电气主接线图（4×1 250 kW　cosφ = 0.8）

(1)试选择发电机回路的断路器 QF1 和隔离开关 QS1(均安装于高压开关柜内)。实际环境温度 $\theta_0 = +35$ ℃,海拔为 769 m。发电机主保护动作时间 $t_{b1} = 0.05$ s,后备保护动作时间 $t_{b2} = 3.5$ s,6.3 kV 母线三相短路电流计算参数见表 10-13。

表 10-13 $d_1^{(3)}$ 点 6.3 kV 母线三相短路电流计算参数

电源名称	短路参数								
	I'' (kA)	$I_{z0.1}$ (kA)	$I_{z0.2}$ (kA)	I_{z1} (kA)	I_{z2} (kA)	I_{z4} (kA)	i_{ch} (kA)	I_{ch} (kA)	S'' (kVA)
系统支路	5.06	5.06	5.06	5.06	5.06	5.06	12.9	7.69	55.25
电站Ⅱ	0.54	0.52	0.53	0.62	0.64	0.64	1.38	0.82	5.9
本站Ⅰ	3.17	2.32	2.21	2.04	1.94	1.85	8.56	5.14	34.56
合计	8.77	7.9	7.8	7.72	7.64	7.55	22.84	13.65	95.71

(2)选择发电机 6.3 kV 引出回路电力电缆。电力电缆采用沟道敷设,长度超过 20 m,年最大负荷利用小时 5 618 h。

(3)选择发电机 6.3 kV 电压母线及支持绝缘子。母线安装于高压开关柜上,采用平放布置,其 $a = 25$ cm,$l = 120$ cm,保护动作时间 $t_{b2} = 3.5$ s。

(4)选择 35 kV 断路器 QF7 和隔离开关 QS7(均安装于高压开关柜内),其主保护动作时间取 $t_{b1} = 0.05$ s,后备保护动作时间取 $t_{b2} = 2.5$ s,35 kV 母线三相短路电流计算参数见表 10-14。

表 10-14 $d_2^{(3)}$ 点 35 kV 母线三相短路电流计算参数

电源名称	短路参数								
	I'' (kA)	$I_{z0.1}$ (kA)	$I_{z0.2}$ (kA)	I_{z1} (kA)	$I_{z1.5}$ (kA)	I_{z3} (kA)	i_{ch} (kA)	I_{ch} (kA)	S'' (kVA)
系统支路	2.67	2.67	2.67	2.67	2.67	2.67	6.81	4.06	171.23
电站Ⅱ	0.31	0.25	0.24	0.24	0.24	0.24	0.79	0.47	19.95
本站Ⅰ	0.4	0.32	0.31	0.3	0.3	0.3	1.04	0.62	25.88
合计	3.38	3.24	3.22	3.21	3.21	3.21	8.64	5.15	217.06

(5)选择 6.3 kV 母线的电压互感器回路设备(电压互感器、隔离开关和高压熔断器)。

(6)选择发电机回路的电流互感器。

第 11 章 电气二次基本知识

教学要求

掌握相关的电气二次基本知识、二次接线常用的图形符号以及二次接线图中常用的文字符号；理解二次接线图的 3 种表示方法。

对一次设备进行测量、保护、监视、控制和调节的设备称为二次设备，它包括测量仪表、继电保护、控制和信号装置等。二次设备通过电压互感器和电流互感器与一次设备相互关联。

二次回路是由二次设备组成的回路，它包括交流电压回路、交流电流回路、断路器控制和信号直流回路、继电保护回路以及自动装置直流回路等。二次接线图是用二次设备特定的图形符号和文字符号来表示二次设备相互连接情况的电气接线图。

二次接线图的表示法有 3 种：①归总式原理接线图；②展开接线图；③安装接线图。它们的功用各不相同。

11.1 原理接线图

在归总式原理接线图（简称原理图）中，有关的一次设备及回路同二次回路一起画出，所有的电器元件都以整体形式表示，且画有它们之间的连接回路。这种接线图的优点是能够使看图者对二次回路的原理有一个整体概念。

无论是原理图，还是后面要讲的展开接线图和安装接线图，其上的图形符号和文字符号都是按国家标准规定画（列）出的。我国电力设计和运行中曾有两套主流版本的文字和图形符号标准广泛使用，一个是 1964 年推出的《电气设备用图形符号绘制原则》（GB 312）图形符号标准和文字符号标准（GB 315），另一个是正在逐步推广的《电气简图用图形符号》（GB/T 4728）和《电力工程制图标准》（DL 5028）。二次接线图通常用的图形符号新旧对照表见表 11-1，常用文字符号对照表见表 11-2。

图 11-1 为某 10 kV 线路的过电流保护原理接线图。

该图蕴含的原理是：当线路发生短路或过负荷时，至少流经 A 相和 C 相电流互感器之一的二次侧电流显著增大，当超过电流继电器 KA1 或 KA2 的定值时，KA1 或 KA2（有时二者同时）动作，致使其常开触点闭合，从而使时间继电器 KT 线圈通电。在经历 KT 所整定的延时动作时间后，KT 的常开延时闭合触点合上，又因断路器现处于合闸位置，故其常开辅助触点在合位，这样 KS 和 YT 动作，从而引起 QF 跳闸，并由 KS 发跳闸信号，以便于值班员确定保护已动作。

表 11-1　二次接线常用新旧图形符号

序号	名称	图形符号（新　旧）
1	继电器	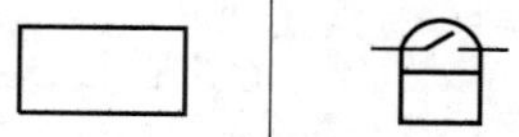
2	过流继电器	
3	欠压继电器	
4	气体继电器	
5	电铃	
6	电喇叭	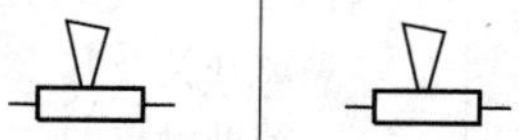
7	按钮开关（动合）	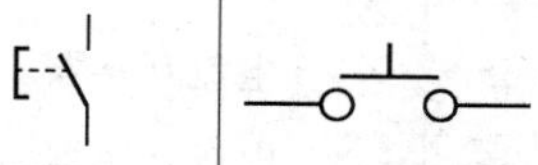
8	按钮开关（动断）	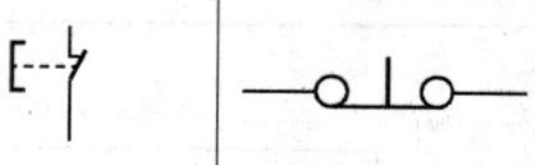
9	常开触点	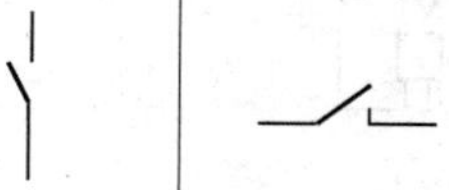
10	常闭触点	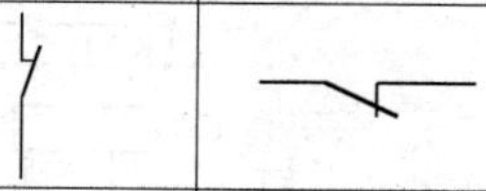
11	延时闭合的常开触点	
12	延时闭合的常闭触点	
13	延时断开的常开触点	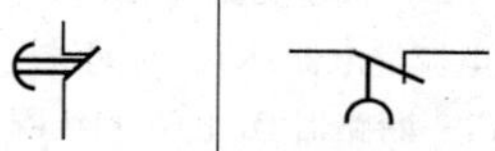
14	延时断开的常开触点	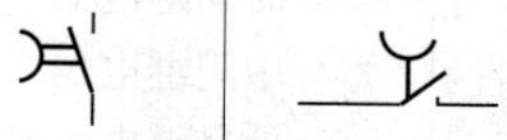
15	接通的连接片 断开的连接片	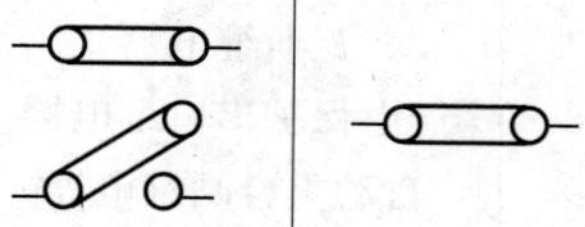
16	熔断器	
17	接触器常开（动合）触点	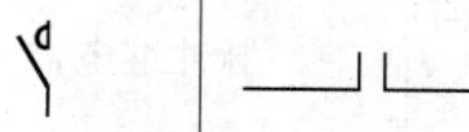
	接触器常闭（动断）触点	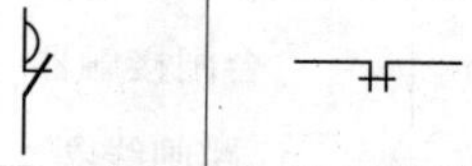
18	位置开关常开触点	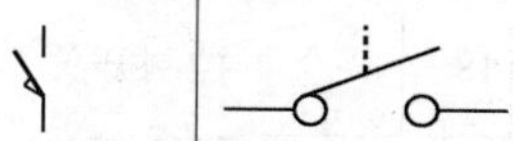
	常闭触点	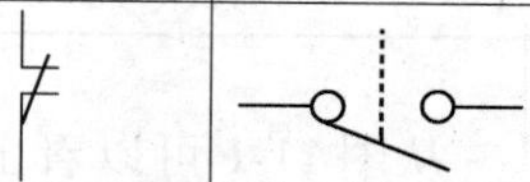
19	非电量触点常开（动合）触点	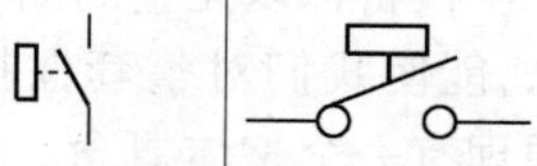
	常闭（动断）触点	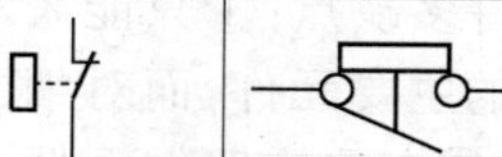
20	切换片	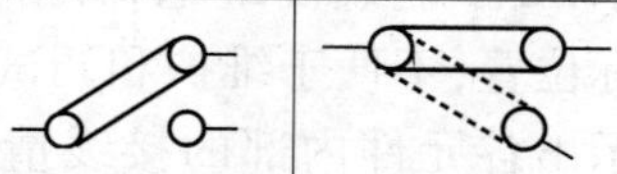
21	指示灯	
22	蜂鸣器	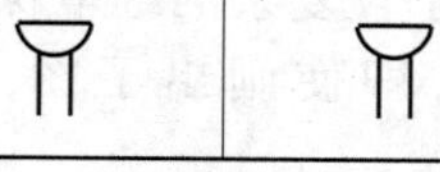

注：元件不带电（或断路器未合闸）时的状态为“常态”。

表 11-2　二次接线图中常用文字符号新旧对照表

序号	元件名称	新符号	旧符号	序号	元件名称	新符号	旧符号
1	电流继电器	KA	LJ	20	一般信号灯	HL	XD
2	电压继电器	KV	YJ	21	红灯	HR	HD
3	时间继电器	KT	SJ	22	绿灯	HG	LD
4	中间继电器	KC	ZJ	23	光字牌	HL	GP
5	信号继电器	KS	XJ	24	蜂鸣器	HA	FM
6	温度继电器	KTP	WJ	25	电铃	HA	DL
7	瓦斯继电器	KG	WSJ	26	按钮	SB	AN
8	继电保护出口继电器	KCO	BCJ	27	复归按钮	SB	FA
9	自动重合闸继电器	KRC	ZCJ	28	音响信号解除按钮	SB	YJA
10	合闸位置继电器	KCC	HWJ	29	试验按钮	SB	YA
11	跳闸位置继电器	KCT	TWJ	30	连接片	XB	LP
12	闭锁继电器	KCB	BSJ	31	切换片	XB	QP
13	监视继电器	KVS	JJ	32	熔断器	FU	RD
14	脉冲继电器	KM	XMJ	33	断路器及其辅助触点	QF	DL
15	合闸线圈	YC	HQ				
16	合闸接触器	KM	HC	34	隔离开关及其辅助触点	QS	G
17	跳闸线圈	YT	TQ				
18	控制开关	SA	KK	35	电流互感器	TA	LH
19	转换开关	SM	ZK	36	电压互感器	TV	YH

从图 11-1 可以看出，一次设备和二次设备都以完整的图形符号表示出来，能使我们对整套保护装置的工作原理有一个整体概念。但是这种图存在许多缺点：①只能表示继电保护装置的主要元件，而对细节之处无法表示；②不能表明继电器之间接线的实际位置，不便于维护和调试；③没有表示出各元件内部的接线情况，如端子编号、回路编号等；④标出的直流“+”、“-”极符号多而散，不易看图；⑤对于较复杂的继电保护装置，很难表示，即使画出了图，也很难让人看清楚。

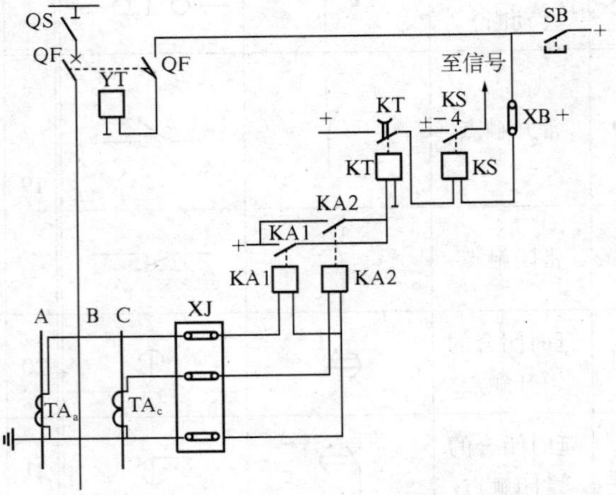

KA1、KA2—接于交流 A 相（第一相）和 C 相（第三相）的交流电流继电器；KT—时间继电器；KS—信号继电器；YT—断路器 QF 的跳闸线圈；XJ—测试插孔；XB—连接片；SB—断路器跳闸试验按钮

图 11-1　10 kV 线路过电流保护原理接线图

图 11-1 只是一个简化图，实际 10 kV 线路可能还配有电流速断保护和重合闸，用原理图表示起来会显得很繁乱。因此，原

理接线图主要用于体现继电保护和自动装置的一般工作原理和装置的构成,无法说明各元件之间的(接线端子和回路)具体连接情况。这样,原理图的用途是有限的,而展开接线图和安装接线图被广泛地用于发电厂、变电站的电气设计与施工。

11.2 展开接线图

展开接线图简称展开图,完全是以另一种方式构成的接线图,各元件被分解成若干部分。例如:图 11-1 所示的 10 kV 线路过流保护原理接线图可用展开图表示为图 11-2。

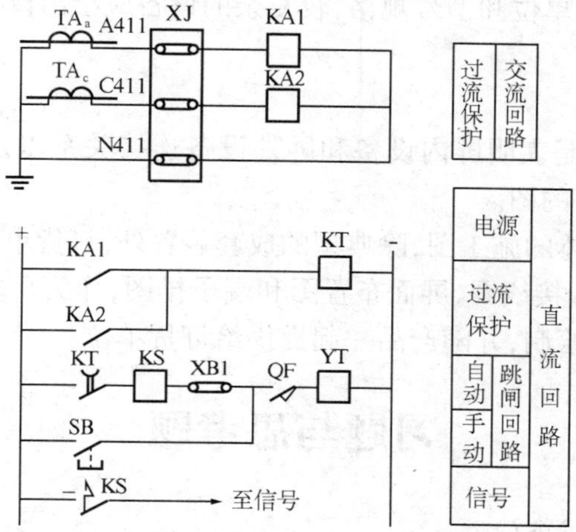

图 11-2 10 kV 线路过电流保护展开图

由图 11-2 可见,元件的线圈、触点分散在交流回路和直流回路中,故分别称为交流回路展开图(包括交流电流回路展开图和交流电压回路展开图)和直流回路展开图。

在展开图中,无论元件、线圈和触点等都应按规定的文字符号加以注明,以便看出它们的功能。将回路中的电源、按钮、触点、线圈等元件的图形符号依电流通过的方向,由左至右、由上至下顺序排列起来,最后便构成完整的展开图。在图的右侧,尚有文字说明回路的作用,可帮助了解回路的动作过程。通过图 11-2 同样能说明当 10 kV 线路短路或过负荷时,过流保护动作跳闸的过程。由于展开图条理清晰,能一条一条地检查和分析,因此实际中用得最多。

展开图具有如下优点:①容易跟踪回路的动作顺序;②在同一个图中可清楚地表示某一次设备的多套保护和自动装置的二次接线回路,这是原理图所难以做到的;③易于阅读,容易发现施工中的接线错误。

11.3 安装接线图

安装接线图用来表明二次接线的实际安装情况,是控制屏(台)制造厂生产加工和现场安装施工用图,是根据展开接线图绘制的。安装接线图包括屏面布置图、屏背面接线图和端子排图。

11.3.1 屏面布置图

(1)按一定的比例绘出屏上各设备的安装位置、外形尺寸及中心线的尺寸,并附有设备表,以便制造厂备料和安装加工,是正视图。

(2)图中各设备的排列位置和相互间尺寸要和实际相符。

11.3.2 屏背面接线图

屏背面接线图(背视图)表明屏内各设备之间的连接情况以及和端子排的连接情况,标明各设备的代号、安装单位和型号规格,较复杂的设备应绘出设备内部接线图。

11.3.3 端子排图

端子排图(背视图)是表明屏内设备和屏外设备连接关系以及屏上需要装设的端子类型、数目以及排列顺序的图。

安装接线图是最具体的施工图,除典型的成套装置外,订货单位向制造厂家订购控制屏(台)时,必须提供展开接线图、屏面布置图和端子排图,作为厂家制造产品的依据。一般屏后接线图由制造厂绘制,并随产品一起提供给订货单位。

习题与思考题

11-1 什么是二次回路?

11-2 二次接线图分为哪几种?各有何用途?

11-3 安装接线图可分为哪几种?

第12章 测量监察回路

教学要求

掌握电流互感器和电压互感器的配置方法及作用;理解测量仪表配置方法;掌握交流绝缘检查回路的工作原理。

12.1 互感器的配置

12.1.1 电流互感器的配置

根据发电厂、变电所测量和保护的需要,在一定的位置配置一定规格的电流互感器。

12.1.1.1 发电机回路电流互感器的配置

发电机回路的电流互感器是用于测量和保护的。发电机主保护是纵差动保护,由两组电流互感器构成,一组装设在发电机中性点,另一组装设在发电机出口回路,并要求每组互感器按三相配置。中性点电流互感器的另一组二次绕组供过流保护使用,出口电流互感器的另一个二次绕组供测量使用,它们可以选用同类型的三台电流互感器。在发电机出口一般还配置一组供励磁使用的电流互感器,它必须与励磁方式相配套,一般由制造厂家提供。

12.1.1.2 主变回路电流互感器的配置

主变回路的电流互感器也是作为测量和保护使用的。主变主保护一般采用纵差动保护,因此电流互感器按三相配置。低压侧电流互感器二次绕组一个供差动保护使用,另一个供测量使用。高压侧为35 kV及以上电压等级可采用SF_6断路器,这些断路器一般在套管下都配有装入式LR及LRD型电流互感器,其中LRD型可作为差动保护使用,LR型可作为过流和测量使用,其准确度达到0.5级可作为计量使用。若SF_6断路器中未装电流互感器或装入式电流互感器的准确度不能满足要求时,可另外配置电流互感器。

12.1.1.3 线路电流互感器的配置

6~35 kV输电线路上电流互感器一般按两相配置(A相、C相),其二次绕组一个供测量使用,一个供保护使用。110 kV及以上输电线路考虑到保护的设置和中性点运行方式为直接接地系统,电流互感器按三相配置,供高频保护、距离保护和过流保护使用,同时测量也需要按三相配置。

12.1.2 电压互感器的配置

电压互感器主要作为测量、保护、同期、绝缘监察、励磁和自动装置等使用。电压互感器的配置应考虑其在不同位置的不同需要。

12.1.2.1　**发电机出口电压互感器的配置**

发电机出口电压互感器主要是供测量、保护和同期、发电机—变压器组单元接线的出口电压互感器用，还兼做绝缘监察用。中小型发电厂一般按两相配置，采用 V/V 接线方式，型号为 JDZ－6(10)；若电压互感器还兼做绝缘监察用，则按三相配置，采用 $Y_0/Y_0/\triangle$ 接线方式，型号为 JDZJ－6(10)。

发电机励磁用的电压互感器一般由厂家供给，根据不同的励磁方式有不同的配置方式。

12.1.2.2　**母线电压互感器的配置**

在 35 kV 及以下的母线上的电压互感器主要作为测量、保护、同期和绝缘监察等用。一般由三台单相三绕组(或更多绕组)电压互感器组成，采用 $Y_0/Y_0/\triangle$ 接线方式，常用的有 JDZJ－6 型、JDZJ－10 型、$JDJJ_{\square}$－35 型等。

在 110 kV 及以上的母线上的电压互感器主要作为测量、保护和同期等使用。一般由三台单相电压互感器组成，采用 $Y_0/Y_0/Y/\triangle$ 接线方式。

当采用单母线分段接线时，各分段母线上都要配置一组电压互感器。

12.1.2.3　**输电线路电压互感器的配置**

输电线路上的电压互感器配置视需要而定，若线路没有同期保护需要，仅有计量用电，则此线路不必装设电压互感器，其计量用电可由母线电压互感器供给；若线路对侧有电源时，出线断路器外侧应配置一台单相电压互感器跨接在 A、B 两相上，供同期使用。

12.2　测量回路

12.2.1　仪表准确度及测量范围的要求

12.2.1.1　准确度等级

电气仪表的准确度等级应按表 12-1 所示选择。与仪表相连接的分流器、附加电阻和互感器等级不宜低于 0.5 级，仅作电流和电压测量的仪表可使用 1.0 级互感器，不重要回路的电流表可使用 3.0 级电流互感器。

表 12-1　电气测量仪表的准确度等级

序号	测量仪表名称	准确度等级	说明
1	发电机交流仪表	1.5	
2	线路及其他交流仪表	2.5	
3	有功电能表	1.0	
4	无功电能表	2.0	
5	直流仪表	1.5	
6	频率表	±0.05 Hz	在 49～51 Hz 范围内基本误差

12.2.1.2　测量范围

在选择仪表和互感器的测量范围时，应尽量保证发电机、变压器等电力设备在正常运行情况下,其仪表指示在标度尺工作部分上量限的2/3以上,并考虑过负荷时有适当的指示。有可能出现双向电流的直流回路和双向功率的交流回路时,应选择双向标示的电流表和电压表。当发电厂需分别计量送出和受入的电能时,应选择两只具有逆止器的电能表。

12.2.2 测量仪表的配置

电气测量仪表的配置应根据发电厂运行监视要求,做到技术先进,经济合理,准确可靠和监视方便,并符合有关电气测量仪表装置规程的规定。发电厂中各回路的测量仪表配置如下。

(1)发电机定子回路:装设三只交流电流表以监视发电机三相负荷的平衡情况;两只交流电压表分别用于监视定子电压及定子对地绝缘状况。有功与无功功率表各一只用以监视发电机的输出功率。有功与无功电能表各一只用以积算输出的电能。一只自动记录型有功功率表用以记录发电机的运行负荷曲线。另外,在汽轮机的技术操作屏上还装设发电机的有功功率表和频率表各一只。

(2)发电机转子回路:装设直流电压表和直流电流表各一只,用以测量发电机的励磁电压和励磁电流;在励磁调节装置的输出回路装设直流电压表一只。

(3)三绕组变压器:低压侧装设交流电流表一只,有功和无功功率表各一只,有功电能表两只(分别积算送、受电能);中压侧装设电流表一只,有功和无功功率表各一只,有功电能表一只;高压侧装设电流表一只。

(4)双绕组变压器:在低压侧装设交流电流表一只,有功和无功功率表各一只,有功和无功电能表各两只(分别积算送、受电能)。

(5)110 kV与系统的联络线:装设电流表、有功及无功功率表各一只,有功及无功电能表各一只。

(6)35 kV单侧电源线路:装设电流表、有功功率表、有功及无功电能表各一只。

(7)10 kV线路:装设电流表、有功电能表各一只。

(8)厂用高压和备用变压器:装设电流表、有功功率表、有功电能表各一只。水电站自用变在低压侧装设电流表三只,有功电能表一只,母线装设电压表一只,利用转换开关进行换相测量。

(9)高压母线:发电机母线装设电压表一只,频率表一只;其他母线装设电压表一只。

12.3 交流绝缘监察回路

小电流接地系统发生单相接地时,非故障相对地电压升高,接地电容电流增大,尽管这对用户的供电没有直接影响,但长期运行就可能引起非故障相绝缘薄弱的地方损坏而造成相间短路,所以小电流接地系统发生单相接地时,一般允许其继续运行时间不超过2 h。为了及时发现单相接地的故障,在小电流接地系统中应装设专门的绝缘监察装置,这种装置能在发生单相接地时发出信号,以便运行人员采取措施。图12-1为常用的交流绝缘监察原理接线图。

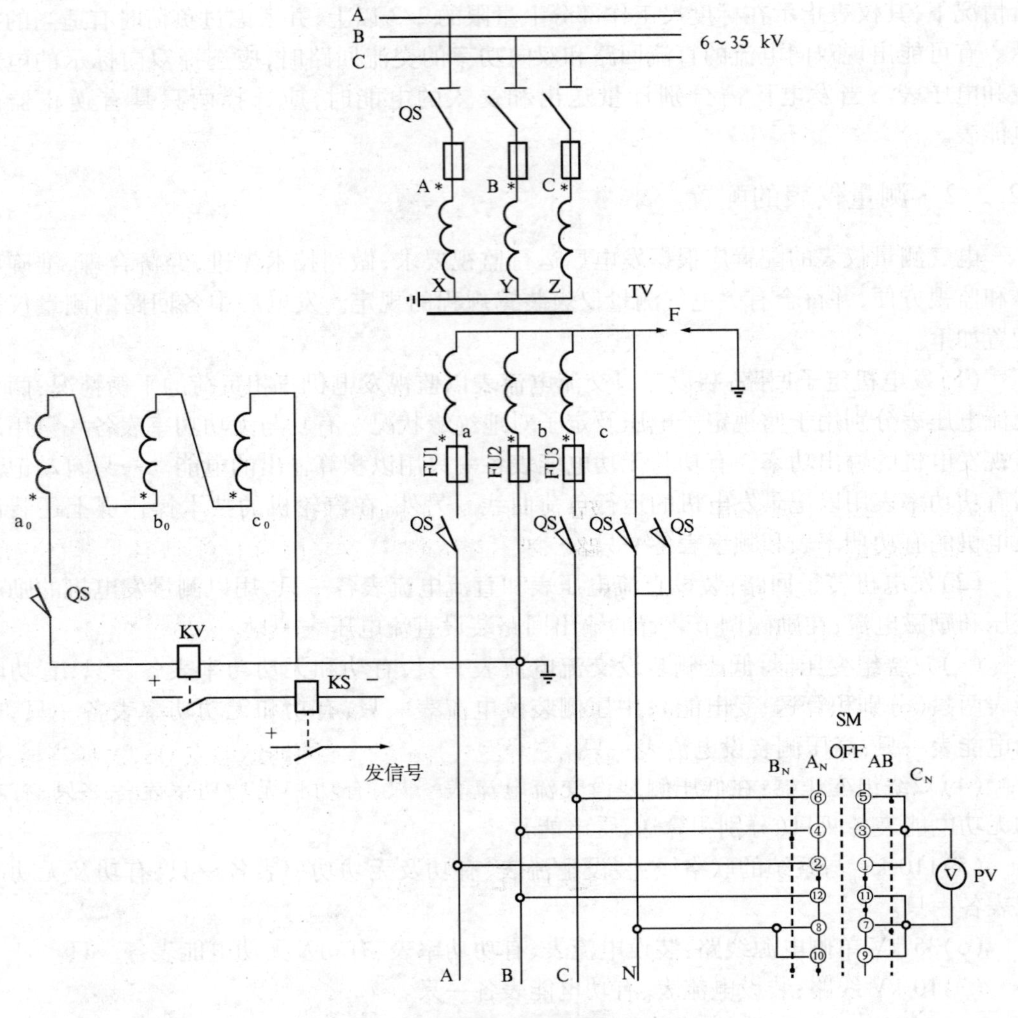

图 12-1　交流绝缘监察原理接线图

图 12-1 中接线由三个单相式电压互感器组成，一次绕组接成 Y_0 形；主二次绕组接成 Y 形，用于测量、保护和同期；辅助二次绕组接成△（开口三角形），在开口端接入电压继电器 KV，用做绝缘监察。电压互感器的变比为 $\frac{U_N}{\sqrt{3}}/\frac{0.1}{\sqrt{3}}/\frac{0.1}{3}$ kV。在正常情况下，由于电网三相对称，开口三角形开口端无电压，电压继电器 KV 不会动作。当系统某相接地时，三相对地电压不再对称，开口三角形开口端出现约为 100 V 的零序电压，导致电压继电器 KV 动作，其常开接点闭合，接通了预告信号回路，发出预告信号。

图 12-1 中的 SM 和电压表 PV 构成监视电网电压的测量部分。SM 有 5 个位置，当它在"A_N"位置时，触点 1—2、触点 9—10 接通，电压表 PV 所示的读数为 A 相对地电压（若系统对称则相对地电压等于相电压）；当它在"B_N"位置时，触点 3—4、触点 9—10 接通，电压表 PV 所示的读数为 B 相对地电压；当它在"C_N"位置时，触点 5—6、触点 7—8 接通，电

压表 PV 所示的读数为 C 相对地电压;当它在"AB"位置时,触点 1—2、触点 11—12 接通,电压表 PV 所示的读数为 AB 线电压。平时 SM 在"AB"位置,测量线电压,值班员需每隔 1 h 测量各相对地电压,便于检查各相对地的绝缘情况。当运行人员发现该装置发出某相接地信号后,应将转换开关 SM 转至各测量位置,若发现某相对地电压降低,另外两相电压升高时,则可判断为该相存在单相接地故障。

在图 12-1 中,电压互感器 TV 的高压侧装设了一组高压熔断器,主要作为 TV 一次侧短路保护。在低压侧装设熔断器的目的在于保护二次侧的安全,因为低压侧的相间短路不足以使高压熔断器熔断。二次侧 b 相接地可简化同期接线。b 相的接地点在熔断器 FU2 之后,以保证当二次绕组的中性点发生接地时,二次 b 相绕组短路使 FU2 熔断,从而保护了绕组。但在 FU2 熔断后,整个电压互感器的二次侧失去了接地保护,这对设备和人身都是不安全的。为防止上述情况下一次绕组高压窜入二次绕组,威胁设备和人身的安全,在二次绕组中性点增加击穿保险器 F。F 是一个放电间隙,正常时不放电,当加在间隙上的电压超过一定数值时,间隙被击穿而导通,起到保护接地的作用。

由辅助绕组构成的开口三角形回路一般不装熔断器,这是因为电网运行时,开口三角形两端电压为零,如果开口端短路,熔断器也因无压而无法熔断;而且熔断时如未被发现,就会影响绝缘监察装置的正确动作;再者,根据运行经验,由于回路接线简单,不易发生故障,所以目前一般不装设熔断器。

为了防止在电压互感器停用或检修时由二次侧向一次侧反馈电压,造成设备和人身事故,除 b 相接地外,电压互感器其他引出端都经过隔离开关的辅助触点 QS,这样当电压互感器停用时,在打开隔离开关时其辅助触点也联动断开,电压互感器回路就完全断电。

习题与思考题

12-1　发电厂变电所中电流互感器和电压互感器是如何配置的?其作用如何?

12-2　发电厂变电所中各种测量仪表配置应满足哪些要求?

12-3　为什么电压互感器开口三角形两端不装设熔断器?

12-4　小接地系统发生单相接地时应如何判定故障相?

第 13 章　操作电源

教学要求

本章首先介绍操作电源的作用、基本要求和类型，然后重点阐述蓄电池的结构、工作原理及选型维护，以及由此构成的蓄电池直流操作系统，并简单介绍了整流操作的直流系统，最后介绍了直流绝缘监察和直流系统接地故障的处理以及电压监察装置和闪光信号装置的工作原理。

13.1　概　述

在发电厂和变电站中，向二次回路中的控制、信号、继电保护和自动装置供电的电源称作操作电源。此外，在交流厂用电源中断时，直流操作电源还给事故照明、直流油泵等直流负荷及交流不停电电源等负荷供电，以保证其正确动作。操作电源直接关系到发电厂、变电站及电力系统的安全可靠运行，因此操作电源十分重要，必须充分可靠，并具有独立性。

操作电源一般采用直流电，因为直流电能可通过蓄电池储存，是与发电厂和变电站一次系统无关的独立电源；另外，直流电可使操作和保护用的电器结构简化。

13.1.1　对操作电源的基本要求

(1)保证供电高度可靠，应尽可能保持对交流电网的独立性，避免交流电网故障时影响操作电源的正常供电，即要保证发电厂、变电站在正常和事故工况下二次设备正常工作。

(2)操作电源要有足够的容量，能满足各种工况对功率的要求。

(3)操作电源要有良好的供电质量。在各种运行方式下，操作电源母线电压变化要保持在允许范围内，波纹系数小于5%。

(4)操作电源应能满足发电厂 DCS 系统和变电站综合自动化系统的要求。

(5)操作电源应使用寿命长、维护方便、安全、经济。

(6)操作电源应减少占地面积，减少噪声干扰，改善运行条件。

13.1.2　操作电源分类

发电厂、变电站中的直流操作电源系统，常见的有以下几种。

13.1.2.1　蓄电池组直流系统

蓄电池组直流系统是一种与电力系统运行方式无关的独立电源系统，操作电源为直流系统，由相当数量的蓄电池串联成蓄电池组供电。这种操作电源的优点是供电不受电网电压的影响，所以供电非常可靠。此外，由于蓄电池电压平稳，容量较大，因此可以提供断路器合闸时所需要的较大的短时冲击电流，并可作为事故保安负荷的备用电源。但蓄电池价格昂贵，投资大，寿命短，运行费用大，维护工作量大。尽管如此，蓄电池组直流系统仍为目前发电厂、变电站中普遍采用的操作电源，其主要原因是供电可靠。近年来由于阀控蓄电池的采用，上述缺点已有极大的改善。

13.1.2.2 硅整流电容储能装置直流系统

在电力系统正常运行时，这种操作电源由厂（站）用电通过降压整流供电。当系统发生故障，电压下降甚至厂用电失去时，电站中的控制、保护和断路器跳闸线圈的用电由全厂公用的已经充足电的电容器组供给。操作器械、调节器械传动装置的电源，事故照明电源及断路器合闸电源无法供给。

比起蓄电池组，这种操作电源的可靠性较差，但它有价格便宜、寿命长、投资小、运行维护简便，易实现自动化和远动化等优点，所以一般应用在主接线比较简单、没有复杂保护和自动装置的中小容量的变电所和小型水电站中。

13.1.2.3 复式整流装置直流系统

当电力系统正常运行时，这种装置的操作电源和"电容储能"一样，由厂用电整流后供给。当系统发生短路事故使端电压下降或引起厂用电失去时，复式整流装置利用短路电流增大的原理使装置中的"电流源"整流后启动跳闸回路，使断路器可靠地跳闸。

这种操作电源的优缺点和"电容储能"相近，可用在中小容量的变电所和小型水电站中。

13.1.3 直流负荷

发电厂、变电站的直流负荷，按其用电特性可分为经常负荷、事故负荷和冲击负荷。

(1)经常负荷，指在正常运行时需要连续供电的负荷。例如，经常带电的继电器、信号灯、直流照明、自动装置、远动装置等。

(2)事故负荷，指事故照明、直流润滑油泵、交流不停电电源的备用电源及各种控制、保护、通信装置等。

(3)冲击负荷，指短时所承受的冲击电流，如断路器的合闸电流等。

发电厂、变电站直流负荷的分类和要求见表13-1。

13.1.4 发电厂、变电站直流电压的等级

13.1.4.1 发电厂直流电压等级

发电厂直流电压的等级如下：

(1)控制负荷专用蓄电池组（对于网络控制室可包括其他直流负荷）的电压采用110 V。

(2)动力负荷专用蓄电池组的电压宜采用220 V。

(3)控制负荷和动力负荷共用的蓄电池组的电压宜采用220 V。

13.1.4.2 变电站直流电压等级

变电站直流电压的等级为：对于强电回路，蓄电池组电压采用220 V或110 V；对于500 kV变电所弱电回路可以采用48 V。

对于35～110 kV无人值班变电所，蓄电池组的电压宜采用110 V或220 V。

表 13-1　直流负荷的分类和要求

<table>
<tr><th rowspan="2">序号</th><th rowspan="2">负荷性质</th><th rowspan="2">负荷名称</th><th colspan="2">正常状态</th><th colspan="2">事故状态</th></tr>
<tr><th>用电时间</th><th>电压允许变动范围</th><th>用电时间</th><th>事故末期允许电压</th></tr>
<tr><td rowspan="4">1</td><td rowspan="4">经常负荷</td><td>控制、保护信号装置</td><td>长时间</td><td>$(65\% \sim 120\%)U_e$</td><td>长时间</td><td>$70\% U_e$</td></tr>
<tr><td>汽轮机调速电动机</td><td>短时间</td><td>$(90\% \sim 105\%)U_e$</td><td>短时间</td><td></td></tr>
<tr><td>实验室</td><td>允许间断停电</td><td></td><td>允许间断停电</td><td></td></tr>
<tr><td>经常事故照明</td><td>长时间</td><td>$(95\% \sim 110\%)U_e$</td><td>长时间</td><td>$80\% U_e$</td></tr>
<tr><td rowspan="4">2</td><td rowspan="4">事故负荷</td><td>汽轮机、发电机润滑和密封油泵</td><td></td><td></td><td>长时间</td><td>$85\% U_e$</td></tr>
<tr><td>UPS</td><td></td><td></td><td>长时间</td><td>$85\% U_e$</td></tr>
<tr><td>事故照明</td><td></td><td></td><td>长时间</td><td>$85\% U_e$</td></tr>
<tr><td>通信备用电源</td><td></td><td></td><td>长时间</td><td>$85\% U_e$</td></tr>
<tr><td>3</td><td>冲击负荷</td><td>断路器合闸线圈</td><td>允许计划停电、短时间</td><td>$(80\% \sim 110\%)U_e$</td><td>短时间</td><td>$(80\% \sim 85\%)U_e$</td></tr>
</table>

13.2　蓄电池

蓄电池是一种化学电源，它能把电能转变为化学能并储存起来。使用时，再把化学能转换为电能供给用电设备，变换的过程是可逆的。

根据电极和电解液所用的物质不同，蓄电池可分为酸性蓄电池和碱性蓄电池两种。

13.2.1　铅酸蓄电池

酸性蓄电池一般称为铅酸蓄电池，其优点是端电压较高(2.15 V)，冲击放电电流大，因而很适用于断路器跳、合的冲击负荷。其主要缺点是电池寿命较短，充电时会逸出有害的硫酸气体，蓄电池室需做较复杂的防酸和防爆的建筑处理。

目前，在发电厂及变电所中常用的有 GGF 固定型防酸隔爆式铅酸蓄电池、GGM 型密闭防酸隔爆式铅酸蓄电池等。它们具有容量大、寿命长、维护方便等特点。

13.2.1.1　铅酸蓄电池的电势、端电压和内电阻

蓄电池的电势，在正负极板活性物质固定后，主要由电解液的浓度(比重)决定。根据经验公式，铅酸蓄电池的电势为

$$E = 0.85 + \gamma \tag{13-1}$$

式中　γ——在极板有效物质微孔中的电解液比重；

E——蓄电池电势。

蓄电池在没有带负荷时,其端电压就是蓄电池的电势。当蓄电池带上负载时,便有电流流过。由于蓄电池有内阻,电流流过内阻产生压降,因此蓄电池的端电压为

$$U = E - Ir_c \tag{13-2}$$

式中 r_c——蓄电池的内电阻;

I——通过蓄电池的电流;

U——蓄电池的端电压。

蓄电池的内电阻就是电解液的电阻、正负极板电阻、隔离物的电阻、连接物的电阻的总电阻。蓄电池的内电阻不是一个固定值。在充电过程中,其内电阻将逐渐减少。而在放电过程中,内电阻逐渐增加。电解液的温度和比重对内电阻也有影响,内电阻的大小与电解液比重成反比,而电解液的比重又随其温度下降而上升。

蓄电池的内电阻可用下式求得

充电时 $$R_c = \frac{U_c - E}{I_c} \tag{13-3}$$

放电时 $$R_f = \frac{E - U_f}{I_f} \tag{13-4}$$

式中 R_c、R_f——充、放电时电池的内电阻;

U_c、U_f——充、放电时电池的端电压;

I_c、I_f——充、放电电流。

13.2.1.2 铅酸蓄电池的容量

蓄电池的容量表示蓄电池的蓄电能力。充足电的电池,放电到规定放电终止电压时,其所放出的总容量即为该电池的容量。当蓄电池以恒定电流值放电时,它的容量用下式求得

$$C = I_f t_f \tag{13-5}$$

式中 C——蓄电池的放电容量,Ah;

I_f——放电电流值,A;

t_f——放电时间,h。

一般以电解液温度为25 ℃时,10 h 放电倍率的容量作为蓄电池的额定容量。如放电电流不是恒定值,其容量等于各段放电电流值与该段放电时间乘积之和。

13.2.2 碱性蓄电池

碱性蓄电池具有体积小,寿命长,产生腐蚀性气体少,维护方便等特点。目前在发电厂及变电所常用的有 GNG、GNY、GNZ 等型号的镉镍碱性蓄电池。

镉镍蓄电池属于碱性蓄电池。按不同的正负极板和制造工艺可分为压接式和烧结式,按使用要求的不同又分为开启型(主要是大型电池)和密封型。

压接式极板的镉镍蓄电池是以氢氧化亚镍和石墨粉为正极活性物质,以海绵镉粉和氢氧化镉粉为负极活性物质,分别以镀镍钢为骨架,在模中压制成型,作为正、负极板。

烧结式极板是以烧结的多孔性的镍基板为骨架,在骨架的孔隙里填充氢氧化亚镍为

正极板，填充氢氧化镉为负极板。

用这两种极板可组装成烧结式、半烧结式和压接式三种单体镉镍电池。

镉镍蓄电池的电解液有氢氧化钾和氢氧化钠水溶液两种，多用氢氧化钾。

镉镍蓄电池具有重量轻、自放电少的优点，不会因过充电或过放电而造成活性物质的钝化。但是碱性蓄电池活性物质的导电性差，且价格比较高。

碱性蓄电池在充放电过程中，电解液并未参加反应，它只是起传导电流的作用。因此，在充、放电过程中，电解液密度不会改变，故工作中不会消耗电解液。

镉镍蓄电池的循环次数达 2 000 次，使用寿命为 10 ~ 20 年。

镉镍蓄电池使用注意事项如下：

(1) 使用前应先充电，充电时应定时测量电池电压，充电终止电压不得高于 1.6 V，以免引起爆炸。镉镍电池的标准电动势为 1.33 V，工作电压为 1.20 ~ 1.25 V，放电终止电压为 1.0 V。

(2) 镉镍电池充电时的环境温度应保持在 15 ~ 35 ℃，否则影响电池的容量和寿命。

(3) 电池电解液是水化氢氧化钾（KOH）的水溶液，其只传导电流，浓度基本不变，不能根据电解液密度的大小来判断电池充、放电程度。

(4) 电池长期储存后，使用之前要先以 10 h 放电倍率充电 14 ~ 16 h，再以 5 h 放电倍率放电至单个电池电压 1.0 V，充放电循环 2 ~ 3 次，至放电容量达额定值后，再充电使用。

(5) 电池使用期限接近规定寿命时，如出现底部、外壳及电池盖有鼓胀现象，应予报废。

镉镍蓄电池具有无污染、体积小、使用寿命长、适应性强、可靠性高和放电倍率高等优点，是直流系统理想的新一代电池。尽管目前它的价格较高，但由于具有上述优点，可直接装在直流屏上，无需专门的蓄电池室，无需防护有害气、液体侵蚀的措施，其综合经济指标，仍具有优越性。

采用镉镍蓄电池组作二次回路操作电源，除不受供电系统运行情况影响、工作可靠外，还有寿命长、高低温性能好、机械强度高、放电电压平稳、大电流放电性能好、腐蚀性小、无须专用房间等优点，从而大大降低了投资，在用户供配电系统中应用比较普遍。

13.2.3 固定型密封免维护铅酸蓄电池

固定型密封免维护铅酸蓄电池（以下简称阀控电池）基本上克服了一般铅酸蓄电池的缺点，逐步取代了其他形式的铅酸蓄电池。铅酸密封电池分为排气式和非排气式两种。阀控电池是装有密封气阀的铅酸密封电池，是一种用气阀调节的非排气式电池。

13.2.3.1 阀控电池结构特点

阀控电池正常充、放电运行状态下处于密封状态，电解液不泄漏，也不排放任何气体，不需要定期加水或酸，正常时极少维护，因此阀控电池的结构具有以下特点：

(1) 板栅采用无锑（或低锑）多元合金制成正极板，保证有最好的抗腐蚀、抗蠕变能力。负极板采用铅钙合金，以提高析氢过电位。

(2) 采用吸液能力强的超细玻璃纤维材料作隔膜，具有良好的干、湿态弹性，使较大浓度的电解液全部被其储存而电池内无游离酸(贫液),或者使用电解的方法与硅胶组合为触变胶体。

(3)负极容量相对于正极容量过剩,使其具有吸附氧气并将其转化成水的功能,以抑制氢氧气体发生反应的速率。

(4)装设自动关闭的单相节流阀(阀控帽),当电池在异常情况析出盈余气体或长期运行中残存的气体时,经过节流阀泄放,随后减压关闭。

阀控电池可为单体式(2 V),200 Ah 及以下容量的电池,也可以组合成6 V(由3个2 V单体电池组成)电池。单体电池的结构示意,如图13-1所示。为便于调整电池的电压,国内外有的电池厂可将6 V组合电池抽出1个成为4 V电池,12 V组合电池抽出1个成为10 V电池,组合式阀控电池,如图13-2所示。

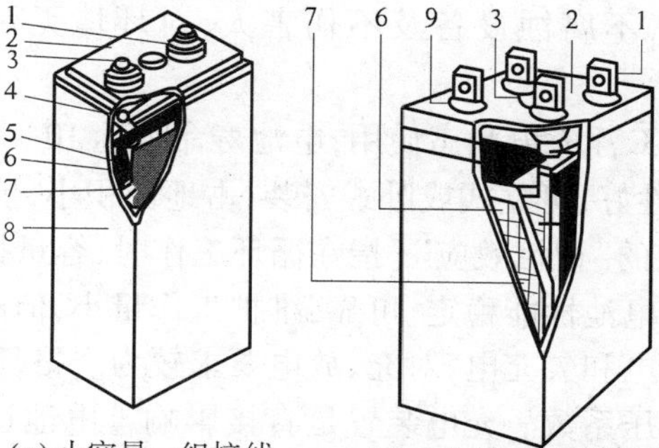

(a)小容量一组接线端子电池　(b)大容量二组接线端子电池

1—接线端子;2—盖;3—安全阀;4—极柱;5—正极板;6—隔板;7—负极板;8—外壳;9—端子胶

图13-1　单体电池结构

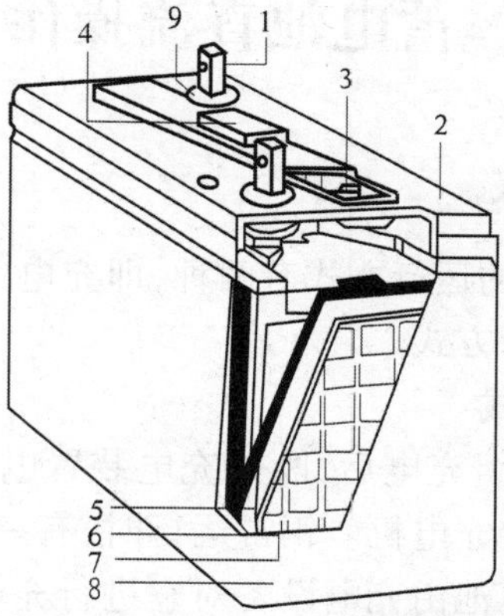

1—接线柱;2—盖;3—安全阀;4—防爆陶瓷过滤器;5—正极板;6—隔板;7—负极板;8—外壳;9—端子胶

图13-2　组合电池结构(12 V)

13.2.3.2　阀控蓄电池温度与容量及寿命的关系

在环境温度-40~40 ℃范围内,蓄电池放电容量随温度升高而升高。因为在较高温度条件下放电,电解液黏度下降,浓差极化影响减小,导电性能提高,使放电容量增加。

温度对电池寿命影响较大,在 25 ℃条件下,如预期浮充寿命为 20 年,在温度升高 10 ℃后,其预期寿命降低 9 ~ 10 年,所以阀控电池不适宜在持续高温下运行。

电池长期在高温下使用,电池内部会产生多余气体,气压升高,引起排气阀开启,造成电解液损失。

13.2.3.3 阀控电池的性能特点

阀控电池的性能特点有:

(1)无需添加水和调酸的密度等维护工作,具有免维护功能;

(2)大电流放电性能优良;

(3)自放电电流小,25 ℃下每天自放电率在 2% 以下,为其他铅酸蓄电池的 20% ~ 25%;

(4)不漏液,无酸雾,不腐蚀设备及不伤害人,对环境无污染,可与其他设备同室安装;

(5)电池寿命长,25 ℃浮充电状态使用,电池寿命可达 10 ~ 15 年;

(6)结构紧凑,密封性好,可立式或卧式安装,占地面积小,抗振性能好;

(7)不存在隔镍电池的“记忆效应”(指在循环工作时,容量损失较大)的缺点。

从运行情况看,阀控电池性能稳定、可靠,维护工作量小,但阀控电池对温度的反应较灵敏,不允许严重的过充电和欠充电,对充、放电要求较为严格,要求充电装置具有较好的波纹系数、稳流系数和稳压系数。充电装置是直接影响蓄电池运行稳定性和使用寿命的重要因素。目前,国内外广泛采用高频开关式充电装置,它输出的直流波纹系数小(0.05% ~ 0.1%),稳压和稳流系数也很小(0.2% ~ 0.5%),且能按规定的程序自动地对阀控电池进行充、放电,基本上满足了阀控电池的要求。

13.3 蓄电池直流操作系统

13.3.1 蓄电池的运行方式

发电厂和变电站中蓄电池的运行方式有两种,即充电 – 放电运行方式和浮充电运行方式,目前广泛采用浮充电运行方式。

13.3.1.1 充电 – 放电运行方式

这种方式是定期给蓄电池组充电后,断开充电装置电源,由蓄电池组供电给直流负荷。它需要有两组蓄电池,一台充电机。正常运行时,有一组蓄电池接在放电母线上,向全部直流负荷放电;另一组蓄电池由充电设备对它进行充电,或者充好电处在备用状态。两种蓄电池可以轮换使用或充电。为了保证蓄电池能可靠地供电,蓄电池组平时不能过度放电。通常,当放电达到其额定容量的 75% ~ 80% 时,即要停止放电,而对其充电。

在给蓄电池充电时,充电设备既向蓄电池充电,又要向经常的直流负荷供电。因此,充电设备的功率应满足上述两种负荷的需要。另外,在充电时,端电压变化范围较大,为维持经常直流负荷的电压恒定,在蓄电池组的接线中应装设端电池调整器和可供调节的蓄电池。

蓄电池组按充电－放电运行方式工作时，必须频繁地充电，一般一至两昼夜充电一次，而每经过一次放电和充电，极板就失去一部分有效物质，因而损伤较快。若在运行中不按期充电或过充电、过放电、充电不足，更易缩短电池寿命。按充电－放电方式工作，运行操作比较复杂，因此这种运行方式已不常用。

13.3.1.2 浮充电运行方式

浮充电运行方式就是除充电用硅整流装置外，再装设一台容量较小的硅整流器，然后先将蓄电池充足电，小容量硅整流器经常与充好电的蓄电池组并联工作，称为浮充整流器（在变电所通常采用一台硅整流器，它既做充电用，也可做浮充电用）。它供给直流母线上的经常负荷，同时以不大的电流（其值约等于 $0.03C_e/36$，C_e 为蓄电池的容量）向蓄电池浮充电，用以补偿蓄电池的电解液及极板中由于有杂质存在而产生的自放电所消耗的能量，使蓄电池经常处于满充电状态，从而延长蓄电池的寿命。在这种运行方式下，蓄电池的作用主要是担负短时间的冲击负荷（例如断路器的合闸电流）。此时，虽然浮充电整流器与蓄电池组并列运行，但由于蓄电池自身的内电阻很小，因而其外特性 $U=f(I)$ 比硅整流器的外特性平坦得多。蓄电池组担任了冲击负荷的供给任务，在很大的冲击电流下，母线电压有些下降。而当交流系统发生事故，浮充整流器断开的情况下，蓄电池组将转入放电状态运行，承担全部直流负荷，直到交流电压恢复，然后用充电装置给蓄电池组充好电后，再将浮充整流器投入，即转入正常的浮充电状态。

蓄电池按浮充电法运行，充电机会大为减小，除由于交流系统或硅整流设备发生事故，蓄电池组转入放电状态后需要进行正常充电外，规定每 3 个月进行一次核对性的放电，放出蓄电池容量的 50% ~60%，终期电压降到 1.9 V 为止。也可进行全容量放电，使蓄电池终期放电电压达到制造厂所规定的终了电压（一般为 1.75 ~1.8 V）为止。放完电后，应立即进行一次均衡充电（亦称过充电），这是为了避免由于控制浮充电流不准确而造成硫酸铅沉淀在极板上，影响蓄电池输出容量和降低使用寿命。为了便于蓄电池放电，充电整流器宜采用能实现逆变的整流装置。

13.3.1.3 阀控蓄电池组的充放电

1. *初充电*

新安装的蓄电池组或大修中更换的蓄电池组第一次充电，称为初充电。初充电电流为 $1.0I_{10}$，单体电池充电电压值到 2.3 ~2.4 V 时电压平稳，电压下降即可投运，即转为浮充运行。

2. *浮充电*

阀控电池完成初充电后，转为浮充电方式运行，浮充电压值为 2.23 ~2.27 V，根据制造厂家要求和运行具体使用情况而定。浮充电流值为 0.3 ~2 mA/h，作为电池内部的自放电和外壳表面脏污后所产生的爬电损失，从而使蓄电池组始终保持 95% 以上的容量。

3. *均衡充电*

阀控电池在长期浮充运行中，如发生以下几种情况，需对蓄电池进行均衡充电：

（1）电池安装完毕；

（2）浮充运行中蓄电池间电压偏差超过规定标准时，即个别电池硫化或电解液的密度下降，造成电压偏低，容量不足；

(3)当交流电源中断时,放电容量超过规定(5% ~10%)C_{10}以上。

上述情况,按程序进行均衡充电。对第二种情况,如果设有电池检测装置,根据该装置检测情况进行均衡充电。如果无准确的电池检测装置,则根据制造厂的要求,一般在浮充运行3个月后即进行均衡充电。在投运前,对电池进行初充电,此时用恒流$1.0I_{10}$进行充电,当单体电池电压上升到2.35 V时转为恒压充电,此时充电电流减少,转为正常运行状态,即浮充电压为2.25 V。当运行3个月后,进行均衡充电,即先以$1.0I_{10}$对电池充电,至电池电压为2.35 V时转为恒压充电,电压恒定一段时间又转为正常浮充状态。当交流电源中断后,此时自动进行均衡充电,以恒流$1.0I_{10}$充电。电池电压上升至2.35 V,与上述初充后均衡充电的过程相同。

由浮充转为均衡充电的判断大多采用时间来整定,即不论放电幅度如何,一旦由恒流阶段转入恒压阶段后,延时若干个小时,则自动转为浮充。实际情况是充电所需时间与放电幅度有关。因为事故放电的深度是随机的,若用一个固定的时间来操作,则有可能造成电池的过充或欠充,所以实际中采用蓄电池回路的充电电流作为均衡充电终期的判据。

13.3.2 蓄电池组的选择

13.3.2.1 母线电压

通常35 kV变配电所仅需设一组蓄电池即可。蓄电池组的母线电压采用110 V或220 V时,各有其优缺点。对于采用电动合闸机构的断路器,因合闸电流较大,电压较高,合闸电缆的截面便可小些。这样,从合闸电缆选择和电压降落来看,选用220 V比110 V优越;但220 V直流继电器的电压线圈线芯较细、易断线而造成继电保护拒绝动作,从这点看110 V比220 V优越。总之,对某一变配电所的直流母线到底采用哪一种电压,应经过经济技术比较来确定。

13.3.2.2 蓄电池组

(1)全组蓄电池数n及基本蓄电池数n_0。蓄电池组母线上正常电压应较直流电网额定电压约高5%,如额定电压110 V,蓄电池组的母线电压为115 V,额定电压220 V,蓄电池组的母线电压为230 V。每个酸性蓄电池在充足电时为2.7 V,经1 h放电倍率放电完毕时为1.75 V。

对110 V蓄电池组:

全组蓄电池数: $n = 115\ \text{V}/1.75\ \text{V} \approx 65$

基本蓄电池数: $n_0 = 115\ \text{V}/2.7\ \text{V} \approx 43$

对220 V蓄电池组:

全组蓄电池数: $n = 230\ \text{V}/1.75\ \text{V} \approx 130$

基本蓄电池数: $n_0 = 230\ \text{V}/2.7\ \text{V} \approx 85$

全组蓄电池数n减去基本蓄电池数n_0,为接到电池开关的附加蓄电池数(即端电池数)。

(2)蓄电池容量。按照恒定浮充电法工作的蓄电池,其容量选择的根据是故障时间的放电容量(Ah)、最大长期放电电流(A)和最大短时放电电流(A)。

以恒定浮充电状态工作而在故障时放电的蓄电池组的计算放电容量决定于下式

$$C = (I_f + I_g)t_g + I'_g t'_g = I_f + I_g \quad (13\text{-}6)$$

式中 t_g——故障时间，对于变配电所取 1 h；

I_f——正常恒定负载电流；

I_g——故障时的故障负载电流；

I'_g——故障下使用 $t'_g(t'_g < 1\ h)$ 的故障负载电流。

13.3.3 充电装置选择

(1)蓄电池的充电装置宜选用高频开关整流装置或晶闸管式整流装置，应满足蓄电池充电和浮充电要求。

(2)充电装置应具有稳压、稳流及限流性能，宜采用微机型；具有浮充电、自动均衡充电和手动稳流充电等功能；应为长期连续工作制。

(3)充电装置的交流输入宜为三相制，额定频率为 50 Hz，额定电压为 380(1 ± 10%) V。小容量充电装置的交流输入可采用单相 220(1 ± 10%) V。

(4)充电装置的主要技术参数见表 13-2。

表 13-2 不同类型充电装置技术参数

项目	类别	
	晶闸管型	高频开关模块
稳压精度(%)	-1 ~ +1	-0.5 ~ +0.5
稳流精度(%)	-2 ~ +2	-0.5 ~ +0.5
纹波系数(%)	≤2	≤1
效率(%)	≥75	≥88
噪声(dB)	<60	<55

(5)充电装置额定电流的选择应满足下列条件：①满足浮充电流要求；②大于初充电电流；③大于均衡充电电流。

(6)浮充电的输出电流应按经常负荷电流与蓄电池自放电电流之和选择。

(7)充电装置的输出电压调节范围应满足蓄电池放电末期和充电末期电压的要求。浮充电装置直流侧的长期工作电压对于 220 V 和 110 V 蓄电池组分别为 230 V 和 115 V。

(8)高频开关充电装置的谐波干扰、电磁兼容、均流系数、功率因数等指标应符合有关标准。

13.3.4 蓄电池组的检测与维护

容量和寿命是衡量蓄电池的主要指标，容量一般用安·时(Ah)来表示，它表示蓄电池储备能量的能力。寿命则是表示蓄电池容量衰退速度的一项指标，随着使用的深入，蓄电池容量衰退是不可避免的，是绝对的，当容量衰退到一个规定值时，可以判定寿命终结，以额定容量 70% 充放电循环次数来表示蓄电池的寿命，合格底线为 350 次。

根据《电力系统用蓄电池直流电源装置运行与维护技术规程》规定，无论酸性还是碱性蓄电池，运行人员除了进行常规的外观、温度、电流、电压的巡检、测试外，还需定期进行核对性容量测试，以确保电池组的完好。检测中如果发现单只或整组电池容量小于额定容量的80%，极板格栅已经腐蚀和膨胀，极板活性材料已经劣化，电解液已经开始干涸。此时，电池容量下降，则视作该电池损坏必须更换。

早期使用电炉、水阻等负载放电来测试容量的方法，准确度低、劳动强度大；目前已较多采用微机控制的智能容量测试仪。目前电力系统中使用最多的阀控铅酸蓄电池，早期曾被称作免维护电池，部分运行人员误认为这类电池不需要巡视、检测和维护，使故障电池带病运行，酿成了诸如发电机烧毁等重大事故。对于各型发电厂、枢纽变电站直流柜的电池组，建议选用智能蓄电池在线监测装置，既可测量每节电池的电流、电压、温度、容量，还可以测量每只电池的内阻，从而及早识别并更换有潜在故障的电池。

蓄电池的好坏无法用常规的电流、电压测量来判别，目前行之有效的方法有两种：一种是对电池组作实际的容量放电测试，另一种是测量电池的内阻（仅为毫欧级），内阻愈大其容量愈小，当内阻大于某一值，容量必然低于额定容量的80%。

13.4　整流操作的直流系统

利用蓄电池组作为直流操作电源，主要优点是直流系统是完全独立的，其供电可靠性不受交流系统运行情况的影响。但由于价格高、寿命短、运行维护复杂等，因而在中小型变电所中应用较少，而整流操作的直流系统可满足其直流负荷对供电的要求。整流操作的直流系统可分为硅整流电容储能直流系统和复式整流装置直流系统两种。

13.4.1　硅整流电容储能直流系统

带电容储能的硅整流直流系统，其特点是投资少，维护工作量低，广泛应用于继电保护回路，但可靠性不如蓄电池组。硅整流电容储能直流系统原理接线，如图13-3所示。硅整流器的交流电源可由不同回路的所用变压器供给，电源一回路工作，另一回路备用，可用自动投入装置自动切换。硅整流装置一般装设两组，容量较大的一组（硅整流器Ⅰ）供断路器合闸用；容量较小的一组（硅整流器Ⅱ）供控制、保护及信号电源用。两组硅整流器的直流母线间用电阻R和二极管VD1隔开，利用二极管的单向导电性防止断路器合闸回路的故障影响控制与保护电路，电阻R起限流作用，保护二极管VD1。当电力系统发生短路事故时，380 V交流电源电压下降，直流母线电压也相应下降，此时利用并联在保护回路中的电容器组C_{I}与C_{II}的储能来动作继电保护装置，使断路器跳闸。采用电容储能时，各断路器直流控制系统的信号灯应由信号回路供电，使这些元件不消耗电容器的储能。二极管VD2和VD3的作用就是为了防止C_{I}与C_{II}向连接于控制母线上的其他回路放电。

需要注意的是，不同级的继电保护电源应由不同电容器组供给。这样做的原因是，当下级保护Ⅱ（如10 kV线路保护）的保护区域内发生短路故障，保护装置启动而断路器操作机构失灵时，电容器组C_{II}由于长时间放电能量消耗殆尽，这时，作为后备的上一级保护Ⅰ（如35 kV主变压器保护）可从电容器组C_{I}取得电源，使断路器跳闸，切除故障。

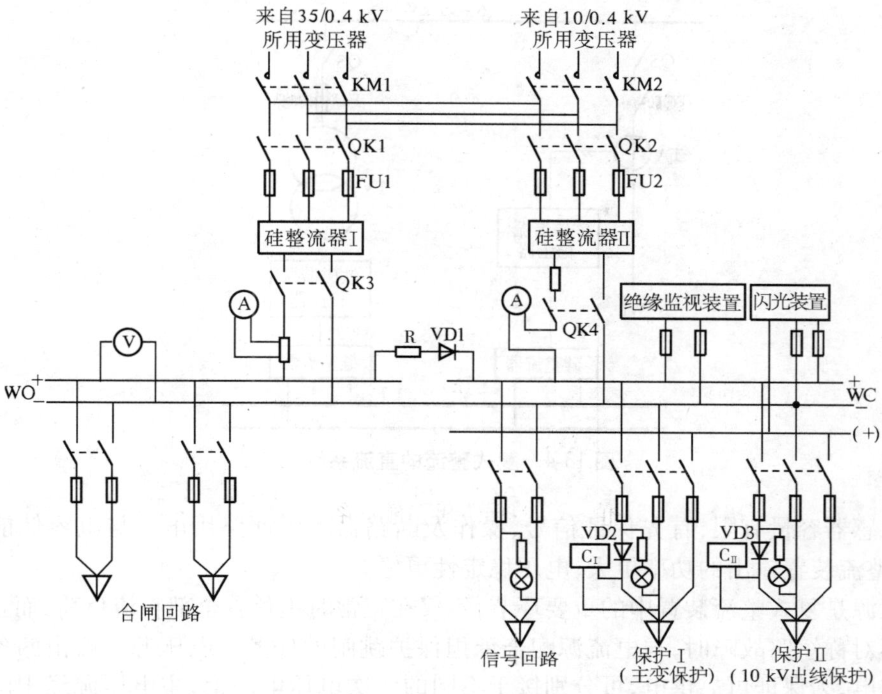

WO—合闸小母线；WC—控制小母线；WF—闪光信号小母线；$C_{Ⅰ}$、$C_{Ⅱ}$—储能电容器组

图 13-3 硅整流电容储能的直流系统接线图

电容量的大小可按下面两个条件选择：

(1)电容器组的贮能应大于继电保护和跳闸线圈所消耗的能量。

(2)保护装置动作发出跳闸脉冲时，电容器组的端电压应保证跳闸全过程中均能大于断路器跳闸线圈的最低动作电压($65\% U_e$)，以保证跳闸机构可靠地动作。

电容器充电后的稳定电压将达到其输入交流电压的峰值。采用单相桥式整流接线时，其整流变压器二次侧电压有效值设计为 244 V，因此其峰值电压为 345 V。采用三相桥式接线时，其整流变压器二次侧电压有效值设计为 163 V，即峰值 230 V。按断路器跳闸线圈的工作要求，应选择的电容器容量分别为：1 500～2 000 μF 及 3 000～4 000 μF。

为了防止断路器跳闸机构失灵而拒绝动作，使跳闸线圈长期通电耗尽电容器的贮能，致使后备保护再无法启动，同时考虑电容器本身及其连接线路发生问题会影响全部电容器工作，通常装设若干组贮能电容器，即采用分散贮能。

13.4.2 复式整流装置直流系统

复式整流装置直流系统由电压源型供电器与电流源型供电器两部分组成。电压源型供电器由电压互感器或所用变压器供电，经铁磁谐振稳压器(当稳压要求高时)和硅整流器供电给操作、信号、跳闸电路；电流源型供电器由电流互感器供电，同样经铁磁谐振稳压器和硅整流器供电给上述电路。复式整流的直流系统原理，如图 13-4 所示。

复式整流装置有两个“电源”，能保证在正常及事故情况下向直流系统可靠供电。由

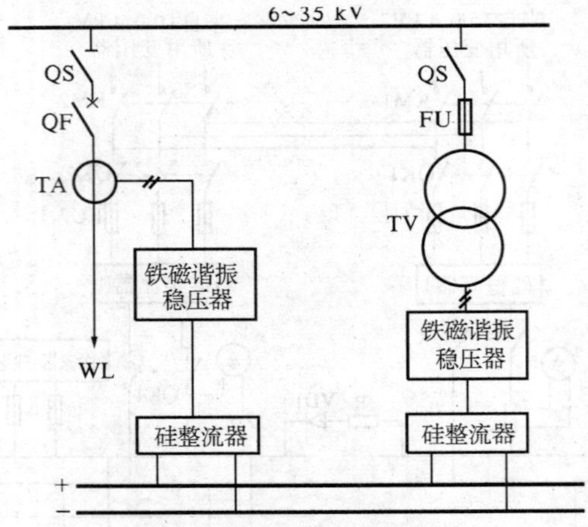

图 13-4　复式整流的直流系统

于电流互感器容量有限,首先保证信号、操作及断路器跳闸回路用电。与电容储能式相比,复式整流装置输出的功率更大,电压稳定性更好。

电压源是复式整流装置中的重要环节,不仅在正常时担负着全部直流负荷,而且在发生某些不对称短路故障时,与电流源配合承担保护跳闸的任务。电压源一般由两条独立的回路供电,为保证可靠供电,可分别接于不同的一次电压电源上,主电压源经中间隔离变压器连接。为保证正常运行时电压恒定,在电源中间的隔离变压器应设有抽头。

电流源整流电压较低,正常工作时被电压源的反向电所封锁,所以电流源不起作用。发生短路事故时,电压源电压较低,电流源电压增大,电流源成为在发生事故时的主要电源。

电流源一般为 2 ~3 个,可取自发电机出口或中性点侧,以保证机组运行时有电源。如果有电网的联络线,也可在联络线上接上电流源。如机组台数超过 3 台,可只选择其中经常运行的 2 ~3 台机组接电流源。

由于短路电流变化范围很大,为了获得稳定的直流操作电源,电流源必须经铁磁谐振稳压器整流供电。这种提供“电流源”的稳压器在电流互感器电流大于负荷电流时,进入稳压区工作,此电流称为起振电流,这一电流必须小于最小故障电流。稳压器的输出容量和电流互感器的型式及短路电流的大小有关,稳压器应按具体的工程情况计算,并由试验决定。改变稳压器谐振回路的电容值可以调节起振电流的大小。

应当指出,电容储能式与复式整流装置没有解决事故照明和事故紧急处理的电源问题,因此仅用在不重要的小型发电厂或变电所中。

13.5　直流绝缘监察和电压监察装置

13.5.1　直流系统的绝缘监察

13.5.1.1　两点接地的危害

在直流系统中,发生一点接地时,并不引起任何危害,但必须及时去除,否则,当发生另一点接地时,有可能使信号、保护和控制等回路发生误动作。图 13-5 示出了直流系统两点接地的情况。当 AB 两点发生直流接地时,电流继电器 KA1、KA2 的接点被短接,KAM 启动,KAM 接点闭合而使断路器跳闸。A、C 两点接地时,短接了 KAM 接点而使断路器跳闸。在 A、D 及 D、F 等两点接地时,同样都能使断路器误跳闸。

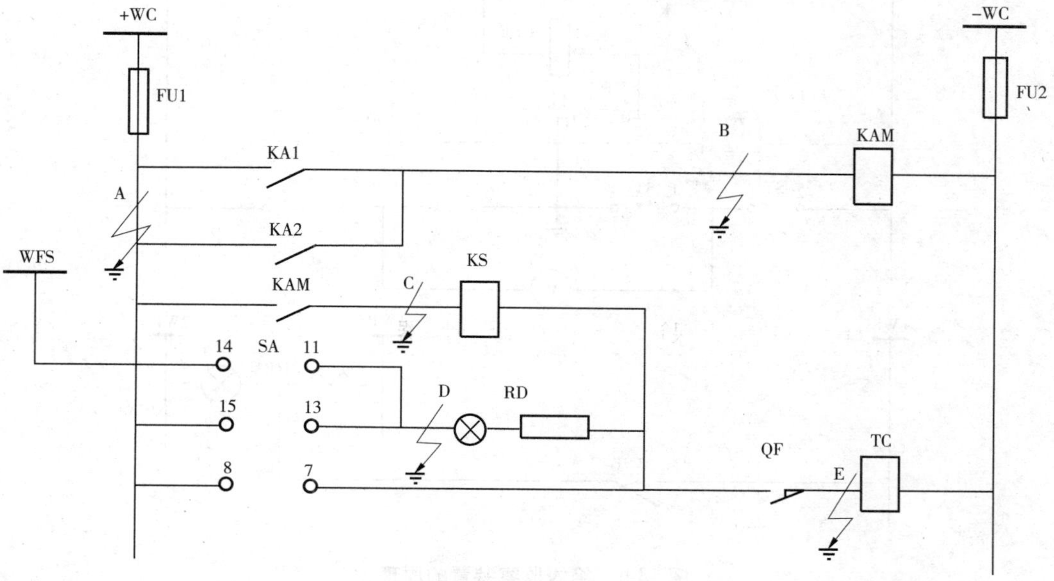

图 13-5　直流系统两点接地情况图

在图 13-5 中,若直流接地发生在 D、E 两点,断路器可能拒动。当接地点发生在 A、E 两点时,保险将熔断。当接地点发生在 B、E 和 C、E 两点,保护动作时,不但断路器将拒动,而且会使保险熔断,并有烧坏继电器接点的可能,所以不容许直流系统长期一点接地运行。

绝缘监察装置的作用,是当发生一点接地时,能发出信号,以便及时处理,避免事故进一步扩大造成损失。

13.5.1.2　**绝缘监察装置的原理**

图 13-6 所示为绝缘监察装置的原理图。图中,$R_1 = R_2 = 1\ 000\ \Omega$,ST 为转换开关。直流绝缘监察装置分两个部分,即信号部分和测量部分。母线电压表转换开关 ST 有三个位置,不操作时,其手柄在竖直的“母线”位置,接点 9－11、2－1 和 5－8 接通,电压表可测量正、负母线电压,指示 220 V;若将 ST 手柄逆时针方向旋 45°到“负对地”位置,ST 接点 5－8和 1－4 接通,则电压表接到负极与地之间;若将 ST 手柄顺时针方向旋 45°到“正对地”位置,ST 接点 1－2 和 5－6 接通,电压表接到正极与地之间。若两极对地绝缘良好,则正对地和负对地都指示 0 V,因为此时电压表的线圈并没有形成回路。假如正极发生接地,则正对地电压等于 0,而负对地指示 220 V;反之,当负极发生接地时,情况与之相似。

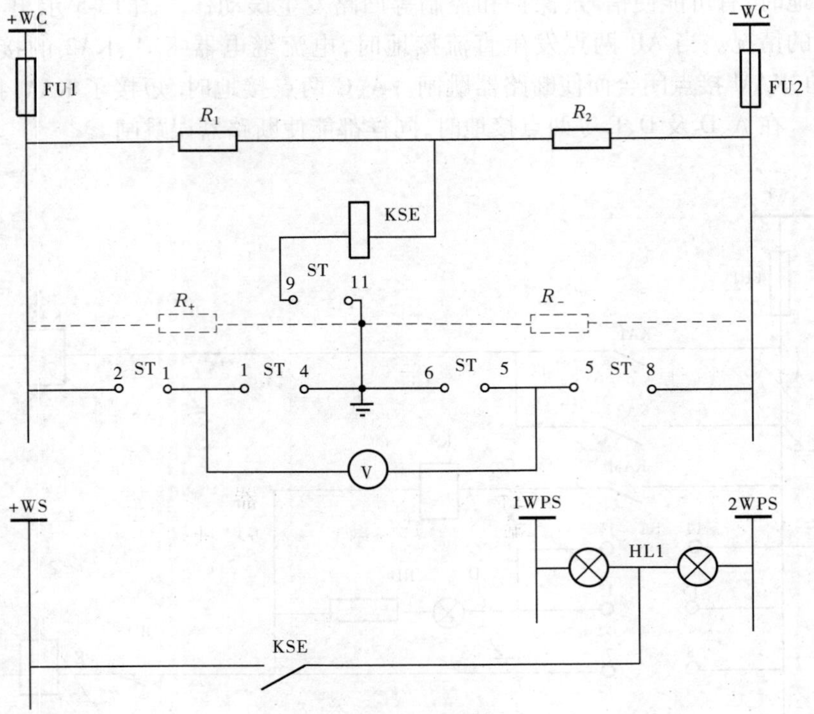

图 13-6　绝缘监察装置的原理图

当两极对地绝缘良好,正极对地绝缘电阻 R_+ 和负极对地绝缘电阻 R_- 相等,组成平衡电桥,此时信号接地继电器 KSE 接在电桥的对角线上,相当于直流电桥中检流计的位置,KSE 线圈中无电流,所以继电器不动作。

当一级对地绝缘电阻降低时,R_+ 和 R_- 不相等,电桥失去平衡,KSE 线圈中就有电流流过。如果绝缘电阻降到 15 ~ 20 kΩ,继电器 KSE 启动,其常开接点闭合,接通光字牌 HL1,发出光字信号及音响信号。

13.5.1.3　直流系统接地的故障处理

当直流系统发生一点接地时,将发出预告信号,运行人员必须迅速找出接地点并加以消除,以防发展为两点接地。

1. 直流系统接地点查找步骤

发现直流系统接地故障后,在分析、判断基础上,用分路查找分段处理的方法,以先信号和照明部分后操作部分,先室外后室内为原则,依次是:

(1)区分是控制系统还是信号系统接地;

(2)查找信号和照明回路;

(3)查找控制和保护回路;

(4)取熔断器的顺序,正极接地时,先断"+",后断"-",恢复熔断器时,先投"-",后投"+"。

2. 查找直流系统接地的注意事项

(1)瞬时断开操作、信号、位置等电源熔断器(或瞬时断开直流电源小开关)时,应经调度同意,且断开电源的时间一般不超过 3 s。无论回路中有无故障、接地信号是否消除,均应及时投入。

(2)为了防止误判断,观察接地故障是否消失时,应从信号、光字牌和绝缘监察表计指示的情况,综合判断,尽量避免在高峰负荷时进行。

(3)防止人为造成短路或另一点接地,导致误跳闸。

(4)按符合实际的图纸进行,防止拆错端子线头,防止恢复接线时遗漏或接错,所拆线头应做好记录和标记,禁止使用灯泡查找直流接地故障。

(5)使用仪表检查时,表计内阻应不低于 2 000 Ω/V。

(6)查找故障,必须由两人及以上进行。防止人身触电,做好安全监护。

(7)防止保护误动作,在瞬时断开操作(保护)电源前,解除可能误动的保护。操作(保护)电源恢复后再加用保护。运行人员不得打开继电器和保护机箱。

(8)利用直流绝缘检测装置检测正、负对地电压,判断接地状况。

(9)当发生直流接地时,应暂停正在二次回路上的工作,检查接地是否由工作引起。待查明原因后,再恢复工作。

(10)检查有关二次设备状况,特别注意户外端子箱(盒)、操作机构箱、端子箱等关闭是否完好,有无漏水现象,各种防雨板等是否完整盖好,端子排有无受潮、短路、接地、烧坏。

(11)检查蓄电池室、直流配电室等设备状况,蓄电池有无受潮和溶液溢出等现象。

(12)在运行班长及技术人员监护下,查找接地回路及故障,但在查找前必须向调度汇报。

(13)对于没有安装直流绝缘检测装置的回路或无法使用专用测试仪器的直流回路,可采用常规的暂断电源法或暂代电源法对部分回路进行故障查找。

(14)为了尽可能减少直流接地故障的发生,平时在环境干燥时,应及时对二次线路进行清扫,以免灰尘过多受潮使绝缘性能降低。同时,遇到风雨天气,变电所值班人员应及时、认真地进行巡视检查,避免雨水直接溅入设备内部线路上。

(15)控制母线回路接地点大多在断路器开关箱内的跳闸线圈、合闸继电器线圈上;信号小母线回路接地点大多在厂区的主变压器的温度计端子盒内或气体继电器接线盒内。直接查找相应点,可迅速找到接地点。

13.5.2 直流电压监察装置

直流系统母线电压过高或过低都会影响变电所的正常运行。电压过高,对长期带电的设备,如继电器、信号灯等都会造成损坏或使其寿命缩短;电压过低,可能使继电保护装置和断路器的操动机构拒绝动作。所以,发电厂、变电所应设立直流电压监察装置。

电压监察装置用来监视直流系统母线电压,其典型电路,如图 13-7 所示。图中 KV1 为低电压继电器,KV2 为过电压继电器。当直流母线电压低于或高于允许值时,KV1 或 KV2 动作,光字牌 H1 或 H2 亮,发出预告信号。

由于直流母线电压过低或电压过高都将造成一定的损失，所以通常低电压继电器 KV1 动作电压整定为直流母线额定电压的 75%，过电压继电器 KV2 动作电压整定为直流母线额定电压的 1.25 倍。

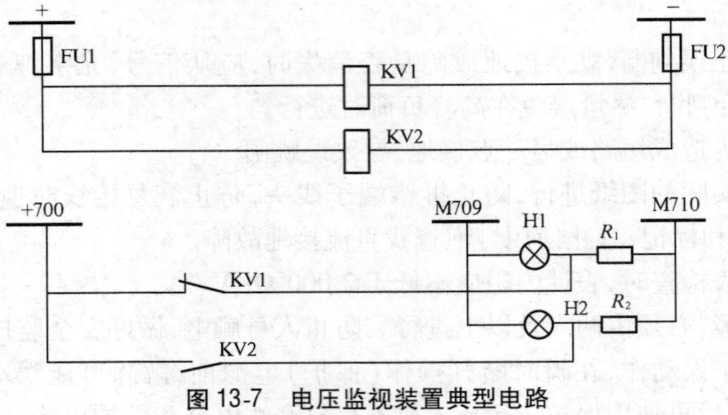

图 13-7　电压监视装置典型电路

13.5.3　闪光信号装置

发电厂和变电所的直流系统通常装有闪光信号装置，作为断路器位置信号灯的闪光电源，图 13-8 为由 DX－3 型闪光继电器构成的闪光装置接线图。

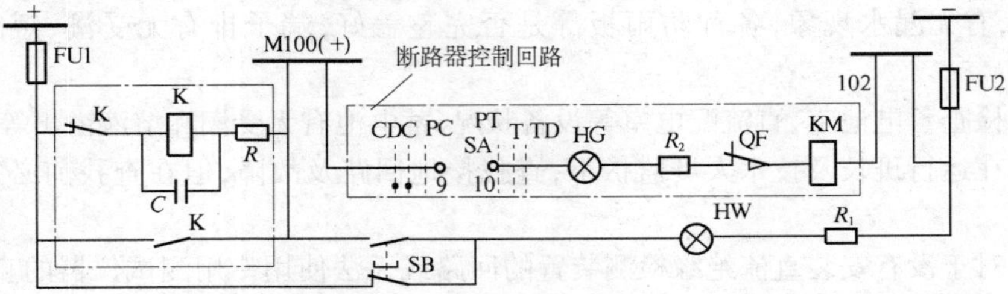

图 13-8　由 DX－3 型闪光继电器构成的闪光装置接线图

试验按钮 SB 和白色信号灯 HW 用来检查回路是否完好，正常运行时，闪光装置不动作，HW 亮，表示直流电源和熔断器完好。

当按下按钮 SB 时，闪光小母线 M100（＋）通过 SB 的常开触点、HW 和 *R* 接至负电源，闪光继电器 K 的绕组回路接通，HW 两端电压很低而变暗，与 K 绕组并联的电容 *C* 开始充电。经过一定延时后，当电容器 *C* 两端电压升到 K 的动作电压时，K 动作，其常开触点闭合，使 M100（＋）又接至正电源，HW 由于两端电压突然升高而变亮。与此同时，K 的常闭触点断开，*C* 开始对 K 绕组放电，经过一段延时，当 *C* 两端电压降到 K 返回电压时，K 复归，HW 又变暗。接着 *C* 又开始充电，如此重复上述过程，使 HW 连续闪光，直到松开试验按钮 SB 为止。可见，M100（＋）平时不带电，只有闪光装置工作时，才间断地获得低电压和高电压，其间隔时间由闪光继电器 K 中的电容 *C* 的充、放电时间决定。

当某一断路器 QF 事故跳闸后，通过“不对应”回路把 M100（＋）接至负电源，K 的绕组回路接通，其工作过程与 SB 接通相同，断路器 QF 的位置信号灯 HG 连续闪光，直到控制开关 SA 置于“跳闸后”位置，使 SA 的 9－10 触点断开为止。

习题与思考题

13-1　发电厂、变电所操作电源有何作用？有几种形式？各有何特点？

13-2　对操作电源有哪些要求？

13-3　铅酸蓄电池的工作原理是怎样的？如何正确使用和维护？

13-4　镉镍蓄电池的工作原理是怎样的？有何优点？如何正确使用和维护？

13-5　怎样选择蓄电池组及其充电设备？

13-6　什么是硅整流电容储能直流系统和复式整流装置直流系统？它们之间有何异同之处？

13-7　电容储能式整流电源有何优缺点？其电路结构有什么特点？

13-8　复式整流电源有何优缺点？在正常和事故情况下各部分承担什么样的任务？

13-9　什么是直流绝缘监察？为什么要装设直流绝缘监察装置？

13-10　直流绝缘监察装置的工作原理是怎样的？

13-11　直流电压监察装置具有什么作用？其电压动作值如何确定？

13-12　直流系统接地的故障如何处理？

13-13　发电厂、变电所闪光信号装置的工作原理是怎样的？

第 14 章　断路器控制回路

教学要求

本章首先介绍发电厂、变电所断路器合、跳闸操作的控制方式及断路器控制回路应满足的要求。然后介绍了断路器控制开关和操动机构的种类与特点。最后重点阐述了断路器基本控制回路(手动操动机构断路器的控制回路和信号系统;电磁操作灯光监视的断路器控制、信号电路;弹簧操动机构的断路器控制和信号回路;液压操动机构的断路器控制回路)电路图的原理接线。

14.1　概　述

在发电厂和变电所内,对高压配电装置中断路器合、跳闸操作的控制,按控制地点可分为就地控制和集中控制两种。就地控制就是操作人员在断路器安装地附近,直接操作断路器的手动操动机构或主令开关来完成跳、合闸任务。集中控制就是集中在主控室内进行控制,它分为手动控制和自动控制两种,这些被控制的断路器与主控室之间的距离一般几十米到几百米,因此集中控制也称“距离控制”和“远方控制”。为了提高运行的可靠性和改善工作条件,现代化的发电厂和变电所的断路器,都是在主控室内进行集中控制的。在几十千米乃至上千千米的远方电力调度室,通过远动设备、通信设备对发电厂和变电站内的断路器进行远方控制,这种控制方式又称为遥控。

断路器的控制,通常是通过电气回路来实现的,为此必须有相应的二次设备。在主控制室的控制平台上,应有能发出跳、合闸命令的控制开关和按钮,在断路器上应有执行命令的操动机构,即跳、合闸线圈。控制开关和操动机构之间是通过控制电缆连接起来的。

完成断路器跳、合闸任务的电气回路称为控制回路。控制回路按操作电源的种类,可分为直流操作和交流操作(含整流操作)两种类型。直流操作一般采用蓄电池组供电;交流操作一般由电流互感器、电压互感器或所用变压器供电。此外,对断路器的控制,按所采用的接线及设备不同,又可分为强电控制和弱电选线控制两大类,强电控制电压一般为 220 V 或 110 V,弱电控制电压为 48 V。

弱电控制分为以下两种情况。

(1)断路器控制回路的工作电压分成弱电和强电两部分,发出操作命令的控制设备工作电压是弱电(一般是 48 V)。命令发出后,再经过中间强弱电转换环节把弱电命令信号转换成强电信号,送至断路器的操动机构。中间转换环节和断路器之间的回路结构与强电控制相同。这种弱电控制,实质上只是把布置在控制屏(台)上的控制设备弱电化了。

(2)从控制设备到断路器的操动机构全部回路的工作电压均为弱电。这种方式的命令信号传输距离较近,断路器的操动功率又比较大,不适用于 220 ~ 500 kV 的变电所。

弱电选线控制的接线比较复杂，操作步骤较多，其可靠性难以保证。220～500 kV 变电所的断路器，不推荐采用弱电选线控制。

弱电控制的共同特点是由于在控制屏（台）上采用了小型化的弱电控制设备，控制屏（台）上单位面积内可布置的控制回路较多。在相同数量的被控对象情况下，与强电控制相比，可以减少控制屏（台）的面积，方便运行人员监视和操作；减少了主控制室的建筑面积，降低土建工程投资。这些是采用弱电控制的主要优点。但是弱电设备也存在着不足，弱电端子和弱电设备中的电气绝缘距离较小，怕积灰尘，特别是灰尘中含有导电物质的情况下更危险；弱电设备的端子和屏后的弱电连接端子与软线的连接多采用焊接，由于端子间距离较近，在查线和清扫时应特别注意防止端子间的短路；另外，还有机械强度低、触点断开的容量小、抗干扰性能差等缺点。

断路器的控制回路，按照断路器的型式、操动机构的类型以及运行上的不同要求而有所差别，但其基本接线却是相似的，即断路器的控制回路必须完整、可靠，因此应满足下面一些要求：

（1）应能监视控制回路保护装置（熔断器）及其跳、合闸回路完好性，以保证断路器的正常工作，通常采用灯光监视的方式。

（2）断路器操动机构中的跳、合闸线圈是按短时通电设计的，故在跳、合闸操作完成后，应能使命令脉冲解除，即能断开跳、合闸的电源，以防跳、合闸线圈长时间通电。

（3）应能指示断路器正常跳、合闸的位置状态，并在自动合闸和自动跳闸时有如前所述的明显指示信号。通常用红、绿灯的常亮来指示断路器的合闸和分闸的正常位置，而用红、绿灯的闪光来指示断路器的自动合闸和跳闸。

（4）断路器的事故跳闸回路，应按“不对应原理”接线。当断路器采用手动操纵机构时，利用手动操动机构的辅助触点与断路器的辅助触点构成“不对应”关系，即操作机构（手柄）在合闸位置而断路器已跳闸时，发出事故跳闸信号。当断路器采用电磁操动机构时，则利用控制开关的触点与断路器的辅助触点构成“不对应”关系，即控制开关（手柄）在合闸位置而断路器已跳闸时，发出事故跳闸信号。

（5）对有可能出现不正常工作状态或故障的设备，应装设预告信号。预告信号应能使控制室的中央信号装置发出音响和灯光信号，并能指示故障地点和性质。通常用电铃做预告音响信号，用电笛做事故音响信号。

（6）无论断路器是否带有机械闭锁，都应具有防止多次跳、合闸的电气“防跳”措施。

（7）对于采用气压、液压、弹簧操动机构和 SF6 断路器，应有压力是否正常、弹簧是否拉紧到位的监视回路和闭锁回路。

（8）对于分相操作的断路器，应有监视三相位置是否一致的措施。

（9）接线应简单可靠，使用电缆芯数应尽量少。

14.2　常用控制开关

断路器控制开关是控制回路中的控制元件，控制开关或控制按钮由运行人员直接操作，发出命令脉冲，使断路器跳、合闸。发电厂和变电站一般采用 LW2、LW5 等系列控制开关,下面介绍 LW2 型自动复位控制开关。

14.2.1 LW2 型控制开关的结构

LW2 型控制开关的结构如图 14-1 所示。

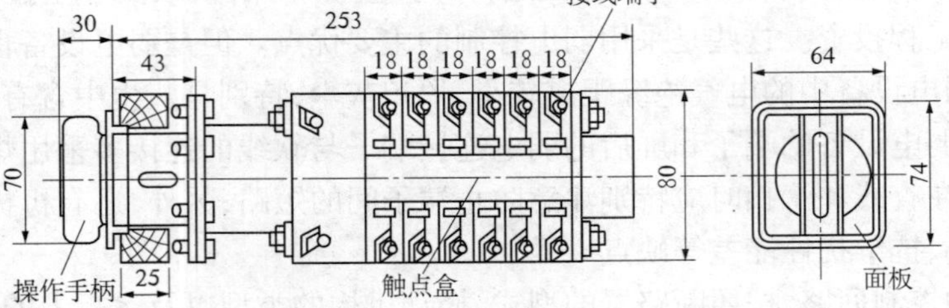

图 14-1 LW2 型控制开关的结构 (单位:mm)

图 14-1 中,控制开关正面为一个操作手柄和面板,安装在控制屏(台)前。与手柄固定连接的转轴上有数节触点盒,安装在控制屏后。每个触点盒内有 4 个定触点和 1 个动触点。定触点分布在盒的四角,盒外有供接线用的 4 个引出线端子。动触点根据凸轮和簧片形状以及在转轴上安装的初始位置可组成 14 种型式的触点盒,其代号为 1、1a、2、4、5、6、6a、7、8、10、20、30、40、50 等,如表 14-1 所示。

表 14-1 LW2 型控制开关的触点型式

手柄位置		解点盒形式													
		灯	1、1a	2	4	5	6	6a	7	8	10	20	30	40	50
⊖	←														
⦶	↑														
⊘	↗														
⦶	↑														
⊖	←														
⊘	↙														

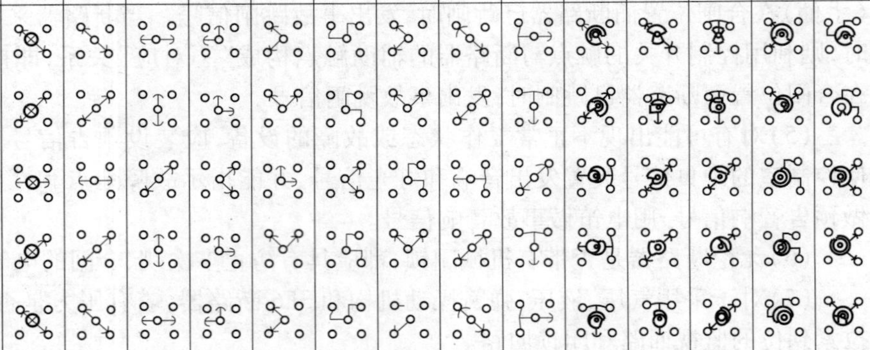

注:控制开关前视触点号顺序为 $\begin{smallmatrix}2 & 1\\ 3 & 4\end{smallmatrix}$。

表 14-1 中的 1、1a、2、4、5、6、6a、7、8 型触点是随轴转动的动触点;10、40、50 型触点在轴上有 45°的自由行程;20 型触点在轴上有 90°的自由行程;30 型触点在轴上有 135°的自由行程。具有自由行程的触点切断能力较小,只适合于信号回路。

14.2.2 控制开关的触点图表

表明控制开关的操作手柄在不同位置时，触点盒内各触点通断情况的图表称为触点图表，见表 14-2。

表 14-2 LW2－Z－1a、LW2－Z－4、LW2－Z－6a、LW2－Z－40、LW2－Z－20 型控制开关的触点图表

在“跳闸后”位置的手柄（正面）的样式和触点盒（背面）的接线图		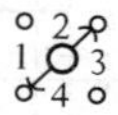				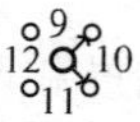			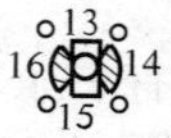			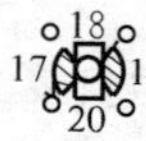			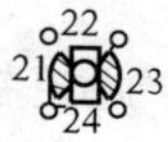	
手柄和触点盒型式	F8	1a		4		6a			40			20			20	
触点号 / 位置	—	1—3	2—4	5—8	6—7	9—10	9—12	11—10	14—13	14—15	16—13	19—17	17—18	18—20	21—23	21—22	22—24
跳闸后		—	•	—	—	—	—	•	—	•	—	—	—	•	—	—	•
预备合闸		•	—	—	—	•	—	—	•	—	—	—	•	—	—	•	—
合闸		—	—	•	—	—	•	—	—	—	•	•	—	—	•	—	—
合闸后		•	—	—	—	•	—	—	—	—	•	•	—	—	•	—	—
预备跳闸		—	•	—	—	—	•	•	•	—	—	—	•	—	—	•	—
跳闸		—	—	—	•	—	—	•	—	•	—	—	—	•	—	—	•

注：“•”表示接通；“—”表示未接通。

表 14-2 是 LW2－Z－1a、LW2－Z－4、LW2－Z－6a、LW2－Z－40、LW2－Z－20 型控制开关的触点图表。其中，F8 表示面板与手柄的型式（F—方型面板；0—圆型面板；数字 1～9 表明手柄型式）。

表 14-2 表明，此种控制开关有两个固定位置（垂直和水平）和两个操作位置（由垂直位置再顺时针转 45°和由水平位置再逆时针转 45°）。由于具有自由行程，所以控制开关的触点位置共有 6 种状态，即“预备合闸”、“合闸”、“合闸后”、“预备跳闸”、“跳闸”、“跳闸后”。

操作方法为：当断路器为断开状态，操作手柄置于“跳闸后”的水平位置，需进行合闸操作时，首先将手柄顺时针转 90°至“预备合闸”位置，再旋转 45°至“合闸”位置，此时4 型触点盒中的触点 5—8 接通，发出合闸脉冲。断路器合闸后，松开手柄，操作手柄在复位弹簧作用下，自动返回至“合闸后”的垂直位置。进行跳闸操作时，是将操作手柄从“合闸后”的垂直位置逆时针旋转 90°至“预备跳闸”位置，再继续旋转 45°至“跳闸”位置，此时 4 型触点盒中的触点 6—7 接通，发出跳闸脉冲。断路器跳闸后，松开手柄使其自动复归至“跳闸后”的水平位置。这样,跳、合闸操作分两步进行,可以防止误操作。

在断路器的控制信号电路中,表示触点通断情况的图形符号如图 14-2 中 6 条竖直虚线表示控制开关手柄的 6 个不同的操作位置,即 PC(预备合闸)、C(合闸)、CD(合闸后)、PT(预备跳闸)、T(跳闸)、TD(跳闸后),水平线即端子引线,水平线下方位于竖直虚线上的粗黑点表示该对触点在此位置是闭合的。

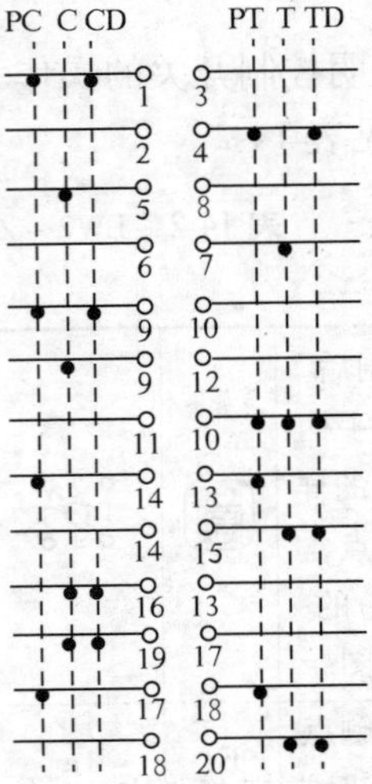

图 14-2　LW2 - Z - 1a、LW2 - Z - 4、LW2 - Z - 6a、LW2 - Z - 40、LW2 - Z - 20 型控制开关触点通断图形符号

14.2.3　LW2 - W - 2/F6 型控制开关

此控制开关为自复式,具有一个垂直位置和两个操作位置(顺时针或逆时针旋转 45°),其触点图表如表 14-3 所示。在进行合闸操作时,将控制开关操作手柄顺时针旋转 45°至“合闸”位置,控制开关的 2 型触点盒 2—4 触点接通,发出合闸信号,使断路器合闸。断路器合闸后,松开控制开关操作手柄,控制开关操作手柄自动复位至垂直位置。在进行跳闸操作时,将控制开关操作手柄逆时针旋转 45°至“跳闸”位置,控制开关的 2 型触点盒 1—3 触点接通,发出跳闸信号,使断路器跳闸。断路器跳闸后,松开控制开关操作手柄,控制开关操作手柄自动复位至垂直位置。

表 14-3　LW2 - W - 2/F6 型控制开关的触点图表

在中间位置手柄(正视)和触点盒(背视)位置		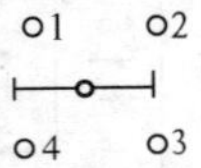	
手柄和触点盒型式	F6	2	
触点号 / 位置	—	1—3	2—4
中间		—	—
合闸		—	•
跳闸		•	—

此种控制开关结构简单、操作简便,控制回路接线大大简化,在小型发电厂、变电所的断路器控制回路中得到广泛应用。

14.3　常用断路器控制回路

14.3.1　手动操动机构断路器的控制回路和信号系统

采用手动操作的断路器的控制回路和信号回路原理,如图 14-3 所示。

合闸时，推上操作手柄使断路器合闸。这时断路器的辅助触点 QF3—4 闭合，红灯 HR 亮，指示断路器已经合闸通电。由于有红灯 HR 的电阻及限流电阻 R_2，跳闸线圈 YT 虽有电流通过，但电流很小，不会跳闸。红灯 HR 亮，还表示跳闸回路及控制回路电源的熔断器 FU1 和 FU2 是完好的，即红灯 HR 同时起着监视跳闸回路完好性的作用。

分闸时，扳下操作手柄使断路器分闸。这时断路器的辅助触点 QF3—4 断开，切断跳闸回路，同时辅助触点 QF1—2 闭合，绿灯 HG 亮，指示断路器已经分闸断电。绿灯 HG 亮，还表示控制回路电源的熔断器 FU1 和 FU2 是完好的，即绿灯 HG 起着监视控制回路完好性的作用。

在正常操作断路器分、合闸时，由于操动机构辅助触点 QM 与断路器辅助触点 QF5—6 是同时切换的，所以事故信号回路（信号小母线 WS 所供的回路）总是断路的，不会错误地发出灯光、音响信号。

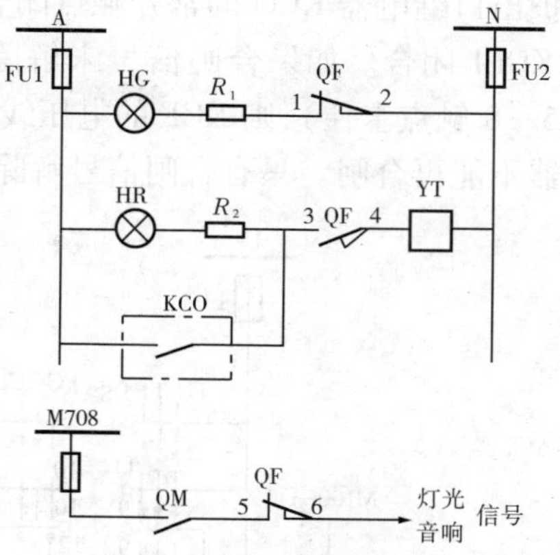

A、N—交流控制小母线；M708—信号小母线；HG—绿色指示灯；HR—红色指示灯；R_1、R_2—限流电阻；YT—跳闸线圈（脱扣器）；KCO—出口继电器触点；QF1、QF6—断路器 QF 的辅助触点；QM—手动操动机构的辅助触点

图 14-3 手动操作的断路器控制和信号回路

当一次电路发生短路故障时，继电保护装置动作，其出口继电器触点 KCO 闭合，接通跳闸回路（QF3—4 原已闭合），使断路器跳闸。随后 QF3—4 断开，红灯 HR 灭，并切断 YT 的电源；同时 QF1—2 闭合，绿灯 HG 亮。这时操动机构的操作手柄虽然在合闸位置，但其黄色指示牌下掉，表示断路器自动跳闸。在信号回路中，由于操作手柄仍在合闸位置，其辅助触点 QM 闭合，而断路器已事故跳闸，QF5—6 返回闭合，因此事故信号接通，发出灯光和音响信号。当值班员得知事故跳闸信号后，可将断路器操作手柄扳下至分闸位置，这时黄色指示牌随之返回，事故灯光、音响信号也随之解除。

控制回路中分别与指示灯 HG 和 HR 串联的电阻 R_1 和 R_2，除具有限流作用外，还有防止指示灯座短路时造成控制回路短路，避免断路误跳闸或误合闸的作用。

14.3.2 断路器的电气“防跳”接线图

所谓“跳跃”，是指断路器在手动或自动装置动作合闸后，如果操作控制开关未复归或控制开关触点、自动装置触点卡住，断路器将发生再合闸。因为线路上的故障未消除，继电保护装置又动作于跳闸，从而出现多次“跳—合”现象。这种现象称为断路器的“跳跃”。

断路器如果发生多次“跳跃”，将造成断路器的开断能力下降，甚至引起爆炸事故。所谓“防跳”，就是利用操动机构本身机械闭锁或另在操作回路上采取措施防止这种“跳跃”现象的发生，所以防止“跳跃”的目的是保护断路器。

断路器的“串联防跳”接线之一，如图 14-4 所示。图中 KCF 为专设的“防跳”继电器。如果控制开关位于“合闸后”的位置，SA5—8 触点接通，使断路器合闸后，如果保护动作，保护出口继电器 KCO 的常开触点闭合,使断路器跳闸,此时 KCF 的电流线圈带电,其触点 KCF1 闭合。如果合闸信号未解除(例如控制开关未复归,其触点 SA5—8 仍接通或 SA5—8 触点卡住),则 KCF 的电压线圈自保持,其触点 KCF2 断开合闸接触器回路,使断路器不能再合闸。只有合闸信号解除,KCF 的电压线圈断电后接线才恢复原来状态。

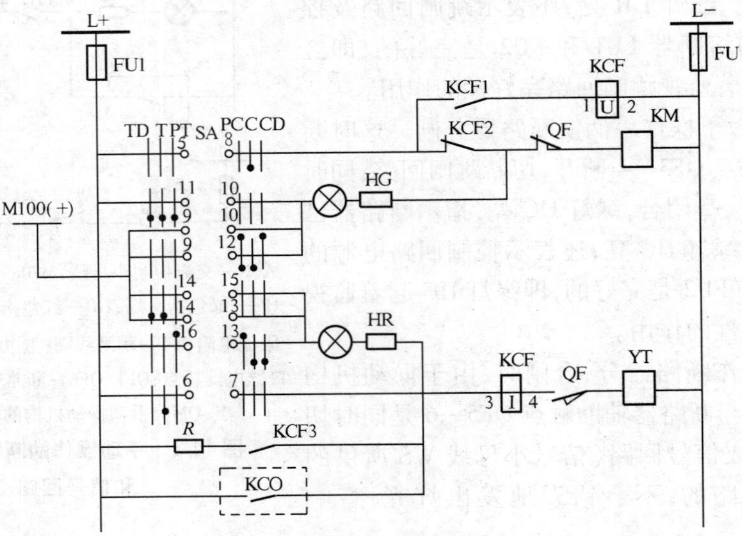

图 14-4　断路器的“串联防跳”接线之一

触点 KCF3 的作用是:防止断路器辅助触点 QF 断开较慢,防止出口继电器 KCO 复归,其触点便会先切断跳闸回路电流,从而使 KCO 触点烧坏。即 L+→FU1→R→KCF3→KCF_{3-4}电流线圈→QF→YT→L-,并接 KCF3 后就可以避免这个问题。图中 KCF 型号为 DZB-115 型中间继电器,控制开关的型号为 LW2-Z-1a、4、6a、40、20、20/F8 型,R 为 1 Ω,25 W 电阻。

发电厂二次典型设计中推荐的“串联防跳”接线之二,如图 14-5 所示。防跳继电器 KCF 的第三对触点带有电流自保持线圈,可代替“防跳”继电器触点串电阻的接线(电阻为 1 Ω,25 W),其优点是不需要外加电阻,可解决 1 Ω 非标准电阻的制作问题。KCF 为 DZB-15B 型中间继电器。

对于 3~10 kV 电压等级的断路器,如果采用室内开关柜,没装自动重合闸,由于开关柜具有机械防跳装置,为了简化接线,此时断路器可不设电气“防跳”装置。

14.3.3　电磁操作灯光监视的断路器控制、信号回路

14.3.3.1　电磁操作灯光监视的断路器控制、信号电路之一

图 14-6 示出了电磁操作灯光监视的断路器控制、信号电路图(一)。控制电压为-220 V或-110 V,该电路图广泛应用于采用镉镍电池或铅酸蓄电池的发电厂和变电所。

控制、信号回路动作过程如下。

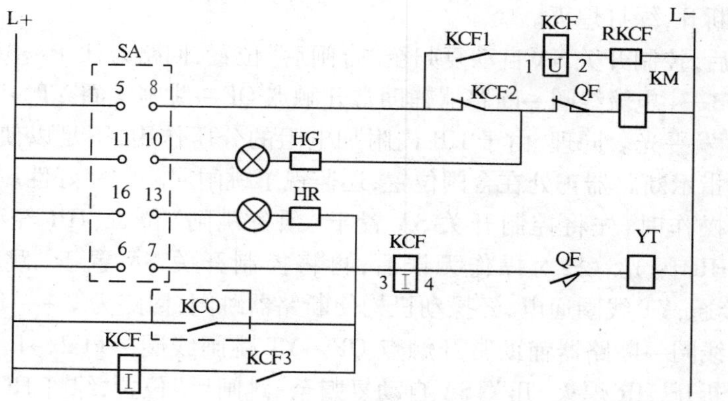

图 14-5　断路器的“串联防跳”接线之二

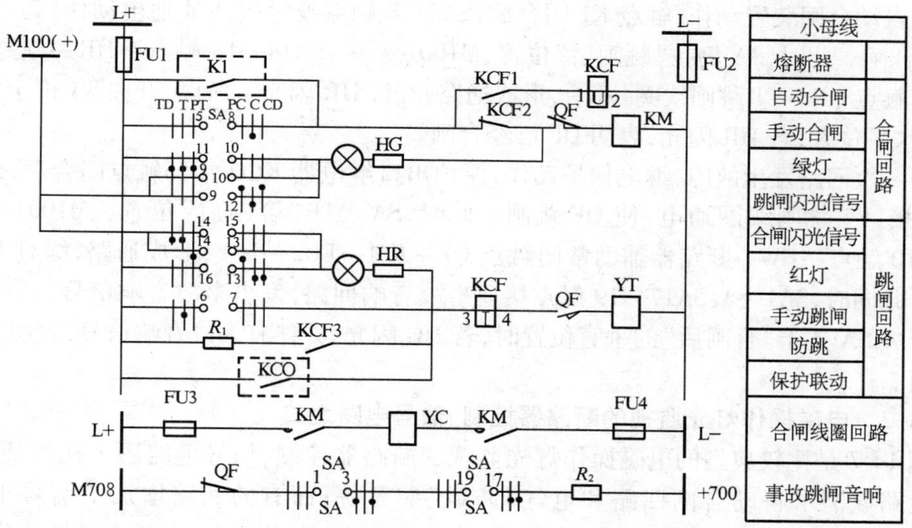

SA—LW2－Z－1a、4、6a、40、20、20/F8 型控制开关；HR、HG—红、绿灯；FU1～FU4—熔断器；R_1、R_2—电阻；KCF—DZB－115 型防跳继电器；KM—合闸接触器；YC、YT—合、跳闸线圈

图 14-6　电磁操作灯光监视的断路器控制、信号电路图(一)

1. 断路器手动控制

手动合闸前，断路器处于“跳闸”位置，控制开关 SA 置于“跳闸后”位置。回路为：L＋→FU1→SA11－10→绿灯 HG→断路器辅助常闭触点 QF→接触器 KM→L－，形成通路，绿灯 HG 发平光。此时 KM 线圈两端虽有一定电压，但由于 HG 内附加电阻的分压作用，不足以使 KM 动作。绿灯 HG 亮，它不仅指示断路器正处在跳闸位置，还监视了合闸回路的完好性。

在合闸回路完好的情况下，将 SA 置于“预备合闸”位置，HG 经 SA9—10 触点接至闪光母线 M100(＋)上，HG 闪光，此时可提醒运行操作人员核对操作对象是否有误，核对无误后，将 SA 置于“合闸”位置，控制开关 SA5—8 触点接通，回路为 L＋→FU1→SA5—8→KCF2 常闭触点→断路器辅助常闭触点 QF→KM 线圈→FU2→L－。KM 线圈通电，其常开触点闭合，接通合闸线圈回路，使合闸线圈 YC 带电，由操动机构使断路器 QF 合闸，QF

辅助常闭触点断开,绿灯熄灭。

合闸完毕后,控制开关 SA 自动复归至“合闸后”位置,回路为:L + →SA16—13 触点→红灯 HR→KCF3—4 电流线圈→断路器辅助常开触点 QF→跳闸线圈 YT→FU2→L -,形成回路,红灯 HR 发平光。同理,由于 HR 内附加电阻的分压作用,不足以使 YT 动作,红灯 HR 亮,它不仅指示断路器正处在合闸位置,还监视了跳闸回路的完好性。

手动跳闸操作时,先将控制开关 SA 置于“预备跳闸”位置,HR 经 SA13—14 接至 M100(+)上,HR 闪光。核对操作无误后,再将控制开关 SA 置于“跳闸”位置,开关 SA6—7 触点接通,YT 线圈通电,经操动机构使断路器跳闸,回路为 L + →FU1→SA6—7→KCF3—4 电流线圈→断路器辅助常开触点 QF→YT 跳闸线圈→FU2→L -。跳闸后,QF 辅助常开触点断开,HR 熄灭,开关 SA 自动复归至“跳闸后”位置,绿灯 HG 发平光。

2. 断路器自动控制

当自动合闸装置动作,触点 K1 闭合后,SA5—8 触点被短接,KM 通电动作,起动 YC,使 QF 合闸。此时,SA 仍在“跳闸后”位置,M100(+)→SA14—13 触点→HR→断路器辅助常开触点 QF→YT 跳闸线圈→L -,形成通路,红灯 HR 闪光。所以,开关 SA 位于“跳闸后”的水平位置,若 HR 闪光,表明 QF 已经合闸。

当一次回路发生故障,继电保护动作,保护出口继电器 KCO 常开触点闭合后,SA6—7 被短接,YT 跳闸线圈通电,使 QF 跳闸。此时,SA 位于“合闸后”位置。M100(+)→SA9—10 触点→HG→断路器辅助常闭触点 QF→KM→FU2→L -,形成通路,绿灯 HG 闪光。与此同时,SA1—3、SA17—19 触点接通事故音响回路,发出事故音响信号。所以,当控制开关 SA 置于“合闸后”的垂直位置时,若 HG 闪光,并伴有事故音响信号,表明 QF 已经跳闸。

14.3.3.2　电磁操作灯光监视的断路器控制、信号电路之二

图 14-7 是比较典型的电磁操作灯光监视的断路器控制、信号电路图。在此基础上,有些电路取消了自动合闸回路和电气“防跳”装置等;而有的回路增加了信号小母线 +700,将信号灯和合闸位置继电器的正电源接至 +700 小母线上,以防止储能电容器向指示灯回路及合闸监视回路放电,如图 14-7 所示。

14.3.3.3　电磁操作灯光监视的断路器控制、信号电路之三

图 14-8 示出了电磁操作灯光监视的断路器控制、信号电路图(三)。与图 14-7 相似,该图也是针对直流电源为硅整流带电容储能的变电所中的 3 ~ 10 kV 断路器而设计的,控制电压为 -220 V 或 -110 V,图中将信号灯的正电源接至 M726(+)小母线上。与跳闸线圈 YT 串接的红灯 HR 回路中串接有二极管 V1,其作用是:防止储能电容器向指示灯回路放电,替代图 14-7 中的位置继电器 KCC。因为在正电源与负电源之间并有电容器,若直流电源电压降低或消失时,由电容储能装置放电,使保护装置可靠跳闸。若保护出口继电器动作,则 L + →FU1→KCO 常开触点→KCF3—4 电流线圈→断路器辅助常开触点 QF→跳闸线圈 YT→FU2→L -,形成回路,使 YT 带电,QF 跳闸。若没有 V1,则正电源经 KCO 触点→HR→SA13—16→M726(+),此时 SA 位于“合闸”位置,SA13—16 通,电容器向 M726(+)上的信号回路放电,这样必然会影响断路器可靠跳闸。有了 V1 可保证电容器只向跳闸回路放电。操作过程与图 14-4 操作过程相似。

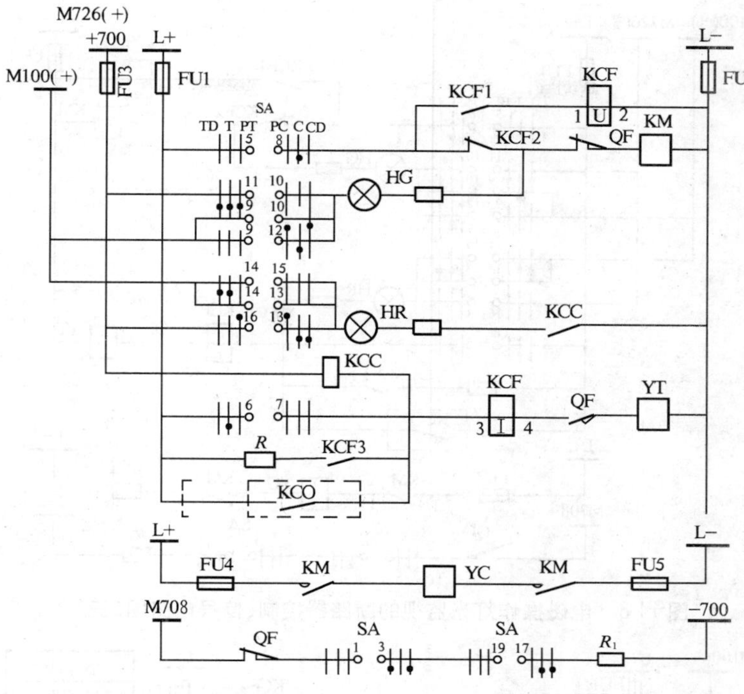

图 14-7　电磁操作灯光监视的断路器控制、信号电路图(二)

14.3.4　采用弹簧操动机构的断路器控制和信号回路

弹簧操动机构是利用预先储能的合闸弹簧释放能量,使断路器合闸。合闸弹簧由交直流两用电动机拖动储能,也可手动储能。近年来,以其能量消耗低、无渗漏、环境适应性强等特点,得到了广泛应用,尤其在 126 kV 及以下电压等级的高压断路器中应用较多,252 kV 开关中的使用量也在不断增加,550 kV 开关也早有应用。

采用 CT7 型弹簧操动机构的断路器控制和信号回路原理图时,其控制开关采用 LW2 或 LW5 型万能转换开关。

14.3.4.1　弹簧操作灯光监视的断路器控制、信号电路

弹簧操作灯光监视的断路器控制、信号电路图,如图 14-9 所示。该图控制电压为 ±220 V或 ±110 V。该电路图适应于直流电源为镉镍电池或免维护铅酸蓄电池直流屏的发电厂和变电所中的断路器控制、信号系统。

该电路图的工作原理与电磁操作的断路器相比,有以下特点:

(1)当断路器无自动重合闸装置时,在其合闸回路中串有操动机构的辅助常开触点 Q1。只有在弹簧拉紧到位,Q1 闭合后,才允许合闸。

(2)当弹簧未拉紧时,操动系统的两对辅助常闭触点 Q2 闭合,起动储能电机 M,使合闸弹簧拉紧。弹簧拉紧后,两对常闭触点 Q2 断开,合闸回路中的辅助常开触点 Q1 闭合,电动机 M 停止转动。此时,进行手动合闸操作,合闸线圈 YC 带电,使断路器 QF 利用弹簧存储的能量进行合闸。合闸弹簧在释放能量后,又自动储能,为下一次动作做准备。

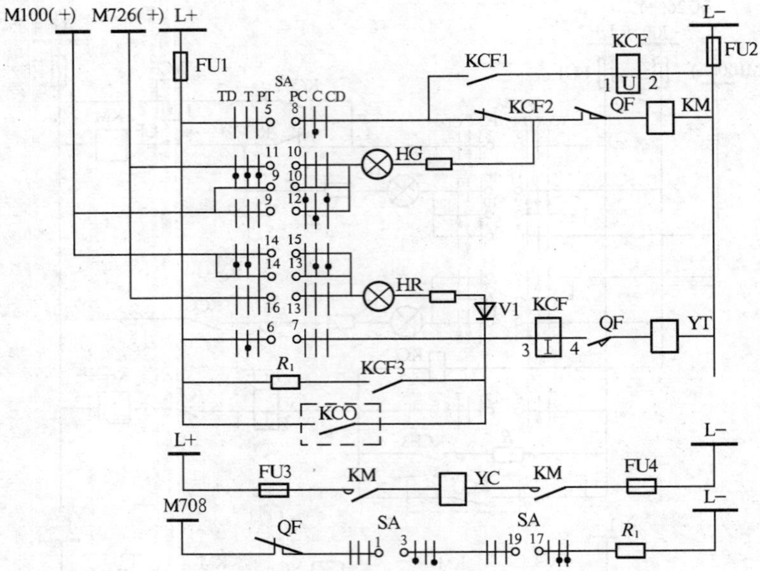

图 14-8　电磁操作灯光监视的断路器控制、信号电路图(三)

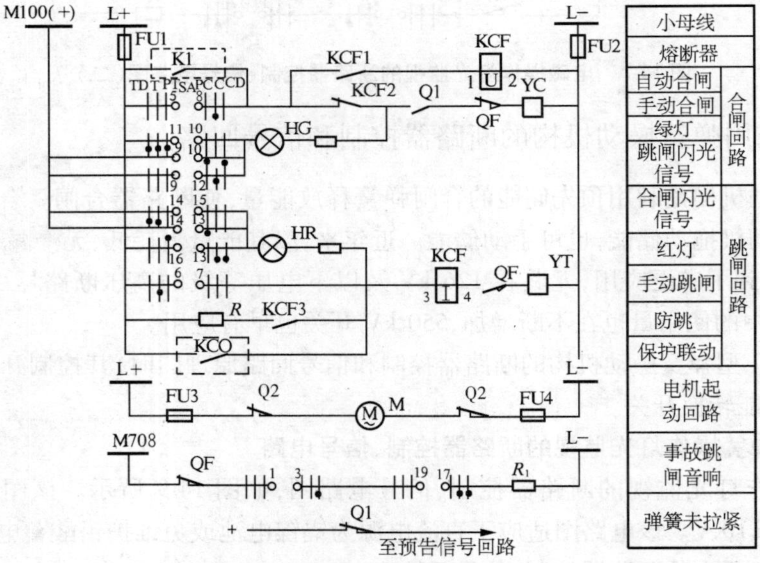

图 14-9　弹簧操作灯光监视的断路器控制、信号电路图

(3)当断路器装有自动重合闸装置时,由于合闸弹簧正常运行处于储能状态,所以能可靠地完成一次重合闸动作。如果重合不成功又跳闸,将不能进行第二次重合,但为了保证可靠"防跳",电路中仍有防跳措施。

(4)当弹簧未拉紧时,操动机构的辅助常闭触点 Q1 闭合,发"弹簧未拉紧"信号。

14.3.4.2　弹簧操作灯光监视的断路器交流控制、信号电路

弹簧操作灯光监视的断路器交流控制、信号电路图,如图 14-10 所示。操作电源

为~380 V,没有电气“防跳”装置,控制开关 SA 的接线作了简化,没有闪光电源,红灯 HR、绿灯 HG 不会闪光,只能反映断路器的合闸、跳闸两种状况。当 SA 的操作位置与断路器的实际位置不对应时,HR、HG 没有指示。因此,该电路适用于没有直流电源的小型水电站、6~10 kV 配电所中的断路器控制及信号系统。该电路接线简单,不需要直流电源,节省投资。图中 Q 接通时为电机储能,切断时为手动储能,HW 为储能指示灯,HW 亮表明储能结束。

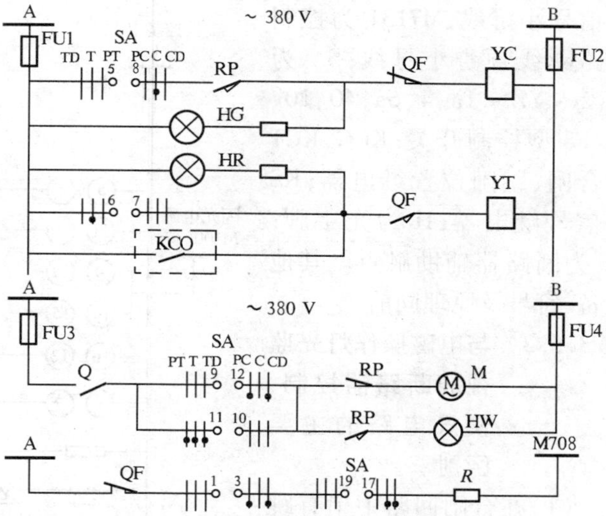

图 14-10　弹簧操作灯光监视的断路器交流控制、信号电路图

14.3.5　液压操动机构的断路器控制回路

液压操动机构的特点是利用液压储能操作断路器分、合闸,并靠液压储能使断路器保持在合闸状态。当液压低于规定值时,起动油泵电动机蓄能;液压高于规定值时,油泵电动机停止。图 14-11 为具有液压操动机构的断路器控制回路。合闸线圈 YC 直接串接于 SA 的触点 5—8 回路,这是因为它们合闸时取用的电流不大。该图的特点是在合闸回路中加了一对触点 S4(S1~S5 为液压操动机构所带微动开关的触点)作为液压闭锁用,当油压低于 13.2 MPa 时,S4 断开,不允许断路器合闸。当油压低于 12.6 MPa 时,触点 S5 闭合,起动 KM2,其常开触点闭合,使断路器跳闸,这是因操动机构出了故障引起油压降低而导致的跳闸。

当油压低于 10 MPa 时,压力表的触点 S6 闭合,起动 KM3,其常开触点接通,发出油压异常信号;当油压高于 20 MPa 时,压力表的触点 S7 闭合,也发出油压异常信号;当油压低于 14.4 MPa 时,触点 S3 闭合,发出油压降低信号。

油泵电动机 MD 由合闸电源供电。当油压低于 15.8 MPa 时,触点 S1、S2 闭合。触点 S2 闭合后使接触器 KM 的线圈励磁,KM 动作,其主触点闭合使油泵电动机起动。其常开辅助触点闭合,使 S1 触点回路也向接触器 KM 的线圈供电。当油压上升到 15.8 MPa 时,触点 S2 断开,但由于触点 S1 仍闭合,因此油泵电动机继续运行,当油压上升到 17.5 MPa 时,触点 S1 断开,接触器失磁而跳开,使油泵电动机停止运行。

14.3.6　音响监视的断路器控制、信号回路

14.3.6.1　音响监视的断路器控制、信号电路图

音响监视的断路器控制、信号回路电路图,如图 14-12 所示。图中操动机构为电磁机构,+700、-700 为信号小母线;L+、L- 为控制小母线及合闸小母线;M709、M710 为预

告信号小母线；M7131 为控制回路断线预告小母线；SA 为 LW2 - YZ - 1a、4、6a、40、20、20/F8 型控制开关；KCC、KCT 为合闸、跳闸位置继电器；KS 为信号继电器；H 为光字牌；QF 为断路器辅助触点。其他设备、符号及原理同前。

14.3.6.2 与电磁操作灯光监视的断路器控制、信号电路的主要区别

(1)在合闸回路中串有跳闸位置继电器 KCT，在跳闸回路中串有合闸位置继电器 KCC。正常时只有一个位置继电器接通，即当断路器在合闸位置时，合闸位置继电器 KCC 通电，当断路器在跳闸位置时，跳闸位置继电器 KCT 通电。当下一步操作的控制回路发生断线或熔断器 FU1、FU2 熔断时，跳闸位置继电器 KCT 和合闸位置继电器 KCC 的线圈都将同时断电，两个相串联的常闭触点 KCT、KCC 接通音响信号回路，起动信号继电器 KS，KS 常开触点闭合接通光字牌 H 显示“电源消失”，同时发出音响信号。

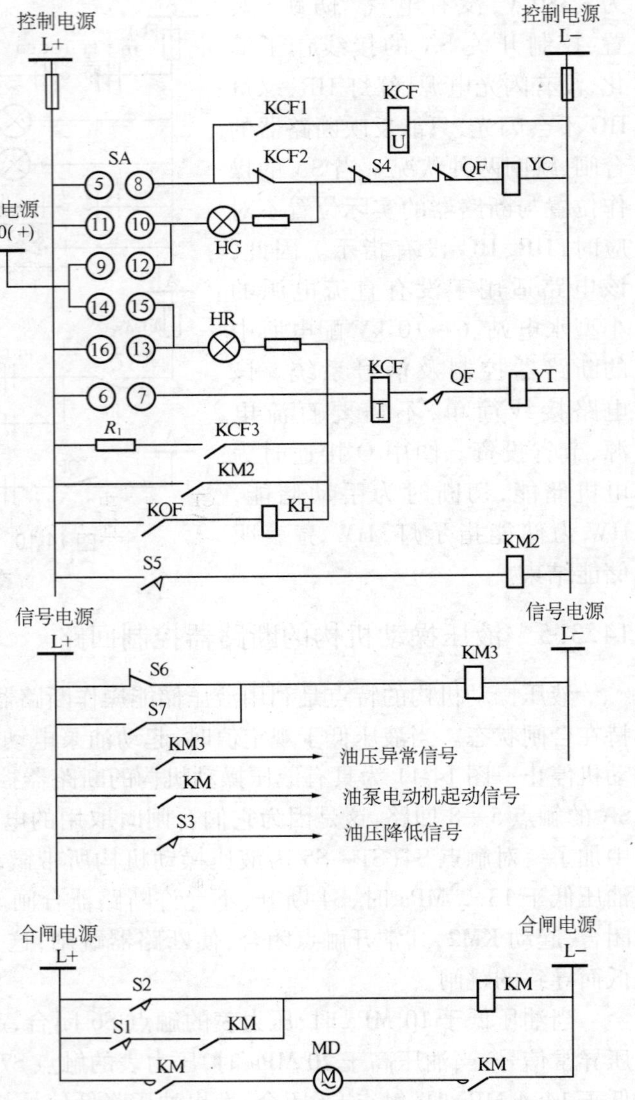

图 14-11 液压操动机构的断路器控制回路

(2)断路器的位置指示灯回路与控制回路是分开的，而且只用了一个信号灯，灯泡装在控制开关的手柄内。此种控制开关的型号为 LW2 - YZ - 1a、4、6a、40、20、20/F8，其第一节触点盒是专为信号灯而装设，以保证不论开关手柄的位置如何，信号灯始终是与外面的电路连通的。信号灯回路的切换也是利用不对应原理。为了节省控制电缆，减少占用芯数，利用跳、合闸位置继电器 KCT、KCC 的常开触点代替了断路器的辅助触点 QF。因为指示灯只有一个，所以将 KCT、KCC 的触点移到了指示灯的前面。电阻 R_1 是指示灯本身附带的。在工作状态下，断路器在合闸位置，控制开关在“合闸后”位置，SA 的 17—20 触点是接通的，合闸位置继电器 KCC 的常开触点和信号用的 SA 的 2—4 触点也是接通

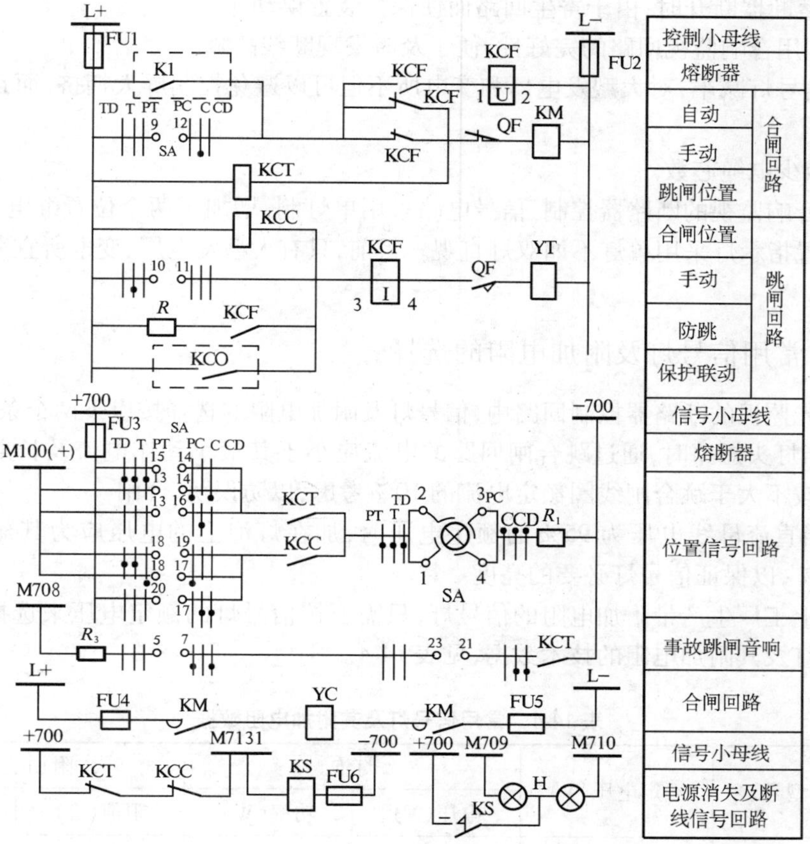

图 14-12 音响监视的断路器控制、信号电路

的,回路为:+700→FU3→SA17—20→KCC 常开触点→SA2—4→R_1→-700,因此灯是亮的,发平光。当发生事故后继电保护装置动作使断路器跳闸时,KCC 的常开触点打开,KCT 的常开触点闭合,指示灯通过 KCT 的常开触点和 SA 的触点 13—14 接至闪光电源小母线 M100(+),回路为:M100(+)→SA13—14→KCT 常开触点→SA2—4→R_1→-700,信号灯发出闪光。当值班人员知道该断路器已事故跳闸,将控制开关转到“跳闸后”位置,与断路器的位置相对应时,信号灯通过 SA 的触点 1—3、KCT 的常开触点和 SA 的触点 15—14 接至信号电源小母线 +700,回路为:+700→FU3→SA15—14→KCT 常开触点→SA1—3→R_1→-700,信号灯又恢复平光。因此,根据信号灯的闪光与否,只能分辨是自动操作还是手动操作。至于断路器的实际位置还要根据信号灯发出平光时把手的位置来判断。

(3)信号灯是经常亮着的,若灯光熄灭,则说明熔断器熔断、控制回路断线或灯泡烧毁。因此,当有“控制回路断线”音响信号时,值班人员可根据控制开关上信号灯熄灭与否寻找是哪一回路发生了断线。

14.3.6.3 音响监视的断路器控制、信号电路的优点

(1)由于跳闸和合闸位置继电器的存在,使控制回路和信号回路分开,这样可以防止

当回路或熔断器断开时，由于寄生回路而使保护装置误动作。

(2) 利用音响监视回路的完好性，便于及时发现断线故障。

(3) 信号灯减半，对大型发电厂和变电所不但可以避免控制屏太拥挤，而且可以防止误操作。

(4) 减少电缆芯数。

由于音响监视的断路器控制、信号电路采用单灯制，增加了两个位置继电器（KCT 和 KCC），位置指示灯采用单灯不如双灯直观。目前，只有大型发电厂、变电所宜采用音响监视方式。

14.3.7 常用信号灯及附加电阻的选择

在灯光监视的断路器控制回路中，信号灯及附加电阻的选择按以下两个条件进行。

(1) 当灯头短路时，通过跳合闸回路的电流应小于其最小动作电流及长期热稳定电流。一般按不大于跳合闸线圈额定电流的 10% 考虑，以防误跳、合闸。

(2) 当直流母线电压为 95% 的额定电压时，加在灯泡上的电压应为其额定电压的 60% ~70%，以保证信号灯必要的亮度。

实际上工厂生产带附加电阻的信号灯，只需要按信号灯的额定电压来选择即可。常用的信号灯及其附加电阻的技术数据，见表 14-4。

表 14-4 常用信号灯及其附加电阻数据

信号灯型号	额定电压(V)	灯泡		附加电阻	
		电压(V)	功率(W)	阻值(Ω)	功率(W)
XD2 - 380	380	115	8	5 000	30
XD2 - 220	220	115	8	2 500	25
XD2 - 110	110	115	8	1 000	25
XD2 - 48	48	24	8	130	25
XD2 - 24	24	24	8	30	25
XD5 - 380	380	24	1.5	6 000	30
XD5 - 220	220	12	1.2	2 200	30
XD5 - 110	110	12	1.2	1 000	30
XD5 - 48	48	12	1.2	400	25
XD5 - 24	24	12	1.2	150	25

习题与思考题

14-1 发电厂、变电所断路器控制方式有哪些？断路器控制回路应满足哪些基本要求？

14-2　常用断路器控制开关有哪些？有何结构特点？断路器操动机构有哪些？

14-3　断路器为什么要采用防跳装置？防跳装置应满足什么要求？跳跃闭锁继电器如何起到防跳作用？

14-4　常用的电磁操作灯光监视的断路器控制、信号电路图有哪几种？其动作过程是怎样的？

14-5　试述弹簧和液压操动机构断路器控制回路的特点。

14-6　断路器的灯光位置信号是利用什么原理实现的？

14-7　音响监视的断路器控制、信号回路与电磁操作灯光监视的断路器控制、信号电路的主要区别是什么？其优点是什么？

第 15 章　信号系统

教学要求

了解发电厂变电所中信号系统的作用、类型及对其基本要求；了解信号系统的构成；掌握由常用几种冲击继电器组成的中央信号系统的接线和工作原理；熟悉新型信号系统的工作原理。

15.1　概　述

15.1.1　信号系统的作用和基本要求

在发电厂和变电所中，除应用各种仪表监视电气设备的运行状况外，还要借助灯光和音响装置反映设备的正常和非正常运行状况。运行人员可以通过信号装置发出的信号进行正确的分析、判断和处理，以保证发电厂和变电所的正常运行。

发电厂、变电所的信号系统应简单可靠。对其基本要求如下：

(1)信号装置的动作要准确可靠。信号装置作为一种信号变换器，它的输入信号是电气设备和电力系统的各种状态，输出是供人感官接收的声光信号。如断路器正常合闸时红灯亮，正常跳闸时绿灯亮，事故跳闸时发出蜂鸣器声并有绿灯闪光和光字牌亮；一次系统发生不正常情况时警铃响，并有光字牌指示等。信号装置的这种变换信息的功能一定要准确可靠，信号既不能误发也不能不发。否则，运行人员就不能准确地判断和操作，甚至有可能造成严重的事故。

(2)声光信号要明显。人接收信息主要靠视觉和听觉，声光信号必须明显、清晰。①不同性质的信号之间要有明显的区别。如事故信号的音响是蜂鸣器声，而预告信号的音响是警铃声。②信号装置的动作与没动作应有明显的区别。在几个动作的信号中，已经动作并被值班人员确认的信号与新动作而未被确认的信号之间应有明显的区别；动作以后又自动消失与没有动作的信号之间应有明显的区别。③信号装置应准确反映发生不正常状态或事故状态的设备，以及故障的性质、内容。

(3)信号装置的反映速度要快。当设备或系统发生事故或出现不正常运行状态时，值班人员必须尽快知道，并尽快作出处理的反应。这就要求信号装置有较高的反应速度，否则有可能延误事故的处理而造成事故扩大。

(4)能对装置进行监视和试验，能进行事故和预告信号及光字牌完好性的试验，以证明其状态完好。

(5)能手动和自动复归音响信号，而保留光字牌信号。

(6)试验发遥信的事故音响信号时，能同时闭锁遥信回路。事故音响装置起动时，应停事故时钟(试验事故音响信号时不应停事故时钟)。

(7)对其他信号装置(如指挥信号、联络信号和全厂故障信号等),其装设的原则应使运行人员能迅速而准确地确定所得到信号的性质和位置。

15.1.2 信号装置的类型

信号装置按其电源可分为强电信号回路(电压一般为110 V或220 V)和弱电信号回路(电压为48 V以下);按其用途可分为位置信号、事故信号、预告信号、指挥信号和联系信号等。

(1)位置信号。位置信号包括断路器位置信号、隔离开关位置信号和有载调压变压器调压分接头位置信号。为了便于识别,不同的位置信号要采用不同的形式。如断路器用红、绿灯来作为合闸和跳闸的位置指示。

(2)事故信号。事故信号主要由音响(蜂鸣器又称电笛)、光字牌和掉牌(或信号指示灯)等信号组成。事故信号主要用于设备发生的严重不正常情况。当发生事故时,蜂鸣器发出音响,以引起运行人员的注意,同时光字牌亮并伴有断路器位置指示灯闪光,指明事故对象和性质,以便及时进行分析处理。上述情况常表现为一次回路发生短路、动力机械部分发生故障或设备运行参数超过危险值等而造成断路器跳闸或停机。例如,发电机过电压、定子线圈短路,线路短路过电流保护动作,主变差动、重瓦斯,机组轴承温度过高、机组过速、调速器油压过低等属于事故信号。

(3)预告信号。预告信号只要由音响(警铃)、光字牌和掉牌(或信号指示灯)等信号组成。当一次设备出现异常时,起动警铃发出音响并有光字牌指示,帮助运行人员发现故障和隐患,以便及时处理。一般来说,这种异常运行情况并不会立即造成设备损坏、危及人身安全,因此还可以继续运行一段时间,但应使运行人员及时了解情况并采取措施加以消除。这种不正常情况常表现为设备运行参数超出正常范围或二次回路发生故障等。例如,发电机和变压器的过负荷、机组轴承温度升高、变压器轻瓦斯动作以及交直流系统绝缘下降等。

(4)指挥信号和联络信号。指挥信号是用于主控制室向各车间发出操作命令的。如主控制室向机炉控制室发“注意”、“增负荷”、“减负荷”、“发电机已合闸”等命令。联系信号是用于各控制室之间的联系的。对指挥和联络信号应根据需要装设,其装设原则是:应使运行人员能迅速、准确得到信号的性质和地点。

通常,将事故信号、预告信号回路和其他一些公用信号回路集中在一起组成一套装置,称为中央信号装置。

15.2 信号回路的构成

信号回路由信号起动回路、光字信号回路和音响信号回路三个部分构成。其中音响信号回路为全站共用,故又叫中央信号回路;而信号起动回路、光字信号回路则分别分散在各单元的保护回路和信号回路中。

15.2.1 信号起动回路

信号起动回路分散在各项保护回路中,它是保护回路的组成部分,但又构成全信号回路的第一层次。该回路又可分为有信号继电器和无信号继电器的信号起动回路两种。

15.2.1.1 有信号继电器的信号起动回路

接有信号继电器线圈的分项保护回路是一种典型的信号起动回路,因信号继电器有电流型和电压型之分,其起动回路也有串联和并联两种接入方法。

(1)串联接入法。该法常用于各种事故保护项目。在图 15-1 中,信号继电器 KS1 的线圈串联接入变压器电流速断保护回路中,通过 KS1 线圈的电流也就是通过保护出口继电器 KCO 和分流电阻 *R* 的电流之和。

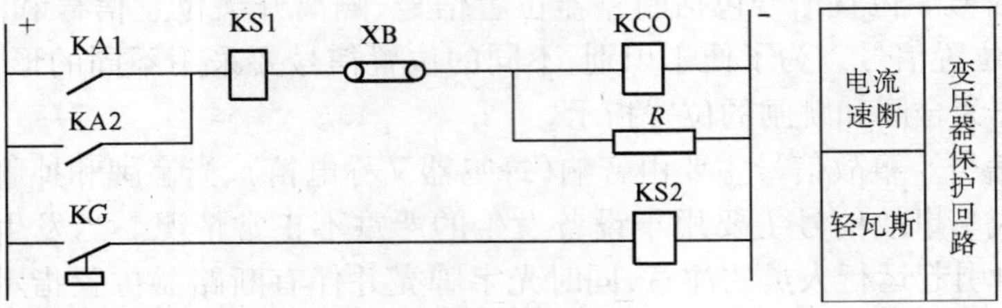

图 15-1 保护回路中信号继电器的接入方法

(2)并联接入法。并联接入法常用于各种预告信号起动回路中。如图 15-1 所示,信号继电器 KS2 为电压型。它在变压器轻瓦斯保护动作时也同时起动并自保持,发出轻瓦斯动作信号。图中 KG 为气体(瓦斯)继电器。

15.2.1.2 无信号继电器的信号起动回路

在某些预告信号回路中,无需保留信号,可将各保护回路的信号源直接引入光字回路而省去信号继电器。此时的信号起动回路即为各信号源的保护回路。

15.2.2 光字信号回路

在图 15-2 中,光字信号回路左端接至正极信号小母线 +WS,右端接至事故音响小母线 WTS(或预告信号小母线 WPS)。这种接法称做正极性接法;若光字信号回路左端接至 WTS(或 WPS),右端接至负极信号小母线 -WS,则称做负极性接法。发电厂一般都采用正极性接法。图中实线部分为 1 号发电机单元的部分光字信号回路,相应的纵平行虚线表示其他单元光字信号回路的电源线。

在发电厂和变电所中,通常采用双事故(预告)小母线。它具有比单事故(预告)小母线更可靠、方便检查光字牌的优点。下面分析双事故(预告)小母线工作原理。

图 15-3(a)为事故起动回路。当系统发生事故,保护动作,在起动断路器跳闸的同时,串在跳闸回路中的信号继电器 KS1 动作,其常开接点闭合。+WS 通过 KS1→光字牌 HL1(两只灯泡并联)→1WTS、2WTS→S→KM→ -WS。光字牌亮且冲击继电器 KM 得到一个冲击电流而动作,发出音响信号。此时光字牌中两只灯泡是并联的,其优点是即使有一只灯泡损坏不亮另一只灯泡照样能发光,这样就保证了事故信号的可靠发出。

图 15-3(b)为光字牌检查回路。为了检查光字牌灯泡的完好性,可将试灯按钮 S 按下,其两对常闭触点切断起动回路,而其两对常开触点接通,±WS 电源加在所有光字牌两端,此时每个光字牌中的两只灯泡均为串联。试灯时两只灯泡串联的优点是每个光字牌中即使有一只灯泡损坏,该光字牌就不亮,这样很容易检查出灯泡的完好性。

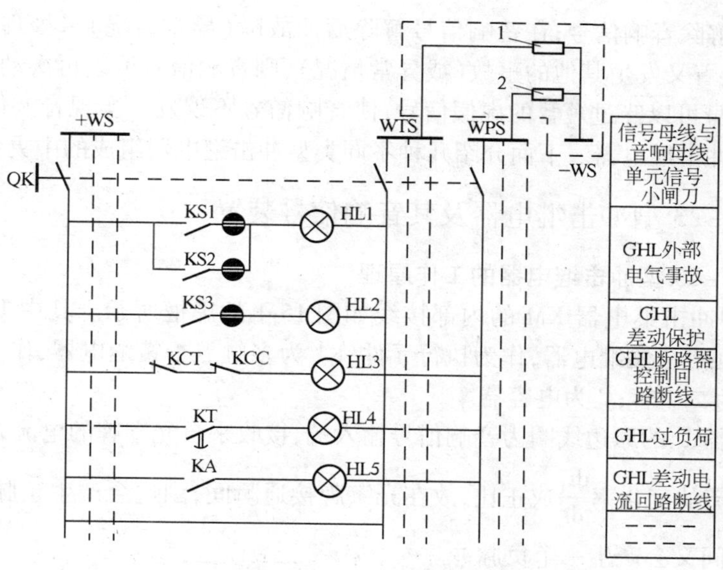

1、2—音响信号的输入端

图 15-2　光字信号回路的一般构成方法

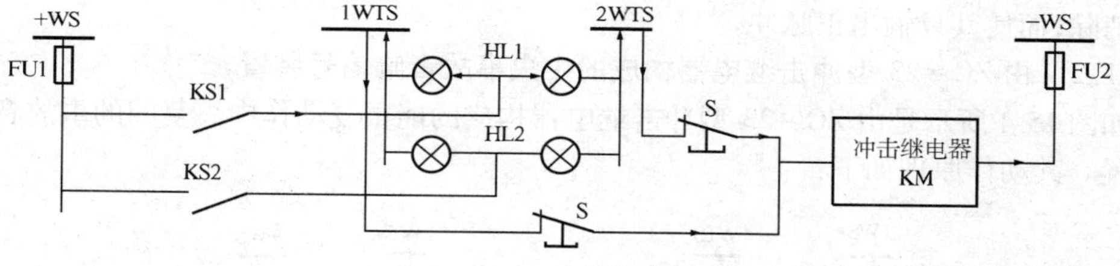

(a) 事故起动回路

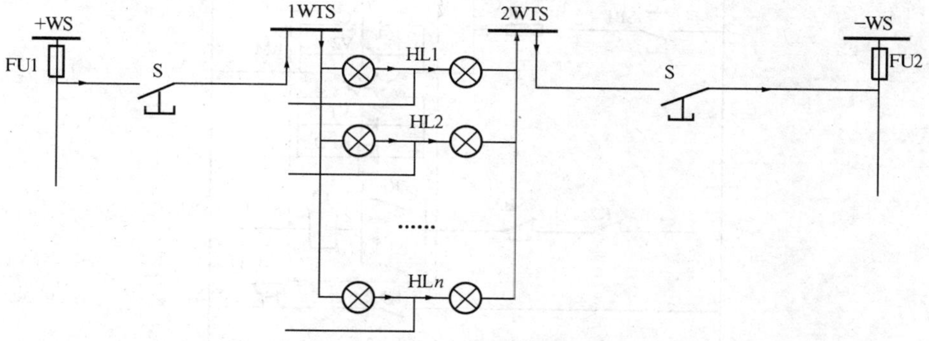

(b) 光字牌检查回路

图 15-3　中央信号的起动回路

15.3　常用信号装置

发电厂、变电所一般采用冲击继电器构成的具有中央复归重复动作的音响信号装置。这种装置在发生事故(或异常情况)时,光字牌亮,并发出事故(预告)音响信号,经过一定时间后能自动解除音响信号；在音响信号解除后而故障（异常情况）未处理完毕，信号源未消失时，若接着又发生其他的事故（或异常情况），则音响信号可以再次动作（即重复动作）；且装置本身可以躲过短暂的虚假信号，使音响信号不误发。实现音响信号重复动作的关键元件是冲击继电器。下面介绍几种不同类型冲击继电器组成的中央信号装置。

15.3.1 ZC－23 型冲击继电器及其音响信号装置

15.3.1.1 ZC－23 型冲击继电器的工作原理

ZC－23 型冲击继电器 KM 的内部接线如图 15-4 的虚框所示。其中 U 为脉冲变流器；KRD 为单触点干簧继电器，作为执行元件；K1 为多触点干簧继电器，作为出口中间继电器；V1、V2 为二极管；C 为电容器。

脉冲变流器 U 的原边线圈为音响信号输入端，接收来自光字牌的电流 i_1；U 副边电流 i_2 只与原边电流的变化率$\frac{di_1}{dt}$成正比，故在光字牌接通瞬间，副边会产生正脉冲电流，而在光字牌熄灭瞬间又会产生一个负脉冲。

由于干簧继电器的动作无方向性，为避免干簧继电器 KRD 在光字牌灯熄灭造成原边电流突然减小时而误动作，故在 U 副边加装二极管 V1 可以将 U 副边所产生的负脉冲短路以消除，而使其只输出正脉冲。

15.3.1.2 由 ZC－23 型冲击继电器构成的中央事故音响信号装置

如图 15-4 所示是由 ZC－23 型冲击继电器构成的能重复动作中央复归的事故音响信号装置。其动作原理如下：

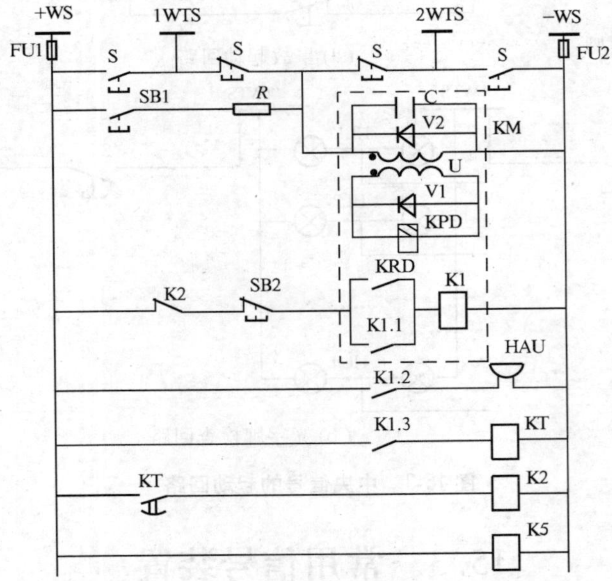

图 15-4 ZC－23 型冲击继电器构成的中央音响信号装置

（1）故障信号的起动。在发生故障使断路器跳闸时，信号起动回路也同时接通，假设是信号继电器 KS1 动作，其常开触点闭合，信号小母线正电源通过光字牌 HL1 加到 1WTS

和2WTS,光字牌HL1亮,此时HL1中的两只灯泡为并联,见图15-3(a)。U一次绕组中有电流通过并在U的二次绕组感应出一个正脉冲电流,使V1截止而干簧继电器KRD动作,其舌簧触点闭合,接通了中间继电器K1线圈和音响解除按钮SB2所组成的回路。于是中间继电器K1动作,其触点K1.1与KRD触点并联,以实现自保持(因当脉冲变流器U一次绕组中流过的电流为定值后,二次绕组中的感应脉冲电流消失,KRD触点会返回);触点K1.2接通了音响信号回路,于是蜂鸣器HAU发出音响。

(2)事故信号的复归。中间继电器K1的第三对触点K1.3接通了时间继电器KT线圈回路,KT常开触点延时闭合,使中间继电器K2起动,K2的常闭触点断开K1线圈回路,K1返回,于是音响自动解除,整套音响装置自动复归;若要立即解除音响,只需按下音响信号解除按钮SB2即可。

(3)事故信号的重复动作。如果上述故障未消除,又出现另一故障使断路器再次跳闸,其对应信号继电器KS2动作,其常开触点闭合(见图15-3(a)),接通了光字牌HL2和脉冲变流器U一次绕组,U的一次绕组中则在第一个信号稳定电流的基础上又叠加一个突变的电流,于是二次绕组又感应一个脉冲电流,使干簧继电器KRD动作,电笛HAU重复发声。如此循环,根据ZC-23型冲击继电器的设计数据,这种继电器最多冲击(重复)次数可达20次。

(4)音响信号的试验。为了确保中央事故信号装置经常处于完好状态,在图15-4中装设了试验按钮SB1,按下SB1,冲击继电器KM起动,蜂鸣器发出音响。附加电阻R的阻值等于起动冲击继电器最低动作电流值所需的阻值。若R的阻值过小,则该回路电流太大,会影响冲击继电器的动作次数,甚至减小寿命。

(5)事故信号回路的监视。K5为电源监视继电器。当信号电源消失或熔断器熔断后,K5失压,其常闭触点去接通信号电源监视回路,发出预告信号,详见图15-5。

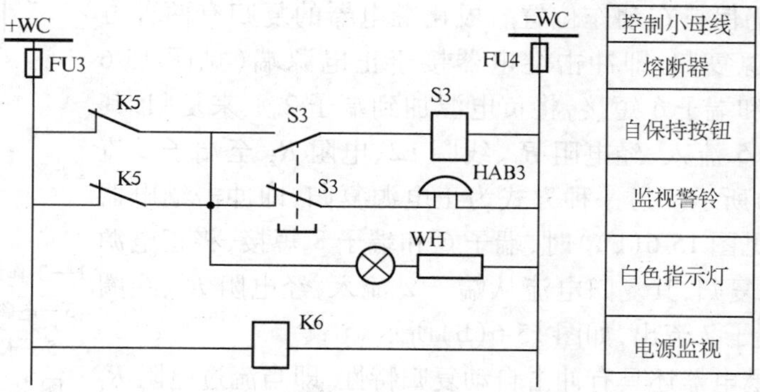

图15-5 信号电源监视回路

(6)光字牌复归。当某故障处理完毕,将信号继电器KS复归,于是光字牌回路失压,U的一次绕组中电流突然减小,其二次绕组感应出一个反方向的脉冲电势,二次电势使二极管V1导通,短接了干簧继电器KRD线圈,避免了KRD的动作。

由于ZC-23型冲击继电器不能实现负脉冲返回,即不具有冲击自动返回的特性,在带延时发信号的预告信号装置中用单个冲击继电器无法躲过短暂的虚假信号。故必须采用两个冲击继电器来实现,在此不作介绍。

15.3.2　JC－2 型冲击继电器及其音响信号装置

15.3.2.1　JC－2 型冲击继电器的工作原理

JC－2 型冲击继电器的内部接线如图 15-6 所示。图 15-6 中，KP 为极化继电器。此继

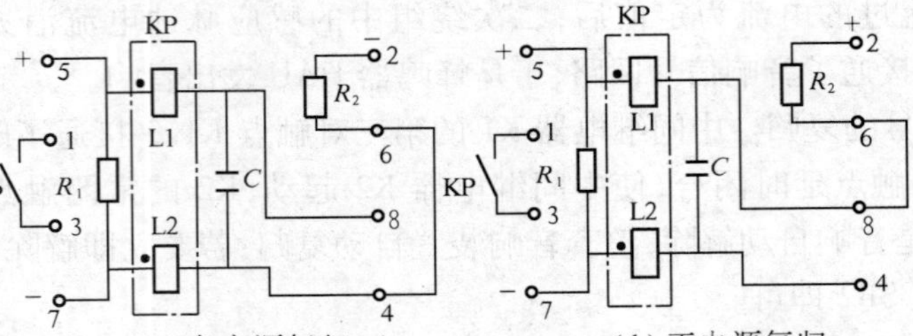

（a）负电源复归　　（b）正电源复归

图 15-6　JC－2 型冲击继电器的内部接线图

（黑点表示正极性端）

电器具有双位置特性，其结构示意图如图 15-7 所示。图 15-7 中，线圈 1 为工作线圈，线圈 2 为返回线圈。若线圈 1 按图示极性通入电流时，根据右手螺旋定则，电磁铁 3 及与其连接的可动衔铁 4 的上端呈 N 极，下端呈 S 极，电磁铁产生的磁通与永久磁铁产生的磁通互相作用，产生力矩，使极化继电器动作，触点 6 闭合。若线圈 1 流过反方向电流或线圈 2 流过图示极性电流，可动衔铁改变极性，触点 6 复归。

JC－2 型冲击继电器是利用电容充、放电起动极化继电器的原理构成的。起动回路动作时，产生的脉冲电流自端子 5 流入，在电阻 R_1 上产生一个电压增量，该电压增量即通过继电器的两个线圈给电容器 C 充电，充电电流使极化继电器动作。当充电电流消失后，极化继电器仍保持在动作位置。极化继电器的复归有两种方式，一种为负电源复归，即冲击继电器接于正电源端（见图 15-6（a））时，端子 4 和端子 6 短接，将负电源加到端子 2 上来复归，其复归电流从端子 5 流入，经电阻 R_1、线圈 L2、电阻 R_2 至端子 2 流出，如图 15-6（a）所示。另一种方式为正电源复归，即冲击继电器接于负电源端（见图 15-6（b））时，端子 6 和端子 8 短接，将正电源加到端子 2 上来复归，其复归电流从端子 2 流入，经电阻 R_2、线圈 L1、电阻 R_1 至端子 7 流出，如图 15-6（b）所示。

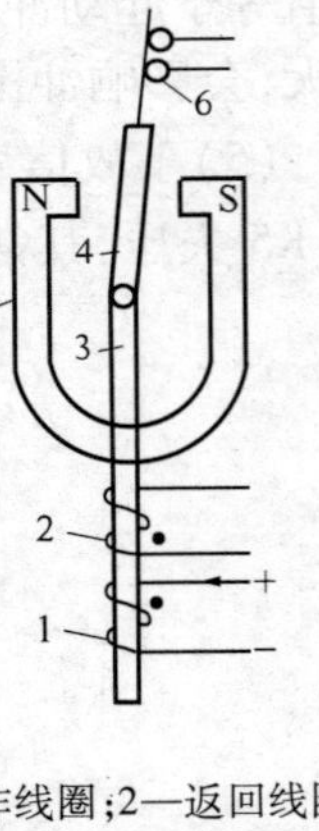

1—工作线圈；2—返回线圈；
3—电磁铁；4—可动衔铁；
5—永久磁铁；6—触点

图 15-7　极化继电器结构示意图

此外，冲击继电器还具有冲击自动复归特性，即当流过电阻 R_1 的冲击电流突然减小或消失时，在电阻 R_1 上的电压有一减量，该电压减量使电容器经极化继电器线圈放电，其放电电流使极化继电器冲击复归。

15.3.2.2　由 JC－2 型冲击继电器构成的中央音响信号装置

图 15-8 为由 JC－2 型冲击继电器构成的事故和预告音响信号装置。该图把事故音响信号装置和预告音响信号装置合在一起，组成发电厂中央音响信号装置。事故信号和预告信号共用一只“定时返回”时间继电器 K2，以使回路简化。与图 15-4 相比，其试灯按

钮 S 改为转换开关 SK1（事故）和 SK2（预告），其他原理基本相同。

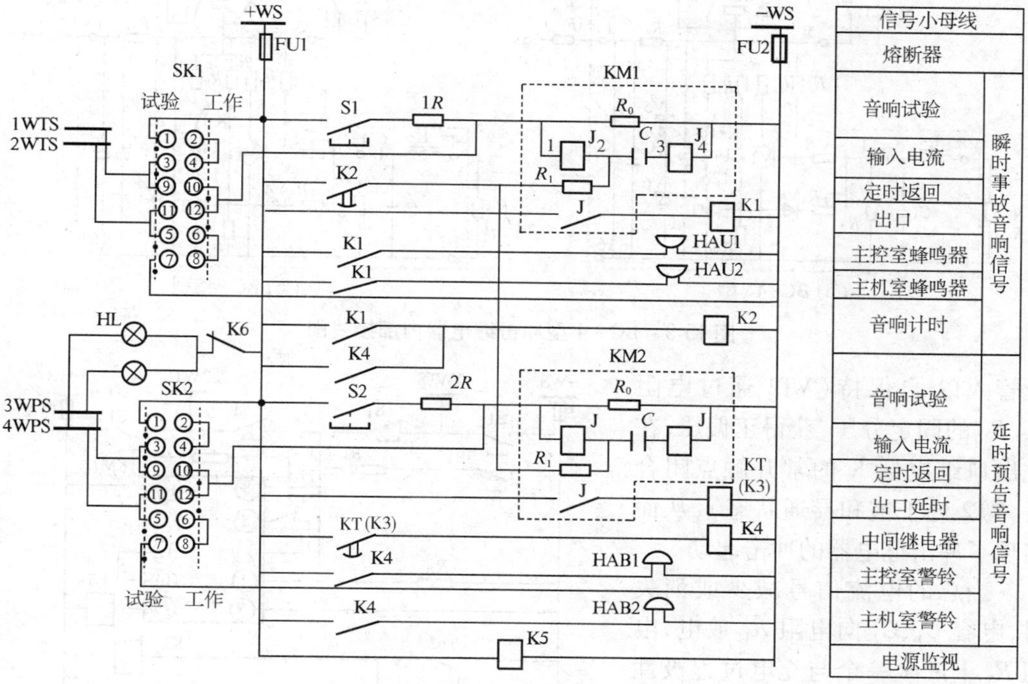

图 15-8 JC－2 型冲击继电器构成的中央音响信号装置

如图 15-5 和图 15-8 所示，不论任何原因使音响信号回路失去电源，其电源监视继电器 K5 都失电返回。接在监视回路的 K5 常闭触点接通警铃 HAB3 和白色指示灯 WH。警铃音响长鸣（区别于其他故障），直至按下自保持按钮 S3 方可解除。但白灯仍亮，至信号电源恢复，K5 重新获得电压起动，监视回路复归。

监视回路从控制母线 ± WC 通过熔断器 FU3 和 FU4 接入电源，该电源也应受到监视。图 15-5 中 K6 失电返回时，其常闭触点接通光字牌 HL，起动延时预告信号（见图 15-8）。

15.3.3 BC－4 型冲击继电器及其音响信号装置

15.3.3.1 BC－4Y、BC－4S 型冲击继电器的内部电路及工作原理

按电流积分原理工作的 BC－4 型冲击继电器是由晶体管元件构成的，其内部电路图如图 15-9 所示。BC－4Y 型冲击继电器是利用串接在信号起动回路中的电阻 R_{11} 取得电流信号的。当总电流信号平均值增加时，从 R_{11} 两端取得的信号经电感 L 滤波后向电容 C_1、C_2 充电。由于电容 C_1 充电回路的“时间常数”小，充电快，从而电压 U_{C1} 上升快，而 C_2 充电回路的“时间常数”大，充电慢，电压 U_{C2} 上升慢。在充电的过程中，电阻 R_2 两端出现了电压差（$U_{R2} = U_{C1} - U_{C2}$）。当总电流信号增加到一定数值时，电压差使正常时处于截止状态的三极管 VT1 导通，起动出口继电器 K。当电容充电过程结束时，两个电容均充电至稳定电压 U_{R11}，则 $U_{R2} = 0$，VT1 截止。但此时出口继电器 K 通过已处于导通状态的三

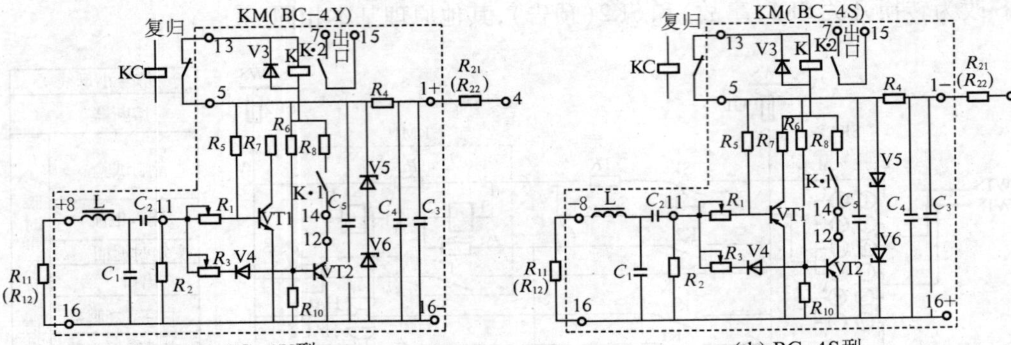

(a) BC−4Y型　　(b) BC−4S型

图 15-9　BC－4 型冲击继电器内部接线图

极管 VT2 自保持（VT2 通过电阻 R_6、R_{10}的固定分压，获得正偏压，在此出口继电器 K 的常开触点闭合后，VT2 处于饱和导通状态），从而实现了冲击继电器的冲击起动。

当总的电流信号减少或消失时，电容 C_1、C_2 向电阻 R_{11} 放电，电阻 R_2 上产生一个与充电过程极性相反的电压差，使三极管 VT2 截止，出口继电器 K 线圈失电而复归，实现了冲击继电器的冲击自动复归。此外，冲击继电器还可进行定时自动复归和手动复归。

BC－4S 型冲击继电器的内部电路图与 BC－4Y 型的主要区别是三极管 VT1、VT2 改为 PNP 管，将发射极接正电源。两者工作原理相似。

15.3.3.2　BC－4 型冲击继电器构成的中央音响信号装置

图 15-10 为由 BC－4Y 型冲击继电器构成的中央音响信号装置。图中上半部分为事故信号回路，下半部分为预告信号回路。与图 15-8 相比，接线中的试灯转换开关 SK1、SK2 改为试灯按钮 S1、S2，动作原

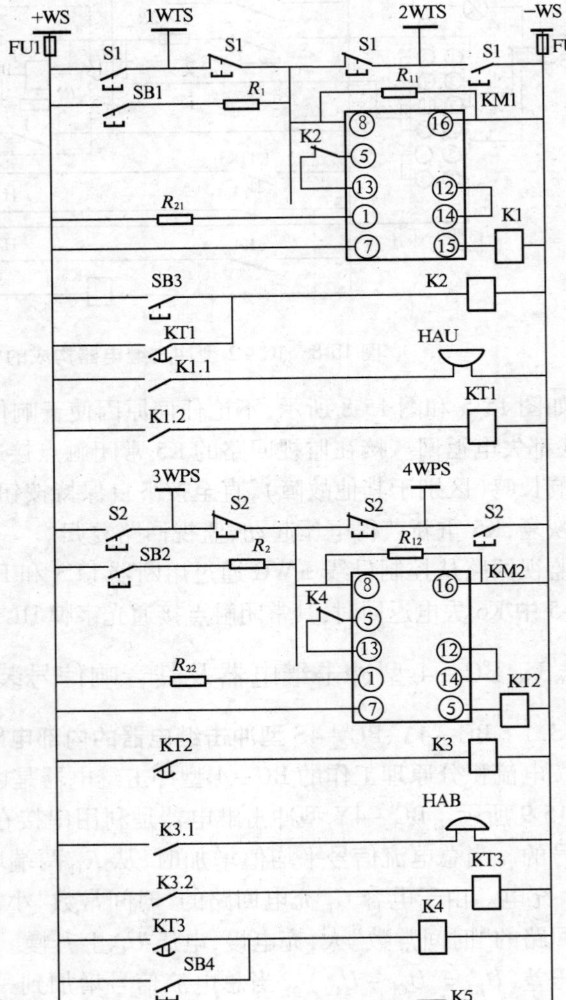

图 15-10　BC－4Y 型冲击继电器构成的中央音响信号装置

理基本相同,请读者自行分析。

15.4 新型信号装置

常规中央信号装置以冲击继电器为核心,它存在以下缺点:

(1)冲击继电器是整个信号系统的核心,音响信号必须通过冲击继电器才能发出。冲击继电器一旦故障,整个信号系统将失灵,影响信号系统的可靠性。

(2)信号的重复动作次数取决于冲击继电器长期热稳定电流。当信号数量较多时,会出现漏发信号或冲击继电器烧坏的现象。

(3)预告信号系统的光字牌无闪光,故同时出现两个以上信号时,先后出现的信号不易分辨。

(4)反映信号不完善,例如全厂保护动作只发"掉牌未复归"信号,而且当该信号发出时,要到保护屏上去寻找,延长了事故判断和处理时间。

(5)与微机监控系统连接不方便。一般来说,需要将发出的中央信号信息输入到微机监控系统中。为了获取这些信息,对常规的中央信号系统,需增加大量信号继电器。

因此,目前发电厂变电所采用的是各种新型的中央信号装置。这些装置由若干模块构成,为积木式结构,形成模块式信号系统。它的主要特点是每个要发出的信号,无论是事故信号还是预告信号,都要先接到一个信号模块上,每个信号模块完成以下功能:①记忆功能,即将输入信号记录下来。②显示功能,即通过灯光显示。③起动音响。④扩展信息,向微机监控系统输出信息。

本节介绍 EXZ-1 型组合式信号报警装置。

15.4.1 装置概述

EXZ-1 型组合式信号报警装置在结构上采用组合式结构,有灯光盒和音响盒两种。根据工程需要,可由若干灯光盒和音响盒组成任意规模的中央信号系统。每个灯光盒内有 4 块印刷版,每块版上均可接 4 个信号,并装有继电器、集成电路、阻容元件及指示灯。

该装置在电路设计上,其元器件采用 CMOS 集成电路和小密封继电器,形成有触点和无触点相结合的方式,逻辑电路简单可靠,同时考虑了装置集中自检功能,并提供了与远动、事件记录等装置连接的空接点。音响冲击回路采用电容冲击,克服了原冲击继电器易饱和的缺点,且重复音响路数不受限制。

该装置在一次系统发生事故时,无延时发出 1 000 Hz 的事故音响,并发出闪光信号;在主设备发生异常时,延时(0~8 s 可调)发出与事故信号不同频率的音响信号,且信号灯闪光。此外,装置可实现查灯、音响试验、事故停钟等功能。

15.4.2 装置基本工作原理

15.4.2.1 事故信号

(1)灯光信号。图 15-11 为灯光信号逻辑图。

当系统出现事故时,其保护装置出口继电器的触点 K2 闭合,起动本装置的隔离继电

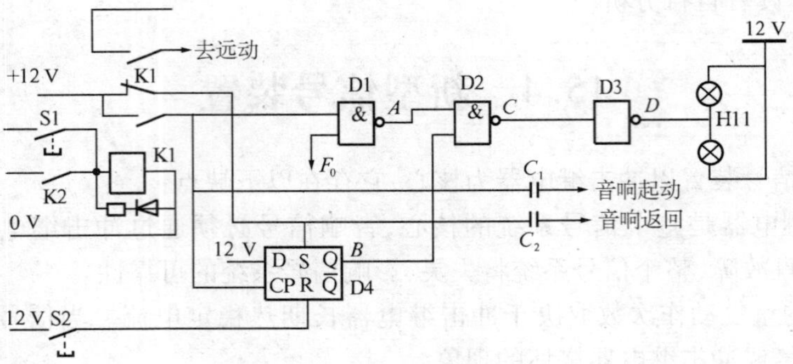

图 15-11 灯光信号逻辑图

器 K1。K1 常开触点闭合后,将 12 V 正电压(逻辑回路采用正逻辑形式,"1"态表示 12 V,"0"态表示 0 V)送至与非门 D1 及触发器 D4 的 CP 端。D1 的输入端还输入有 1 000 Hz 左右的高频电波 F_0。此时,经过与非门 D1 后的输出 $A=\overline{1\times F_0}=\overline{F_0}$,而触发器 D4 的 Q 端输出 $B=1$ 加到与非门 D2 的输入端,C 端输出为 $C=\overline{A\times B}=\overline{\overline{F_0}\times 1}=F_0$,再经功率反相器 D3 后,$D=\overline{C}=\overline{F_0}$,使信号灯 HL1 以 F_0 频率发出闪光。运行人员已确认故障后,按动平光按钮 S2,使触发器 D4 复位,Q 端为 0,于是 $B=0$,$C=\overline{A\times B}=\overline{\overline{F_0}\times 0}=1$,$D=0$,信号灯接 0 V 稳压电源,信号灯便由闪光转为平光。S1 为查灯按钮,供自检用。

(2)音响信号。图 15-12 为音响信号逻辑图。

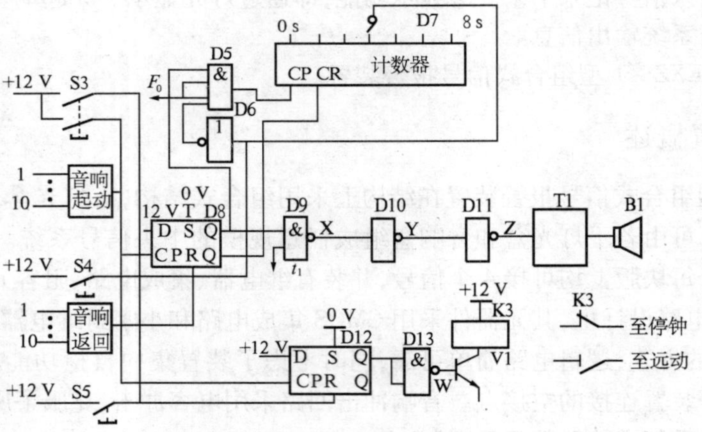

图 15-12 音响信号逻辑图

当系统出现重大事故,保护动作起动隔离继电器 K1(见图 15-11),正电压通过已闭合的常开触点 K1,经电容 C_1 产生微分脉冲送到音响信号回路,去起动音响信号装置(见图 15-12)。当起动尖脉冲到达 D 触发器 D8 的 CP 端后,触发器翻转,$Q=1$,"1"电平信号分别接至与非门 D9 和与门 D5。该信号与音响调制信号 f_1 一起输入 D9 并反相后,输出信号 $X=\overline{Q\times f_1}=\overline{f}_1$,再经反相器 D10,输出 $Y=\overline{X}=f_1$,又经功率放大器 D11 并反相后,Z 端输出信号 $Z=\overline{Y}=\overline{f}_1$,送至输出变压器 T1,使电喇叭 B1 发出高频音响。与此同时,D8Q 端的"1"电平信号与频率 f_0 的振荡电压同时经与门 D5 输出后,再送入计数器 D7 的 CP 端,

使计数器按频率 f_0 开始计数，待计数达到整定时间(1～8 s 可调)，便输出"1"电平至反相器 D6，从而 D5 即输出"0"电平，使计数器停止计数。同时，计数器输出的"1"电平又输入至触发器 D8 的复位端 R，使输出 $Q=0$。此时，电平变化为 $X=\overline{Q\times f_1}=\overline{0\times f_1}=1$，$Y=0$，$Z=1$，输出高电平，立即使音响停止。同时，由于触发器 D8 的 $\overline{Q}=1$，送到计数器 D7 的 CR 端，将计数器清零，准备好下次再动作。音响重复次数不受限制。

由图 15-11 可知，如果故障消失，K2 触点断开；继而隔离继电器 K1 的常闭触点闭合，送入 +12 V 电压，经电容 C_2 微分，发出音响返回信号，同样可使触发器输出 $Q=0$，音响也就停止。

音响起动的同时，起动脉冲还使触发器 D12 翻转，$Q=1$，与非门 D13 的输出 $W=0$，使晶体管 V1 截止，继电器 K3 失压，其常闭触点闭合，起动停钟回路，记下故障发生的时间。

图 15-12 中，S3 为事故音响试验按钮，供调试和运行中自检试验用，S4 为音响复归按钮，S5 为停钟解除按钮。当故障处理完毕后，可将钟核对到正确时间，再按 S5，钟又恢复走时。

15.4.2.2 预告信号

设备运行中出现危及安全的异常情况时，如变压器过负荷、母线接地、电压回路断线等，便发出预告信号，提醒值班人员注意，进行适当处理。

预告信号也由灯光信号和音响信号组成。其接线及动作原理，与事故信号相同。不同之处仅是音响为延时起动(在 0～8 s 可调)，小于延时的动作信号，便不会发出音响，可以躲过短暂的虚假信号。另外，音响信号的频率为 f_2，使得预告信号电喇叭发出的响声与事故信号电喇叭的响声不同，便于识别。

值得指出的是，由于目前发电厂、变电所已广泛使用了计算机监控系统，其功能已远远超过现有的信号系统功能，因此在新建计算机监控的发电厂和无人值守的变电所中已取消了中央信号系统。

习题与思考题

15-1　发电厂、变电所常用的信号形式有哪些？各有何作用？

15-2　当发生事故时继电保护动作使断路器跳闸后将伴随哪些信号？举例说明这些信号是如何发出的？

15-3　何为继电器的冲击自动复归特性？JC－2 型和 BC－4 型冲击继电器是如何实现冲击自动复归的？

15-4　试以图 15-10 为例说明由 BC－4 型冲击继电器组成的中央信号系统的工作原理。

第16章 同期装置

教学要求

进一步熟悉同期及同期点概念、同期方式及条件；掌握同期电压的引入方法以及手动准同期装置的接线原理。

16.1 概 述

随着电力工业的不断发展，电力系统的容量也越来越大，并入电网的发电机也越来越多。通过并网运行不仅对提高电能质量、供电可靠性以及电力系统的稳定运行都有着重大意义，而且可以合理分配负荷、减少系统备用容量，实现系统的经济运行。现在的发电厂机组基本上都是并网运行的。将同步发电机或某一个电源投入到电力系统并列运行的操作过程，称为同期并列。

16.1.1 同期方式

同步发电机同期方式有准同期并列方式和自同期并列方式两种。

16.1.1.1 准同期并列方式

准同期并列就是指待并发电机在并列前已经励磁，当发电机的电压、频率和相位与系统一致时，将发电机出口断路器合上，实现并列运行的过程。在同期瞬间，发电机电子电流等于零或接近零。

采用准同期并列的理想条件是：①待并发电机的电压和系统电压大小相等。②待并发电机的频率和系统电压频率相等。③待并发电机的电压相位和系统电压的相位相同。④待并发电机的电压相序与系统电压相序相同。

实际上，发电机在并列过程中不可能做到电压、频率和相位都与系统绝对一致，而允许它们有一定的误差。当它们的误差不大时，对正常并列不会造成明显影响。一般情况下，电压误差范围不应超过5% ~15%；频率误差范围不应超过0.2% ~0.5%，即0.1 ~0.25 Hz；相位误差范围不应超过10°。

准同期方式的最大优点是：同期过程时冲击电流很小，不会对系统造成太大的影响。

准同期方式的缺点是：①并列过程时间较长。这是因为电压和频率的调整，相位相同瞬间的捕捉较麻烦。在系统事故情况下，系统电压和频率急剧变化，同期困难更大。②操作要求高。采用手动准同期时，如果运行人员技术不够熟练，掌握合闸的时间不准确，有可能造成非同期并列。③操作系统复杂，要求严格。

准同期并列方式分为手动准同期和自动准同期两种方式。本章只介绍手动准同期装置。

16.1.1.2 **自同期并列方式**

自同期并列方式是指发电机在同期合闸前不加励磁，当发电机的转速接近额定转速的时候，合上断路器，紧接着马上合上励磁开关给发电机加励磁，把发电机拉入同步。

自同期并列方式的优点是：①并列过程快，特别是在系统事故情况下能使机组迅速投入系统。②操作简单，不会造成非同期合闸。③接线简单，易于实现自动化。

自同期并列方式的缺点是：①并列瞬间冲击电流大，对系统和机组都将产生不利影响。②并列瞬间引起系统电压短时严重下降。③两个系统之间不能采用自同期并列。

16.1.2 同期点及同期方式的设置

在电力系统中，当断路器断开后在断路器两端可能均有电压而出现不同步的现象，此时断路器就有可能要继续同期操作。需要同期操作的断路器就称为同期点。

同期点及同期方式的具体设置如下：

(1)发电机出口断路器应设置同期点。火电厂同时设手动准同期方式和自动准同期方式。

(2)发电机—双绕组升压变压器组高压侧、发电机—三绕组变压器组各电源侧断路器应设同期点。火电厂同时设手动准同期和自动准同期两种方式。

(3)对侧有电源的双绕组升压变压器低压侧，三绕组变压器有电源的各侧断路器应装设同期点，一般采用手动准同期方式。

(4)母线分段、母联断路器和旁路断路器应设同期点。一般采用手动准同期方式。

(5)接在母线上对侧有电源的线路断路器应设同期点。一般采用手动准同期方式。

(6)多角形和外桥接线中，与线路相关的两个断路器均应设为同期点。

16.2 同期电压的引入

在进行准同期操作中，需要检测同期电压是否满足并列条件。同期电压是同期点两侧电压经过电压互感器变换和二次回路切换后的交流电压。由于全厂(或变电所)共用一套同期装置，需要将同期电压引入到共用的同期小母线，再由同期小母线引到同期装置中。因此，通常把同期小母线上的电压称为同期电压。在并列前，同期小母线上是没有电压的，只有在并列时，同期点两侧电压互感器二次侧的电源通过同期开关的控制才引到同期电压小母线上，以供同期并列使用。

同期点位置不同，同期电压的引入方式也不同。通常，把靠近发电机侧的电源称为“待并系统”，远离发电机侧的电源称为“运行系统”。同期系统通常设置 4 根同期小母线，即待并系统的同期电压小母线 $WSTC_a$ 和 $WSTC_c$(若采用单相同期接线时无需 C 相同期电压，此小母线省略)，运行系统的同期电压小母线 WOS_a，为了简化同期接线，采用 b 相公共接地，公共的 b 相电压小母线 WBV。

16.2.1 发电机出口断路器同期电压的引入

发电机出口断路器是同期点，其同期电压应该分别取自发电机出口电压互感器和母线电压互感器，此时，发电机为待并系统，母线为运行系统。同期电压的引入如图 16-1 所示。图中 SAS 为发电机出口断路器 QF 的同期开关，有“接通”和“断开”两个位置。另外，图中还有同期闭锁小母线 1WSCB 和 2WSCB，其作用将在本章第三节中讲述。

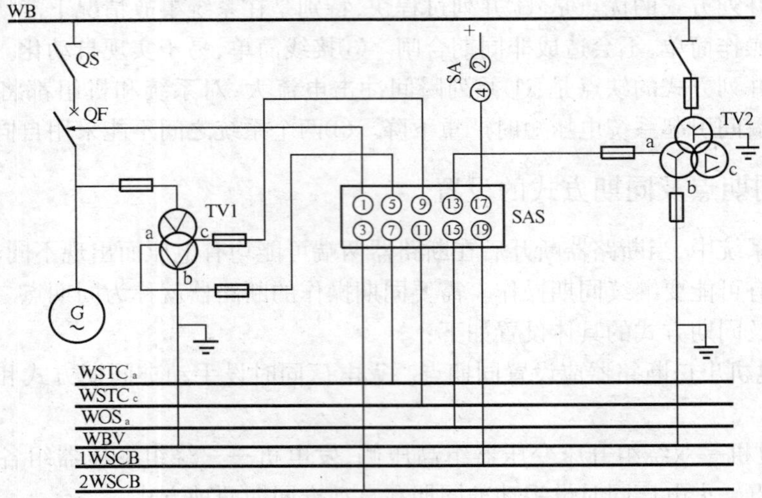

图 16-1 发电机断路器同期电压的引入接线图

待并侧的同期电压通过发电机出口电压互感器 TV1 的二次侧电压来反映，其中 a、c 两相经同期开关 SAS 的触点 5—7、触点 9—11 接到待并系统的同期电压小母线 $WSTC_a$ 和 $WSTC_c$ 上，b 相公共接地直接接在 b 相电压小母线 WBV 上。

运行系统侧的同期电压通过母线电压互感器 TV2 的二次侧电压来反映，其中 A 相经同期开关 SAS 的触点 13—15 接到运行系统的同期小母线 WOS_a 上，b 相接地也同样直接接在 WBV 上，c 相不需引接。

当输电线路并列时，同期电压的引入与发电机同期相似，只是待并侧同期电压来自于母线电压互感器，运行系统同期电压来自于线路侧电压互感器。

当两母线并列时，母联断路器两侧的同期电压都由各自母线电压互感器二次侧引出，经同期开关的相应触点，接至同期电压小母线。

16.2.2 主变高压侧断路器同期电压的引入

如图 16-2 所示，具有 Y，d11（或 YN，d11）接线的双绕组变压器高压侧断路器，其同期电压分别从高、低压侧母线电压互感器 TV2、TV1 二次侧电压引出。此时，低压侧 6.3 kV 母线为待并系统，高压侧 35 kV 母线为运行系统。由于主变 TM 的接线组别为 Y，d11，而高、低压侧电压互感器都采用 Y，Y0 接线，因此两组电压互感器二次侧电压相位差为 30°，即 TV2 的二次侧电压滞后 TV1 二次侧电压 30°相位。所以，同期电压不能直接采用电压互感器的二次线电压，而必须采用转角变压器 TR 对此相位继续补偿。

转角变压器 TR 是一台普通的三相中间变压器，绕组采用 D，Y1 接线，即二次星形侧电压滞后一次三角形侧电压 30°。其变比为 $100/\frac{100}{\sqrt{3}}$ V，容量为 50 VA，将此转角变压器与发电

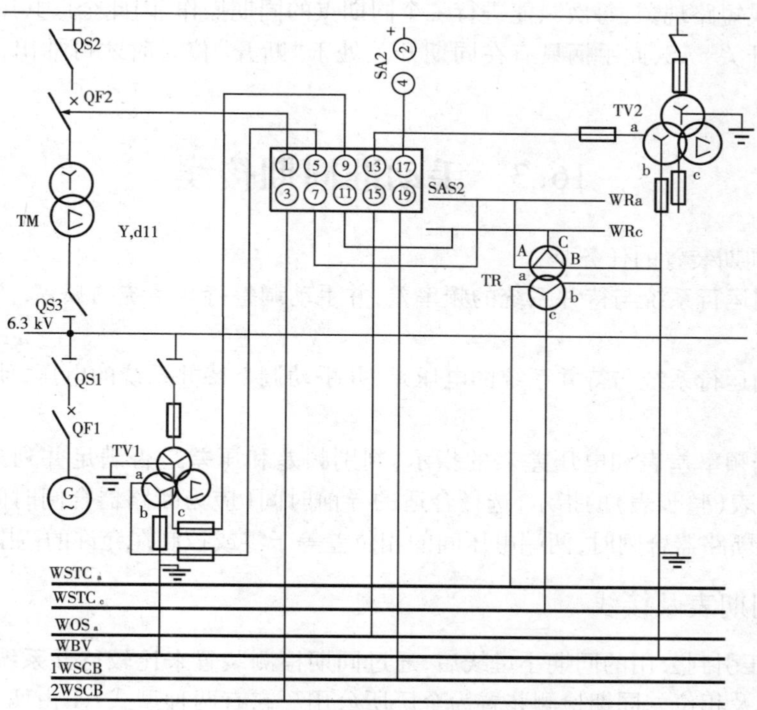

图 16-2　主变断路器同期电压的引入接线图

机侧母线上电压互感器串联，即可使30°相角差继续补偿，取得相同相位的同期电压。

待并系统(主变低压侧)母线电压经电压互感器TV1的二次侧a、c两相电压，再经同期开关SAS2触点5—7、触点9—11接转角小母线WRa、WRc上，再通过上述小母线接到转角变压器的△侧，然后将转角变压器的Y侧出线接到同期小母线 $WSTC_a$、$WSTC_c$ 上；TV1的二次侧电压b相接公共相小母线WBV。运行系统侧即接至高压侧母线上的电压互感器TV2的二次侧a相电压，通过同期开关触点13—15接到同期电压小母线 WOS_a 上，b相接公共相小母线WBV。

由上述接线可知，待并系统侧电压经转角变压器TR角度补偿后，可得到与运行系统相同相位的同期电压，接到同期电压小母线中的电压相位一致，即可进行同期操作。

由此可知，在同期并列时为了消除Y,d11(YN,d11)接线变压器两侧电压相位的不一致，必须增设转角变压器以及转角小母线。转角变压器一般接在待并系统侧，转角小母线平时无电压，只有在并列操作并需要转角时，才带有电压。

三绕组变压器的绕组一般按YN,Y0,d11接线，高压侧和中压侧电压相位相同，不需增设转角变压器，高压侧和低压侧、中压侧和低压侧都存在有30°相位差，因此必须在低压侧电压互感器的二次侧(待并系统)接一个转角变压器，达到相位相同。

此外，在110 kV及以上中性点直接接地系统中，存在着电压互感器二次侧b相公共接地和系统中性点接地同时运行的现象，为了实现同期并列，必须增设隔离变压器和隔离小母线，以使中性点直接接地系统的同期电压经隔离变压器及隔离小母线变为b相接地。

在发电厂、变电所中，同期电压小母线是公用的。为避免出现两个同期点同时进行同期操作而造成短路现象，每次只能进行一个同期点的同期操作，因此全厂共用一把手柄可抽出的同期开关SAS，此手柄只有在同期开关处于“断开”位置时才可抽出，以防止出现误操作。

16.3 手动准同期接线

手动准同期装置的任务是：

(1)检测运行系统与待并系统的频率差，并手动调整待并系统的频率，使频率差在允许值范围内。

(2)检测运行系统与待并系统的电压差，并手动调整待并系统的电压，使电压差在允许值范围内。

(3)根据频率差表和电压差表的指示，判别频差和压差是否满足并列条件，当满足时，根据同期表(整步表)的指示，选择合适的导前时间(应为断路器合闸时间)发出合闸命令，以保证断路器合闸时，两端电压间的相位差等于零或控制在允许的范围内。

16.3.1 同期表及接线

同期电压引到公用的同期小母线后，通过同期检测装置来比较待并系统和运行系统的电压、频率及相位。同期检测装置为全厂所公用。它有两种型式：①由两只电压表、两只频率表和一只同期表组成的同期小屏；②由一只电压差表、一只频率差表和一只同期表组成的组合式同期表。前者由于表计多、体积较大，目前很少采用；后者又可分为三相式和单相式两种。本章节只介绍组合式同期表接线。

16.3.1.1 组合式同期表

组合式同期表分为单相和三相两种，常用的有MZ－10型组合式同期表。它由频率差表、电压差表和同期表(整步表)三部分组成，其外形如图16-3所示。

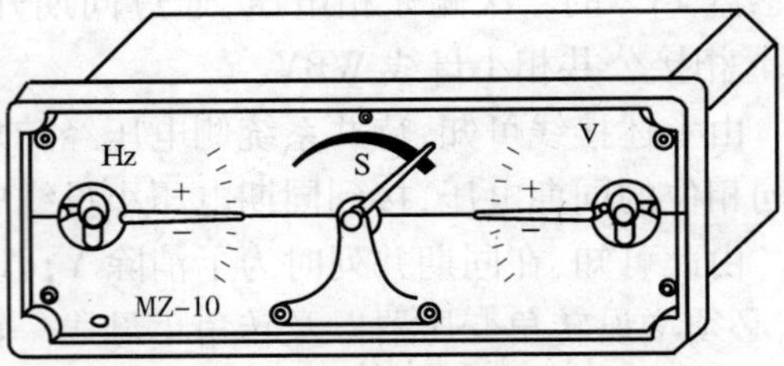

图16-3 MZ－10型组合式同期表的外形

频率差表用来反映待并系统与运行系统之间的频率差值，当两者频率相等时，指针指在S位不偏转；当待并系统频率高于运行系统频率时，指针向正方向偏转，且频差越大，偏转越多；反之，指针向负方向偏转，且频差相差越大，偏转越多。

电压差表用来反映待并系统与运行系统之间的电压差值，当两者电压相等时，指针指在S位不偏转；当待并系统电压高于运行系统电压时，指针向正方向偏转，且压差越大，偏转越多；反之，指针向负方向偏转，且压差越大，偏转越多。

同期表指针旋转方向反映频差方向：当同期表指针顺时针方向旋转时，则表明待并系统的频率高于运行系统的频率；当同期表指针逆时针方向旋转时，则表明待并系统的频率低于运行系统的频率。同期表指针旋转的速度反映了频差的大小，指针旋转的速度越快，表明待并系统与运行系统的频差越大；指针旋转的速度越慢，表明待并系统与运行系统的频差越小。同期表指针离红线的距离反映了待并系统与运行系统的相位差，红线位置表示两者同相位。

图 16-4 为 MZ－10 型组合式同期表外部接线图。单相式同期表待并侧电压只取 A、B 两相，与系统同期电压相同，无需取 C 相电压，可简化同期接线。当同期过程有“粗略同期”和“精确同期”之分时，A_0、B_0 接“粗略同期”回路，而 A'_0、B'_0 接“精确同期”回路，即开关 S 打开时，进行粗略同期，当开关 S 接通时投入整步表进行精确同期；当同期过程不分“粗略”和“精确”时，则 A_0 和 A'_0、B_0 与 B'_0 直接相连接。

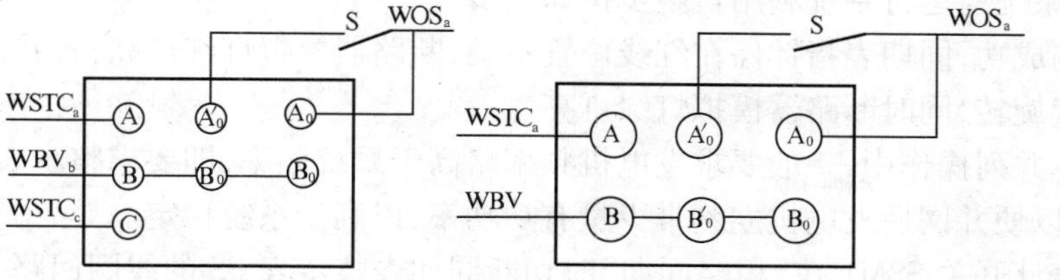

(a) 三相式　　(b) 单相式

图 16-4　MZ－10 型组合式同期表外部接线图

组合式同期表的优点是准确度高，尺寸小，可以嵌在控制台或屏中；其缺点是不能指示两侧电源的频率和电压的实际值。

16.3.1.2　组合式同期表的同期接线

图 16-5 为三相组合式同期表的同期接线图。由图 16-5 可知，MZ－10 型组合式同期表接端钮中的接线柱 B、B'_0、B_0 连在一起直接接在 WBV 上，A、C 接线柱分别通过 SSM1 的触点接到 $WSTC_a$、$WSTC_c$ 上，A_0 和 A'_0 分别通过 SSM1 的触点接到 WOS_a 上。

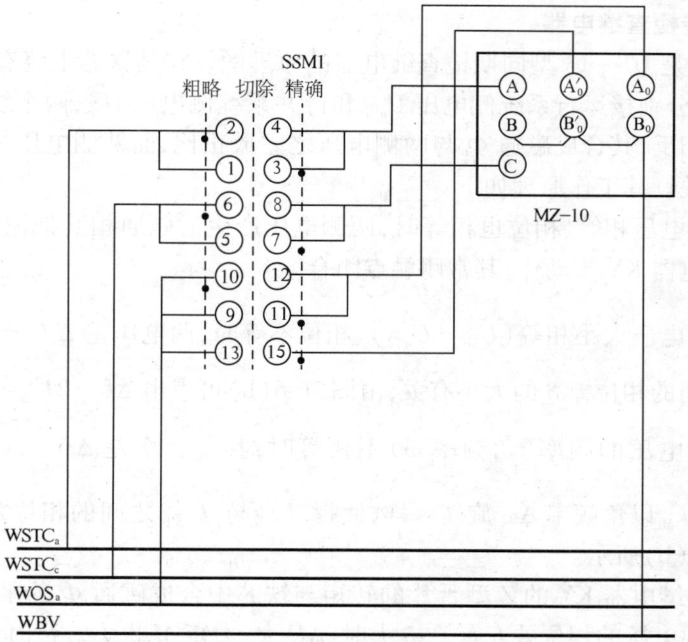

图 16-5　三相组合式同期表的同期接线

SSM1 投入有“粗略同期”和“精确同期”两个位置。“粗略同期”位置，触点 2—4、触点 6—8、触点 10—12 接通，这时 A_0、B_0 回路接通，电压差表和频率差表投入，其指针分别指示出待并系统和运行系统的电压差和频率差，运行人员可调节待并系统的电压和频率，使电压差表和频率差表的指示接近于零。“精确同期”位置，触点 1—3、触点 5—7、触点 9—11、触点 13—15 接通，此时 A'_0、B'_0 回路接通将同期表投入，指针开始转动。运行人员可以根据同期表的指示，细调待并系统的电压和转速，使同期表的指针按顺时针方向旋转由快变慢。

当指针快达到红线 $\delta=0°$ 位置（一般提前 5°～10°）时，通过断路器控制开关发出合闸命令，待并系统与运行系统利用自整步拉如同步。

若并网成功，同期表指针停在红线位置不动，断路器模拟灯红灯亮；若并网失败，整步表指针继续旋转，同时断路器模拟灯绿灯亮。

在实际并列操作中，一般要求发电机频率略高于系统频率，即要求整步表指针顺时针方向旋转，以便并网后发电机立刻带少量有功功率，以利于系统稳定。

同期表计开关 SSM1 在“粗略同期”时切断同期表整步表 PS 的线圈回路，其目的是保护同期表，以免整步表线圈长时间带电而烧毁。另外，当两者频差太大时接通整步表，整步表的指针会抖动而不转，易误认为两者频率已相等，造成非同期合闸的误操作。

若采用单相组合式同期表，则同期接线图更简单，相对于图 16-5 而言，去掉 $WSTC_c$，去掉 SSM1 触点 5—7、触点 6—8。

16.3.2 带闭锁的断路器合闸回路

在手动准同期操作过程中，为了防止运行人员在不允许的相位差下误合闸而造成非同期合闸，通常在手动准同期合闸回路中装设闭锁合闸的同期检查继电器 KY。

16.3.2.1 同步检查继电器

图 16-6(a) 是 DT－13 型同期检查继电器的原理图。在其铁芯上绕有极性（绕向）相反的两个线圈，分别接运行系统侧电压 $U_{a'b'}$ 和待并系统侧电压 U_{ab}，两个线圈在铁芯中产生的磁通方向相反，其合成磁通 Φ 与两侧电压之差成正比，而两侧电压之差又与它们间三位相位差有关。其工作原理如下：

（1）当两个电压相等、相位也相等时，两侧电压产生的磁通相互抵消，合成磁通 $\Phi=0$，同期检查继电器 KY 不动作，其常闭触点闭合。

（2）当两个电压大小相等（$U_{ab}=U_{a'b'}$）、相位不等时，两电压差 $\Delta\dot{U}=\dot{U}_{ab}-\dot{U}_{a'b'}$，其大小和两电压间的相位差 δ 的大小有关，由图 16-6(b) 可得出 $\Delta U=2U_{ab}\sin\frac{\delta}{2}$。

（3）当两个电压的频率（角频率 ω）不相等时，其角频率差 $\Delta\omega=\omega-\omega'$，这就如同 $\dot{U}_{a'b'}$ 不动，而 $\dot{U}_{ab}$ 以角频率 $\Delta\omega$ 旋转一样，使得 $\dot{U}_{ab}$ 与 $\dot{U}_{a'b'}$ 之间的相位差不断随时间而改变，如图 16-6(b) 所示。

（4）电磁型继电器 KY 的 Z 型舌片的转矩与铁芯中合成磁通 Φ 的平方成正比（$M=K\Phi^2$），因而与两电压的相位差 δ 有关：δ 大时，ΔU 大，力矩 M 也大。适时调节 KY 的反作用弹簧，就可以使 KY 整定在一定的角度 δ 时起动或返回。

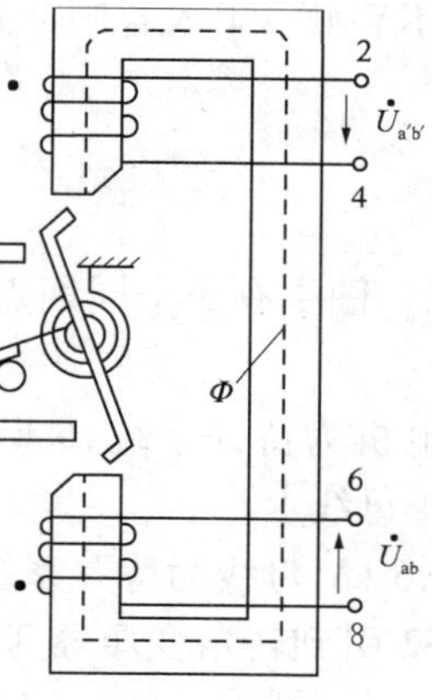

(a)原理图

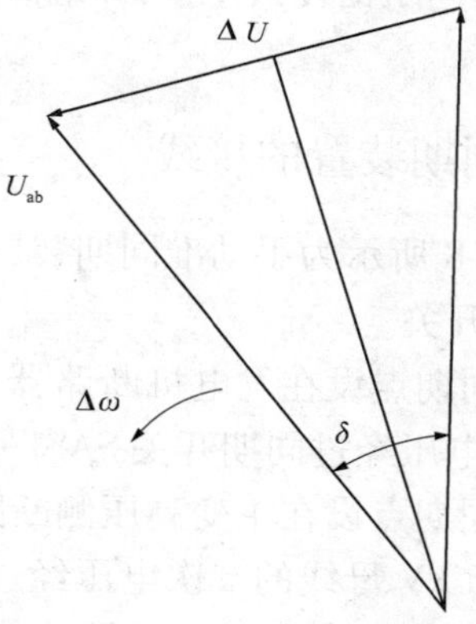

(b)相量图

图 16-6　DT－13 型同期检查继电器

同期检查继电器 KY 与同期表 PS 一样，都是经同期表计切换开关 SSM1 控制的，只有 SSM1 在“精确同期”位置时，才将同期小母线上的同期电压接到 KY 的线圈上，这样全厂(站)只装设一只公用的同期检查继电器。

16.3.2.2　闭锁合闸回路的工作原理

带有闭锁的断路器合闸回路如图 16-7 所示。同期检查继电器 KY 的常闭触点串联在同期小母线 1WSCB、2WSCB 之间。当待并系统和运行系统之间的相位差超过允许值时，其常闭触点断开，使合闸脉冲不能发出，防止非同期合闸；反之，相位差小于允许值时，常闭触点闭合，允许发出合闸脉冲，使断路器合闸。

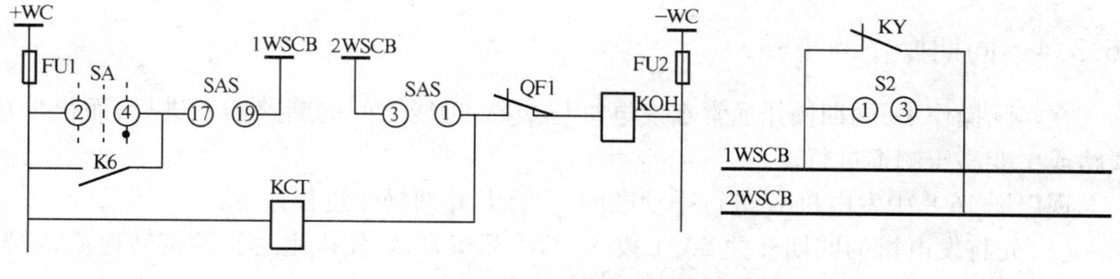

图 16-7　带有闭锁的断路器合闸回路

工作原理如下：在同期开关 SAS 投入时，其触点 1—3、触点 17—19 接通，当待并系统电压和运行系统电压的相角差在允许的范围时，同期检查继电器常闭触点闭合，使同期闭锁小母线 1WSCB、2WSCB 接通，此时再操作控制开关 SA，发出合闸脉冲便可使断路器合闸。

此外，在图 16-7 中，KY 的常闭触点两端并联有闭锁开关 S2 的触点 1—3，其目的是为了在特殊情况下解除同期闭锁回路。如单侧电源合闸，无同期问题，需用 S2 的触点 1—3 将同期闭锁小母线 1WSCB、2WSCB 短接，为接通合闸回路做准备，此时再投入同期开关 SAS，并操作断路器控制开关 SA 便可将断路器合闸。否则，同期点的断路器一侧无电压而又要进行合闸操作时，由于同期检查继电器的两个线圈因一方无压而使其常闭触点不能闭合，断路器合闸回路便无法接通。

应注意闭锁开关 S2 触点 1—3 接通时是解除同期闭锁；断开时是投入同期闭锁。平时 S2 应在同期闭锁投入位置，即触点 1—3 断开，使 KY 触点串入合闸回路中进行同期条件检查。

16.3.3 同期装置的接线

如图 16-8 所示为手动准同期装置的系统接线图。图中有 3 个同期点，每个同期点均设一个同期开关。

(1)当同期点设在发电机断路器 QF1 上时，发电机为待并系统，6 kV 母线为运行系统。双方的电压经过同期开关 SAS1 引到同期电压小母线上。

(2)当同期点设在主变高压侧断路器 QF2 上时，6 kV 母线为待并系统，35 kV 母线为运行系统。6 kV 母线的二次电压经过同期开关 SAS2 引到转角变压器 TR 再接到同期电压小母线上，使同期双方的电压相位相等。

(3)当同期点设在线路断路器 QF3 上时，35 kV 母线为待并系统，线路为运行系统。双方的电压经过同期开关 SAS3 引到同期电压小母线上。

上述同期电压小母线上的同期电压再通过切换开关 SSM1 接到同期表和同期检查继电器 KY 中。同期检查继电器 KY、闭锁开关 S2 和同期闭锁小母线 1WSCB、2WSCB 组成非同期闭锁部分。

由图 16-8 可知，如果 SAS1、SAS2 和 SAS3 同时或其中两者接通，则同期回路会短路。为了避免出现上述现象，一般选用手柄只有在“断开”位置时才可拔出的同期开关，如 LW_2 - H 型转换开关，且全厂共用一把同期开关手柄，当断路器需合闸时将手柄插入该断路器对应的同期开关中，接通同期开关（此时手柄不能拔出）；当断路器合闸完毕时，将同期开关转至“断开”位置，把手柄拔出，再进行下一台断路器的合闸操作。

16.3.4 同期操作的步骤

在实际操作中，同期操作通常在发电机与 6 kV 母线之间的断路器上进行，而很少在线路或主变高压侧上进行。

现以图 16-8 中发电机 G 进行手动准同期为例，并网操作过程如下：

(1)先将发电机的同期开关 SAS1 投入，然后开机升速，使机组达到额定转速后，对发电机起励、建压，使其端电压与系统电压相接近。

(2)一切正常后，检查闭锁开关 S2 是否在同期闭锁投入位置，即 S2 的触点 1—3 断开。

(3)将同期表计开关 SSM1 转至“粗略同期”位置，投入组合式同期表中的频率表差和电压表差。根据仪表读数，调整发电机电压和频率，使之与系统电压和频率相接近。

(4)将同期表计开关 SSM1 转至“精确同期”位置，使同期表投入。再根据其指示，细调发电机转速，使同期表指针向“快”方向以缓慢（3 ~ 4 r/min）的速度旋转（即为了使发电机并列后能立即带上小部分负荷，调整发电机频率稍大于系统频率）。

(5)当同期表的指针快到红线位置时，迅速操作断路器控制开关 SA1 发出合闸命令，此时，若同期检查继电器检查到同期条件满足，其常闭触点闭合，则断路器 QF1 合闸使发电机并入系统。红线位置是发电机和系统同相位，之所以要提前一个角度发出合闸脉冲，是因为从合闸脉冲发出到断路器主触头闭合存在着固有合闸时间。若提前量掌握合适，可

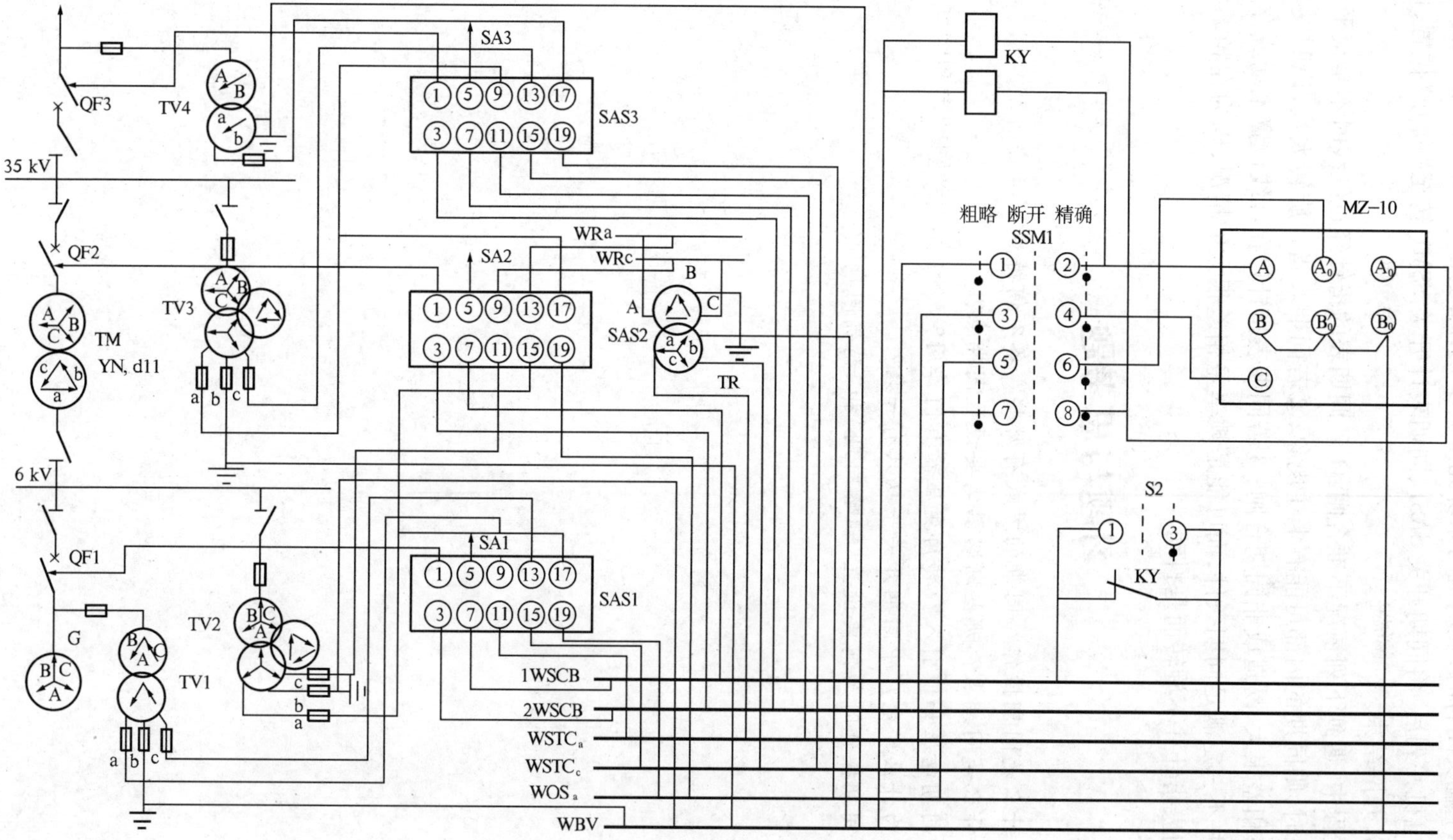

图 16-8 同期系统接线图

以使断路器主触头闭合时,发电机与系统完全同步,从而避免了对发电机的冲击。

(6)发电机并列后,将同期开关 SAS1、同期表计开关 SSM1 转至“断开”位置,同期装置退出工作,并网结束。

操作过程中,遇到下列情况不准合闸:①若同期表的指针经过红线时不是很平稳而是有跳动现象时,则同期的内部可能有卡住现象;②若同期表指针旋转太快,说明发电机和系统的频率相差很大,易造成非同期合闸;③若同期表指针停在红线位置不动或存在抖动现象,此时并不一定满足同期条件,而可能是频率差相差很大的情况,因为在频率差相差很大时同期表指针并不旋转而是抖动。

习题与思考题

16-1　什么是同期操作?同期的方式有哪些?各有何特点?

16-2　什么是同期点?哪些断路器需要设置同期点?

16-3　同期电压如何引入?转角变压器有何作用?

16-4　为什么发电厂中同期开关手柄只有一只?

16-5　同期操作时为何要设置“粗略同期”和“精确同期”?

第 17 章　安装接线图

教学要求

理解二次回路编号的目的、原则及交直流回路、控制电缆编号的特点；熟悉各种屏的构成和布置要求；掌握端子排的分类、用途、表示方法和设计原则；掌握屏背面接线图的表示方法、画法，并能学会熟练看图。

二次安装接线图是供二次回路安装用的施工图纸，也是订货时必须向制造厂家提供的图纸，是现场安装校验及运行检修所不可缺少的重要资料。二次安装接线图包括屏面布置图、端子排图和屏背面接线图。

17.1　二次回路编号

为了便于安装施工和运行后进行维护检修，在展开接线图中应进行回路编号。回路编号是指二次设备之间直接连接的导线的编号。通过回路编号能了解该回路的用途和性质。

二次回路的编号原则遵循等电位原则。所谓"等电位原则"就是在电气回路中接于一点的全部导线都用同一个编号表示。当回路经过开关或继电器触点等隔开后，因为触点断开时两端已不是等电位，所以应给予不同的编号。

17.1.1　直流回路的编号

直流回路的数字编号组见表 17-1。回路编号通常由 3 个及以下的数字组成。表中Ⅰ~Ⅳ表示 4 个编号组，每一组用于由一对熔断器引下的控制回路编号，例如三绕组变压器每一侧装一台断路器，其符号分别为 QF1、QF2 和 QF3，则对每一台断路器的控制回路应取相对应的编号，如 QF1 取 101 ~ 199、QF2 取 201 ~ 299、QF3 取 301 ~ 399。

直流回路的编号方法是：先从正电源出发，以奇数顺序编号，直到最后一个有压降的元件为止。若最后一个有压降的元件后面还有的不是直接接在负电源上，而是通过接片、开关或继电器触点接在负极上时，则下一步应从负极开始以偶数顺序编号直至上述元件为止。

对于不同用途的回路规定了编号数字的范围，对于一些重要的常用回路（如直流正负电源、跳合闸回路等）有着固定的编号。如合闸回路的编号是 3、103，跳闸回路的编号是 33、133；红灯回路是 35、135，绿灯回路是 5、105 等。

17.1.2　交流回路的编号

交流回路的数字编号组见表 17-2。回路编号通常也是由 3 个及以下的数字组成，为

表 17-1 直流回路的数字编号组

回路名称	数字编号组			
	Ⅰ	Ⅱ	Ⅲ	Ⅳ
正电源回路	1	101	201	301
负电源回路	2	102	202	302
合闸回路	3 ~ 31	103 ~ 131	203 ~ 231	303 ~ 331
绿灯或(和)合闸回路监视继电器回路	5	105	205	305
跳闸回路	33 ~ 49	133 ~ 149	233 ~ 249	333 ~ 349
红灯或(和)跳闸回路监视继电器回路	35	135	235	335
备用电源自动合闸回路	50 ~ 69	150 ~ 169	250 ~ 269	350 ~ 369
开关设备的位置信号回路	70 ~ 89	170 ~ 189	270 ~ 289	370 ~ 389
事故跳闸音响信号回路	90 ~ 99	190 ~ 199	290 ~ 299	390 ~ 399
保护回路	01 ~ 099(或 J1 ~ J99)			
机组自动控制回路	401 ~ 599			
发电机励磁回路	601 ~ 699			
信号及其他回路	701 ~ 799			

表 17-2 交流回路的数字编号组

回路名称	互感器的文字符号	回路编号组				
		A 相	B 相	C 相	中性线(N)	零序(L)
保护装置及测量表计的电流回路	TA	A401 ~ A409	B401 ~ B409	C401 ~ C409	N401 ~ N409	L401 ~ L409
	TA1	A411 ~ A419	B411 ~ B419	C411 ~ C419	N411 ~ N419	L411 ~ L419
	TA2	A421 ~ A429	B421 ~ B429	C421 ~ C429	N421 ~ N429	L421 ~ L429
	TA10	A501 ~ A509	B501 ~ B509	C501 ~ C509	N501 ~ N509	L501 ~ L509
	TA19	A591 ~ A599	B591 ~ B599	C591 ~ C599	N591 ~ N599	L591 ~ L599
保护装置及测量表计的电压回路	TV	A601 ~ A609	B601 ~ B609	C601 ~ C609	N601 ~ N609	L601 ~ L609
	TV1	A611 ~ A619	B611 ~ B619	C611 ~ C619	N611 ~ N619	L611 ~ L619
	TV2	A621 ~ A629	B621 ~ B629	C621 ~ C629	N621 ~ N629	L621 ~ L629
	TV19	A791 ~ A799	B791 ~ B799	C791 ~ C799	N791 ~ N799	L791 ~ L799
控制保护及信号回路绝缘		A1 ~ A399	B1 ~ B399	C1 ~ C399	N1 ~ N399	
监察电压表的公共回路		A700	B700	C700	N700	

了区分相别，在数字前还加上 A、B、C、N、L 等文字符号。电压互感器和电流互感器二次编号有不同的编号范围。电流互感器的编号范围为 400 ~ 599，电压互感器的编号范围为 600 ~ 799。具体编号按一次接线中电流互感器和电压互感器的编号相对应来分组。如一条线路装设两组电流互感器，分别作为保护和测量用，互感器编号分别为 TA1、TA2，则对 TA1 的二次回路的编号应取：A 相为 A411 ~ A419、B 相为 B411 ~ B419、C 相为 C411 ~ C419；对 TA2 的二次回路的编号应取：A 相为 A421 ~ A429、B 相为 B421 ~ B429、C 相为

C421～C429,依此类推,每组互感器有9个号码。交流回路的编号不分奇数和偶数,从电源处开始按顺序编号。

与直流回路编号相同,对一些特殊回路或小母线通常有固定的编号。如电压互感器B相公共接地编号为B600,绝缘监察电压表的公用回路为700等。

在具体工程中,并不一定对二次回路中每个结点都进行编号,一般只对引至端子排的回路加以编号即可。同一屏内同一安装单位的设备之间的连接可不必编号,在屏背面接线图中有相应的标志方法。

17.1.3 小母线的编号

二次回路图中的小母线用粗实线表示,并注以文字符号或编号。表17-3所示为部分小母线的文字符号和回路编号。

表17-3 小母线文字符号和回路编号

小母线名称	文字符号	回路编号
控制小母线	+WC、-WC或L+、L-	101、102;201、202;301、302;401、402
信号小母线	+WS、-WS或+700、-700	701、702
事故信号小母线(不发遥信时)	1WTS、2WTS或M707、M708	707、708
事故信号小母线(用于直流屏)	WTS1或M728	728
事故信号小母线(用于配电装置)	WTS2或M727	727
事故信号小母线(发遥信时)	WTS3	808
预告信号小母线(瞬时)	1WPS、2WPS或M709、M710	709、710
预告信号小母线(延时)	3WPS、4WPS或M711、M712	711、712
闪光小母线	(+)WFS或M100(+)	100
合闸小母线	+WOM、-WOM或L+、L-	
(掉牌未复归)光字牌小母线	WAUX或M703、M716	703、716
同期闭锁小母线	1WSCB、2WSCB、3WSCB或M721、M722、M723	721、722、723
同步电压(运行系统)小母线	WOS_a、WOS_c或L1-620、L3-620	A620、C620
同步电压(待并系统)小母线	$WSTC_a$、$WSTC_c$或L1-610、L3-610	A610、C610
同步电压(公共B相)小母线	WBV或L2-600	B600
转角小母线	WRa、WRb、WRc或L1-790、L2-790(L2-600)、L3-790	A790、B790(B600)、C790

17.1.4 编号举例

如图17-1所示为发电机测量、控制回路编号。图17-1中同一屏内设备之间的连接线,不需要经过端子进行连接,可以不编号。

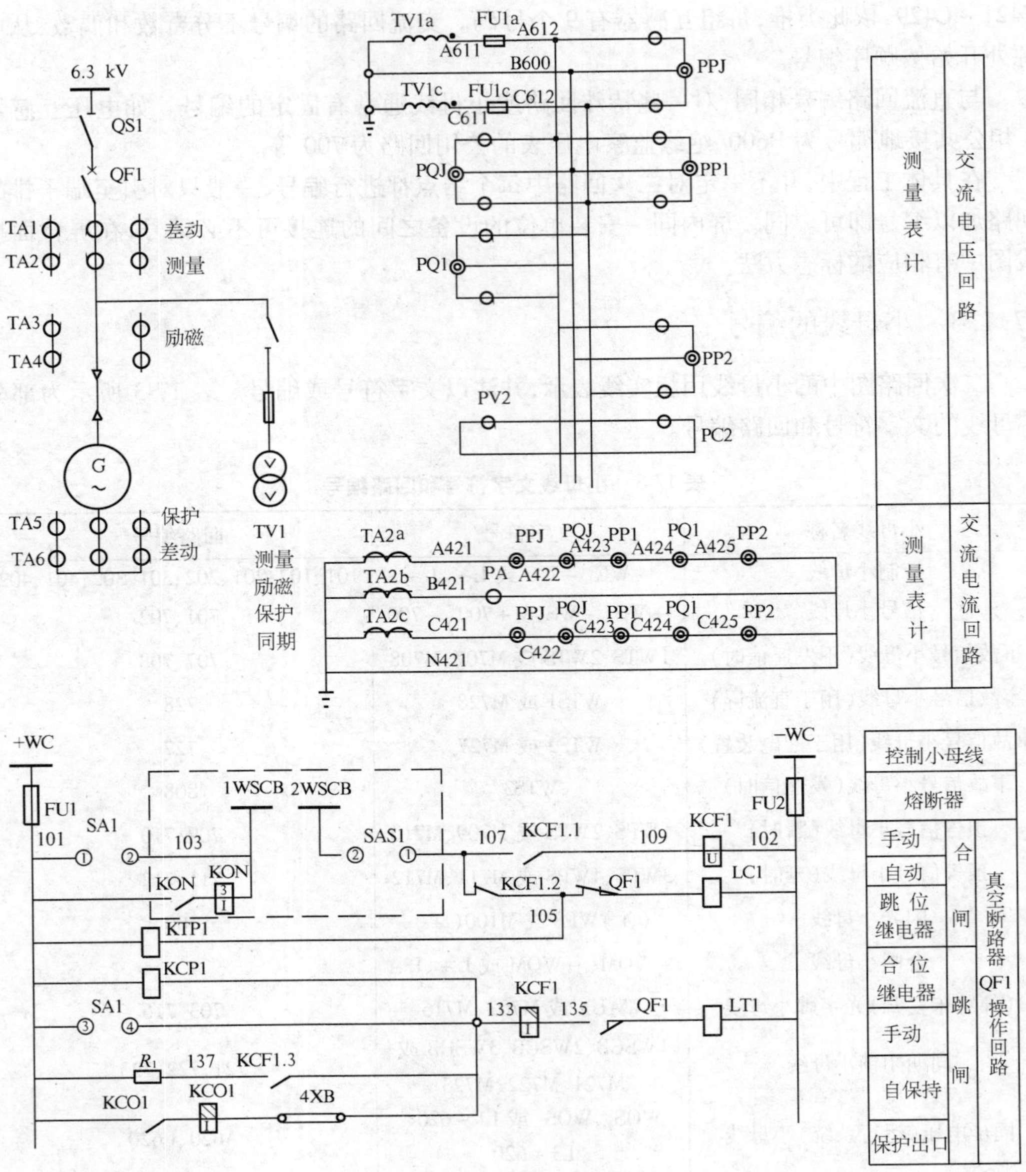

图 17-1　发电机测量、控制回路编号

17.2　屏面布置图

发电厂中的控制设备、继电保护、自动装置和仪表设备都要安装在各种屏(台)上。下面就介绍常用的几种屏(台)和屏面布置的要求。

17.2.1　屏的型式

(1)直立屏。直立屏应用最广,可作为发电厂、变电所中的控制屏、保护屏、自动装置屏、电度表屏和各种仪表屏等。直立屏的高度为 2 360 mm,屏深 550 mm,宽度分为 800 mm 和 600 mm 两种,其中 800 mm 的应用较多。

(2)直流屏。这种屏的外形尺寸与 PK 型相同,专供直流系统应用,一般布置在发电厂和变电所中控室内或单独的直流屏柜室内。

(3)控制台。控制设备除安装在控制屏上之外,发电厂、变电所还采用桌式的控制台,便于运行人员在主控室集中控制。控制台台面倾斜 15°,台面宽 1 200 mm 左右,台面长度可根据实际需要做成各种尺寸,台面上可以布置模拟线、开关、按钮和指示灯;台的立面部分可以布置各种仪表、模拟灯和同期装置等设备。

(4)边屏。边屏是用于封闭每一排最边上的屏的侧面的。一般屏高 2 360 mm,屏深 550 mm,宽分为 60 mm 和 100 mm 两种,其中宽 100 mm 的是专为安装同期小屏用的。

17.2.2 屏面布置要求

对各种屏(台)的设计、安装和布置总体要求为:①便于监视,操作调节方便、安全。②安装、检修调试简单易行。③整体美观、清晰。④适当紧凑,用屏量少。

17.2.3 控制屏的屏面布置图

控制屏的布置通常从上到下分别是指示仪表、光字牌、转换开关、模拟线、红绿指示灯和控制开关等。

为了便于观察,指示仪表应力求与模拟线相对应。最低一排仪表中心线离地高度不低于 1 500 mm。为了便于操作,控制开关及按钮应布置在离地 800 ~ 1 500 mm 处。为确保操作准确、安全,操作设备(控制开关、同期开关和按钮)的位置应与模拟线相对应。

为了整齐美观,各屏之间相同的设备应布置在同一水平高度上。当仪表和光字牌在各屏上数量不同时,仪表应从上面取齐,光字牌从下面取齐。

为了便于安装和检修,屏上设备之间应保持一定的距离,设备离屏边及台边至少要保留 50 mm 距离,以便于接线和走线。在离屏顶 160 mm 的范围内不应布置仪表,因为屏背面在此高度有安装电阻及小刀开关等的钢架。

为了节省用屏,在同一块屏上可以根据情况布置两个甚至多个安装单位,不同的安装单位一般按纵向划分,同类安装单位在屏面布置上应尽可能一致。

屏面布置图是一张比例图(见图 17-2),图中所有设备都必须按比例画出,并应标出设备间的距离尺寸。

17.2.4 继电器屏的屏面布置图

继电器屏上主要装设继电器,布置时一般将调试工作量较小的简单继电器,如电流继电器、电压继电器、中间继电器、时间继电器等布置在屏的上部;将调试工作量较大的复杂继电器,如阻抗继电器、方向继电器、差动继电器、重合闸继电器等布置在屏的中部;将信号继电器、连接片和试验部件等布置在屏的下部。

同一块屏上有两个以上安装单位时,设备一般按纵向划分,相同安装单位尽可能采用对称布置方式。

屏上设备布置应注意保持屏与屏间水平高度一致。各屏上的信号继电器最好布置在同一水平上，一般在离地面 740 ~ 870 mm 范围内。

为了安全起见，试验部件与连接片的最低中心线离地一般不低于 400 mm。

继电器外壳之间应保持适当距离，以便于装卸外壳及进行试验，距离的大小与继电器的高度有关，对于普通继电器，水平距离应为 30 ~ 40 mm，垂直距离应为 50 mm。

继电器离屏边的距离以及屏顶所留的空间部分与控制屏相同。

在屏面中心离地 250 mm 处，应开一个直径为 50 mm 的圆孔，以供调试时穿试验导线用。

图 17-3 为继电器屏的屏面布置图，从中可以看到继电器屏屏面布置图的绘制方法。

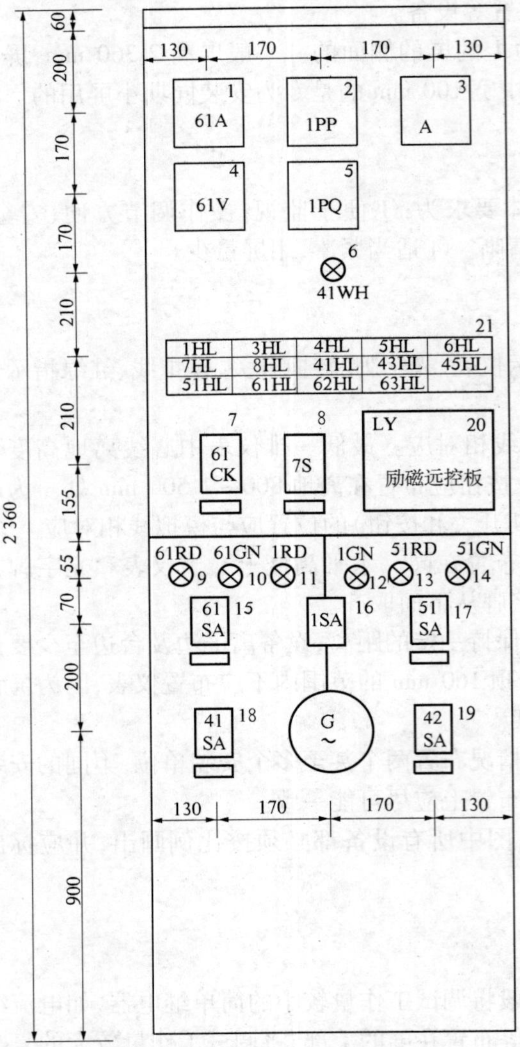

图 17-2　发电机控制屏屏面布置图　（单位：mm）

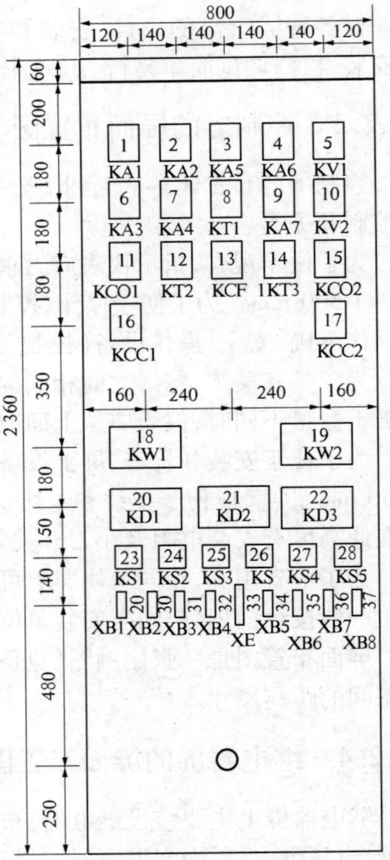

图 17-3　继电器屏屏面布置图　（单位：mm）

17.3　端子排图

二次回路中，不同屏的各设备之间、屏内与屏外之间应通过控制电缆及端子来连接。

由许多端子组合在一起称为端子排。

端子排图是表示屏上需要装设的端子数目、类型、排列次序以及端子与屏内设备及屏外设备连接情况的图纸。

17.3.1 接线端子的分类及用途

接线端子(以下简称端子)是二次接线中不可缺少的配件。常用端子的种类及用途见表17-4。

表17-4 常用端子的种类及用途

序号	种类	特点及用途
1	一般端子	用于连接屏内外导线(电缆),可与连接端子配合使用
2	试验端子	用于电流互感器二次回路的连接,可从其上接入试验仪表,对回路进行测试,可与连接型试验端子配合使用
3	连接型试验端子	用于在端子上需要彼此连接的电流试验回路中
4	连接端子	用于回路分支或合并时,端子间进行连接用
5	终端端子	用于端子排的终端或中间,起固定端子或分割不同安装单位的作用
6	标准端子	用于直接连接屏内外导线(电缆)
7	特殊端子	可在不松动或不断开已接好的导线情况下方便断开回路
8	隔板	在不需要标记的情况下作绝缘隔板,以增加绝缘强度和爬电距离用

17.3.2 端子排设计原则

应经过端子排连接的回路如下:

(1)屏内设备与屏外设备的连接、同一屏上各安装单位之间的连接以及为节省控制电缆需要经本屏转接的回路等,均应经过端子排。

(2)屏内设备与直接接在小母线上的设备(如熔断器、电阻和隔离开关等)的连接一般要经过端子排。

(3)各安装单位主要保护的正电源一般经过端子排,其负电源应在屏内设备之间接成环形,环的两端分别接在端子排上。其他回路一般均在屏内连接。

电流回路应经过试验端子,预告信号和事故信号回路和其他需要断开的回路,一般经过特殊端子和试验端子。

试验端子可以在不断开回路的情况下方便测试回路电流,其接线原理如图17-4所示。方法是先把电流表PA_S接入到试验端子两端1和4,再旋开中间的螺钉2,电流即同时通过电流表PA_S和PA,在此过程中电流互感器二次两端始终没有开路。

端子排的配置应满足运行、检修和调试的要求,并尽可能与屏上设备的位置相对应。每个安装单位应有独立的端子排。垂直布置时,由上而下;水平布置时,由左至右按下列回路分组顺序排列:

(1)交流电流回路(不包括自动调节励磁装置的电流回路),按每组电流互感器分组,同一保护方式的电流回路一般排在一起。其中又按数字大小排列,再按 A、B、C、N 排列。如 A411、B411、C411、N411,A412、B412、C412、N412 等。

(2)交流电压回路(不包括自动调节励磁装置的电压回路),按每组电压互感器分组,同一保护方式的电流回路一般排在一起。其中又按数字大小排列,再按 A、B、C、N 排列。如 A611、B600、C611、A613、C613;A710、B710、C710、N710 等。

(3)信号回路,按预告、指挥、位置及事故信号分组。每组按数字大小排列,先是信号正电源 701,最后是负电源 702。

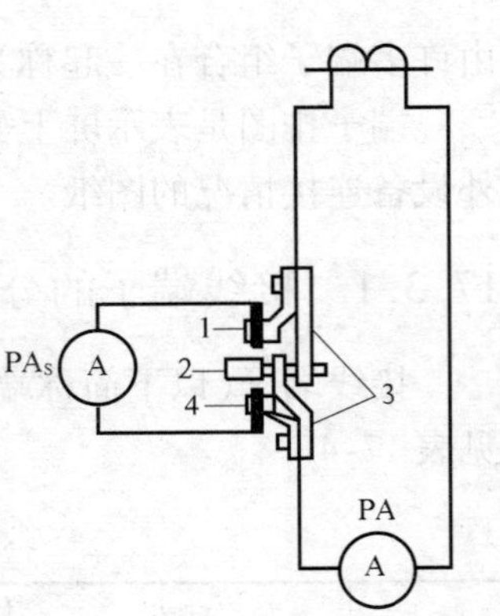

1、4—接线螺钉;2—试验螺钉;3—导电片

图 17-4 试验端子的接线图

(4)控制回路,按各组熔断器分组。每组里面先排正极性回路,由小到大;再排负极性回路,由大到小。

(5)其他回路,其中又按远动装置、励磁保护、自动调节励磁装置的电流和电压回路、远方调节及连锁回路等分组。每一回路又按极性、编号和相序顺序排列。

(6)转接回路,先排本安装单位的转接回路,再排其他安装单位的转接端子。所谓"转接回路"是指从甲屏到乙屏的连接线,由于甲屏到乙屏的连接线较少,为节省控制电缆而经过本屏过渡的回路,也称为过渡回路。

当同一块屏上只有一个安装单位时,端子排的放置位置与屏内设备位置相对应,如设备大部分靠近屏的右侧,则端子排放在屏的右侧,这样既省料又方便;当同一块屏上有几个安装单位时,则每一个安装单位均有独立的端子排,它们的排列应与屏面布置相配合。

当一个安装单位的端子过多,或一个屏上仅有一个安装单位时,可将端子排成组地布置在屏的两侧。

每个安装单位的端子排应编有顺序号,并尽量在最后预留 2 ~ 5 个端子作为备用。当条件许可时,各组端子排之间也宜预留 1 ~ 2 个备用端子。在端子排两端应有终端端子。

正、负电源之间,经常带电的正电源与合闸或跳闸回路之间的端子应不相邻或以一个空端子隔开,以免在端子排上造成短路而使断路器误动作。

一个端子的每端一般接一根导线,导线截面一般不超过 6 mm^2。特殊情况下个别端子允许最多接两根导线。

端子排的表示方法如图 17-5 所示。

17.3.3 端子排图设计举例

端子排图是表示单元或设备经过端子与外部导线的连接关系。端子排图的视图与屏背面接线图的视图一致,即从布线方向对端子排的方向进行绘制。

现以图 17-1 为例说明发电机控制屏端子排图的设计。该图中表计 PP1、PP1、PA、PPJ、PQJ 和二次设备 SA1、FU1、FU2 均装在控制屏上;表计 PP2、PV2、PC2 装在机旁屏上;LT1、LC1、互感器及 QF1 的辅助触头装在开关柜上;继电器 KTP1、KCP1、KCO1、KCF1 和

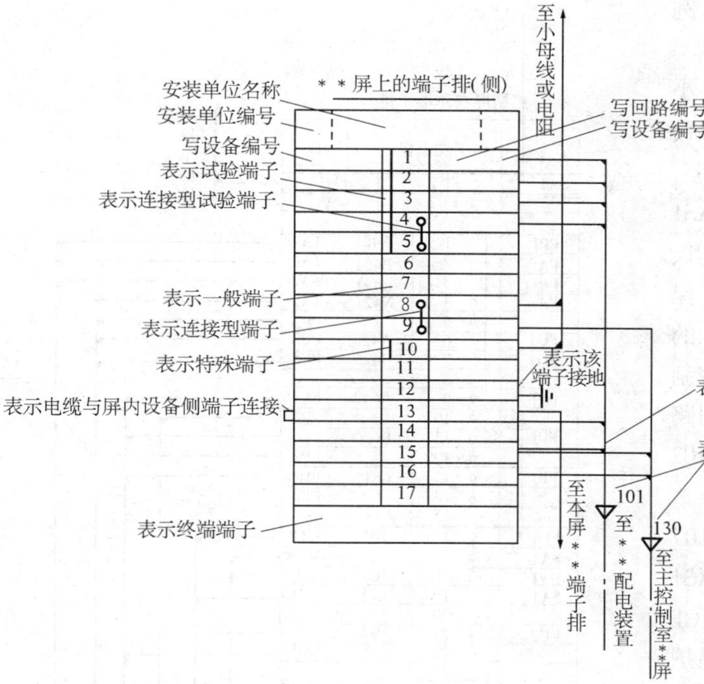

图 17-5　端子排的表示方法

R_1 装在保护屏上;1WSCB、2WSCB、KON 和 SAS1 装在同期屏上。

在设计端子排之前,先将各回路进行编号,一般来说,屏内与屏外设备的连接都应编号,特殊情况是屏内设备的连线可以不编号。

端子排设计时,首先应考虑该端子排是放在屏后的左侧还是右侧。若屏内仅有一个安装单位,放在哪一侧均可;若屏内有数个安装单位,要根据屏面布置图,设备靠哪一侧,端子排也应靠在哪一侧,本例的端子排假定放在控制屏的右侧,那么端子排左侧和屏内设备连接,右侧就与控制电缆连接。

绘制端子排是一项很细致的工作,必须耐心仔细地将展开图与屏面布置图进行核对,以免将个别端子遗漏。

根据图 17-1,先将图中设备记清,特别是放在控制屏的设备,然后把屏内各设备需与屏外设备连接的回路编号一一记录下来,再根据端子排设计原则,着手画控制屏端子排图。

(1)交流电流回路:图 17-1 中,TA2a、TA2b、TA2c 在高压开关柜上,PP1、PQ1、PA、PPJ、PQJ 在控制屏上,PP2 在机旁屏上。站在控制屏的角度看,屏内与屏外设备连接的回路编号有 A421、B421、C421、N421、A425 和 C425,在端子排上依次逐个编排。这些电流回路均应使用试验端子,编号 N421 屏内接电流表 PA,屏外接互感器末端和 PP2,这时用一个端子不够,所以加上一个试验连接端子,预留一个端子 8 作为备用,如图 17-6 所示。

(2)交流电压回路:电压互感器 TV1a、TV1c 和熔断器 FU1a、FU1c 在开关柜上,PV2、PP2、PC2 在机旁屏上,PP1、PQ1、PA、PPJ、PQJ 在控制屏上,控制屏屏内与屏外设备的连接回路编号有 A612、B600、C612,在端子排上继续编号。

(3) 信号回路：因本例未画出信号回路，故略去。

(4) 控制回路：控制小母线 +WC、- WC、FU1、FU2、SA1、R_1 在控制屏上，KON、1WSCB、2WSCB、SAS1 在同期屏上，继电器 KTP1、KCP1、KCO1 和 KCF1 在保护屏上，LT1、LC1 及 QF1 的辅助触头在开关柜上。控制屏内与屏外设备连接的回路编号有 101、103、133、102 等，也要逐个进行编排。

需要指出的是编号 107 回路，它是同期开关 SAS1 与跳跃闭锁继电器 1KCF 的连线，即从同期屏到保护屏。从图 17-1 可以看出，同期屏到保护屏之间只有一条连线，必须用一根电缆。为了节省该电缆，现将保护屏的该连线通过电缆引至控制屏，再由控制屏转接到同期屏，这样就节省了一根电缆。这就是转接回路（过渡回路）。

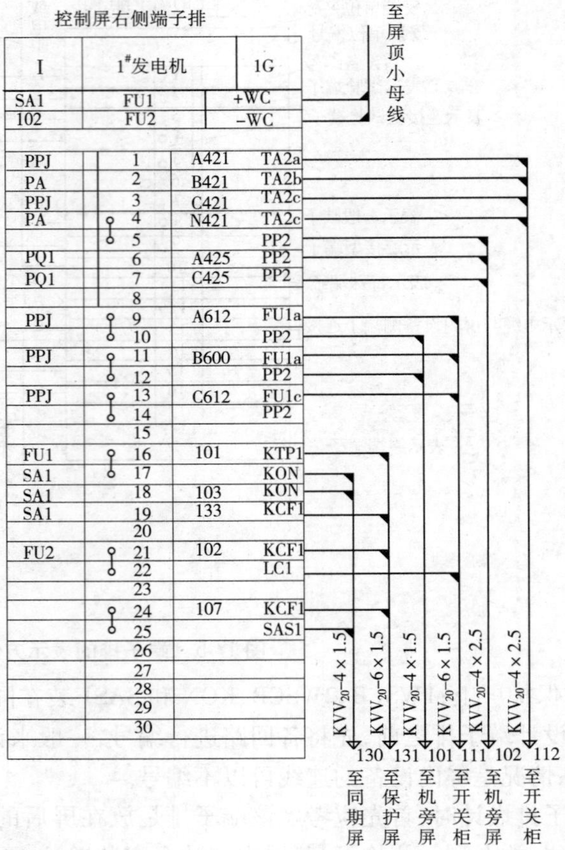

图 17-6　35 kV 线路控制屏的端子排接线图

端子排编排完毕，还要将引出电缆逐根编号和选型。从图 17-6 可知，引出线的控制电缆有 6 根。其中两根到开关柜，两根到机旁屏，一根到保护屏，一根到同期屏。根据规定，交流电流回路的控制电缆一般不与其他回路控制电缆合用，须单独引出，且电缆芯线截面面积不小于 2.5 mm^2。电压回路可与其他回路合用一根控制电缆，芯线截面面积不小于 1.5 mm^2。如至保护屏的电缆芯数为 4，可选规格为 4×1.5 的控制电缆，若需备用选用5×1.5或 6×1.5 的控制电缆。控制电缆的芯数可查有关资料。

17.4　屏背面接线图

屏背面接线图是制造厂生产过程中配线的依据，也是施工和运行的重要参考图纸。它是以二次展开图、屏面布置图和端子排图作为原始资料，由制造厂的设计部门绘制提供的。它用来表明屏内设备之间的连接情况以及和端子排的连接情况。

屏面布置图与屏背面接线图是同一个屏的不同表示方法。屏面布置图为正视图,屏背面接线图为背视图,因此它们的视图方向相反。因设备本身及设备间的距离尺寸已在屏面布置图上标明,所以屏背面图上的设备不再按比例画出。屏背面主要是装设各种控制和保护设备的,如测量仪表、控制开关、继电器及信号设备等;屏左(右)侧是用于安装端子排的,分左侧端子排和右侧端子排;屏顶主要装设各种小母线、熔断器、附加电阻、小刀开关和警铃等,以便于操作调整。如图 17-7 所示。

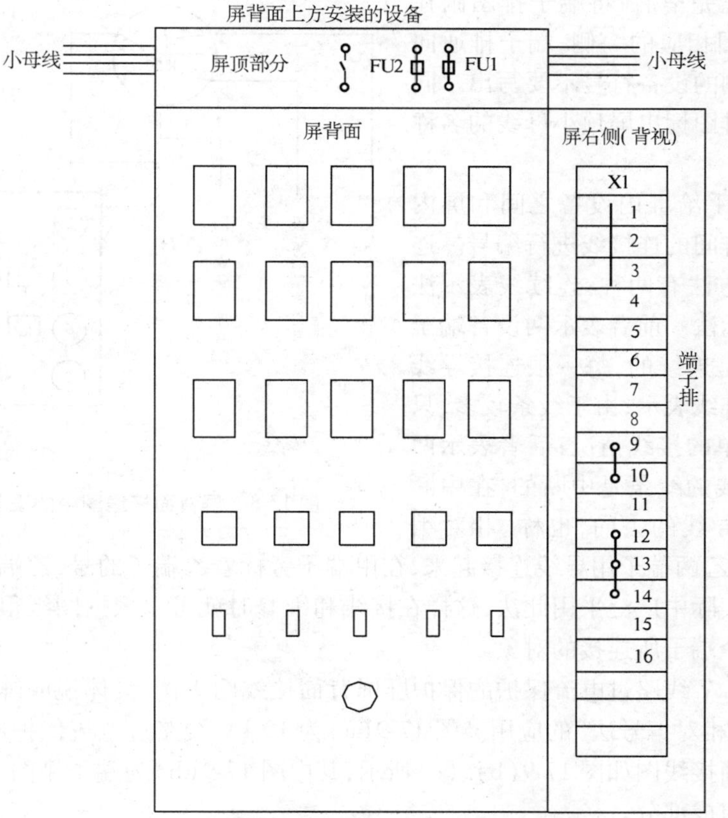

图 17-7　屏背面展开图

(1)屏背面接线图上设备的相对位置与实际的安装位置相对应。由于视图方向相反,屏背面接线图为背视图,因此屏背面接线图与屏面布置图相反。

(2)屏背面接线图上设备的外形应尽量与实际形状相符。背视图看得见的设备轮廓框线用实线表示;看不见的设备轮廓框线用虚线表示。对有些元件可用简化的外形或图形符号表示,如电阻、熔断器等。

(3)屏背面接线图上的设备符号和标号,必须和展开图及屏面布置图上的一致。设备的标号方法与屏面布置图的一样。为了使接线图清晰明了,一般可用设备编号表示,即在设备轮廓线上,根据设备在屏上的位置,按照从左到右、从上到下的顺序,用阿拉伯数字给每一个设备编号,编号应和屏面布置图上的编号一致。

屏背面接线图中的各设备的表示方法如图 17-8 所示。图中Ⅰ2 表示第一个安装单位的第二个设备，罗马数字表示安装单位编号，阿拉伯数字表示设备顺序号。所谓“安装单位”是指在一个屏内，或属于某个一次回路所有二次设备的总称，或这些二次设备再按功能模块分类后的每个子集设备的总称，一般用罗马数字Ⅰ、Ⅱ、Ⅲ、…表示。KA2 表示第二个该型号电流继电器。设备标志图中各设备的引出端子应按实际排列顺序画出。简单的设备内部接线，如电流表、电压表等不必画出，复杂的接线则应画出。对内部接线相当复杂的继电器、设备等可只画出与引接端子有关的线圈及触点，并标出正负电源的极性。

设备标志完毕后，将端子排图画在屏背面接线图相应的一侧，端子排通向屏内设备一侧的设备符号不要写出。同时根据端子排图标出屏顶小母线的名称和根数。

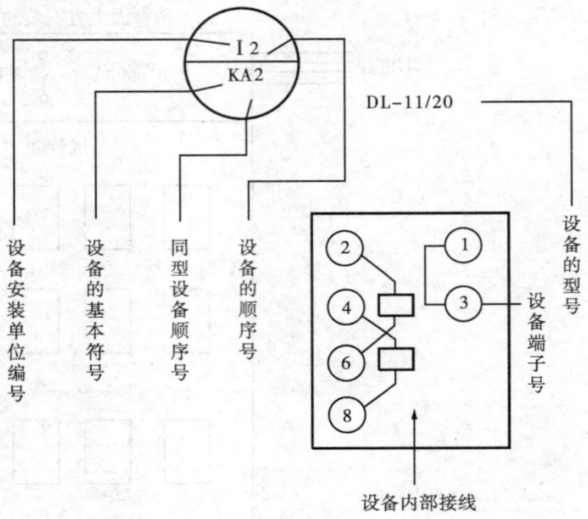

图 17-8　屏背面接线图中的设备标志法

最后，着手给屏内设备之间和屏内设备与端子排间的连接线进行编号。连接线的表示方法有两种：连续线表示法和中断线表示法。前者表示两设备端子之间的导线是连续的，每一根连接导线都用连续的实线表示，由于线条较多，只适用于较简单的接线情况；后者表示两端子之间导线的线条是中断的，在中断处必须标明导线的去向，也称“相对编号法”，即甲、乙两端子用导线连接起来，在甲端子旁标着乙端子的号，乙端子旁标着甲端子的号。在实际中广泛采用此法，这样在接线和维修时就可以根据图纸很容易地找到每个设备的各个端子所连接的对象。

现以 10 kV 线路过电流保护的保护屏屏背面接线图为例，具体说明屏背面接线图的表示方法和“相对编号法”的应用。图 17-9(a)为 10 kV 线路过电流保护原理展开图，其保护屏屏背面接线图如图 17-9(b)、(c)所示，其中图 17-9(b)为端子排图，它为屏背面接线图的一个组成部分。

端子排图表格的首行说明安装单位的编号和名称；其余各行要在中间位置说明端子的序号；在端子一侧栏标明该侧端子应接的屏外设备的编号，在另一侧注明该侧端子应接的屏内设备编号及所连接回路编号。图 17-9(b)表明该端子排的左列端子与屏顶的小母线、屏外的电流互感器和该线路的控制屏相连，右列端子与屏内设备相连，在该保护屏中有关该线路的所有二次设备构成安装单位“Ⅰ”。

在图 17-9(c)中，各设备的端子号旁均标有应连接设备及所接端子号，如电流继电器 KA1 的驱动线圈的 2 号端子旁标有Ⅰ-1，表示它与端子排(Ⅰ)的 1 号端子相连；8 号端子旁标有Ⅰ2-8，表示它与 KA2 (Ⅰ2)的 8 号端子相连。KA2 的 8 号端子旁标有Ⅰ1-8 和Ⅰ-3，表示它既与 KA1(Ⅰ1)的 8 号端子相连，又与端子排(Ⅰ)的 3 号端子相接，从而实现了Ⅰ-3 与Ⅰ1-8 的连接。同时，端子排(Ⅰ)的第 3 号端子的内侧标有Ⅰ2-8，表示它与 KA2(Ⅰ2)相连。这就体现出了“相对编号”的原理。另外，KA1 的第 5、7 号端子旁无标

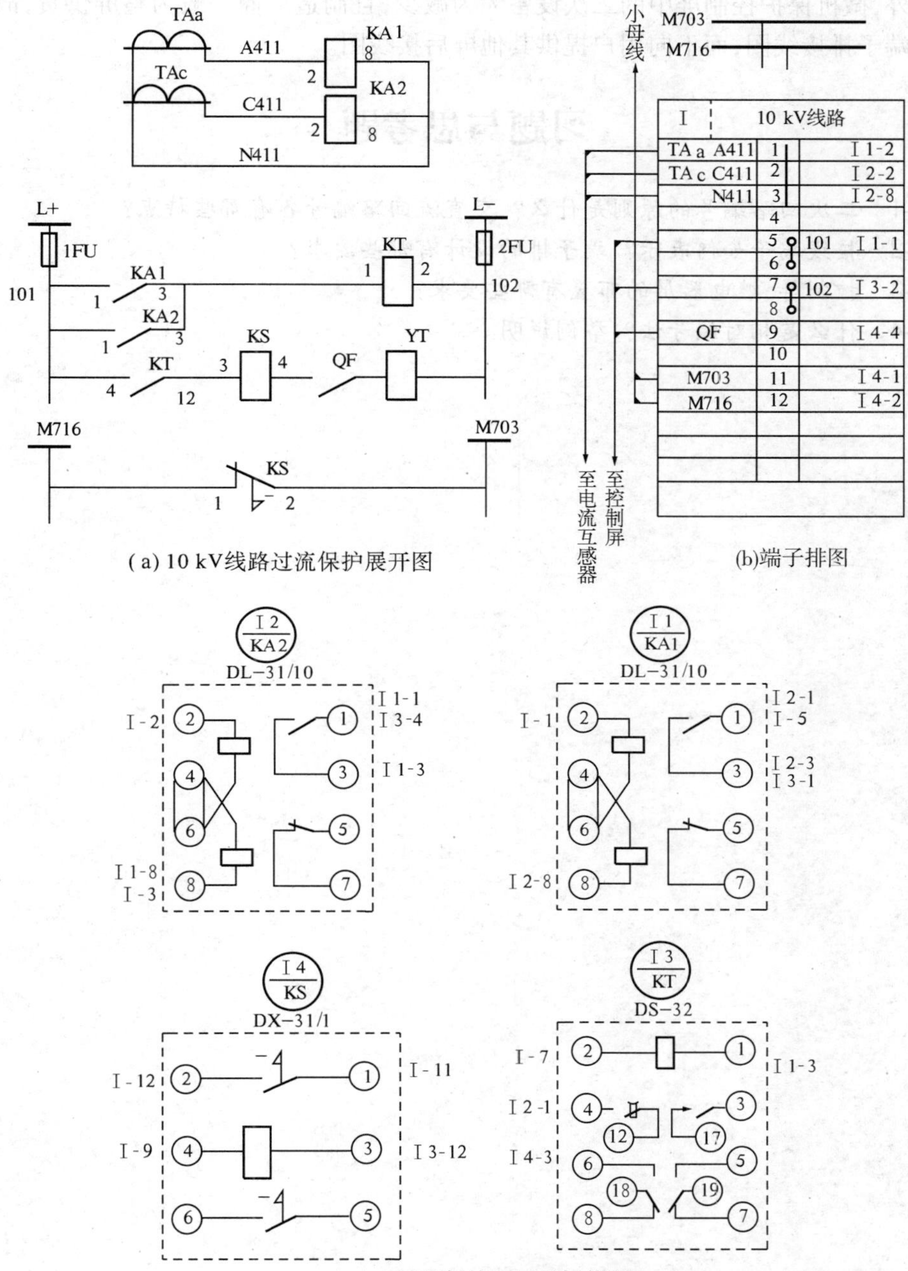

(a) 10 kV线路过流保护展开图

(b)端子排图

(c) 过流保护屏屏后接线图

图 17-9 相对编号法的应用实例

记,说明该触点未使用。

应用相对编号法能使复杂的接线图变得直观、清晰。在一些简单的设备连线,同一设备上端子间的连线,不经端子排直接接到小母线的设备的连线,可以直接用标出、画出的方法来表示。

另外，微机保护控制屏中的二次设备大为减少，且制造厂商一般为整屏供货，故通常只提供端子排接线图，而不向用户提供其他屏后接线图。

习题与思考题

17-1　二次回路编号的原则是什么？交直流回路编号各有哪些特点？

17-2　接线端子如何表示？端子排的设计有哪些要求？

17-3　控制屏、继电器屏的布置有哪些要求？

17-4　什么是相对编号法？举例说明。

附　录

附录 1　短路电流运算曲线数字表

附表 1-1　水轮发电机运算曲线数字表（$X_{js}=0.18\sim0.95$）

X_{js}	t(s)										
	0	0.01	0.06	0.1	0.2	0.4	0.5	0.6	1	2	4
0.18	6.127	5.695	4.623	4.331	4.100	3.933	3.867	3.807	3.605	3.300	3.081
0.20	5.526	6.184	4.297	4.045	3.856	3.754	3.716	3.681	3.563	3.378	3.234
0.22	5.055	4.767	4.026	3.806	3.633	3.556	3.531	3.508	3.430	3.302	3.191
0.24	4.647	4.402	3.764	3.575	3.433	3.378	3.363	3.348	3.300	3.220	3.151
0.26	4.290	4.083	3.538	3.375	3.253	3.216	3.208	3.200	3.174	3.133	3.098
0.28	3.993	3.816	3.343	3.200	3.096	3.073	3.070	3.067	3.060	3.049	3.043
0.30	3.727	3.574	3.163	3.039	2.950	2.938	2.943	2.943	2.952	2.970	2.993
0.32	3.494	3.360	3.001	2.892	2.817	2.815	2.822	2.828	2.851	2.895	2.943
0.34	3.285	3.168	2.851	2.755	2.692	2.699	2.709	2.719	2.754	2.820	2.891
0.36	3.095	2.991	2.712	2.627	2.574	2.589	2.602	2.614	2.660	2.745	2.837
0.38	2.922	2.831	2.583	2.508	2.464	2.484	2.500	2.515	2.569	2.671	2.782
0.40	2.767	2.685	2.464	2.398	2.361	2.388	2.405	2.422	2.484	2.600	2.728
0.42	2.627	2.554	2.356	2.297	2.267	2.297	2.317	2.336	2.404	2.532	2.675
0.44	2.500	2.434	2.256	2.204	2.179	2.214	2.235	2.255	2.329	2.467	2.624
0.46	2.385	2.325	2.164	2.117	2.098	2.136	2.158	2.180	2.258	2.406	2.575
0.48	2.280	2.225	2.079	2.038	2.023	2.064	2.087	2.110	2.192	2.348	2.527
0.50	2.183	2.134	2.001	1.964	1.953	1.996	2.021	2.044	2.130	2.293	2.482
0.52	2.095	2.050	1.928	1.895	1.887	1.933	1.958	1.983	2.071	2.241	2.438
0.54	2.013	1.972	1.861	1.831	1.826	1.874	1.900	1.925	2.015	2.191	2.396
0.56	1.938	1.899	1.798	1.771	1.769	1.818	1.845	1.870	1.963	2.143	2.355
0.60	1.802	1.770	1.683	1.662	1.665	1.717	1.744	1.770	1.866	2.054	2.263
0.65	1.658	1.630	1.559	1.543	1.550	1.605	1.633	1.660	1.759	1.950	2.137
0.70	1.534	1.511	1.452	1.440	1.451	1.507	1.535	1.562	1.653	1.846	1.964
0.75	1.428	1.408	1.358	1.349	1.363	1.420	1.449	1.476	1.578	1.741	1.794
0.80	1.336	1.318	1.276	1.270	1.286	1.343	1.372	1.400	1.498	1.620	1.642
0.85	1.254	1.239	1.203	1.199	1.217	1.274	1.303	1.331	1.423	1.507	1.513
0.90	1.182	1.169	1.138	1.135	1.155	1.212	1.241	1.268	1.352	1.403	1.403
0.95	1.118	1.106	1.080	1.078	1.099	1.156	1.185	1.210	1.282	1.308	1.308

附表 1-2　水轮发电机运算曲线数字表（$X_{js}=1.00\sim3.45$）

X_{js}	t(s)										
	0	0.01	0.06	0.1	0.2	0.4	0.5	0.6	1	2	4
1.00	1.061	1.050	1.027	1.027	1.048	1.105	1.132	1.156	1.211	1.225	1.225
1.05	1.009	0.999	0.979	0.980	1.002	1.058	1.084	1.105	1.146	1.152	1.152
1.10	0.962	0.953	0.936	0.937	0.959	1.015	1.038	1.057	1.085	1.087	1.087
1.15	0.919	0.911	0.896	0.898	0.920	0.974	0.995	1.011	1.029	1.029	1.029
1.20	0.880	0.872	0.859	0.862	0.885	0.936	0.955	0.966	0.977	0.977	0.977
1.25	0.843	0.837	0.825	0.829	0.852	0.900	0.916	0.923	0.930	0.930	0.930
1.30	0.810	0.804	0.794	0.798	0.821	0.866	0.878	0.884	0.888	0.888	0.888
1.35	0.780	0.774	0.765	0.769	0.792	0.834	0.843	0.847	0.849	0.849	0.849
1.40	0.751	0.746	0.738	0.743	0.766	0.803	0.810	0.812	0.813	0.813	0.813
1.45	0.725	0.720	0.713	0.718	0.740	0.774	0.778	0.780	0.780	0.780	0.780
1.50	0.700	0.696	0.690	0.695	0.717	0.746	0.749	0.750	0.750	0.750	0.750
1.55	0.677	0.673	0.668	0.673	0.694	0.719	0.722	0.722	0.722	0.722	0.722
1.60	0.655	0.652	0.647	0.652	0.673	0.694	0.696	0.696	0.696	0.696	0.696
1.65	0.635	0.632	0.628	0.633	0.653	0.671	0.672	0.672	0.672	0.672	0.672
1.70	0.616	0.613	0.610	0.615	0.634	0.649	0.649	0.649	0.649	0.649	0.649
1.75	0.598	0.595	0.592	0.598	0.616	0.628	0.628	0.628	0.628	0.628	0.628
1.80	0.581	0.578	0.576	0.582	0.599	0.608	0.608	0.608	0.608	0.608	0.608
1.85	0.565	0.563	0.561	0.566	0.582	0.590	0.590	0.590	0.590	0.590	0.590
1.90	0.550	0.548	0.546	0.552	0.566	0.572	0.572	0.572	0.572	0.572	0.572
1.95	0.536	0.533	0.532	0.538	0.551	0.556	0.556	0.556	0.556	0.556	0.556
2.00	0.522	0.520	0.519	0.524	0.537	0.540	0.540	0.540	0.540	0.540	0.540
2.05	0.509	0.507	0.507	0.512	0.523	0.525	0.525	0.525	0.525	0.525	0.525
2.10	0.497	0.495	0.495	0.500	0.510	0.512	0.512	0.512	0.512	0.512	0.512
2.15	0.485	0.483	0.483	0.488	0.497	0.498	0.498	0.498	0.498	0.498	0.498
2.20	0.474	0.472	0.472	0.477	0.485	0.486	0.486	0.486	0.486	0.486	0.486
2.25	0.463	0.462	0.462	0.466	0.473	0.474	0.474	0.474	0.474	0.474	0.474
2.30	0.453	0.452	0.452	0.456	0.462	0.462	0.462	0.462	0.462	0.462	0.462
0.35	0.443	0.442	0.442	0.446	0.452	0.452	0.452	0.452	0.452	0.452	0.452
2.40	0.434	0.433	0.433	0.436	0.441	0.441	0.441	0.441	0.441	0.441	0.441
2.45	0.425	0.424	0.424	0.427	0.431	0.431	0.431	0.431	0.431	0.431	0.431
2.50	0.416	0.415	0.415	0.419	0.422	0.422	0.422	0.422	0.422	0.422	0.422
2.55	0.408	0.407	0.407	0.410	0.413	0.413	0.413	0.413	0.413	0.413	0.413
2.60	0.400	0.399	0.399	0.402	0.404	0.404	0.404	0.404	0.404	0.404	0.404
2.65	0.392	0.391	0.392	0.394	0.396	0.396	0.396	0.396	0.396	0.396	0.396
2.70	0.385	0.384	0.384	0.387	0.388	0.388	0.388	0.388	0.388	0.388	0.388
2.75	0.378	0.377	0.377	0.379	0.380	0.380	0.380	0.380	0.380	0.380	0.380
2.80	0.371	0.370	0.370	0.372	0.373	0.373	0.373	0.373	0.373	0.373	0.373
2.85	0.364	0.363	0.364	0.365	0.366	0.366	0.366	0.366	0.366	0.366	0.366
2.90	0.358	0.357	0.357	0.359	0.359	0.359	0.359	0.359	0.359	0.359	0.359

续附表 1-2

X_{js}	t(s)										
	0	0.01	0.06	0.1	0.2	0.4	0.5	0.6	1	2	4
2.95	0.351	0.351	0.351	0.352	0.353	0.353	0.353	0.353	0.353	0.353	0.353
3.00	0.345	0.345	0.345	0.346	0.346	0.346	0.346	0.346	0.346	0.346	0.346
3.05	0.339	0.339	0.339	0.340	0.340	0.340	0.340	0.340	0.340	0.340	0.340
3.10	0.331	0.333	0.333	0.334	0.334	0.334	0.334	0.334	0.334	0.334	0.334
3.15	0.328	0.328	0.328	0.329	0.329	0.329	0.329	0.329	0.329	0.329	0.329
3.20	0.323	0.322	0.322	0.323	0.323	0.323	0.323	0.323	0.323	0.323	0.323
3.25	0.317	0.317	0.317	0.318	0.318	0.318	0.318	0.318	0.318	0.318	0.318
3.30	0.312	0.312	0.312	0.313	0.313	0.313	0.313	0.313	0.313	0.313	0.313
3.35	0.307	0.307	0.307	0.308	0.308	0.308	0.308	0.308	0.308	0.308	0.308
3.40	0.303	0.302	0.302	0.303	0.303	0.303	0.303	0.303	0.303	0.303	0.303
3.45	0.298	0.298	0.298	0.298	0.298	0.298	0.298	0.298	0.298	0.298	0.298

附表 1-3　汽轮发电机运算曲线数字表($X_{js}=0.12\sim0.95$)

X_{js}	t(s)										
	0	0.01	0.06	0.1	0.2	0.4	0.5	0.6	1	2	4
0.12	8.963	8.603	7.186	6.400	5.220	4.252	4.006	3.821	3.344	2.795	2.512
0.14	7.718	7.467	6.441	5.839	4.878	4.040	3.829	3.673	3.280	2.808	2.526
0.16	6.763	6.545	5.660	5.146	4.336	3.649	3.481	3.359	3.060	2.706	2.490
0.18	6.020	5.844	5.122	4.697	4.016	3.429	3.288	3.186	2.944	2.659	2.476
0.20	5.432	5.280	4.661	4.297	3.715	3.217	3.099	3.016	2.825	2.607	2.462
0.22	4.938	4.813	4.296	3.988	3.487	3.052	2.951	2.882	2.729	2.561	2.444
0.24	4.526	4.421	3.984	3.721	3.286	2.904	2.816	2.758	2.638	2.515	2.425
0.26	4.178	4.088	3.714	3.486	3.106	2.769	2.693	2.644	2.551	2.467	2.404
0.28	3.872	3.705	3.472	3.274	2.939	2.641	2.575	2.534	2.464	2.415	2.378
0.30	3.603	3.536	3.255	3.081	2.785	2.520	2.463	2.429	2.379	2.360	2.347
0.32	3.368	3.310	3.063	2.909	2.646	2.410	2.360	2.332	2.299	2.306	2.316
0.34	3.159	3.108	2.891	2.754	2.519	2.308	2.264	2.241	2.222	2.252	2.283
0.36	2.975	2.930	2.736	2.614	2.403	2.213	2.175	2.156	2.149	2.109	2.250
0.38	2.811	2.770	2.597	2.487	2.297	2.126	2.093	2.077	2.081	2.148	2.217
0.40	2.664	2.628	2.471	2.372	2.199	2.045	2.017	2.004	2.017	2.099	2.184
0.42	2.531	2.499	2.357	2.267	2.110	1.970	1.946	1.936	1.956	2.052	2.151
0.44	2.411	2.382	2.253	2.170	2.027	1.900	1.879	1.872	1.899	2.006	2.119
0.46	2.302	2.275	2.157	2.082	1.950	1.835	1.817	1.812	1.845	1.963	2.088
0.48	2.203	2.178	2.069	2.000	1.879	1.774	1.759	1.756	1.794	1.921	2.067
0.50	2.111	2.088	1.988	1.924	1.813	1.717	1.704	1.703	1.746	1.880	2.027
0.55	1.913	1.894	1.810	1.757	1.665	1.589	1.581	1.583	1.635	1.785	1.953
0.60	1.748	1.732	1.652	1.617	1.539	1.478	1.474	1.479	1.538	1.699	1.884
0.65	1.610	1.596	1.535	1.497	1.431	1.382	1.381	1.388	1.452	1.621	1.819
0.70	1.492	1.479	1.426	1.393	1.336	1.297	1.298	1.307	1.375	1.549	1.734
0.75	1.390	1.379	1.332	1.302	1.253	1.221	1.225	1.235	1.305	1.484	1.596
0.80	1.301	1.291	1.249	1.223	1.179	1.154	1.159	1.171	1.243	1.424	1.474
0.85	1.222	1.214	1.176	1.152	1.114	1.094	1.100	1.112	1.186	1.358	1.370
0.90	1.153	1.145	1.110	1.089	1.055	1.039	1.047	1.060	1.134	1.279	1.279
0.95	1.091	1.084	1.052	1.032	1.002	0.990	0.998	1.012	1.087	1.200	1.200

附表 1-4　汽轮发电机运算曲线数字表（$X_{js}=1.00\sim3.45$）

X_{js}	t(s)										
	0	0.01	0.06	0.1	0.2	0.4	0.5	0.6	1	2	4
1.00	1.035	1.028	0.999	0.981	0.954	0.945	0.954	0.968	1.043	1.129	1.129
1.05	0.985	0.979	0.952	0.935	0.910	0.904	0.914	0.928	1.003	1.067	1.067
1.10	0.940	0.934	0.908	0.893	0.870	0.866	0.876	0.891	0.966	1.011	1.011
1.15	0.898	0.892	0.869	0.854	0.833	0.832	0.842	0.857	0.932	0.961	0.961
1.20	0.860	0.855	0.832	0.819	0.800	0.800	0.811	0.825	0.898	0.915	0.915
1.25	0.825	0.820	0.799	0.786	0.769	0.770	0.781	0.796	0.864	0.874	0.874
1.30	0.793	0.788	0.768	0.756	0.740	0.743	0.754	0.769	0.831	0.836	0.836
1.35	0.763	0.758	0.739	0.728	0.713	0.717	0.728	0.743	0.800	0.802	0.802
1.40	0.735	0.731	0.713	0.703	0.688	0.693	0.705	0.720	0.769	0.770	0.770
1.45	0.710	0.705	0.688	0.678	0.665	0.671	0.682	0.697	0.740	0.740	0.740
1.50	0.686	0.682	0.665	0.655	0.644	0.650	0.652	0.676	0.713	0.713	0.713
1.55	0.663	0.659	0.644	0.635	0.623	0.630	0.642	0.657	0.687	0.687	0.687
1.60	0.642	0.639	0.623	0.615	0.604	0.612	0.624	0.638	0.664	0.664	0.664
1.65	0.622	0.619	0.605	0.596	0.586	0.594	0.606	0.621	0.642	0.642	0.642
1.70	0.604	0.601	0.587	0.579	0.570	0.578	0.590	0.604	0.621	0.621	0.621
1.75	0.586	0.583	0.570	0.562	0.554	0.562	0.574	0.589	0.602	0.602	0.602
1.80	0.570	0.567	0.554	0.547	0.539	0.548	0.559	0.573	0.584	0.584	0.584
1.85	0.554	0.551	0.539	0.532	0.524	0.534	0.546	0.559	0.566	0.566	0.566
1.90	0.540	0.537	0.525	0.518	0.511	0.521	0.532	0.544	0.550	0.550	0.550
1.95	0.526	0.523	0.511	0.505	0.498	0.508	0.520	0.530	0.535	0.535	0.535
2.00	0.512	0.510	0.498	0.492	0.486	0.496	0.508	0.517	0.521	0.521	0.521
2.05	0.500	0.497	0.486	0.480	0.474	0.485	0.496	0.504	0.507	0.507	0.507
2.10	0.488	0.485	0.475	0.469	0.463	0.474	0.485	0.492	0.494	0.494	0.494
2.15	0.476	0.474	0.454	0.458	0.453	0.463	0.474	0.481	0.482	0.482	0.482
2.20	0.465	0.463	0.463	0.448	0.443	0.453	0.464	0.470	0.470	0.470	0.470

续附表 1-4

X_{js}	t(s)										
	0	0.01	0.06	0.1	0.2	0.4	0.5	0.6	1	2	4
2.25	0.455	0.453	0.443	0.438	0.433	0.444	0.454	0.459	0.459	0.459	0.459
2.30	0.445	0.443	0.433	0.428	0.424	0.435	0.444	0.448	0.448	0.448	0.448
2.35	0.435	0.433	0.424	0.419	0.415	0.426	0.435	0.438	0.438	0.438	0.438
2.40	0.426	0.424	0.415	0.411	0.407	0.418	0.426	0.428	0.428	0.428	0.428
2.45	0.417	0.415	0.407	0.402	0.399	0.410	0.417	0.419	0.419	0.419	0.419
2.50	0.409	0.407	0.399	0.394	0.394	0.402	0.409	0.410	0.410	0.410	0.410
2.55	0.400	0.399	0.391	0.387	0.383	0.391	0.401	0.402	0.402	0.402	0.402
2.60	0.392	0.391	0.383	0.379	0.376	0.387	0.393	0.393	0.393	0.393	0.393
2.65	0.385	0.384	0.376	0.372	0.369	0.380	0.385	0.386	0.386	0.386	0.386
2.70	0.377	0.377	0.369	0.365	0.362	0.373	0.378	0.378	0.378	0.378	0.378
2.75	0.370	0.370	0.362	0.359	0.356	0.367	0.371	0.371	0.371	0.371	0.371
2.80	0.353	0.363	0.356	0.352	0.350	0.361	0.364	0.364	0.364	0.364	0.364
2.85	0.357	0.356	0.350	0.346	0.344	0.354	0.357	0.357	0.357	0.357	0.357
2.90	0.350	0.350	0.344	0.340	0.338	0.348	0.351	0.351	0.351	0.351	0.351
2.95	0.344	0.344	0.338	0.335	0.333	0.343	0.344	0.344	0.344	0.344	0.344
3.00	0.338	0.338	0.332	0.329	0.327	0.337	0.338	0.338	0.338	0.338	0.338
3.05	0.332	0.332	0.327	0.324	0.322	0.331	0.332	0.332	0.332	0.332	0.332
3.10	0.327	0.326	0.322	0.319	0.317	0.326	0.327	0.327	0.327	0.327	0.327
3.15	0.321	0.321	0.317	0.314	0.312	0.321	0.321	0.321	0.321	0.321	0.321
3.20	0.316	0.316	0.312	0.309	0.307	0.316	0.316	0.316	0.316	0.316	0.316
3.25	0.311	0.311	0.307	0.304	0.303	0.311	0.311	0.311	0.311	0.311	0.311
3.30	0.306	0.306	0.302	0.300	0.298	0.306	0.306	0.306	0.306	0.306	0.306
3.35	0.301	0.301	0.298	0.295	0.294	0.301	0.301	0.301	0.301	0.301	0.301
3.40	0.297	0.297	0.293	0.291	0.290	0.297	0.297	0.297	0.297	0.297	0.297
3.45	0.292	0.292	0.289	0.287	0.286	0.292	0.292	0.292	0.292	0.292	0.292

附录 2　真空断路器技术参数

附表 2-1　真空断路器技术参数

型号	额定电压(kV)	额定电流(A)	额定开断电流(kA)	额定短时(4 s)耐受电流(kA)	额定峰值耐受电流(kA)	额定短路关合电流(kA)	分闸时间(ms)	合闸时间(ms)	说明
ZN28－12/630	12	630	20/25/31.5	20/25/31.5	50/63/80	50/63/80	$t \leqslant 60$	$t \leqslant 60$（配 CT17）、$t \leqslant 150$（配 CT19、CT8）、$t \leqslant 60$（配 CD17）、	
ZN28－12/1250	12	1 250	20/25/31.5	20/25/31.5	50/63/80	50/63/80			
ZN28－12/1600	12	1 600	20/25/31.5	20/25/31.5	50/63/80	50/63/80			
ZN28－12/2000	12	2 000	40	40	100	100			
ZN28－12/2500	12	2 500	40	40	100	100			
ZN28－12/3150	12	3 150	40	40	100	100			
ZN23A－40.5/1250	40.5	1 250	25/31.5	25/31.5	63/80	63/80		$t \leqslant 100$（弹操）$t \leqslant 150$（电操）	
ZN23A－40.5/1600	40.5	1 600	25/31.5	25/31.5	63/80	63/80			
ZN23A－40.5/2000	40.5	2 000	25/31.5	25/31.5	63/80	63/80			
ZW27－12/630	12	630	12.5/16/20/25	12.5/16/20/25	31.5/40/50/63	31.5/40/50/63	$60 \leqslant t \leqslant 100$	$t \leqslant 100$	户外柱上式
ZW27－12/1000	12	1 000	12.5/16/20/25	12.5/16/20/25	31.5/40/50/63	31.5/40/50/63			
ZW27－12/1250	12	1 250	12.5/16/20/25	12.5/16/20/25	31.5/40/50/63	31.5/40/50/63			
ZW7－40.5/1250	40.5	1 250	25/31.5	25/31.5	63/80	63/80	$30 \leqslant t \leqslant 60$	$70 \leqslant t \leqslant 150$	
ZW7－40.5/1600	40.5	1 600	25/31.5	25/31.5	63/80	63/80	$30 \leqslant t \leqslant 60$	$70 \leqslant t \leqslant 150$	
ZW7－40.5/2000	40.5	2 000	25/31.5	25/31.5	63/80	63/80	$30 \leqslant t \leqslant 60$	$70 \leqslant t \leqslant 150$	
LW8－40.5/1600	40.5	1 600	25/31.5	25/31.5	63/80	63/80	$t \leqslant 60$	$t \leqslant 100$	可配 12 只 LR(D)－40.5 电流互感器
LW8－40.5/2000	40.5	2 000	25/31.5	25/31.5	63/80	63/80			
LW36－126/3150	126	3 150	40	40	100	100	35 ± 5	70 ± 8	

附录 3　隔离开关技术参数

附表 3-1　隔离开关技术参数

型号	额定电压(kV)	额定电流(A)	额定短时(4 s)耐受电流(kA)	额定峰值耐受电流(kA)	操作机构	说明
GW4 - 40.5(D)/630	40.5	630	20	50	CS11 CS14G	括号内 D 表示带接地刀闸
GW4 - 40.5(D)/1000		1 000	31.5	80		
GW4 - 40.5(D)/1250		1 250	31.5	80		
GW4 - 40.5(D)/2000		2 000	40	100		
GW5 - 40.5(D)/630		630	20	50	CS17 CJ2	
GW5 - 40.5(D)/1000		1 000	31.5	80		
GW5 - 40.5(D)/1250		1 250	31.5	80		
GW5 - 40.5(D)/2000		2 000	40	100		
GW4 - 126(D)/630	126	630	20	50	CJ2、CJ5、 CS14、CS17	
GW4 - 126(D)/1000		1 000	31.5	80		
GW4 - 126(D)/1250		1 250	31.5	80		
GW4 - 126(D)/2000		2 000	40	100		
GW5 - 126(D)/630		630	20	50	CS17 CJ2	
GW5 - 126(D)/1000		1 000	31.5	80		
GW5 - 126(D)/1250		1 250	31.5	80		
GW5 - 126(D)/2000		2 000	40	100		
GW16 - 126(D)/1250		1 250	31.5	80	CJ7A、CSA、 CSB、CSC	
GW16 - 126(D)/1600		1 600	31.5	80		
GW16 - 126(D)/2000		2 000	31.5	80		
GW7 - 252(D)/1600	252	1 600	40(3s)	100	CSA、CSB、 CS17 - Ⅱ、 CJ7A	
GW7 - 252(D)/2000		2 000	50(3s)	125		
GW7 - 252(D)/2500		2 500	50(3s)	125		
GW7 - 252(D)/3150		3 150	50(3s)	125		

附录 4　电流互感器技术参数

附表 4-1　电流互感器技术参数

型号	额定电压(kV)	额定一次电流(A)	额定二次电流(A)	准确度等级及组合	额定输出容量(VA)	额定热稳定倍数	额定动稳定倍数	说明
LA－10(Q)	10	5～200	5 A 或 1 A	0.2/10P10 0.5/10P10	10/15 15/15	90	150	
		300～400				75	135	
		500				60	110	
		600～1 000				50	90	
LAJ－10(Q)	10	5～200	5 A 或 1 A	0.2/10P10 0.5/10P10	10/20	120	215	
		300			15/20	100	180	
		400			10/15 15/15	75	135	
		500				60	110	
		600～800				50	90	
		1 000～2 000			10/20 20/20	50	90	
LQJ－10	10	5～200 300			10/15 15/15	70	150	
LDJ－10		5～200	5 A 或 1 A	0.2/10P10 0.5/10P10	10/15	100	250	
		300～400			10/15	63	100	
		500～600			10/20	63	100	
		800			15/20	63	100	
		1 000			10/25	80	130	
		1 200			20/25	80	130	

续附表 4-1

型号	额定电压(kV)	额定一次电流(A)	额定二次电流(A)	准确度等级及组合	额定输出容量(VA)	额定热稳定倍数	额定动稳定倍数	说明
LZZBJ9－10	10	5～200	5 A 或 1 A	0.2/10P10	10/15	90	225	
		300～400		0.5/10P10	15/15	24.5 kA	61.25 kA	
		500～800		0.2/0.5/10P10	10/15/15	32 kA	80 kA	
		1 000～2 500		0.2/0.2/10P10	10/10/15	50 kA	125 kA	
LZZBW－35	35	50	5 A 或 1 A	0.2/0.5/10P10/10P10 0.2/0.5/5P20	15/20/30/40 15/20/40	6 kA	15 kA	
		75				9 kA	22.5 kA	
		100				12 kA	30 kA	
		150				18 kA	45 kA	
		200				24 kA	60 kA	
		300				30 kA	90 kA	
		400				45 kA	112.5 kA	
		500				45 kA	112.5 kA	
		600				63 kA	130 kA	
		800		0.2/0.5/10P10/10P10 0.2/0.5/5P20	30/50/50/50 30/50/50	63 kA	130 kA	
		1 000				80 kA	160 kA	
		1 200				80 kA	160 kA	
		1 500				100 kA	160 kA	
		2 000				100 kA	160 kA	
		2 500				100 kA	160 kA	

续附表 4-1

型号	额定电压(kV)	额定一次电流(A)	额定二次电流(A)	准确度等级及组合	额定输出容量(VA)	额定热稳定倍数	额定动稳定倍数	说明
LZZB9-35	35	30~300	5 A 或 1 A	0.2/0.5 0.2/10P10 0.5/10P10	10/15	100	250	
		400~1 250			10/15 15/15	31.5 kA/3 s	80 kA	
		1 500~1 600 2 000			15/58 15/30 58/30	31.5 kA/3 s	80 kA	
LR(D)-40.5	40.5	50~2 000	5 A 或 1 A	0.2/0.5/10P/5P	5~40			
LB7-110	110	2×(50~200)	5 A	10P15/10P15/10P15/0.2	50/50/50/50	5.3~42 kA	13~108	
		2×(300~1 000)				31.5~45 kA	80~115 kA	
LVQB-110	110	2×(300~1 000)		10P20/10P20/10P20/0.2	50/50/50/50	40 kA/3 s	100 kA	
LVQB-220	220	2×300 2×500 2×(600~1 250)	5 A 或 1 A	0.2/0.5/5P/5P/5P/5P	30 40 50	31.5~63 kA/3 s	80~160 kA	

注:额定一次电流为:5、10、15、20、30、40、50、75、100、100、150、200、300、400、500、600、800、1 000、1 200、1 500、2 000、2 500 A。

附录5　电压互感器技术参数

附表 5-1　电压互感器技术参数

型号	额定一次电压（kV）	额定二次电压（V）	剩余电压绕组电压（V）	准确度等级及组合	二次绕组额定输出（VA）	极限输出（VA）	说明
JDZ－3(Q)	3	100		0.2/0.5	25/30	200	户内型
JDZ－6(Q)	6	100		0.2/0.5	25/50	300	
JDZ－10(Q)	10	100		0.2/0.5	30/80	500	
JDZJ－3(Q)	$3/\sqrt{3}$	$100/\sqrt{3}$	100/3	0.2/0.5/6P	15/30/50	200	
JDZJ－6(Q)	$6/\sqrt{3}$	$100/\sqrt{3}$	100/3	0.2/0.5/6P	15/30/50	200	
JDZJ－10(Q)	$10/\sqrt{3}$	$100/\sqrt{3}$	100/3	0.2/0.5/6P	30/50/50	300	
JDZ10－6	6	100		0.2/0.5	15/30	200	
JDZX10－6	$6/\sqrt{3}$	$100/\sqrt{3}$	100/3	0.2/0.5/6P	15/30/50	200	
JDZ9－10	10	100		0.2/0.5	30/80	400	
JDZX9－10	$10/\sqrt{3}$	$100/\sqrt{3}$	100/3	0.2/0.5/6P	20/50/50	300	
JDZ10－10	10	100		0.2/0.5	15/30	200	
JDZX10－10	$10/\sqrt{3}$	$100/\sqrt{3}$	100/3	0.2/0.5/6P	15/30/50	200	
JDZ9－35	35	100		0.2/0.5	60/120	800	
JDZX9－35	$35/\sqrt{3}$	$100/\sqrt{3}$	100/3	0.2/0.5/6P	30/80/100	600	
JDZW－10	10	100		0.2/0.5	30/80	400	户外型
JDN2－35	35	100		0.5/1/3	150/250/500	1 000	
JDXN2－35	$35/\sqrt{3}$	$100/\sqrt{3}$	100/3	0.2/0.5/1/6P	80/150/250/100	1 000	
JDZXW－35	$35/\sqrt{3}$	$100/\sqrt{3}$	100/3	0.2/0.5/6P	20/60/100	800	
JDQXF－110	$110/\sqrt{3}$	$100/\sqrt{3}$，$100/\sqrt{3}$	100	0.2/0.5/5P	100/200/300		
JDC－110	$110/\sqrt{3}$	$100/\sqrt{3}$	100	0.2/0.5/1/3/3P	150/300/500/500/300	2 000	
JDCF－110	$110/\sqrt{3}$	$100/\sqrt{3}$，$100/\sqrt{3}$	100	0.2/0.5/3P	100/200/300	2 000	

附录6　避雷器技术参数

附表 6-1　避雷器技术参数

型号	系统标称电压（kV）	避雷器额定电压（kV）	持续运行电压（kV）	陡波冲击电流残压（kV）	雷电冲击电流残压（kV）	操作冲击电流残压（kV）	直流 1 mA 参考电压（kV）	2 mA 方波通流容量（A）	说明
YH5WS－5/15	3	5	4	17.3	15	12.8	7.5	100	配电型
YH5WS－10/30	6	10	8	34.6	30	25.6	15	100	
YH5WS－12/35.8	6	12	9.6	41.2	35.8	30.6	18	100	
YH5WS－15/45.6	10	15	12	52.5	45.6	39	23	100	
YH5WS－17/50	10	17	13.6	57	50	42.2	25	100	
YH5WZ－5/13.5	3	5	4	15.5	13.5	11.5	7.2	200	电站型
YH5WZ－10/27	6	10	8	31	27	23	14.4	200	
YH5WZ－12/32.4	6	12	9.6	37.2	32.4	27.6	17.4	200	
YH5WZ－15/40.5	10	15	12	46.5	40.5	34.5	21.8	200	
YH5WZ－17/45	10	17	13.6	51.8	45	38.3	24	200	
YH5W－51/134	35	51	40.8	154	134	114	73	400	
YH5W－84/221	66	84	67.2	254	221	188	121	600	
YH5W－90/235	66	90	72.5	270	235	201	130	600	
YH10W－90/235	66	90	72.5	264	235	201	130	600	
YH5W－96/250	110	96	75	288	250	213	140	600	
YH5W－100/260	110	100	78	299	260	221	145	600	
YH5W－102/266	110	102	79.6	305	266	226	148	600	
YH5W－108/281	110	108	84	323	281	239	157	600	
YH10W－96/250	110	96	75	280	250	213	140	600	
YH10W－100/260	110	100	78	291	260	221	145	600	
YH10W－102/266	110	102	79.6	297	266	226	148	600	
YH10W－108/281	110	108	84	315	281	239	157	600	

参 考 文 献

[1] 张希泰,陈康龙. 二次回路识图及故障查找与处理[M]. 北京:中国水利水电出版社,2005.

[2] 汪永华. 工厂供电[M]. 北京:机械工业出版社,2007.

[3] 邹仉平. 实用电气二次回路200例[M]. 北京:中国电力出版社,2005.

[4] 王显平. 发电厂、变电站二次系统及继电保护测试技术[M]. 北京:中国电力出版社,2006.

[5] 黄益华. 发电厂、变电站电气设备[M]. 重庆:重庆大学出版社,2005.

[6] 广西电力工业局高级工培训教材编委会. 电气设备及其运行(二次部分)[M]. 北京:中国水利水电出版社,1994.

[7] 卢文鹏,等. 发电厂变电站电气设备[M]. 2版. 北京:中国水利水电出版社,2007.

[8] 刘增良,等. 电气设备及运行维护[M]. 北京:中国电力出版社,2007.

[9] 牟道槐. 发电厂变电站电气部分[M]. 重庆:重庆大学出版社,1996.

[10] 范锡普. 发电厂电气部分[M]. 2版. 北京:中国水利水电出版社,1995.

[11] 谢毓城. 电力变压器手册[M]. 北京:机械工业出版社,2005.

[12] 王士政. 电力工程类专题课程设计与毕业设计指导教程[M]. 北京:中国水利水电出版社,2007.

[13] 狄富清. 变电设备合理选择与运行检修[M]. 北京:机械工业出版社,2006.

[14] 尹厚丰,应明耕. 水电站电气设备[M]. 北京:水利电力出版社,1992.

[15] 西北电力设计院. 电力工程电气设计手册[M]. 北京:水利电力出版社,1990.

[16] 吴靓,谢珍贵. 发电厂及变电站电气设备[M]. 北京:中国水利水电出版社,2004.

[17] 黄栋,吴轶群. 发电厂及变电站二次回路[M]. 北京:中国水利水电出版社,2004.

[18] 阎晓霞,苏小林. 变配电所二次系统[M]. 北京:中国电力出版社,2004.